高级技工学校电气自动化设备安装与维修专业教材

GAOJI JIGONG XUEXIAO DIANQI ZIDONGHUA SHEBEI ANZHUANG YU WEIXIU ZHUANYE JIAOCAI

电气基本控制线路安装与维修

（第二版）

李敬梅　主　编

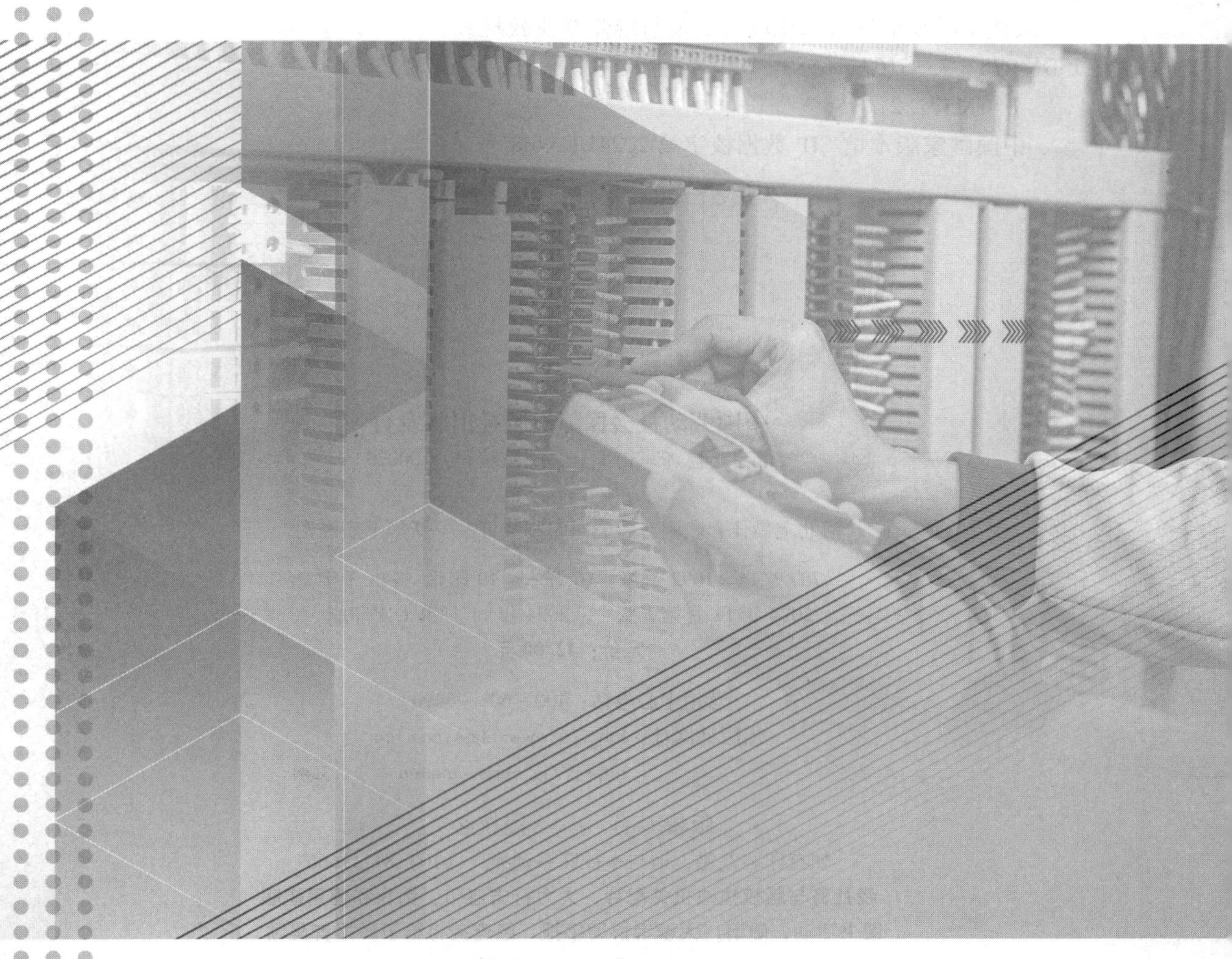

中国劳动社会保障出版社

简　介

本书为高级技工学校电气自动化设备安装与维修专业教材，主要内容包括三相电动机基本控制线路的安装与维修，直流电动机基本控制线路的安装与维修，电气控制线路的绘制、识读与设计。

本书由李敬梅任主编，朱永福任副主编，关开芹、牛司余、李宗金、刘超、张冬青参加编写；李长城审稿。

图书在版编目（CIP）数据

电气基本控制线路安装与维修 / 李敬梅主编．
2 版．-- 北京：中国劳动社会保障出版社，2024.
（高级技工学校电气自动化设备安装与维修专业教材）.
ISBN 978－7－5167－6589－0

Ⅰ. TM571. 2

中国国家版本馆 CIP 数据核字第 2024UK5468 号

中国劳动社会保障出版社出版发行

（北京市惠新东街 1 号　邮政编码：100029）

*

河北宝昌佳彩印刷有限公司印刷装订　　新华书店经销

787 毫米×1092 毫米　16 开本　19 印张　448 千字

2024 年 11 月第 2 版　　2024 年 11 月第 1 次印刷

定价：42. 00 元

营销中心电话：400－606－6496

出版社网址：https://www.class.com.cn

https://jg.class.com.cn

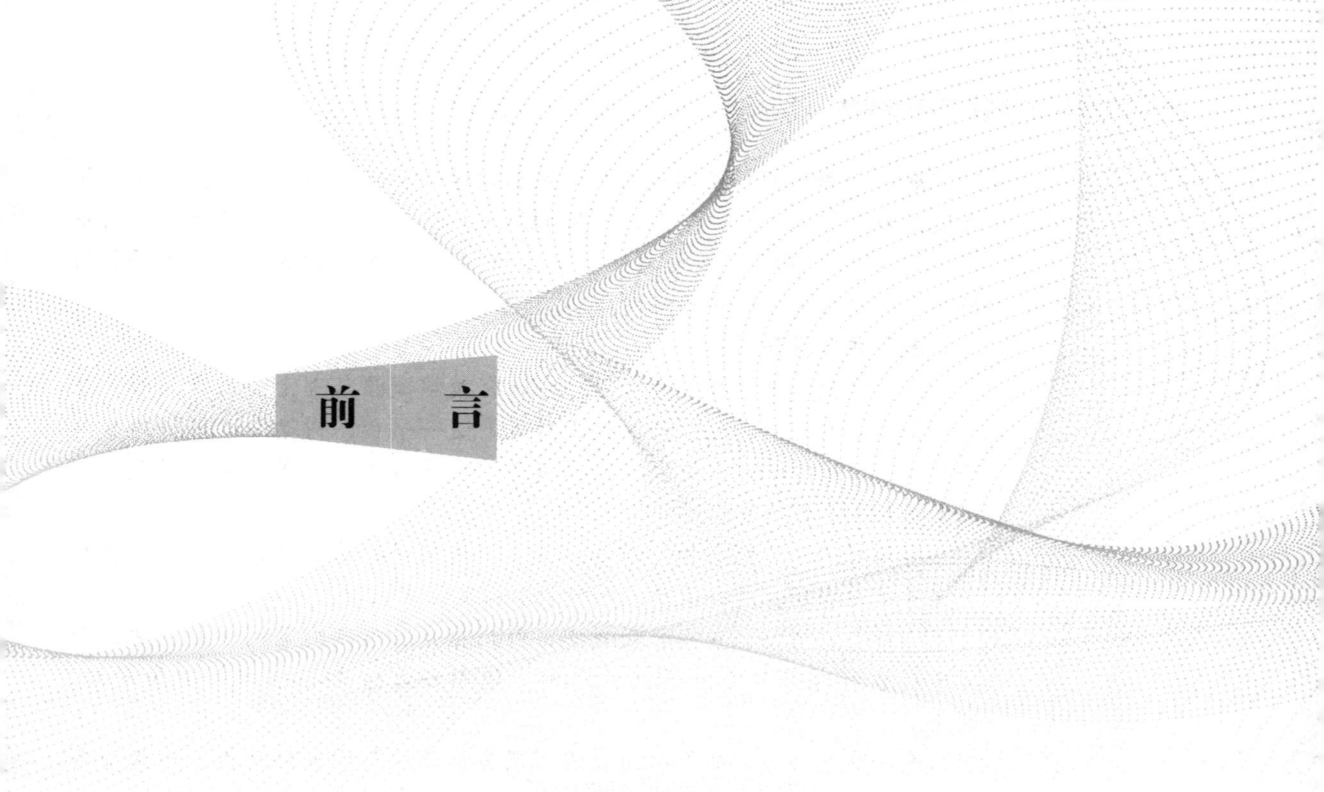

前言

为了更好地适应高级技工学校电气自动化设备安装与维修专业的教学要求，全面提升教学质量，我们组织有关学校的一线教师和行业、企业专家，在充分调研企业生产和学校教学情况、广泛听取教师使用反馈意见的基础上，吸收和借鉴各地技工院校教学改革的成功经验，对现有高级技工学校电气自动化设备安装与维修专业教材进行了修订（新编）。

本次教材修订（新编）工作的重点主要体现在以下几个方面。

更新教材内容

◆ 根据企业岗位需求变化和教学实践，针对培养高级工的教学要求，确定学生应具备的知识与能力结构，调整部分教材内容，增补开发教材，合理设计教材的深度、难度、广度，充分满足技能人才培养的实际需求。

◆ 根据相关专业领域的最新技术发展，推陈出新，补充新知识、新技术、新设备、新材料等方面的内容，更新设备型号及软件版本。

◆ 根据现行的国家标准、行业标准编写教材，保证教材的科学性和规范性。

◆ 在专业课教材中进一步强化一体化教学理念，将工艺知识与实践操作有机融为一体，构建“做中学”“学中做”的学习过程；在通用专业知识教材中注重课堂实验和实践活动的设计，将抽象的理论知识形象化、生动化，引导教师不断创新教学方法，实现教学改革。

优化呈现形式

◆ 创新教材的呈现形式，尽可能使用图片、实物照片和表格等形式将知识点生动地展示出来，提高学生的学习兴趣，提升教学效果。

◆ 部分教材将传统黑白印刷升级为双色印刷或彩色印刷，提升学生的阅读体验。例如，《工程识图与 AutoCAD（第二版）》采用双色印刷，《安全用电（第二版）》《机械常识（第二版）》采用彩色印刷，使内容更加清晰明了，符合学生的认知习惯。

提升教学服务

为方便教师教学和学生学习，在原有教学资源基础上进一步完善，结合信息技术的发展，充分利用技工教育网这一平台，构建“1+4”的教学资源体系，即1个习题册和二维码资源、电子教案、电子课件、习题参考答案4种互联网资源。

习题册——除配合教材内容对现有习题册进行修订外，还为多种教材补充开发习题册，进一步满足学校教学的实际需求。

二维码资源——在部分教材中，针对重点、难点内容制作微视频，针对拓展学习内容制作电子阅读材料，使用移动设备扫描即可在线观看、阅读。

电子教案——结合教材内容编写教案，体现教学设计意图，为教师备课提供参考。

电子课件——依据教材内容制作电子课件，为教师教学提供帮助。

习题参考答案——提供教材中习题及配套习题册的参考答案，为教师指导学生练习提供方便。

电子教案、电子课件、习题参考答案均可通过技工教育网（https://jg.class.com.cn）下载使用。

编者

2024年9月

目录

标记星号（*）的模块可作为选学内容。

绪 论

一、电力拖动

图 0-1-1 所示为机械加工车间常用的孔加工机床——钻床。它的工作流程如下。

合上电源开关→按下启动按钮→将电源接入电动机，使电动机转动→传动带带动钻头旋转钻削工件。

可见，此钻床的工作机构是通过电动机来拖动的，这种拖动方式称为电力拖动，即**电力拖动是指用电动机拖动生产机械的工作机构使之运转的一种拖动方式。**

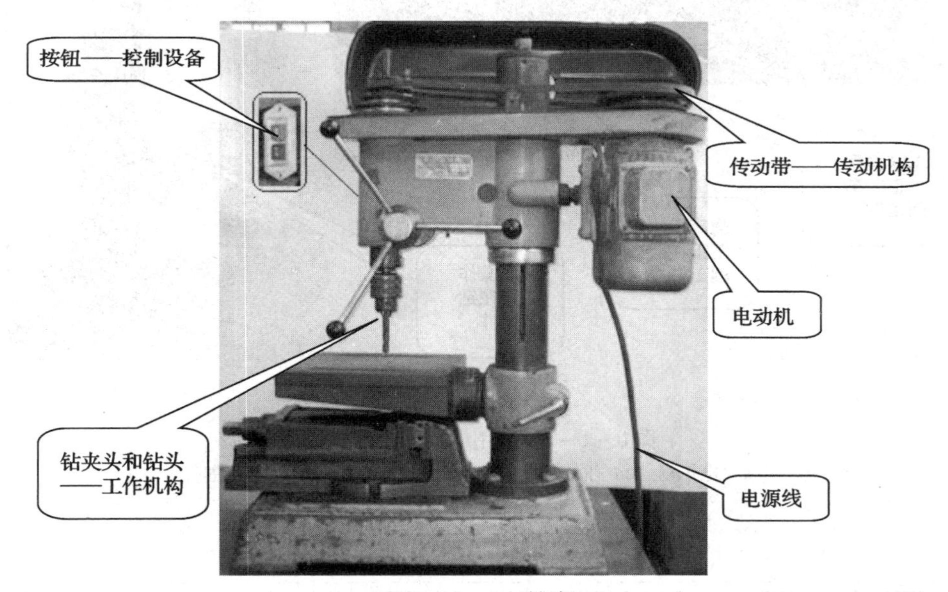

图 0-1-1 钻床

由于电力在生产、传输、分配、使用和控制等方面的优越性，使得电力拖动具有方便、经济、效率高、调节性能好、易于实现生产过程自动化等优点，所以电力拖动在生产实际中获得了广泛的应用。目前，在日常生活中使用的电风扇、洗衣机等家用电器，在生产中大量使用的各式各样的生产机械，如车床、磨床、钻床、铣床、造纸机、轧钢机等，都采用电力拖动，如图 0-1-2 所示。

电力拖动系统一般由电源、控制设备、电动机、传动机构四个子系统组成，如图 0-1-3 所示。

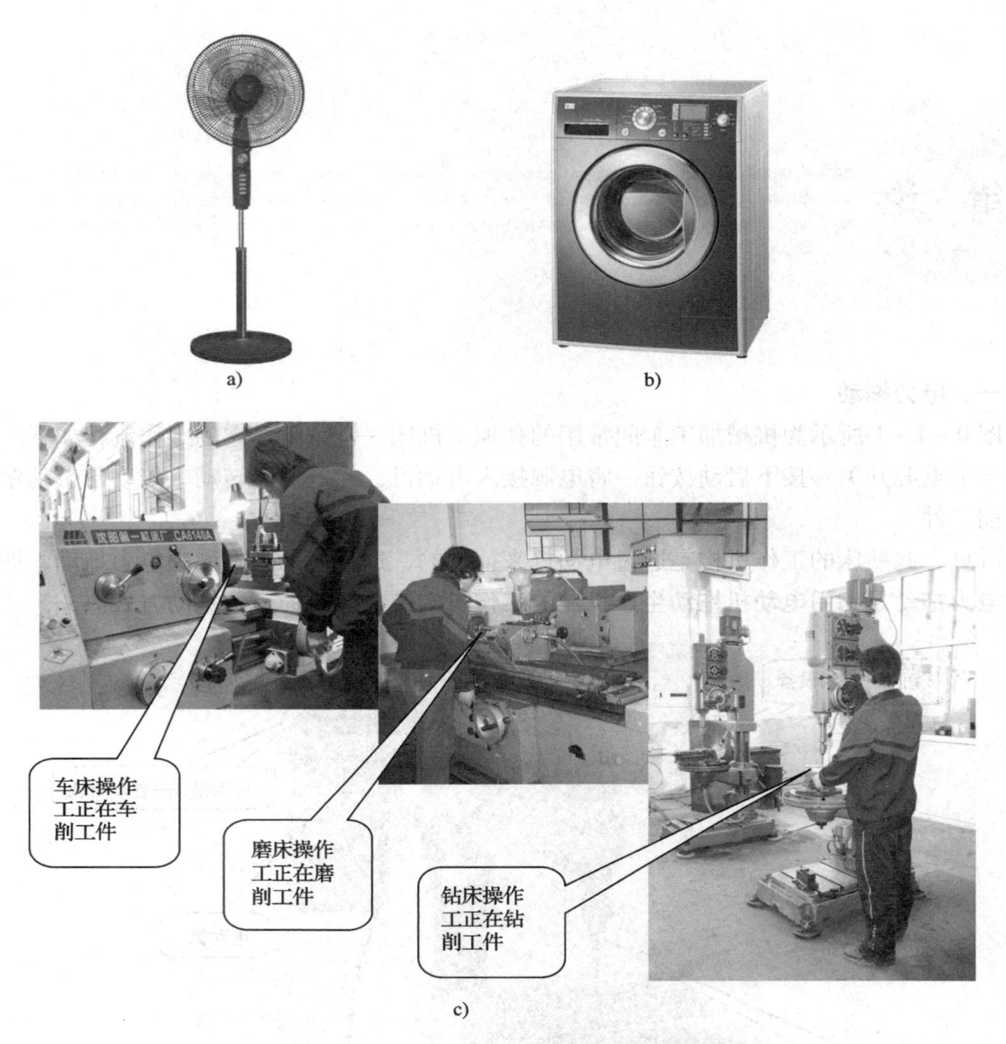

图0－1－2　家用电器和生产机械

a）电风扇　b）洗衣机　c）用车床、磨床和钻床切削工件

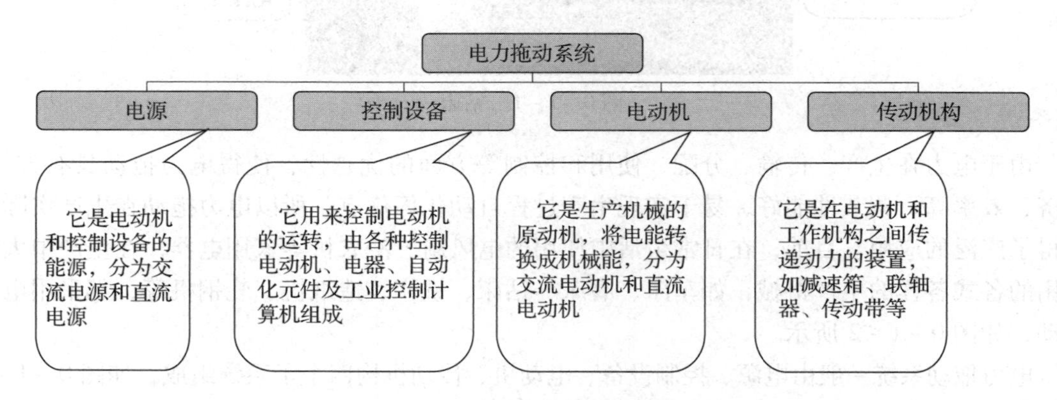

图0－1－3　电力拖动系统的组成

它们之间的关系可用图 0 –1 –4 所示框图表示。

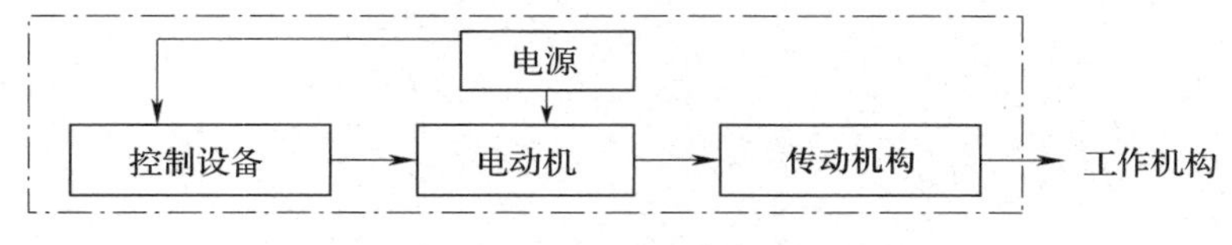

图 0 –1 –4　电力拖动系统组成框图

二、学习目标

《电气基本控制线路安装与维修》是高级技工学校电气自动化设备安装与维修专业高级工的一门集专业理论知识和技能训练于一体的专业课程。它主要研究电力拖动基本控制线路的构成、工作原理以及安装、调试与维修，是继续学习《常用机床电气线路维修》课程和其他相关专业课程以及将来从事机床维修工作的基础。学生学习完本课程后，应具有以下三方面能力。

1. 能正确选择、安装、检测和使用生产机械中常用的低压电器，如低压熔断器、低压开关、主令电器、接触器、继电器等。

2. 熟悉电气识图的基本知识，熟知电动机的控制、保护、选择原则，能正确设计、绘制简单电气控制线路的有关电气图。

3. 熟知电动机各种基本电气控制线路的构成和工作原理，能根据它们的电气图（如电路图、接线图、布置图等）安装、调试和维修电气控制线路。图 0 –1 –5 和图 0 –1 –6 所示为工作台自动往返控制线路和 CA6140 型卧式车床电气控制线路电路图。

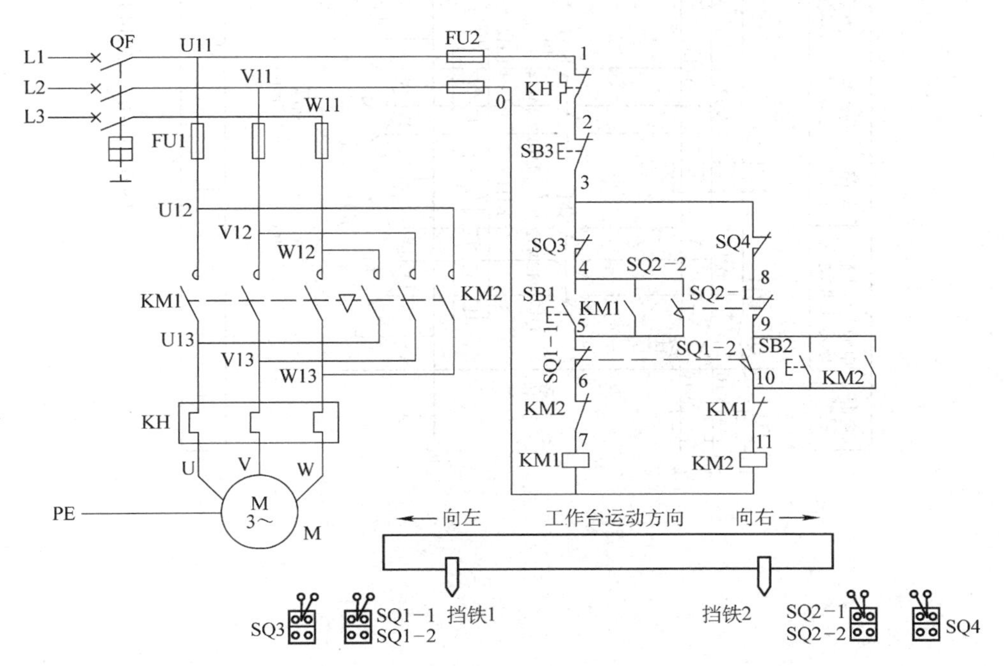

图 0 –1 –5　工作台自动往返控制线路电路图

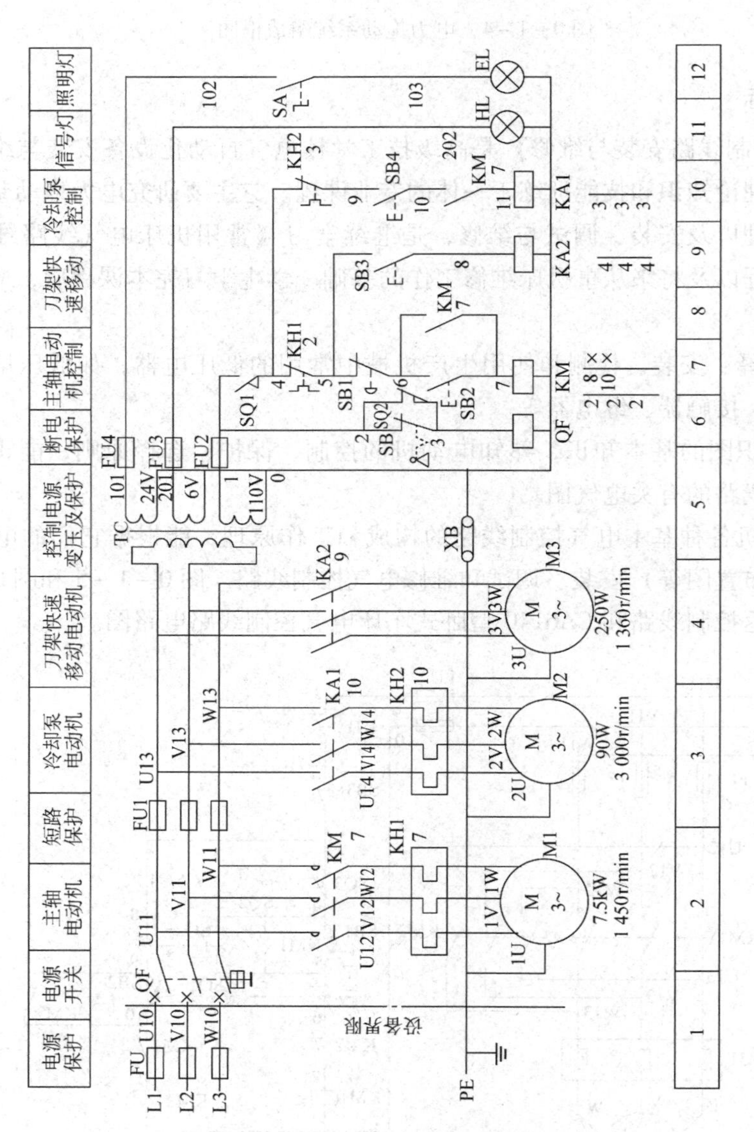

图0－1－6　CA6140型卧式车床电气控制线路图

三、注意事项

本课程是一门实践性非常强的专业课，学生在学习过程中应注意以下几点。

1. 以操作技能为主线，处理好理论学习与技能训练的关系。

2. 注重利用电拖实验室、实训场所的实物、模型、挂图等直观教具和设备，配合 PPT 和微视频，增加感性认识，增强学习的直观性和学生的学习兴趣。

3. 学习要联系生产实际，在教师的指导下，勤学苦练基本功，总结规律，不断积累经验，逐步提高安装、调试和维修电气控制线路的能力，达到国家和企业对中高级电工岗位的要求。

4. 在进行技能训练时，要爱护工具和设备，节约原材料，严格执行电工安全操作规程，做到安全、文明生产。

模块一　三相电动机基本控制线路的安装与维修

由于现代电网普遍采用三相交流电，而三相电动机具有结构简单、工作可靠、价格低廉、维护方便、效率较高、体积小、质量轻等一系列优点，因此，三相电动机得到了广泛的应用。图1-0-1所示的几种生产机械就是由三相电动机来拖动的。

a)　　　　　　　　　　b)

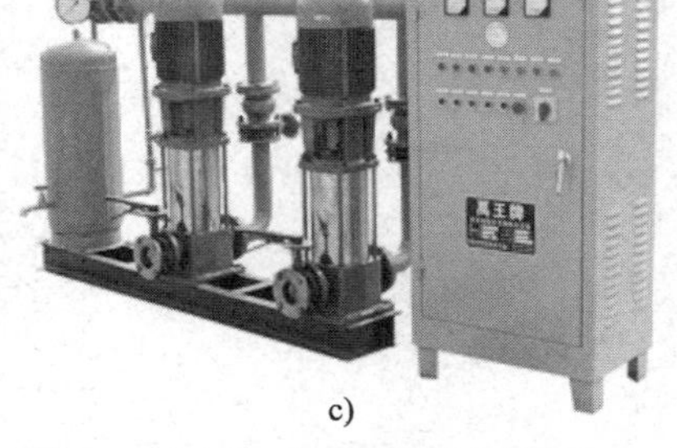

c)

图1-0-1　三相电动机的应用

a）普通车床　b）电动葫芦　c）水泵

由于各种生产机械的工作性质和加工工艺不同，因此，它们对电动机的控制要求不同。要使电动机按照生产机械的要求正常、安全地运转，必须配备一定的电器，组成一定的控制线路，才能达到目的。图1-0-2所示就是某机床配电箱电气控制线路的相关电器。在生产实践中，各种生产机械需要的电器类型和数量各不相同，构成的控制线路也不同，一台生产机械的控制线路可能比较简单，也可能相当复杂，但任何复杂的控制线路都是由一些基本控制线路组合而成的。

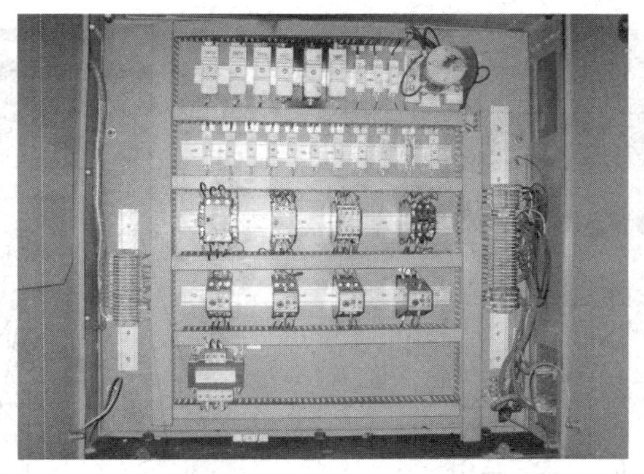

图1-0-2　某机床配电箱电气控制线路的相关电器

课题一　三相笼型异步电动机正转控制线路的安装与维修

任务1　认识低压开关和低压熔断器

任务目标

1. 了解低压电器的分类方法和常用术语。

2. 熟悉低压断路器、负荷开关、组合开关的功能、基本结构、工作原理、型号含义及选用原则，熟记它们的图形符号和文字符号。

3. 熟悉低压熔断器的基本结构、主要技术参数、型号含义及选用原则，熟记其图形符号和文字符号。

4. 能正确识别、检测低压开关和低压熔断器。

工作任务

低压开关是电动机控制线路中常用的低压电器，在生活中也经常能够见到它。如在居民楼或办公楼里，人们常使用图1-1-1a所示的开关箱，箱中的低压断路器控制着电灯、空调、电风扇等用电器的工作情况。在建筑工地，常使用图1-1-1b所示的开关箱，箱中的低压断路器和开启式负荷开关等控制着搅拌机、抹光机等建筑机械的工作情况。

本任务的主要内容就是了解低压电器的基本知识，完成常用低压开关和低压熔断器的识别与检测。

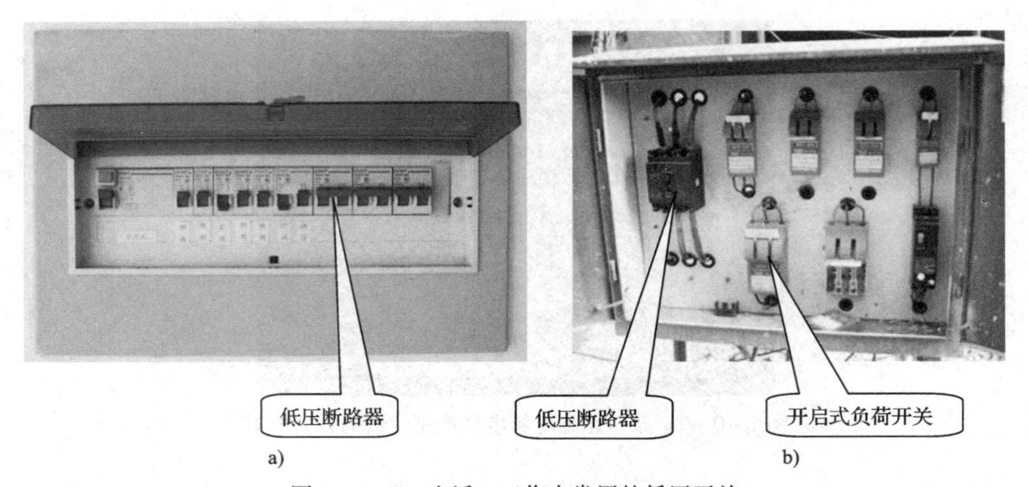

图 1－1－1　生活、工作中常用的低压开关

a）居民楼或办公楼里的开关箱　b）建筑工地的开关箱

相关知识

一、低压电器的分类方法和常用术语

不同的家用电器和不同的生产机械，其工作性质和加工工艺不同，使得它们对电动机的控制要求也不同。要使电动机按照生产机械的要求正常、安全地运转，必须配备一定的电器，组成一定的控制线路，才能达到目的。图 1－1－2 所示是 CK6140H 型数控车床及配电箱，不同的生产机械其配电箱不同，所用电器的数量、型号、规格也不相同。

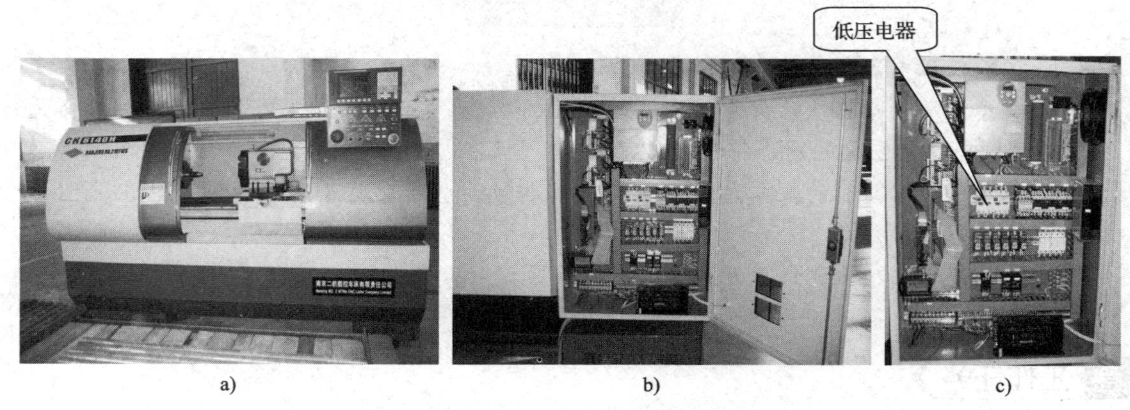

图 1－1－2　CK6140H 型数控车床及配电箱

a）CK6140H 型数控车床　b）、c）CK6140H 型数控车床配电箱

电器是一种能根据外界的信号和要求，手动或自动地接通或断开电路，实现对电路或非电对象的切换、控制、保护、检测和调节的元件或设备。

根据工作电压的高低，电器可分为高压电器和低压电器。工作在交流额定电压 1 200 V 及以下、直流额定电压 1 500 V 及以下的电器称为低压电器。低压电器作为基本器件，广泛应用于输配电系统和电力拖动系统中，在生产中起着非常重要的作用。

低压电器的种类繁多，分类方法也很多，常见的分类方法、类别及说明见表 1－1－1，低压电器常用的术语及含义见表 1－1－2。

表 1－1－1　　低压电器常见的分类方法、类别及说明

分类方法	类别	说明
按低压电器的用途和所控制的对象分类	低压配电电器	包括低压开关、低压熔断器等，主要用于低压配电系统及动力设备中
	低压控制电器	包括接触器、继电器、电磁铁等，主要用于电力拖动与自动控制系统中
按低压电器的动作方式分类	自动切换电器	依靠电器本身参数的变化或外来信号的作用，自动完成接通或分断电路等动作的电器，如接触器、继电器等
	非自动切换电器	主要依靠外力（如手控）直接操作来切换电路的电器，如按钮、低压开关等
按低压电器的执行机构分类	有触点电器	具有可分离的动触点和静触点，主要利用触点的接触和分离实现电路的接通和断开控制，如接触器、继电器等
	无触点电器	没有可分离的触点，主要利用半导体器件的开关效应来实现电路的通断控制，如接近开关、固态继电器等

表 1－1－2　　低压电器常用的术语及含义

常用术语	含义
通断时间	从电流开始在开关电器的一个极流过的瞬间起，到所有极的电弧最终熄灭的瞬间为止的时间间隔
燃弧时间	电器分断过程中，从触头断开（或熔体熔断）出现电弧的瞬间起，到电弧完全熄灭为止的时间间隔
分断能力	在规定的条件下，能在给定的电压下分断预期分断电流值
接通能力	在规定的条件下，能在给定的电压下接通预期接通电流值
通断能力	在规定的条件下，能在给定的电压下接通和分断预期电流值
短路接通能力	在规定的条件下，包括开关电器的出线端短路在内的接通能力
短路分断能力	在规定的条件下，包括开关电器的出线端短路在内的分断能力
操作频率	开关电器在每小时内可能实现的最高循环操作次数
通电持续率	电器的有载时间和工作周期之比，常以百分数表示
电寿命	在规定的条件下，机械开关电器不需要修理或更换零件的负载操作循环次数

二、低压开关

图 1－1－1 中使用的低压断路器和开启式负荷开关都是常用的低压开关。低压开关一般为非自动切换电器，主要用于隔离、转换、接通和分断电路。在电力拖动中，低压开关多数用作机床电路的电源开关和局部照明电路的控制开关，有时也可用来直接控制小容量电动机的启动、停止和正、反转。

下面介绍常用的低压开关——低压断路器、负荷开关和组合开关。

1. 低压断路器

几种常用低压断路器的外形图如图 1－1－3 所示。

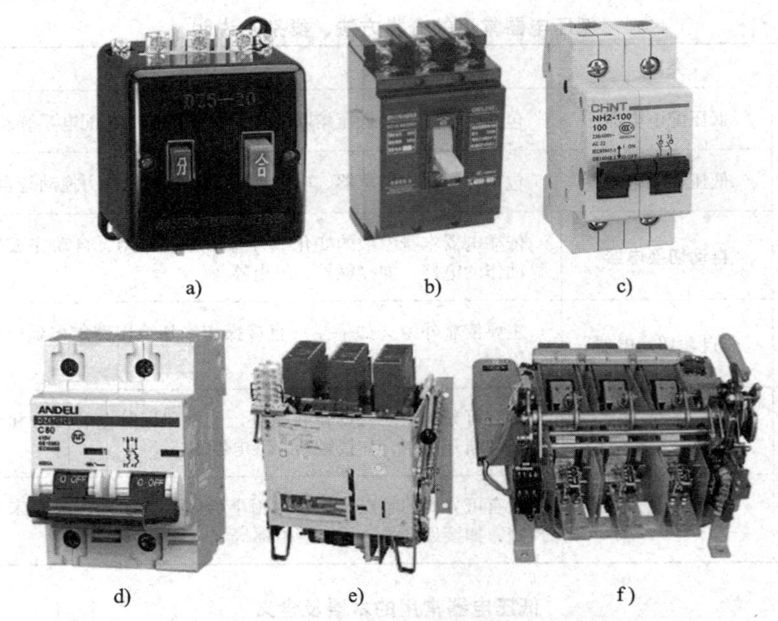

图 1－1－3　几种常用低压断路器的外形图

a）DZ5 系列塑壳式　b）DZ15 系列塑壳式　c）NH2－100 型隔离开关
d）DZ47－100 型小型模数式　e）DW15 系列万能式　f）DW16 系列万能式

（1）功能及分类

低压断路器又叫自动空气开关或自动空气断路器，简称断路器。它集控制和多种保护功能于一体，当线路工作正常时，它作为电源开关不频繁地接通和分断电路；当线路中发生短路、过载和失压等故障时，它能自动跳闸切断故障电路，保护线路和电气设备。

低压断路器具有操作安全、安装与使用方便、工作可靠、动作值可调、分断能力较强、兼作多种保护、动作后不需要更换元件等优点，因此得到了广泛应用。

低压断路器的分类方法和类别见表 1－1－3。

表 1－1－3　　低压断路器的分类方法和类别

分类方法	类别
按结构形式分类	塑壳式（又称装置式）、万能式（又称框架式）、限流式、直流快速式、灭磁式、漏电保护式断路器
按操作方式分类	人力操作式、动力操作式、储能操作式断路器
按极数分类	单极式、二极式、三极式、四极式断路器
按安装方式分类	固定式、插入式、抽屉式断路器
按用途分类	配电用、电动机保护用、漏电保护用、其他负载（如照明）用断路器

通常，低压断路器是按结构形式分类的。在电力拖动系统中常用 DZ 系列塑壳式低压断

路器，如 DZ5、DZ15 系列，其中 DZ5 系列为小电流系列，额定电流为 10～50 A，适用于交流频率 50 Hz、额定电压 380 V、额定电流 50 A 及以下的电路。下面以 DZ5－20 型低压断路器为例介绍低压断路器的结构和工作原理。

（2）结构及原理

DZ5 系列低压断路器的结构如图 1－1－4a 所示。它主要由触头、操作机构（如按钮）、热脱扣器、电磁脱扣器、接线柱及绝缘外壳等部分组成。低压断路器的外形和符号如图 1－1－4b 和图 1－1－4c 所示。

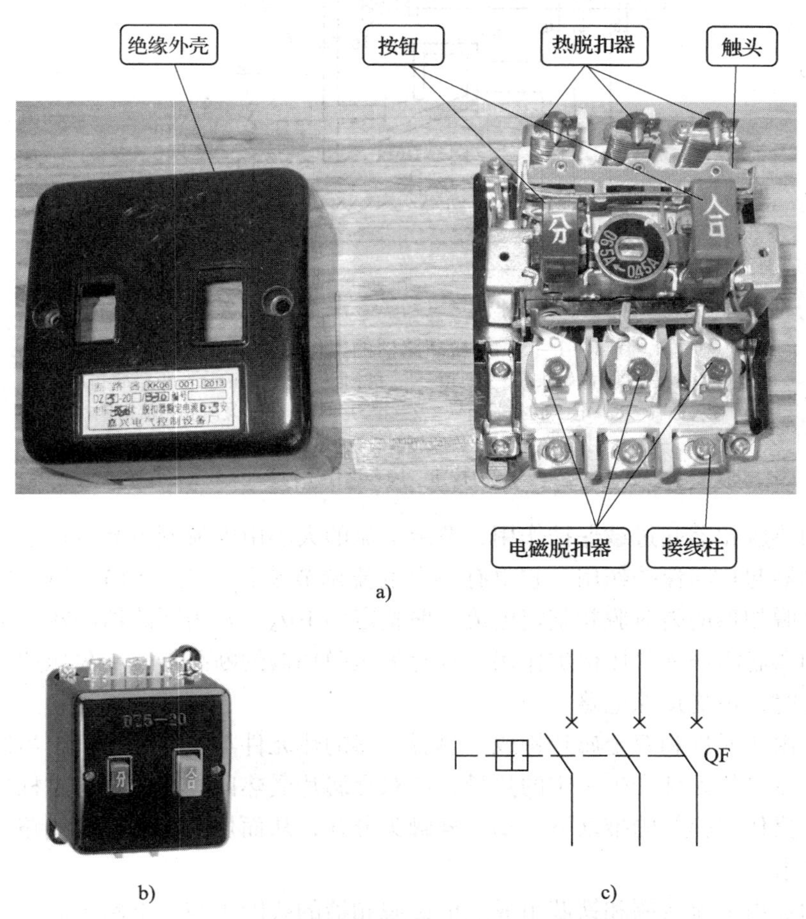

图 1－1－4　低压断路器的结构、外形和符号

a）结构　b）外形　c）符号

DZ5 系列断路器有三对主触头、一对辅助常开触头和一对辅助常闭触头（所谓常开触头和常闭触头，是指电器未受外力或电磁系统未通电动作前触头的状态）。使用时三对主触头串联在被控制的三相电路中，用以接通和分断主电路的大电流。按下绿色“合”按钮时，接通电路；按下红色“分”按钮时，切断电路。当电路出现短路、过载等故障时，断路器会自动跳闸切断电路。辅助常开触头和辅助常闭触头可用于信号指示电路或控制电路。主触头和辅助触头的接线柱伸出壳外，以便于接线。

低压断路器的工作原理示意图如图 1－1－5 所示。当按下接通按钮时，外力使锁扣克服反作用弹簧的弹力，将固定在锁扣上面的动触头与静触头闭合，并由锁扣锁住搭钩使动、静触头保持闭合，开关处于接通状态。当按下分断按钮时，搭钩与锁扣脱开，在反作用弹簧的推动下，动、静触头分开，从而切断电路。

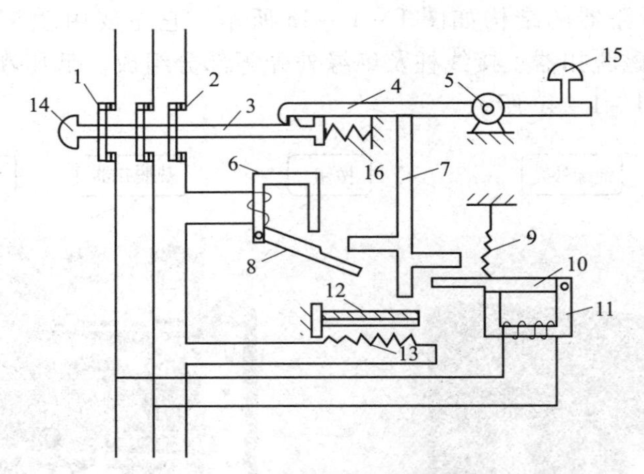

图 1－1－5　低压断路器的工作原理示意图

1—动触头　2—静触头　3—锁扣　4—搭钩　5—转轴座　6—电磁脱扣器
7—杠杆　8—电磁脱扣器衔铁　9—拉力弹簧　10—欠压脱扣器衔铁
11—欠压脱扣器　12—双金属片　13—热元件　14—接通按钮
15—分断按钮　16—反作用弹簧

断路器的热脱扣器起过载保护作用，整定电流的大小由电流调节装置调节。

电磁脱扣器起短路保护作用，它也有一个电流调节装置，用于调节瞬时脱扣整定电流。出厂时，电磁脱扣器的瞬时脱扣整定电流一般整定为 $10I_N$（I_N为断路器的额定电流）。

欠压脱扣器起零压和欠压保护作用。具有欠压脱扣器的断路器，在欠压脱扣器两端无电压或电压过低时，不能接通电路。

热脱扣器由热元件和双金属片构成。热脱扣器的热元件与主电路串联，当线路发生过载时，过载电流流过热元件产生一定的热量，使双金属片受热向上弯曲，通过杠杆推动搭钩与锁扣脱开，在反作用弹簧的推动下，动、静触头分开，从而切断电路，使线路或用电设备不致因过载而烧毁。

电磁脱扣器由电流线圈和铁芯组成。电磁脱扣器的线圈也与主电路串联，当线路发生短路故障时，短路电流超过电磁脱扣器的瞬时脱扣整定电流，电磁脱扣器的线圈得电，使铁芯产生足够大的吸力将衔铁吸合，通过杠杆推动搭钩与锁扣分开，从而切断电路实现短路保护。

欠压脱扣器的动作过程与电磁脱扣器恰好相反。欠压脱扣器的线圈和电源并联，当线路上的电压消失或下降到某一数值时，欠压脱扣器铁芯的吸力消失或减小到不足以克服拉力弹簧的拉力时，衔铁在拉力弹簧的作用下撞击杠杆，将搭钩顶开，使触头分断。由此也可看出，具有欠压脱扣器的断路器在欠压脱扣器两端无电压或电压过低时，不能接通电路。

（3）型号含义

DZ5 系列低压断路器的型号含义如下。

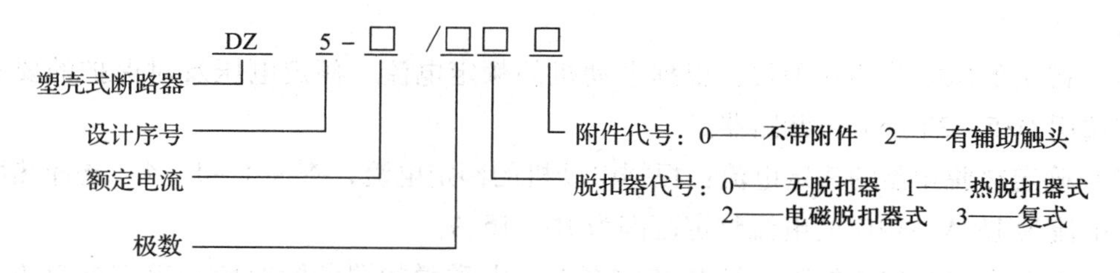

DZ5－20 型低压断路器的技术数据见表 1－1－4。

表 1－1－4　　DZ5－20 型低压断路器的技术数据

型号	额定电压/V	主触头额定电流/A	极数	脱扣器形式	热脱扣器额定电流（括号内为整定电流调节范围）/A	电磁脱扣器瞬时动作整定值/A
DZ5－20/330 DZ5－20/230	AC380 DC220	20	3 2	复式	0.15（0.10～0.15） 0.20（0.15～0.20） 0.30（0.20～0.30） 0.45（0.30～0.45） 0.65（0.45～0.65） 1（0.65～1） 1.5（1～1.5） 2（1.5～2） 3（2～3） 4.5（3～4.5） 6.5（4.5～6.5） 10（6.5～10） 15（10～15） 20（15～20）	为电磁脱扣器额定电流的 8～12 倍（出厂时整定于 10 倍）
DZ5－20/320 DZ5－20/220	AC380 DC220	20	3 2	电磁式		
DZ5－20/310 DZ5－20/210	AC380 DC220	20	3 2	热脱扣器式		
DZ5－20/300 DZ5－20/200	AC380 DC220	20	3 2	无脱扣器式		

（4）选用

1）低压断路器的额定电压和额定电流应不小于线路、设备的正常工作电压和工作电流。

2）热脱扣器的整定电流应等于所控制负载的额定电流。

3）电磁脱扣器的瞬时脱扣整定电流应大于负载电路正常工作时的峰值电流。用于控制电动机的低压断路器，其瞬时脱扣整定电流可按下式选取：

$$I_z \geqslant KI_{st}$$

式中　K——安全系数，可取 1.5～1.7；

I_{st}——电动机的启动电流，A。

4）欠压脱扣器的额定电压应等于线路的额定电压。

5）断路器的极限通断能力应不小于电路的最大短路电流。

【例 1－1】　用低压断路器控制一台型号为 Y132S－4 的三相笼型异步电动机，电动机的额定功率为 5.5 kW，额定电压为 380 V，额定电流为 11.6 A，启动电流为额定电流的 7 倍，试选择低压断路器的型号和规格。

解：

（1）确定低压断路器的种类：根据电动机的额定电流、额定电压及对保护的要求，初步确定选用 DZ5－20 型低压断路器。

（2）确定热脱扣器的额定电流：根据电动机的额定电流，查表 1－1－4，选择热脱扣器的额定电流为 15 A，相应的电流整定范围为 10～15 A。

（3）校验电磁脱扣器的瞬时脱扣整定电流：电磁脱扣器的瞬时脱扣整定电流 $I_z=10\times15$ A $=150$ A，而 $KI_{st}=1.7\times7\times11.6$ A ≈138 A，满足 $I_z\geqslant KI_{st}$，符合要求。

（4）确定低压断路器的型号规格：根据以上分析计算，选用 DZ5－20/330 型低压断路器。

2. 负荷开关

（1）开启式负荷开关

1）功能。图 1－1－6 所示是生产中常用的 HK 系列开启式负荷开关，又称为瓷底胶盖刀开关，简称刀开关。它的结构简单，价格便宜，适用于交流 50 Hz、额定电压 220 V（单相）或 380 V（三相）、额定电流 10～100 A 的照明、电热设备及小容量电动机控制线路，供手动不频繁地接通和分断电路，并起短路保护的作用。

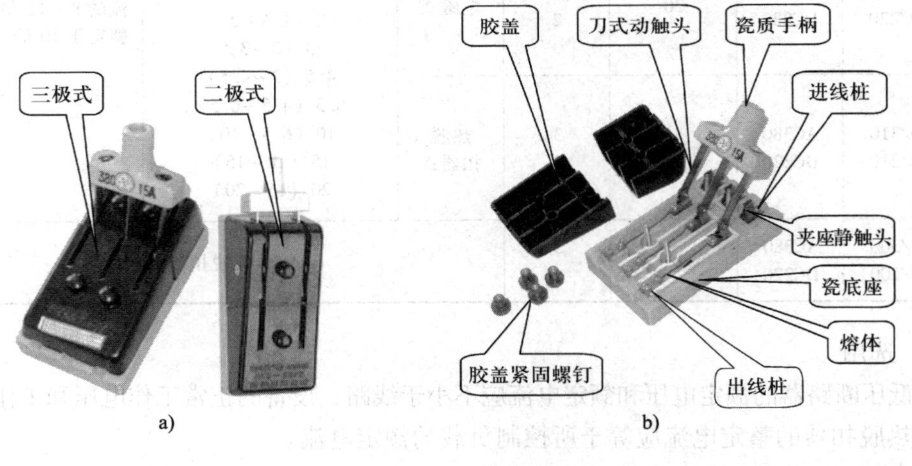

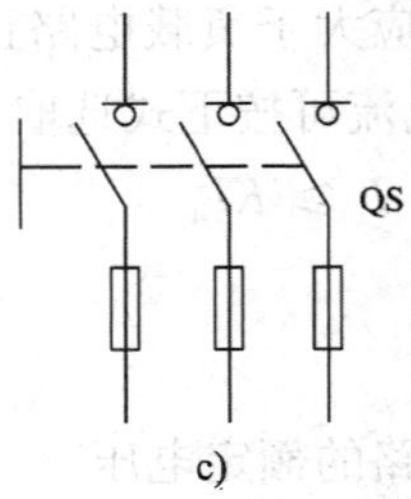

图 1－1－6　生产中常用的 HK 系列开启式负荷开关

a）外形　b）结构　c）符号

2）结构和符号。HK 系列开启式负荷开关的结构及符号如图 1－1－6b、图 1－1－6c 所示。

3）型号含义。开启式负荷开关的型号含义如下。

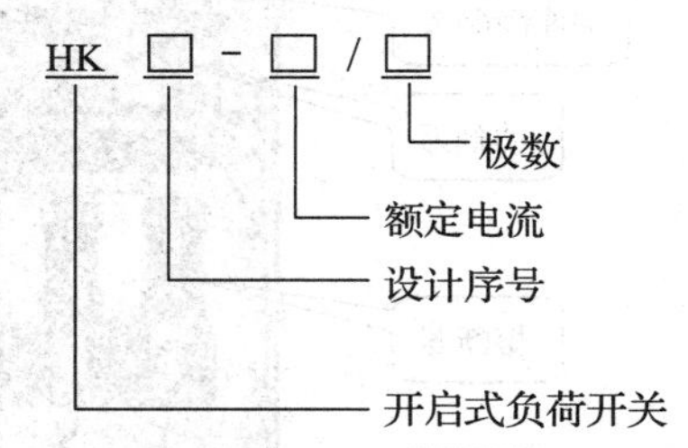

HK 系列开启式负荷开关的主要技术数据见表 1－1－5。

表 1－1－5　HK 系列开启式负荷开关的主要技术数据

型号	极数	额定电流/A	额定电压/V	控制电动机最大功率/kW		配用熔丝规格			
						熔丝成分/%			熔丝线径/mm
				220 V	380 V	铅	锡	锑	
HK1－15/2	2	15	220	—	—	98	1	1	1.45～1.59
HK1－30/2	2	30	220	—	—				2.30～2.52
HK1－60/2	2	60	220	—	—				3.36～4.00
HK1－15/3	3	15	380	1.5	2.2				1.45～1.59
HK1－30/3	3	30	380	3.0	4.0				2.30～2.52
HK1－60/3	3	60	380	4.5	5.5				3.36～4.00

4）选用。HK 系列开启式负荷开关适用于一般的照明线路和功率小于 5.5 kW 的电动机控制线路。这种开关没有专门的灭弧装置，其刀式动触头和夹座静触头易被电弧灼伤引起接触不良，因此不宜用于操作频繁的电路。其具体选用方法如下。

①HK 系列开启式负荷开关用于控制照明和电热负载时，选用额定电压 220 V 或 250 V，额定电流不小于电路所有负载额定电流之和的二极开关。

②HK 系列开启式负荷开关用于控制电动机的直接启动和停止时，选用额定电压 380 V 或 500 V，额定电流不小于电动机 3 倍额定电流的三极开关。

（2）封闭式负荷开关

1）功能。图 1－1－7 所示是 HH3 系列封闭式负荷开关，它是在开启式负荷开关的基础上改进设计的一种开关，因其外壳多为铸铁或用薄钢板冲压而成，故俗称铁壳开关，适用于交流频率 50 Hz、额定工作电压 380 V、额定工作电流 400 A 及以下的电路，用于手动不频繁地接通和分断带负载的电路及电路末端的短路保护，也可以用于控制 15 kW 以下小容量交流电动机的不频繁直接启动和停止。

2）结构。常用的 HH 系列封闭式负荷开关在结构上设计成侧面旋转操作式，主要由操作机构（包括手柄、转轴和速断弹簧）、触头系统（包括动触刀和夹座静触头）、灭弧罩、熔断器和外壳等组成，如图 1－1－7b 所示。操作机构具有两个特点：一是采用了弹簧储能分合闸方式，使触头的闭合和分断速度与手柄操作速度无关，有利于迅速熄灭电弧，提高开关的通断能力，延长其使用寿命；二是开关盖与操作机构设置了联锁装置，保证开关在合闸状态下开关盖不能开启，而当开关盖开启时操作机构不能合闸。另外，开关盖也可以加锁，

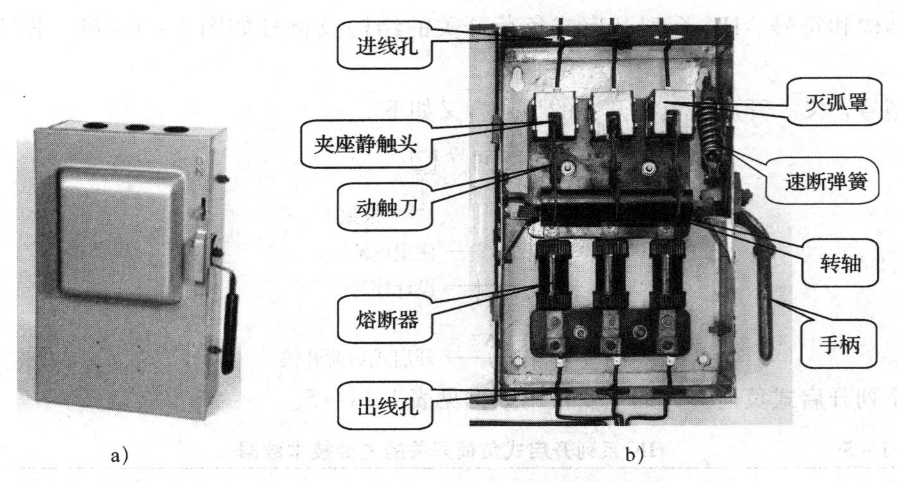

图 1－1－7　HH3 系列封闭式负荷开关
a）外形　b）结构

以确保操作安全。

封闭式负荷开关的电气符号与开启式负荷开关相同。

3）型号含义与选用。HH 系列封闭式负荷开关的型号含义如下。

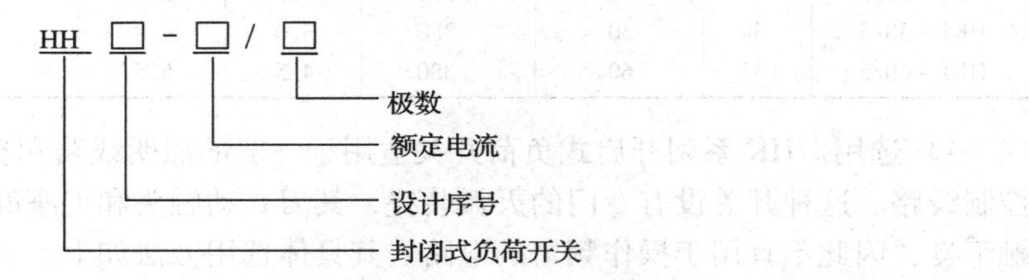

封闭式负荷开关的额定电压应不小于工作电路的额定电压；当封闭式负荷开关用于控制照明、电热负载时，其额定电流应不小于所有负载额定电流之和；当封闭式负荷开关用于控制电动机工作时，考虑到电动机的启动电流较大，应使开关的额定电流不小于电动机额定电流的 3 倍，或根据表 1－1－6 进行选择。

表 1－1－6　　HH4 系列封闭式负荷开关的主要技术数据

型号	额定电流/A	刀开关极限通断能力（在 110% 额定电压时）			熔断器极限分断能力			控制电动机最大功率/kW	熔体额定电流/A	熔体（紫铜丝）直径/mm
		通断电流/A	功率因数	通断次数/次	分断电流/A	功率因数	分断次数/次			
HH4－15/3Z	15	60	0.5	10	750	0.8	2	3.0	6 10 15	0.26 0.35 0.46
HH4－30/3Z	30	120			1 500	0.7		7.5	20 25 30	0.65 0.71 0.81
HH4－60/3Z	60	240	0.4		3 000	0.6		13	40 50 60	0.92 1.07 1.20

由于封闭式负荷开关的体积较大，操作不便，目前有被低压断路器取代的趋势。

3. 组合开关

（1）功能

组合开关又称为转换开关，其特点是体积小，触头对数多，接线方式灵活，操作方便，常用于交流频率 50 Hz、电压 380 V 及以下，或直流 220 V 及以下的电气线路，手动不频繁地接通和分断电路、换接电源和负载，或控制 5 kW 以下小容量电动机不频繁地启动、停止和正反转。

（2）结构及原理

组合开关的种类很多，常用的有 HZ5、HZ10、HZ15 等系列。HZ10－10/3 型组合开关如图 1－1－8 所示，开关的静触头装在固定的绝缘垫板上，并附有接线柱，用于与电源及负载进行连接，动触头装在能随转轴转动的绝缘垫板上，这样当手柄和转轴沿顺时针或逆时针方向转动 90°时，就能带动三个动触头分别与静触头接触或分离，达到接通和分断电路的目的。由于该组合开关采用了扭簧储能结构，其能快速闭合或分断触头，闭合和分断速度与手动操作速度无关，提高了开关的通断能力。组合开关的符号如图 1－1－8c 所示。

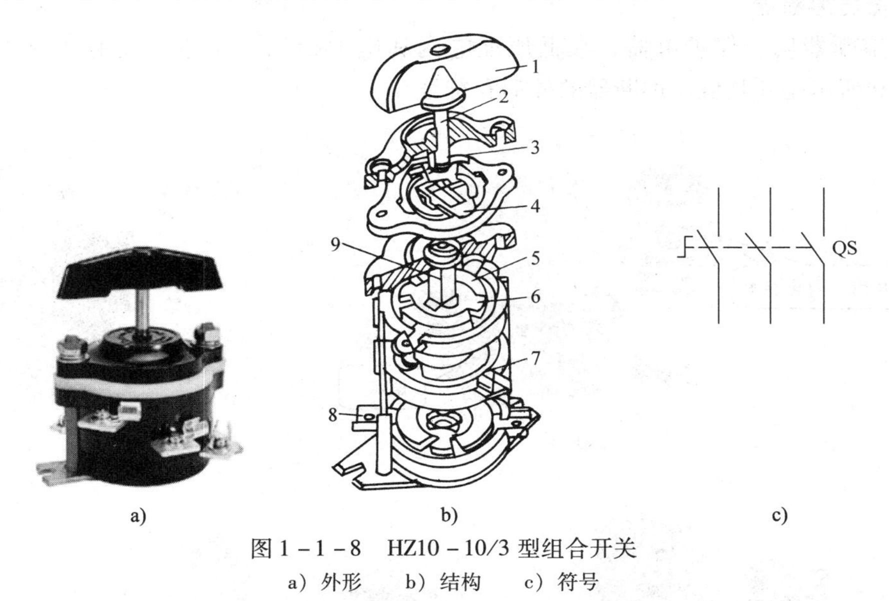

图 1－1－8　HZ10－10/3 型组合开关

a）外形　b）结构　c）符号

1—手柄　2—转轴　3—弹簧　4—凸轮　5—绝缘垫板　6—动触头　7—静触头　8—接线端子　9—绝缘方轴

（3）型号含义

HZ10 系列组合开关的型号含义如下。

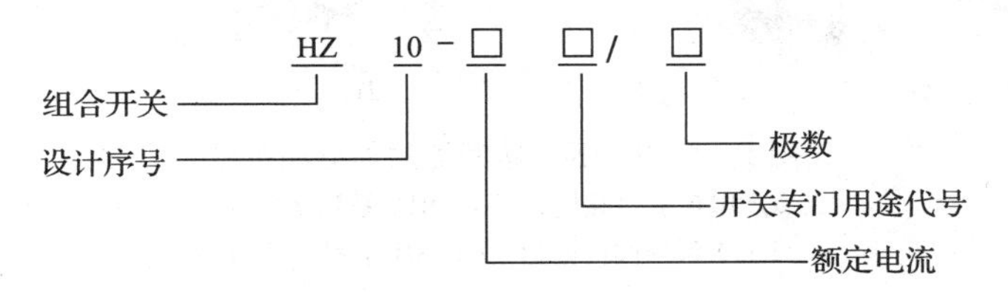

组合开关可分为单极、二极和多极三类，主要参数有额定电压、额定电流、极数等，额定电流有10 A、25 A、60 A、100 A等几个等级。HZ10系列组合开关的主要技术数据见表1－1－7。

表1－1－7　**HZ10系列组合开关的主要技术数据**

型号	额定电压/V	额定电流/A		额定电压为380 V时可控制电动机的功率/kW
		单极	三极	
HZ10－10	直流220 V、交流380 V	6	10	1
HZ10－25		—	25	3.3
HZ10－60		—	60	5.5
HZ10－100		—	100	—

（4）选用

组合开关应根据电源种类、电压等级、所需触头数、接线方式和负载容量进行选用。组合开关用于控制小型异步电动机的运转时，其额定电流一般取电动机额定电流的1.5～2.5倍。

三、低压熔断器

低压熔断器属于保护电器，在低压配电网和电力拖动系统中主要起短路保护作用。图1－1－9所示是几款低压熔断器的外形和符号。

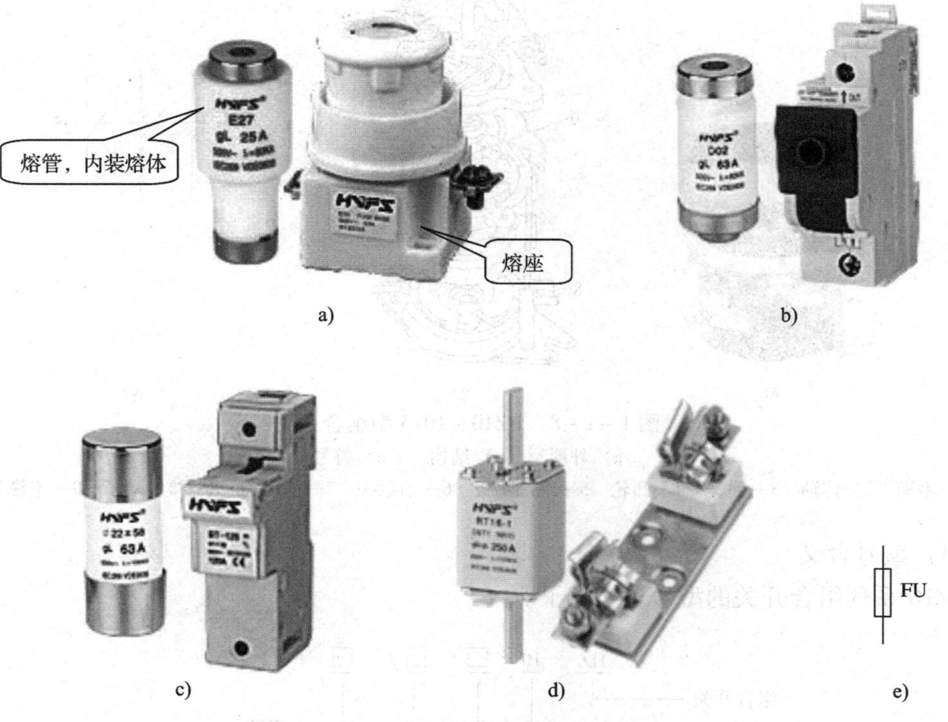

图1－1－9　低压熔断器的外形和符号

a）RL6系列螺旋式　b）RL8系列螺旋式

c）RT14系列圆筒帽形　d）NH系列　e）符号

使用低压熔断器时，应把它串联在被保护的电路中。正常情况下，低压熔断器的熔体相当于一段导线，当电路发生短路故障时，低压熔断器中的熔体能迅速熔断，以分断电路，起到保护线路和电气设备的作用。低压熔断器的结构简单，价格便宜，动作可靠，使用和维护方便，因而得到了广泛的应用。

1. 结构

低压熔断器主要由熔体、安装熔体的熔管和熔座三部分组成，如图 1－1－9a 所示。熔体是低压熔断器的核心，常做成丝状、片状或栅状，制作熔体的材料一般为铅锡合金、锌、铜、银等，根据受保护电路的要求而定。熔管是熔体的保护外壳，用耐热绝缘材料制成，在熔体熔断时兼有灭弧作用。熔座是低压熔断器的底座，用于固定熔管和外接引线。

2. 主要技术参数

（1）额定电压

它是指低压熔断器长期工作所能承受的电压。如果低压熔断器的实际工作电压大于其额定电压，熔体熔断时可能发生电弧不能熄灭的危险。

（2）额定电流

它是指保证低压熔断器能长期正常工作的电流。它的大小由低压熔断器各部分长期工作时允许的温升决定。

要点提示

低压熔断器的额定电流与熔体的额定电流是两个不同的概念。熔体的额定电流是指在规定的工作条件下，长时间通过熔体而熔体不熔断的最大电流。通常，一个额定电流等级的低压熔断器可以配用若干个额定电流等级的熔体，但要保证熔体的额定电流不大于低压熔断器的额定电流。例如，型号为 RL1－15 的低压熔断器，低压熔断器的额定电流为 15 A，但可以配用额定电流为 2 A、4 A、6 A、10 A 和 15 A 的熔体。

（3）分断能力

低压熔断器的分断能力是指在规定的使用条件和性能条件下，低压熔断器能分断预期分断电流值，常用极限分断电流值来表示。

（4）时间－电流特性

该特性也称为安－秒特性或保护特性，是指在规定的条件下，表征流过熔体的电流与熔体熔断时间的关系曲线，如图 1－1－10 所示。从特性可以看出，低压熔断器的熔断时间随电流的增大而缩短，具有反时限特性。

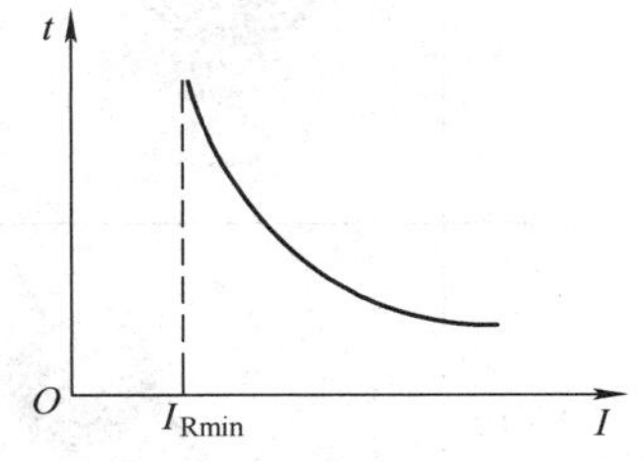

图 1－1－10　低压熔断器的时间－电流特性

另外，在时间－电流特性曲线中有一个熔断电流与不熔断电流的分界线，与此相对应的电流称为最小熔化电流或临界电流，用 I_{Rmin} 表示，往往以在 1～2 h 内能熔断的最小电流作为最小熔化电流。

根据低压熔断器的使用要求，熔体在额定电流 I_N 时绝对不应熔断，所以最小熔化电流

I_{Rmin}必须大于额定电流 I_N。低压熔断器的熔断电流与熔断时间的关系见表 1－1－8。由表中可以看出，低压熔断器对过载反应是很不灵敏的，当电气设备发生轻度过载时，低压熔断器将持续很长时间才熔断，有时甚至不熔断。因此，除照明和电加热的电路外，低压熔断器一般不宜用作过载保护电器，主要用作短路保护电器。

表 1－1－8　　　　低压熔断器的熔断电流与熔断时间的关系

熔断电流 I_S/A	$1.25I_N$	$1.6I_N$	$2.0I_N$	$2.5I_N$	$3.0I_N$	$4.0I_N$	$8.0I_N$	$10.0I_N$
熔断时间 t/s	∞	3 600	40	8	4.5	2.5	1	0.4

3. 型号含义

低压熔断器的型号含义如下。

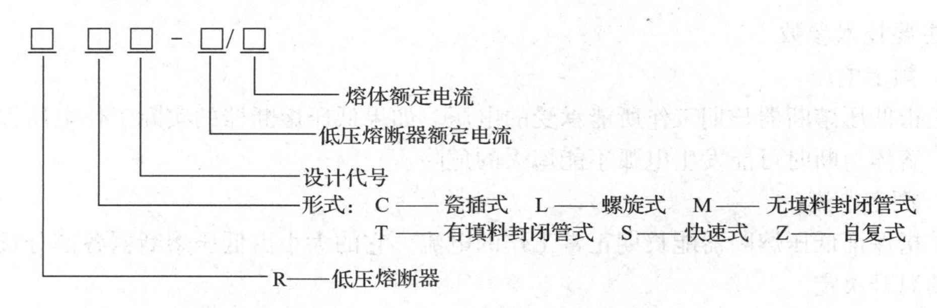

例如，型号 RL1－15/10 中，R 表示低压熔断器，L 表示螺旋式，设计代号为 1，低压熔断器额定电流是 15 A，熔体额定电流是 10 A。

常用低压熔断器的外形、特点和应用场合见表 1－1－9。

表 1－1－9　　　　常用低压熔断器的外形、特点和应用场合

名称	外形	特点	应用场合
RL1 系列螺旋式熔断器		该系列低压熔断器的分断能力较强，结构紧凑，体积小，安装面积小，更换熔体方便，工作安全、可靠，熔丝熔断后有明显指示（当从瓷帽玻璃窗口观测到带小红点的熔断指示器自动脱落时，表示熔体已经熔断）	广泛应用于控制箱、配电屏、机床设备及振动较大的场合，在交流额定电压 500 V、额定电流 200 A 及以下的电路中，作为短路保护器件
RM10 系列无填料封闭管式熔断器		该系列无填料熔断器的熔管为钢纸制成，两端为黄铜制成的可拆式管帽，管内熔体为变截面的熔片，更换熔体较方便	主要用于交流 380 V 及以下、直流 440 V 及以下、电流 600 A 以下的电力线路，作为导线、电缆及电气设备的短路和连续过载保护器件

续表

名称	外形	特点	应用场合
RT0 系列有填料封闭管式熔断器		该系列低压熔断器的熔管用高频电工瓷制成，熔体是两片网状紫铜片，中间用锡桥连接。熔体周围填满石英砂，起灭弧作用。该系列低压熔断器的分断能力比同容量的 RM10 系列大 2.5～4 倍。该系列低压熔断器配有熔断指示装置，熔体熔断后，会显示出醒目的红色熔断标志，并可用配备的专用绝缘手柄，在带电的情况下更换熔管，装取方便，安全可靠	广泛用于交流 380 V 及以下、短路电流较大的电力输配电系统，作为线路及电气设备的短路保护和过载保护器件
RT18（HG30）系列有填料封闭管式圆筒帽形熔断器		该系列低压熔断器由熔断体及熔断器支持件组成。熔断体由熔管、熔体、填料组成，熔断器支持件由底板、载熔体、插座等组成，为半封闭式结构，且带有熔断指示灯，熔体熔断时指示灯亮	用于交流 50 Hz、额定电压 380 V、额定电流 63 A 及以下工业电气装置的配电线路，作为线路的短路保护及过载保护器件
RLS、RS0、RS3 系列快速熔断器（又称半导体器件保护用熔断器）		快速熔断器的主要特点是熔断时间短，动作迅速（小于5 ms）。RS0、RS3 系列的外形与 RT0 系列相似，熔管内有石英砂填料，熔体也采用变截面形状，并采用导热性能强、热容量小的银片，熔化速度快	主要用于半导体硅整流元件的过电流保护，常用的有 RLS、RS0、RS3 等系列，RLS 系列主要用于小容量硅元件及成套装置的短路保护，RS0 和 RS3 系列主要用于大容量晶闸管的短路和过载保护，它们的结构相同，但 RS3 系列的动作更快，分断能力更强
自复式熔断器	PTC 聚合物自复式熔丝	自复式熔断器是一种采用气体、超导体或液态金属钠等作为熔体的限流元件，即在故障短路电流产生的高温下，使熔体瞬间呈现高阻状态，从而限制了短路电流，当故障消失后，温度下降，熔体又自动恢复至原来的低阻导电状态 自复式熔断器具有限流作用显著、动作时间短、动作后不必更换熔体、能重复使用、能实现自动重合闸等优点	目前自复式熔断器的产品有 RZ1 系列，适用于交流 380 V 的电路，且与低压断路器配合使用。自复式熔断器的额定电流有 100 A、200 A、400 A、600 A 四个等级，其在功率因数 $\lambda \leqslant 0.3$ 时的极限分断电流值（分断能力）为 100 kA

常见低压熔断器的主要技术数据见表 1－1－10。

表 1－1－10　　常见低压熔断器的主要技术数据

类别	型号	额定电压/V	额定电流/A	熔体额定电流/A	极限分断能力/kA	功率因数
螺旋式熔断器	RL1	500	15 60	2、4、6、10、15 20、25、30、35、40、50、60	2 3.5	≥0.3
			100 200	60、80、100 100、125、150、200	20 50	
无填料封闭管式熔断器	RM10	380	15	6、10、15	1.2	0.8
			60	15、20、25、35、45、60	3.5	0.7
			100 200 350	60、80、100 100、125、160、200 200、225、260、300、350	10	0.35
			600	350、430、500、600	12	0.35
有填料封闭管式熔断器	RT0	交流 380 直流 440	50 100 200 400 600	10、15、20、30、40、50 30、40、50、60、80、100 100、120、150、200 200、250、300、350、400 350、400、450、500、550、600	交流 50 直流 25	>0.3
有填料封闭管式圆筒帽形熔断器	RT18	380	32 63	2、4、6、8、10、12、16、20、25、32 2、4、6、8、10、16、20、25、32、40、50、63	100	0.1～0.2
快速熔断器	RLS2	500	30	16、20、25、30	50	0.1～0.2
			63	35、45、50、63		
			100	75、80、90、100		

4. 选用

低压熔断器有不同的类型和规格。对低压熔断器的要求是在电气设备正常运行时，低压熔断器应不熔断；在电路出现短路故障时，应立即熔断；在电流发生正常变动（如电动机启动过程）时，低压熔断器应不熔断；在用电设备持续过载时，应延时熔断。

对低压熔断器的选用主要根据低压熔断器的类型、额定电压、额定电流和熔体的额定电流来进行。

（1）低压熔断器类型的选用

根据使用环境、负载性质和短路电流的大小选用适当类型的低压熔断器。例如，对于容量较小的照明电路，可选用 RT 系列圆筒帽形熔断器；对于短路电流相当大或有易燃气体的场合，应选用 RT0 系列有填料封闭管式熔断器；对于机床控制线路，多选用 RL 系列螺旋式熔断器；对于大功率半导体器件及晶闸管的保护电路，应选用 RS 或 RLS 系列快速熔断器。

（2）低压熔断器额定电压和额定电流的选用

低压熔断器的额定电压必须大于或等于线路的额定电压；低压熔断器的额定电流必须大于或等于所装熔体的额定电流；低压熔断器的极限分断电流值应大于线路中可能出现的最大短路电流。

（3）熔体额定电流的选用

1）对于照明和电加热等电流较平稳、无冲击电流的负载的短路保护，熔体的额定电流应等于（或稍大于）负载的额定电流。

2）对于一台不经常启动且启动时间不长的电动机的短路保护，熔体的额定电流 I_{RN} 应大于或等于 1.5～2.5 倍电动机的额定电流 I_N，即

$$I_{RN} \geqslant (1.5 \sim 2.5) I_N$$

3）对于多台电动机的短路保护，熔体的额定电流应大于或等于其中最大容量电动机的额定电流 I_{Nmax} 的 1.5～2.5 倍，加上其余电动机额定电流的总和 $\sum I_N$，即

$$I_{RN} \geqslant (1.5 \sim 2.5) I_{Nmax} + \sum I_N$$

【例 1－2】 某机床电动机的型号为 Y112M－4，额定功率为 4 kW，额定电压为 380 V，额定电流为 8.8 A，该电动机正常工作时不需要频繁启动。若用低压熔断器为该电动机提供短路保护，试确定低压熔断器的型号和规格。

解：

（1）选择低压熔断器的类型：该电动机是在机床中使用的，所以低压熔断器可选用 RL1 系列螺旋式熔断器。

（2）选择熔体的额定电流：由于所保护的电动机不需要经常启动，则熔体的额定电流取

$$I_{RN} = (1.5 \sim 2.5) \times 8.8\ \text{A} = 13.2 \sim 22\ \text{A}$$

查表 1－1－10 得熔体的额定电流 I_{RN} = 20 A 或 15 A，但选取时通常留有一定余量，故一般取 I_{RN} = 20 A。

（3）选择低压熔断器的额定电流和电压：查表 1－1－10，可选取 RL1－60/20 型低压熔断器，其额定电流为 60 A，额定电压为 500 V。

任务实施

一、识别低压开关和低压熔断器

在教师指导下，仔细观察各种不同类型、规格的低压开关和低压熔断器，熟悉它们的外形、功能、结构、工作原理、型号及主要技术数据等。

二、检测低压开关

将低压开关的手柄扳到闭合位置，用万用表的电阻挡测量各对触头之间的接触情况，再用兆欧表测量每两相触头之间的绝缘电阻。

三、检查并更换 RL1 系列低压熔断器的熔体

1. 检查所给低压熔断器的熔体是否完好。对 RL1 系列低压熔断器，应首先查看其熔断指示器。

2. 若熔体已熔断，按原规格选配熔体。

3. 更换熔体。对 RL1 系列低压熔断器，注意安装时熔管不能倒装，有色标的向外。

4. 用万用表检查更换熔体后的低压熔断器各部分接触是否良好。

任务测评

评分标准见表 1－1－11。

表 1－1－11　　评分标准

<table>
<tr><th>项目内容</th><th>配分</th><th colspan="3">评分标准</th><th>扣分</th><th>得分</th></tr>
<tr><td>低压开关和低压熔断器的识别</td><td>20 分</td><td colspan="3">（1）低压电器种类识别错误　每项扣 5 分
（2）低压电器特性认识错误　每项扣 5 分</td><td></td><td></td></tr>
<tr><td>低压开关的检测</td><td>40 分</td><td colspan="3">（1）万用表和兆欧表使用方法错误　一次扣 10 分
（2）不会测量或测量结果错误　一次扣 10 分</td><td></td><td></td></tr>
<tr><td>低压熔断器熔体的更换和检查</td><td>40 分</td><td colspan="3">（1）检查方法不正确　扣 5 分
（2）不能正确选配熔体　扣 10 分
（3）更换熔体方法不正确　扣 10 分
（4）损伤熔体　扣 20 分
（5）更换熔体后低压熔断器断路　扣 20 分</td><td></td><td></td></tr>
<tr><td>安全文明生产</td><td colspan="4">违反安全文明生产规程　扣 5～40 分</td><td></td><td></td></tr>
<tr><td>定额时间：2 h</td><td colspan="4">每超时 10 min 以内以扣 5 分计算</td><td></td><td></td></tr>
<tr><td>备注</td><td colspan="3">除定额时间外，各项目的最高扣分应不超过配分</td><td>成绩</td><td colspan="2"></td></tr>
<tr><td>开始时间</td><td></td><td>结束时间</td><td></td><td>实际时间</td><td colspan="2"></td></tr>
</table>

指导教师：　　　　　　　　　　　　　　年　　月　　日

任务 2　手动正转控制线路的安装与维修

任务目标

1. 掌握绘制、识读电路图的基本原则。

2. 掌握手动正转控制线路的构成和工作原理。

3. 能正确绘制和识读手动正转控制线路的电路图、布置图和接线图，并能正确进行安装与维修。

工作任务

图 1－1－11a 所示是车工用来磨车刀的砂轮机，使用砂轮机时，向上扳动低压断路器的开关，砂轮转动；用完砂轮机后，向下扳动低压断路器的开关，砂轮停转。当线路出现短路故障时，低压断路器还会自动跳闸断开电路，起到短路保护的作用。

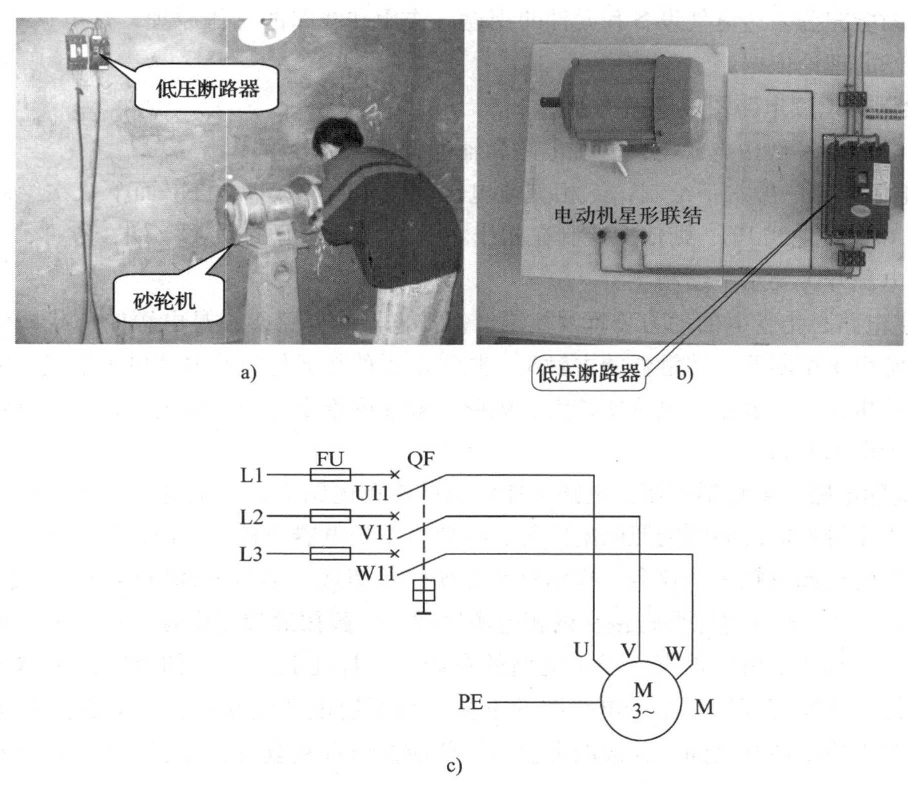

图 1－1－11　用低压断路器控制的手动正转控制线路

a）砂轮机　b）模拟盘　c）电路图

砂轮机的运转是通过低压断路器控制电动机单向启动和停止来实现的，其线路属于手动正转控制线路。在工厂中三相电风扇也常用这种线路进行控制。

手动正转控制线路通过低压开关控制电动机单向启动和停止，同时带动生产机械的运动部件朝一个方向运动。本任务就是完成手动正转控制线路的安装与维修。

相关知识

一、绘制、识读电路图的基本原则

对于较复杂的电气控制线路，如果将电气装置和元件的实际图形都绘制出来，工作量非常大，此时可将这些电气装置和元件用国家标准规定的电气图形符号表示出来，并在它们的旁边标上文字符号（项目代号），通过绘制电路图来分析它们的作用、线路的构成和工作原理等。

1. 电路图

电路图是根据生产机械的运动形式对电气控制系统的要求，采用国家统一规定的电气图形符号和文字符号，按照电气设备和电器的工作顺序排列，详细表示电路、设备或成套装置的全部组成和连接关系，但不涉及电气元件的结构尺寸、材料选用、安装位置和实际配线方法的一种简图。

电路图能充分表达电气设备和元件的用途、作用和线路的工作原理，是电气线路安装、调试和维修的理论依据。

2. 绘制、识读电路图应遵循的原则

（1）电路图一般由电源电路、主电路和辅助电路三部分组成。

1）电源电路一般水平绘制，三相交流电源相线 L1、L2、L3 自上而下依次绘制，若有中性线 N 和保护地线 PE，则依次绘制在相线之下。直流电源的“+”端在上方，“-”端在下方。电源开关要水平绘制。

2）主电路是指受电的动力装置及控制、保护电器的支路等，是电源向负载提供电能的电路，通常由主熔断器、接触器的主触头、热继电器的热元件以及电动机等组成。主电路通过的是电动机的工作电流，电流比较大，因此一般在图纸上用粗实线表示，绘于电路图的左侧并垂直于电源电路。

3）辅助电路一般包括控制主电路工作状态的控制电路、显示主电路工作状态的指示电路、提供机床设备局部照明的照明电路等，一般由主令电器的触头、接触器的线圈及辅助触头、继电器的线圈及触头、仪表、指示灯和照明灯等组成。通常辅助电路通过的电流较小，一般不超过 5 A。辅助电路要跨接在两相电源之间，一般按照控制电路、指示电路和照明电路的顺序，用细实线依次垂直绘于主电路的右侧，并且耗能元件（如接触器和继电器的线圈、指示灯、照明灯等）要绘于电路图的下方，与下边电源线相连，而电器的触头要绘于耗能元件与上边电源线之间。为读图方便，一般应按照自左至右、自上而下的排列来表示操作顺序。

（2）在电路图中，电气元件不用实际的外形图表示，而是采用国家统一规定的电气图形符号表示。

同一电器的各部分可不按它们的实际位置绘制在一起（如继电器的触头），而是按其在线路中所起的作用分别绘于不同的电路中，但它们的动作却是关联的，必须用同一文字符号标注。若在同一电路图中相同类型的电器较多，需要在电气元件文字符号后面加注不同的阿拉伯数字以示区别。各电器的触头位置都按电路未通电或电器未受外力作用时的常态位置绘制，分析工作原理时应从触头的常态位置出发。

（3）电路图采用电路编号法，即对电路中的各个连接点用字母或数字编号。

1）主电路在电源开关的出线端按相序依次编号为 U11、V11、W11，然后按从上至下、从左至右的顺序，每经过一个电气元件，编号要递增，如 U12、V12、W12，U13、V13、W13……单台三相交流电动机（或设备）的三根引线，按相序依次编号为 U、V、W。对于多台电动机引线的编号，为了不致引起误解和混淆，可在字母前用不同的数字加以区别，如

1U、1V、1W，2U、2V、2W……

2）辅助电路编号按“等电位”原则，按从上至下、从左至右的顺序用数字依次编号，每经过一个电气元件，编号要递增。控制电路编号的起始数字必须是1，其他辅助电路编号的起始数字依次递增100，如照明电路编号从101开始，指示电路编号从201开始等。

在电路图中，导线、电缆线、信号通路及元件、设备的引线均称为连接线。绘制电路图时，连接线一般采用实线，无线电信号通路采用虚线，并且应尽量减少不必要的连接线，避免线条交叉和弯折。对有直接电联系的交叉导线的连接点，要用小黑圆点表示，无直接电联系的交叉跨越导线则不画小黑圆点，如图1－1－12所示。

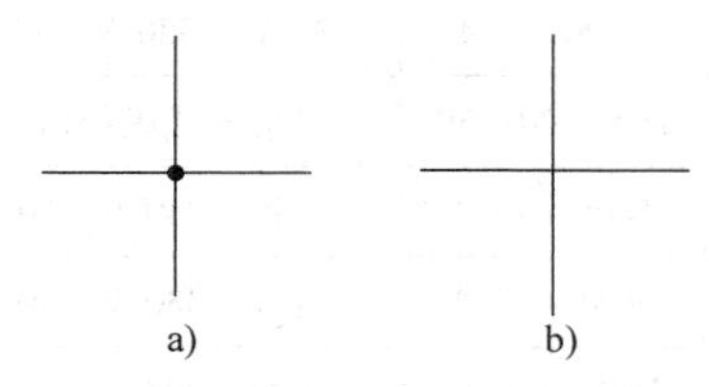

图1－1－12　连接线的交叉连接与交叉跨越

a）交叉连接　b）交叉跨越

二、手动正转控制线路的构成和工作原理

图1－1－11b、图1－1－11c所示是图1－1－11a所示砂轮机控制线路的模拟盘和电路图。由图1－1－11c很容易看出砂轮机控制线路是由三相电源L1、L2、L3，低压断路器QF和三相交流异步电动机M构成的，其中电源电路用细实线水平绘制，表示三相交流电源的相序符号L1、L2、L3自上而下依次标在电源线的左端。电能由三相交流电源引入控制线路。流过电动机的是工作电流，电流较大，是控制线路的主电路，垂直于电源电路绘制。电路图中的各个接点用字母或数字编号，主电路从电源开始，经电源开关或熔断器的出线端按相序依次编号为U11、V11、W11。单台三相交流电动机的三根引线按相序依次编号为U、V、W。

有了图1－1－11c所示的电路图，分析线路的工作原理就简单明了了。常使用电气元件的文字符号和传输方向箭头，再配以少量的文字说明，来表述线路的工作原理。手动正转控制线路的工作原理如下。

启动：合上断路器QF→电动机M接通电源，启动运转。

停止：断开断路器QF→电动机M脱离电源，停止运转。

任务实施

线路安装

一、工具、仪表及器材准备

参照表1－1－12选配工具、仪表和器材，并进行质量检验。

检验要求如下。

1. 根据电动机规格检验选配的工具、仪表、器材是否满足要求。
2. 电气元件外观应完整无损，附件、配件齐全。
3. 用万用表、兆欧表检测电气元件及电动机的技术数据是否符合要求。

表 1－1－12　　主要工具、仪表及器材

工具	验电笔、螺钉旋具、钢丝钳、尖嘴钳、斜口钳、剥线钳、电工刀等电工常用工具				
	冲击钻、弯管器、活扳手等线路安装工具				
仪表	MF47 型万用表、ZC25－3 型兆欧表（500 V、0～500 MΩ）、MG3－1 型钳形电流表				
器材	代号	名称	型号	规格	数量
	M	三相笼型异步电动机	Y100L2－4	3 kW、380 V、星形联结、6.8 A、1 420 r/min	1 台
	QF	低压断路器	DZ5－20/330	三极复式脱扣器、380 V、20 A、整定电流 10 A	1 只
	QS	开启式负荷开关	HK1－30/3	三极、380 V、30 A、熔体直连	1 只
	QS	封闭式负荷开关	HH4－30/3	三极、380 V、30 A、熔体额定电流 20 A	1 只
	QS	组合开关	HZ10－25/3	三极、380 V、25 A	1 只
	FU	螺旋式熔断器	RL1－60/20	500 V、60 A、熔体额定电流 20 A	3 套
	XT	接线端子排	JX2－1015	500 V、10 A、15 节	1 条
		控制板		600 mm×500 mm×20 mm	1 块
		动力电路线		BVR 1.5 mm^2（黑色）	若干
		接地线		BVR 1.5 mm^2（黄绿双色）	若干
		电线管		ϕ16 mm	5 m
		木螺钉		ϕ3 mm×20 mm，ϕ5 mm×60 mm	若干
		平垫圈		ϕ4 mm	若干
		膨胀螺栓、紧固体、编码套管、管夹			若干

二、识读电路图，绘制布置图和接线图

1. 识读电路图

识读用开启式负荷开关、封闭式负荷开关、组合开关和低压断路器控制的手动正转控制线路电路图，如图 1－1－13 所示。

2. 绘制布置图

布置图是根据电气元件在控制板上的实际安装位置，采用简化的外形符号（如正方形、矩形、圆形等）绘制的一种简图。它不表达各电气元件的具体结构、作用、接线情况以及工作原理，主要用于电气元件的布置和安装。布置图中各电气元件的文字符号必须与电路图和接线图中的标注一致。

用开启式负荷开关、封闭式负荷开关、组合开关和低压断路器控制的手动正转控制线路的布置图如图 1－1－14 所示。

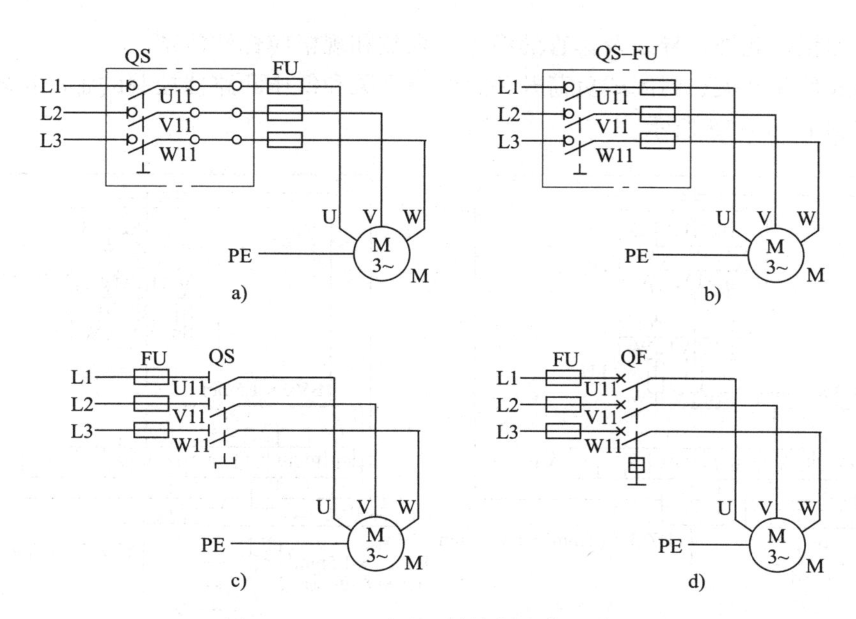

图 1－1－13　手动正转控制线路电路图

a）用开启式负荷开关控制　b）用封闭式负荷开关控制　c）用组合开关控制　d）用低压断路器控制

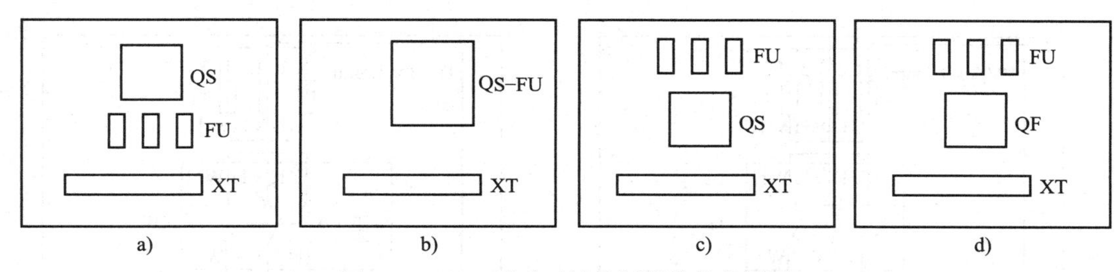

图 1－1－14　手动正转控制线路的布置图

a）用开启式负荷开关控制　b）用封闭式负荷开关控制　c）用组合开关控制　d）用低压断路器控制

3. 绘制接线图

接线图是根据电气设备和电气元件的实际位置及安装情况绘制的，只用来表示电气设备和电气元件的位置、配线方式和接线方式，而不明显表示电气动作原理和电气元件之间的控制关系。它是电气施工的主要图样，主要用于安装接线、线路的检查和故障处理。绘制接线图应遵循以下原则。

（1）接线图中一般示出如下内容：电气设备和电气元件的相对位置、文字符号、端子号、导线号、导线类型、导线截面积、屏蔽和导线绞合等。

（2）所有的电气设备和电气元件都按其所在的实际位置绘制在图样上，且同一电器的各元件根据其实际结构，使用与电路图相同的图形符号绘在一起，并用点画线框上；其文字符号以及接线端子的编号应与电路图中的标注一致，以便对照检查接线。

（3）接线图中的导线有单根导线、导线组（或线扎）、电缆等，可用连续线和中断线表示。凡导线走向相同的可以合并，用线束表示，到达接线端子排或电气元件的连接点时再分别绘出。在用线束表示导线组、电缆时，可用加粗的线条表示；在不引起误解的情况下，也可采用部分加粗。此外，导线及套管的型号、根数和规格应标注清楚。

用开启式负荷开关、封闭式负荷开关、组合开关和低压断路器控制的手动正转控制线路的接线图如图 1－1－15 所示。

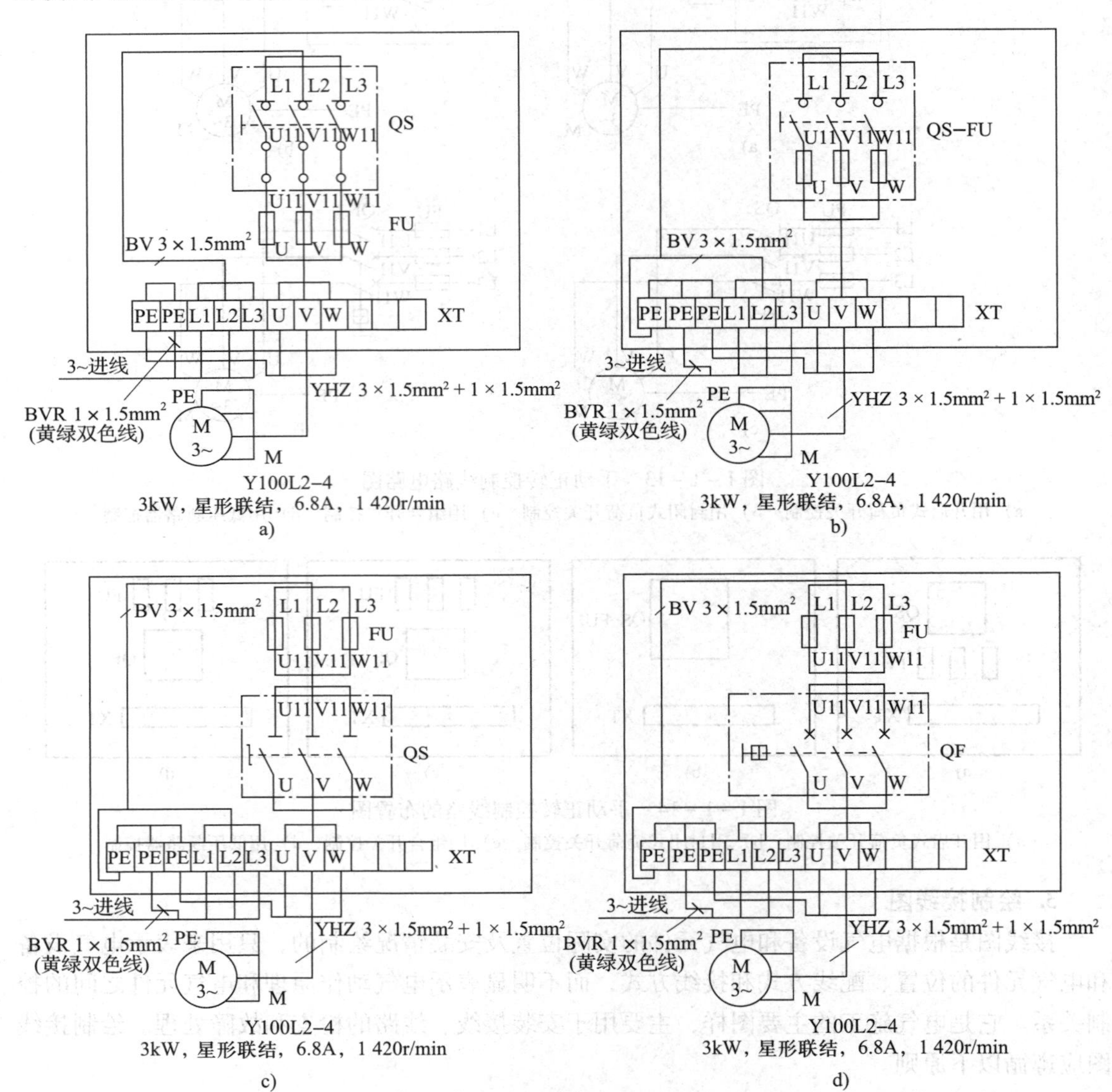

图 1－1－15　手动正转控制线路的接线图

a）用开启式负荷开关控制　b）用封闭式负荷开关控制　c）用组合开关控制　d）用低压断路器控制

生产机械电气控制线路的电气图常用电路图、布置图和接线图来表示。在实际工作中，电路图、布置图和接线图要结合起来使用。

三、安装手动正转控制线路

1. 低压开关和低压熔断器的安装与使用要求

低压开关和低压熔断器的安装与使用要求见表 1－1－13。

表 1-1-13　　低压开关和低压熔断器的安装与使用要求

名称	安装与使用要求
开启式负荷开关	（1）必须垂直安装在控制屏或开关板上，且闭合状态时手柄应朝上。不允许倒装或平装，以防止发生误合闸事故 （2）用于控制照明和电热负载时，要装接低压熔断器作短路保护和过载保护。接线时应把电源进线接在静触头一边的进线桩，负载接在动触头一边的出线桩 （3）用作电动机的控制开关时，应将开关的熔体部分用铜导线直接连接，并在出线端另外加装低压熔断器作短路保护 （4）在分闸和合闸操作时，应动作迅速，使电弧尽快熄灭。更换熔体时，必须在刀开关断开的情况下按原规格更换
封闭式负荷开关	（1）必须垂直安装于无强烈振动和冲击的场合，安装高度一般离地不低于 1.5 m，外壳必须可靠接地 （2）接线时，应将电源进线接在夹座静触点一边的接线端子上，负载引线接在熔断器一边的接线端子上，且进、出线都必须穿过开关的进、出线孔 （3）在进行分、合闸操作时，要站在开关的手柄侧，不允许面对开关，以免因意外故障电流使开关爆炸，铁壳飞出伤人 （4）不宜用额定电流 100 A 及以上的封闭式负荷开关控制较大容量的电动机，以免发生飞弧灼伤事故
组合开关	（1）HZ10 系列组合开关应安装在控制箱（或壳体）内，其操作手柄最好伸出在控制箱的前面或侧面，开关为断开状态时应使手柄在水平旋转位置。HZ3 系列组合开关外壳上的接地螺钉应可靠接地 （2）若需在控制箱内操作组合开关，组合开关最好装在箱内右上方，并且在它的上方不要安装其他电气元件，否则应采取隔离或绝缘措施 （3）组合开关的通断能力较弱，故不能用来分断故障电流 （4）当操作频率过高或负载功率因数较低时，应降低容量使用组合开关，以延长其使用寿命
低压断路器	（1）应垂直安装，电源线应接在上端，负载线应接在下端 （2）用作电源总开关或电动机的控制开关时，在电源进线侧必须加装刀开关或熔断器等，以形成明显的断开点 （3）使用前，应将脱扣器工作面上的防锈油脂擦净，以免影响其正常工作。同时应定期检修，清除低压断路器上的积尘，给操作机构添加润滑剂 （4）各脱扣器的动作值一经调整好，不允许随意变动，并应定期检查各脱扣器的动作值是否满足要求 （5）低压断路器的触头在使用一定次数或分断短路电流后，应及时检查触头状况，如果触头表面有毛刺、颗粒等，应及时修理或更换
低压熔断器	（1）用于安装和使用的熔断器应完整、无损，并具有额定电压、额定电流值标志 （2）安装时应保证熔体与夹头、夹头与夹座接触良好。螺旋式熔断器在接线时，电源线应接在下接线柱上，负载线应接在上接线柱上，以保证能安全地更换熔管 （3）熔断器内要安装合格的熔体，不能用多根小规格的熔体并联代替一根大规格的熔体。在多级保护的场合，各级熔体应相互配合，上级熔断器的额定电流等级以大于下级熔断器的额定电流等级两级为宜 （4）更换熔体或熔管时，必须切断电源，尤其不允许带负荷操作，以免发生电弧灼伤。封闭管式熔断器的熔体应用专用的绝缘插拔器进行更换 （5）对 RM10 系列熔断器，在切断过三次相当于分断能力的电流后，必须更换熔管，以保证其能可靠地切断所规定分断能力的电流 （6）熔体熔断后，应先分析原因并排除故障，再更换新的熔体。在更换新的熔体时，不能随便改变熔体的规格，更不允许随便使用铜丝或铁丝代替熔体 （7）熔断器兼作隔离器件使用时，应安装在控制开关的电源进线端；若仅用作短路保护电器，应装在控制开关的出线端

2. 电动机基本控制线路的安装步骤

电动机基本控制线路的安装步骤见表 1－1－14。

表 1－1－14　电动机基本控制线路的安装步骤

步骤	内容
第一步	识读电路图，明确控制线路所用电气元件及其作用，熟悉控制线路的工作原理
第二步	根据电路图或元件明细表配齐电气元件，并进行质量检验
第三步	根据电气元件选配安装工具和控制板
第四步	根据电路图绘制布置图和接线图，然后按要求在控制板上安装除电动机以外的电气元件，并贴上醒目的文字符号
第五步	根据电动机容量选配主电路的导线，控制电路的导线一般采用 BV 或 BVR 1 mm^2 的铜芯线（红色）。按钮线一般采用 BV 或 BVR 0.75 mm^2 的铜芯线（红色），接地线一般采用截面积不小于 1.5 mm^2 的铜芯线（BVR 黄绿双色）
第六步	根据接线图布线，同时在剥去绝缘层的两端线头上套上与电路图一致编号的编码套管
第七步	安装电动机
第八步	连接电动机和所有电气元件金属外壳的保护接地线
第九步	连接电动机等控制板外部的导线
第十步	自检
第十一步	交付验收
第十二步	通电试运行

3. 安装手动正转控制线路

用开启式负荷开关控制的手动正转控制线路的安装过程如下。

（1）按图 1－1－14a 所示布置图和元件外形尺寸在控制板上画线，确定各元件的安装位置后安装电气元件，并贴上醒目的文字符号，如图 1－1－16a 所示。

1）各元件的安装位置应整齐、匀称，间距合理，便于元件的更换。

2）紧固各元件时，用力要均匀，紧固程度适当。

（2）按图 1－1－15a 所示接线图的走线方式，进行板前明线布线和套编码套管，如图 1－1－16b、图 1－1－16c 所示。

1）布线通道要尽可能少，单层密排，紧贴安装面布线。

2）同一平面的导线应高低一致或前后一致，不能交叉。非交叉不可时，该根导线应在接线端子引出端就水平架空跨越，且走线必须合理。

3）布线应横平竖直，分布均匀。变换走向时应垂直转向。

4）布线时严禁损伤线芯和导线绝缘层。

5）在每根剥去绝缘层导线的两端套上编码套管。所有从一个接线端子到另一个接线端子的导线必须连续，中间无接头。

6）导线与接线端子连接时，不得压绝缘层，不得反圈，露铜不得过长。

7）同一元件、同一回路不同接点的导线间的距离应保持一致。

8）一个电气元件接线端子上的连接导线不得多于两根，每条接线端子排上一般只允许有一根连接导线。

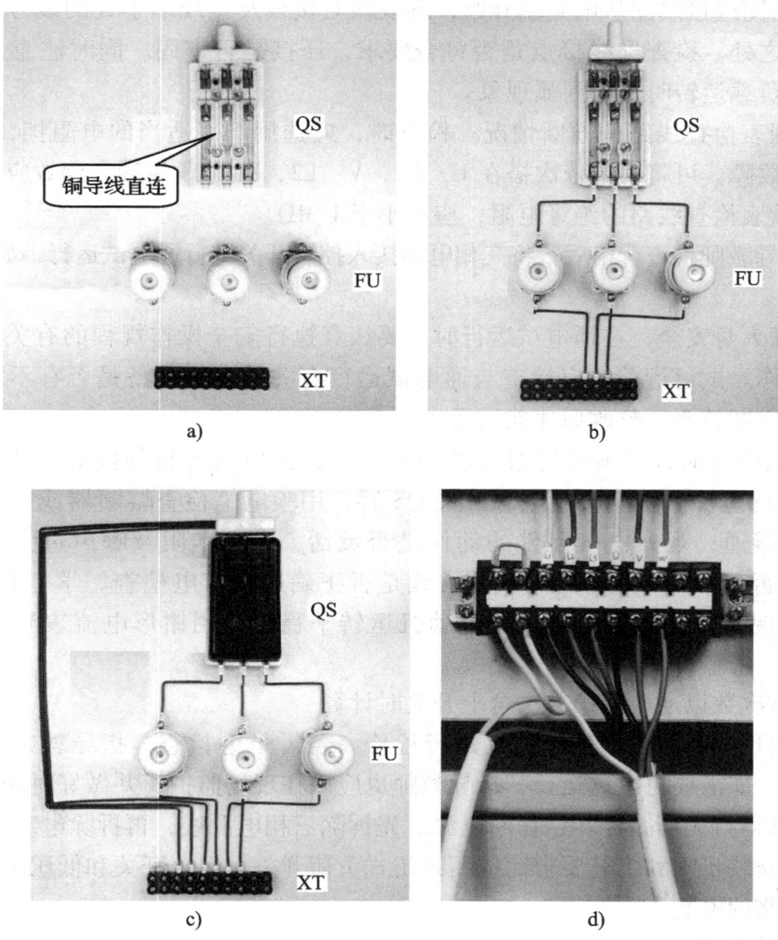

图 1－1－16　用开启式负荷开关控制的手动正转控制线路的安装

a）按布置图安装电气元件　b）、c）、d）按接线图布线

（3）根据电动机位置标画线路走向、电线管和控制板支撑点的位置，做好敷设和支持准备。

（4）敷设电线管并穿线。

1）电线管的施工应按工艺要求进行，整个管路应连成一体并可靠接地。

2）管内导线不得有接头，导线穿管时不要损伤绝缘层，导线穿好后管口应套上护圈。

（5）安装电动机和控制板。

1）控制开关必须安装在操作时能看到电动机的位置，以保证操作安全。

2）电动机在座墩或底座上的固定必须牢固。在紧固地脚螺栓时，必须按对角线均匀受力，依次交错逐步拧紧。

（6）连接控制开关至电动机的导线。

（7）连接接地线。电动机和控制开关的金属外壳以及连成一体的电线管，按规定要求必须接到保护接地专用端子上。

（8）检查安装质量，并测量绝缘电阻。

1）按电路图或接线图从电源端开始，逐段核对接线及接线端子处的线号是否正确，有无漏接、错接之处。检查导线接点是否符合要求，压接是否牢固。同时注意接点接触应良好，以避免带负载运转时产生闪弧现象。

2）用万用表检查线路的通断情况。检查时，应选用倍率适当的电阻挡，并进行校零，以防发生短路故障。可将表笔依次搭在 U、L1，V、L2，W、L3 线端，读数应为“0”。

3）用兆欧表检查线路的绝缘电阻，应不小于 1 MΩ。

（9）经指导教师检查合格后，将三相电源接入控制开关进行通电试运行，如图 1－1－16d 所示。

1）为保证人身安全，在通电试运行时，要认真执行安全操作规程的有关规定，一人监护，另一人操作。试运行前，应检查与通电试运行有关的电气设备是否有不安全的因素存在，若查出应立即整改，整改后才能试运行。

2）通电试运行前，必须征得指导教师的同意，并由指导教师接通三相电源 L1、L2、L3，同时在现场监护。学生合上电源开关 QS 后，用验电笔检查熔断器或开关出线端，氖管亮说明电源接通；观察电气元件的动作是否灵活，有无卡阻及噪声过大等现象，电动机运行情况是否正常等，但不得对线路接线是否正确进行带电检查。学生在观察过程中，若发现有异常现象，应立即停机，待电动机运转平稳后，用钳形电流表测量三相电流是否平衡。

3）试运行次数以通电后第一次合上开关时计算。

4）线路出现故障后，学生应独立进行检修。若需带电检查，指导教师必须在现场监护。检修完毕，如需要再次试运行，指导教师也应该在现场监护，并做好时间记录。

5）通电试运行完毕，停转，切断电源。先拆除三相电源线，再拆除电动机线。

参照以上安装步骤和工艺要求完成用封闭式负荷开关、组合开关和低压断路器控制的手动正转控制线路的安装。

4. 安装注意事项

（1）导线的数量应根据敷设方式和管路长度来决定，电线管的管径应根据导线的总截面积来决定，导线的总截面积应不大于线管有效截面积的 40%，其最小标称直径为 12 mm。

（2）当控制开关远离电动机而看不到电动机的运转情况时，必须另设信号装置来指示电动机的运行状态。

（3）电动机使用的电源电压和绕组的接法，必须与铭牌中规定的电源电压和接法一致。

（4）接线时，必须先接负载端，后接电源端；先接接地线，后接三相电源相线。

（5）通电试运行时，必须先空载运行，当线路运行正常时再接上负载运行。若发现异常情况应立即断电检查。

（6）安装开启式负荷开关时，应将开关的熔体部分用导线直接连接，并在出线端另外加装熔断器作短路保护；安装组合开关和低压断路器时，应在电源进线侧加装熔断器。

线 路 维 修

一、低压开关与低压熔断器的常见故障及处理方法

低压开关与低压熔断器的常见故障及处理方法见表 1－1－15。

表 1－1－15　　低压开关与低压熔断器的常见故障及处理方法

名称	故障现象	可能原因	处理方法
开启式负荷开关	电路开路或触头发热	触头接触不良	根据情况修理或更换触头
封闭式负荷开关	操作手柄带电	外壳未接地或接地线松脱	将外壳接地，加固接地线
		电源进、出线绝缘损坏，发生碰壳	更换导线或恢复绝缘
	夹座静触头过热或烧坏	夹座表面烧毛	用细锉修整夹座
		夹座压力不足	调整夹座压力
		负载过大	减小负载或更换大容量开关
组合开关	转动手柄后，内部触头未动	手柄上的轴孔磨损变形	更换手柄
		绝缘杆变形（由方形磨为圆形）	更换绝缘杆
		手柄与方轴，或轴与绝缘杆配合松动	紧固松动部件
		操作机构损坏	修理或更换操作机构
	转动手柄后，动、静触头不能按要求动作	组合开关型号选用不正确	更换组合开关
		触头角度装配不正确	重新装配
		触头失去弹性或接触不良	更换触头、清除氧化层及尘污
	接线柱间短路	因铁屑或油污附着在接线柱间，形成导电层，将胶木烧焦，绝缘损坏而形成短路	更换组合开关
低压断路器	低压断路器不能合闸	欠压脱扣器无电压或线圈损坏	检查施加电压或更换线圈
		储能弹簧变形	更换储能弹簧
		反作用弹簧弹力过大	重新调整反作用弹簧弹力
		操作机构不能复位再扣	调整再扣接触面至规定值
	电流达到整定值，低压断路器不动作	热脱扣器双金属片损坏	更换双金属片
		电磁脱扣器的衔铁与铁芯距离太大或电磁线圈损坏	调整衔铁与铁芯的距离或更换低压断路器
		主触头熔焊	检查原因并更换主触头
	启动电动机时低压断路器立即分断	电磁脱扣器瞬时整定值过小	调整瞬时整定值至规定值
		电磁脱扣器的某些零件损坏	更换电磁脱扣器
	低压断路器闭合一定时间后自行分断	热脱扣器整定值过小	调整热脱扣器整定值至规定值
	低压断路器温升过高	触头压力过小	调整触头压力或更换弹簧
		触头表面过分磨损或接触不良	更换触头或修整接触面
		导电零件的连接螺钉松动	重新拧紧连接螺钉
低压熔断器	电路接通瞬间，熔体熔断	熔体电流等级选择过小	更换熔体
		负载侧短路或接地	排除负载侧故障
		熔体安装时受机械损伤	更换熔体
	熔体未熔断，但电路不通	熔体或接线柱接触不良	重新连接熔体或接线柱

二、检修手动正转控制线路

手动正转控制线路的常见故障、可能原因及处理方法见表 1－1－16。

表 1－1－16　　手动正转控制线路的常见故障、可能原因及处理方法

常见故障	可能原因	处理方法
电动机不能启动或电动机缺相	熔断器熔体熔断	更换熔体
	负荷开关或组合开关动、静触头接触不良	对触头进行调整、修复
	组合开关或低压断路器操作失控	拆卸组合开关或低压断路器并修复、安装

用低压断路器控制的手动正转控制线路的检修流程如图 1－1－17 所示（检修时将万用表的选择开关拨至交流电压 500 V 挡）。

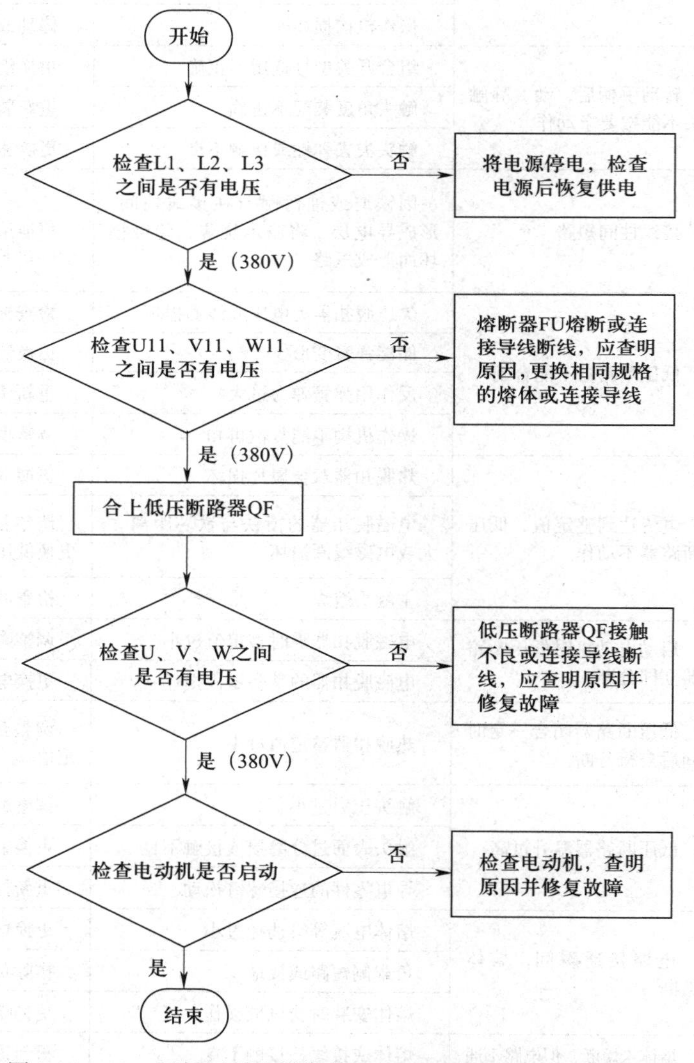

图 1－1－17　用低压断路器控制的手动正转控制线路的检修流程

任务测评

评分标准见表 1－1－17。

表 1－1－17　评分标准

项目内容	配分	评分标准		扣分	得分
装前检查	30 分	（1）仪表使用方法错误 （2）不会检测或检测结果错误 （3）电气元件、电动机漏检或错检	扣 5 分 扣 5 分 每处扣 4 分		
安装	30 分	（1）电动机安装不符合要求： 地脚螺栓松动 缺少弹簧垫圈、平垫圈、防振物 （2）控制开关安装不符合要求： 位置不适当或松动 紧固螺栓（或螺钉）松动 （3）电线管支持件支撑不牢固或管口无护圈 （4）导线穿管时损伤绝缘	 扣 10 分 每个扣 2 分 扣 5 分 每个扣 2 分 扣 5 分 扣 10 分		
接线及试运行	20 分	（1）不会使用仪表进行测量 （2）各接点松动或不符合要求 （3）接线错误造成通电一次不成功 （4）控制开关进、出线接错 （5）电动机接线错误 （6）接线顺序错误 （7）漏接接地线	每处扣 5 分 每个扣 5 分 扣 20 分 扣 10 分 扣 10 分 扣 10 分 扣 10 分		
检修	20 分	（1）查不出故障 （2）查出故障但不能排除	扣 10 分 扣 5 分		
安全文明生产	违反安全文明生产规程		扣 5～40 分		
定额时间：6 h	每超时 10 min 以内以扣 5 分计算				
备注	除定额时间外，各项目的最高扣分应不超过配分			成绩	
开始时间		结束时间		实际时间	
指导教师：				年　月　日	

任务 3　认识按钮和接触器

任务目标

1. 熟悉按钮和接触器的功能、基本结构、工作原理及型号含义，熟记其图形符号和文字符号。
2. 能正确识别、选用按钮和接触器。
3. 能正确完成 CJ10－20 型交流接触器的拆装与检修。
4. 能正确完成 CJ10－20 型交流接触器的校验和触头压力调整。

工作任务

任务 2 安装的手动正转控制线路的结构比较简单，功能也比较单一。在实际应用中，控制线路的功能非常复杂，因此还需要使用更多类型的低压电器。按钮和接触器几乎是各类控制线路中都必不可少的两种低压电器。本任务就是认识这两种低压电器，完成 CJ10－20 型交流接触器的拆装、检修校验和触头压力调整。

相关知识

一、按钮

1. 功能

按钮是一种常用的主令电器，图 1－1－18 所示是几款按钮的外形。主令电器主要用于接通或断开控制电路，是一种发出指令或进行程序控制的开关电器。一般情况下，它不直接控制主电路的通断，而是在控制电路中发出指令或信号去控制接触器、继电器等，再由它们控制主电路的通断、进行功能转换或电气联锁。因此，按钮的触头通过的电流较小，一般不超过 5 A。

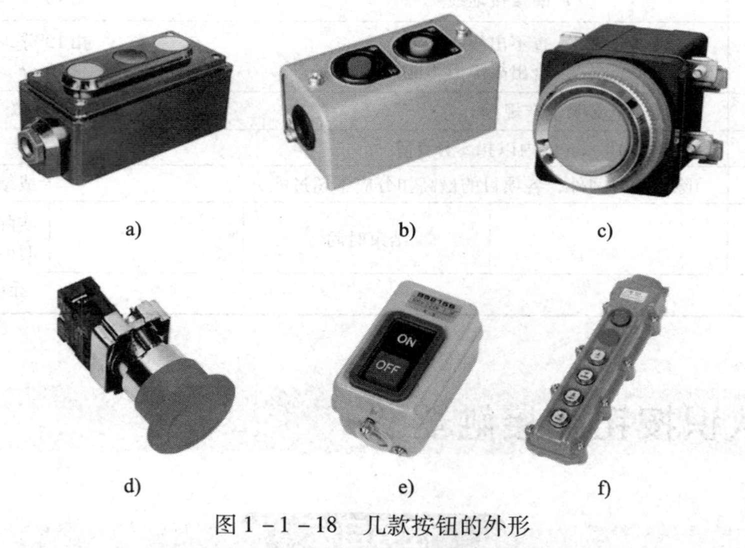

a)　b)　c)

d)　e)　f)

图 1－1－18　几款按钮的外形

a）LA10 系列　b）LA18 系列　c）LA19 系列

d）LAY5 系列　e）BS 系列　f）COB 系列

2. 结构、工作原理与符号

按钮是通过手动操作并具有（弹簧）储能复位功能的控制开关。它一般由按钮帽、复位弹簧、桥式动触头、静触头、支柱连杆及外壳等部分组成，见表 1－1－18。

表 1－1－18　　各种按钮的结构与符号

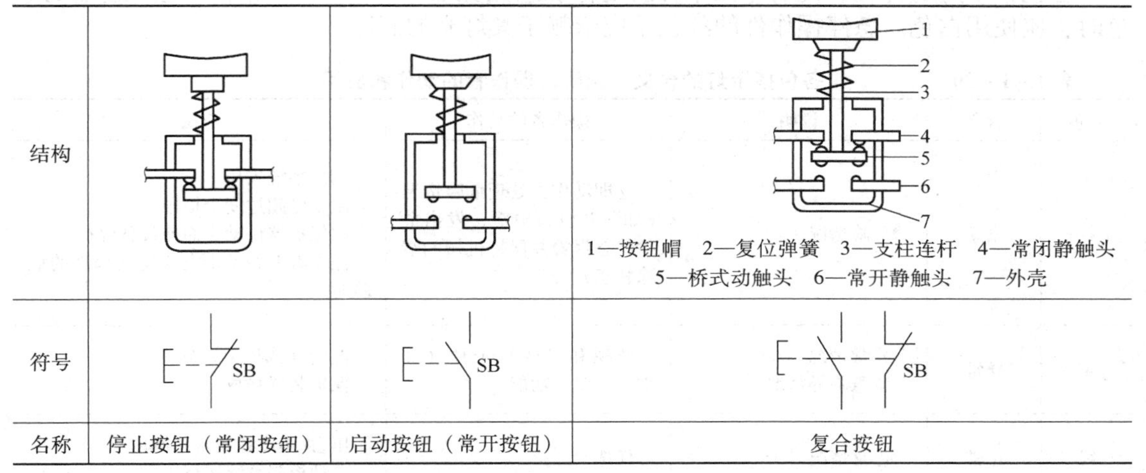

结构			1—按钮帽　2—复位弹簧　3—支柱连杆　4—常闭静触头　5—桥式动触头　6—常开静触头　7—外壳
符号	SB	SB	SB
名称	停止按钮（常闭按钮）	启动按钮（常开按钮）	复合按钮

按钮按不受外力作用（静态）时触头的分合状态，分为启动按钮（常开按钮）、停止按钮（常闭按钮）和复合按钮（常开、常闭触头组合为一体的按钮），各种按钮的结构与符号见表 1－1－18。不同类型和用途的按钮符号如图 1－1－19 所示。

对启动按钮而言，按下按钮帽时触头闭合，松开按钮帽触头自动断开复位。停止按钮则是按下按钮帽时触头分断，松开按钮帽触头自动闭合复位。复合按钮是按下按钮帽时，桥式动触头向下运动，使常闭静触头先断开，常开静触头后闭合；松开按钮帽时，常开静触头先分断，常闭静触头后闭合复位。

SB　SB

a)　b)

图 1－1－19　不同类型和用途的按钮符号

a）急停按钮　b）钥匙操作式按钮

为了便于操作人员识别各种按钮的作用，避免误操作，通常用不同的颜色和符号标志来区分按钮的作用。按钮颜色的含义、说明和应用见表 1－1－19。

表 1－1－19　　按钮颜色的含义、说明和应用

颜色	含义	说明	应用
红	紧急	危险或紧急情况时操作	急停
黄	异常	异常情况时操作	干预、制止异常情况 干预、重新启动中断了的自动循环
绿	安全	安全情况或为正常情况做准备时操作	启动/接通
蓝	强制性的	要求强制动作情况下的操作	复位功能
白	未赋予特定含义	除急停以外的一般功能的启动（见表注）	启动/接通（优先） 停止/断开
灰			启动/接通 停止/断开
黑			启动/接通 停止/断开（优先）

注：如果用代码的辅助手段（如标记、形状、位置）来识别按钮操作件，则白、灰或黑同一颜色可用于标注各种不同的功能（如白色用于标注启动/接通和停止/断开）。

各色指示灯的含义、说明、操作者的动作和应用见表 1－1－20。当难以选定适当的颜色时，应使用白色。急停操作件的红色不应依赖于其灯光的照度。

表 1－1－20　各色指示灯的含义、说明、操作者的动作和应用

颜色	含义	说明	操作者的动作	应用
红	紧急	危险情况	立即动作去处理危险情况（如断开机械电源，发出危险状态报警并保持机械的清除状态）	润滑系统失压 温度已超过安全极限 因保护器件动作而使设备停机 操作者有触及带电或运动部件的危险时
黄	异常	异常情况 紧急临界情况	监视和（或）干预（如重建需要的功能）	温度（或压力）异常 保护装置释放
绿	正常	正常情况	任选	压力/温度在正常范围内 自动控制系统运行正常
蓝	强制性	指示操作者需要动作	强制性动作	遥控指示 选择开关在“设定”位置
白	无确定性质	其他情况，可用于红、黄、绿、蓝色的应用有疑问时	监视	不能确切地使用红、黄、绿、蓝色时 用作“执行”确认指令时 指示测量值

3. 型号含义

按钮的型号含义如下。

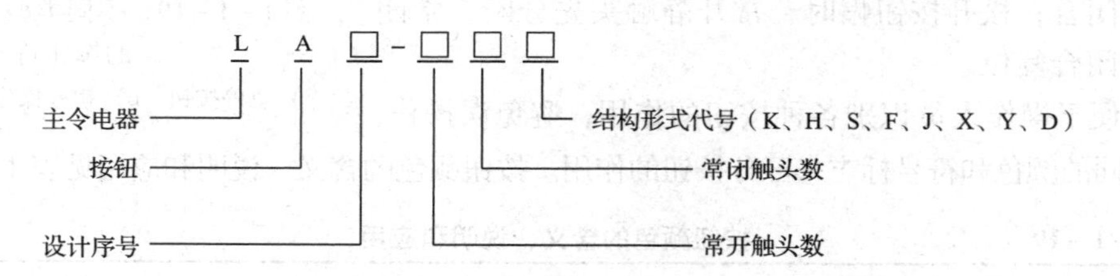

其中结构形式代号的含义如下。

K——开启式，适用于嵌装在操作面板上。

H——保护式，带保护外壳，可防止内部零件受机械损伤或人偶然触及带电部分。

S——防水式，具有密封外壳，可防止雨水侵入。

F——防腐式，能防止腐蚀性气体进入。

J——紧急式，带有红色大蘑菇钮头（凸出在外），用于紧急切断电源。

X——旋钮式，通过旋转旋钮进行操作，有通和断两个位置。

Y——钥匙操作式，通过插入钥匙进行操作，可防止误操作或供专人操作。

D——光标按钮，按钮内装有信号灯，兼作信号指示。光标按钮的颜色应符合表 1－1－19 中对按钮颜色的要求。

4. 选用

（1）根据使用场合和具体用途选择按钮的种类。例如，嵌装在操作面板上的按钮可选用开启式；需显示工作状态时选用光标式；为防止无关人员误操作，在重要场合宜用钥匙操作式；在有腐蚀性气体的场合应用防腐式。

（2）根据工作状态指示和工作情况的要求选择按钮的颜色。例如，启动按钮可选用白、灰或黑色，优先选用白色，也允许选用绿色。急停按钮应选用红色。停止按钮可选用黑、灰或白色，优先选用黑色，也允许选用红色。

（3）根据控制回路的需要选择按钮的数量。如选用单联按钮、双联按钮和三联按钮等。

LA10 系列按钮的主要技术数据见表 1－1－21。

表 1－1－21　　LA10 系列按钮的主要技术数据

<table>
<tr><th rowspan="2">型号</th><th rowspan="2">形式</th><th colspan="2">触头数量/个</th><th colspan="2">额定电压/V</th><th rowspan="2">额定电流/A</th><th colspan="2">控制容量/（V·A 或 W）*</th><th colspan="2">按钮</th></tr>
<tr><th>常开</th><th>常闭</th><th>AC</th><th>DC</th><th>AC</th><th>DC</th><th>钮数/个</th><th>颜色</th></tr>
<tr><td>LA10－1K</td><td>开启式</td><td>1</td><td>1</td><td rowspan="12">380</td><td rowspan="12">220</td><td rowspan="12">5</td><td rowspan="12">300</td><td rowspan="12">60</td><td>1</td><td>或黑、或绿、或红</td></tr>
<tr><td>LA10－2K</td><td>开启式</td><td>2</td><td>2</td><td>2</td><td>黑、红或绿、红</td></tr>
<tr><td>LA10－3K</td><td>开启式</td><td>3</td><td>3</td><td>3</td><td>黑、绿、红</td></tr>
<tr><td>LA10－1H</td><td>保护式</td><td>1</td><td>1</td><td>1</td><td>或黑、或绿、或红</td></tr>
<tr><td>LA10－2H</td><td>保护式</td><td>2</td><td>2</td><td>2</td><td>黑、红或绿、红</td></tr>
<tr><td>LA10－3H</td><td>保护式</td><td>3</td><td>3</td><td>3</td><td>黑、绿、红</td></tr>
<tr><td>LA10－1S</td><td>防水式</td><td>1</td><td>1</td><td>1</td><td>或黑、或绿、或红</td></tr>
<tr><td>LA10－2S</td><td>防水式</td><td>2</td><td>2</td><td>2</td><td>黑、红或绿、红</td></tr>
<tr><td>LA10－3S</td><td>防水式</td><td>3</td><td>3</td><td>3</td><td>黑、绿、红</td></tr>
<tr><td>LA10－1F</td><td>防腐式</td><td>1</td><td>1</td><td>1</td><td>或黑、或绿、或红</td></tr>
<tr><td>LA10－2F</td><td>防腐式</td><td>2</td><td>2</td><td>2</td><td>黑、红或绿、红</td></tr>
<tr><td>LA10－3F</td><td>防腐式</td><td>3</td><td>3</td><td>3</td><td>黑、绿、红</td></tr>
</table>

* AC 时控制容量单位为 V·A，DC 时控制容量单位为 W。

二、接触器

低压开关和按钮的触头动作都是通过手动操作的，属于非自动切换电器。而接触器是通过电磁力作用下的吸合和反作用弹簧力作用下的释放，带动其触头闭合和分断，来实现电路的接通和断开控制，属于自动切换电器。

接触器的优点是能实现远距离自动操作，具有欠压和失压自动释放保护功能，控制容量大，工作可靠，操作频率高，使用寿命长，适用于远距离频繁接通和断开交、直流主电路及大容量的控制电路，其主要控制对象是电动机，也可以用于控制电热设备、电焊机以及电容器组等其他负载，在电力拖动和自动控制系统中得到了广泛应用。

接触器按主触头通过电流的种类分为交流接触器和直流接触器两类。

1. 交流接触器

图 1－1－20 所示是常用交流接触器的外形。交流接触器的种类很多，其中以电磁式交流接触器应用最为广泛，产品系列、品种最多，各系列和品种的结构及工作原理基本相同，常用的有国产 CJ10（CJT1）、CJ20 和 CJ40 等系列，引进国外先进技术生产的 CJX1（3TB 和

3TF）系列、CJX8（B）系列、CJX2 系列等。下面以 CJ10 系列为例介绍交流接触器。

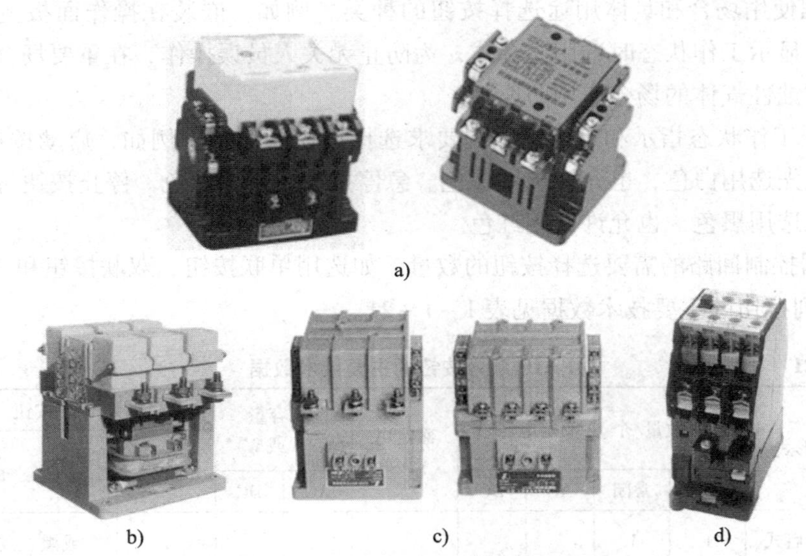

a)

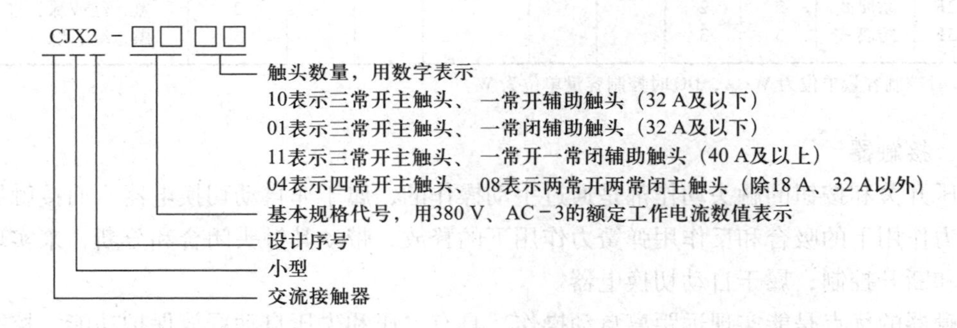

b) c) d)

图 1 - 1 - 20 常用交流接触器的外形

a) CJ10（CJT1）系列 b) CJ20 系列 c) CJ40 系列 d) CJX1（3TB、3TF）系列

（1）型号含义

目前接触器厂家较多，每个厂家都有自己的型号命名方式，如 CJ10 - 20 型交流接触器，C 表示接触器，J 表示交流，10 表示设计序号，20 表示主触头的额定电流为 20A；再如 CJX2 系列交流接触器，其型号含义如下。

CJX2 - □□ □□

- 触头数量，用数字表示
  - 10表示三常开主触头、一常开辅助触头（32 A及以下）
  - 01表示三常开主触头、一常闭辅助触头（32 A及以下）
  - 11表示三常开主触头、一常开一常闭辅助触头（40 A及以上）
  - 04表示四常开主触头、08表示两常开两常闭主触头（除18 A、32 A以外）
- 基本规格代号，用380 V、AC－3的额定工作电流数值表示
- 设计序号
- 小型
- 交流接触器

（2）结构和符号

交流接触器主要由电磁系统、触头系统、灭弧装置和辅助部件等组成。CJ10 - 20 型交流接触器的结构如图 1 - 1 - 21 所示。

1）电磁系统。电磁系统主要由线圈、静铁芯和动铁芯（衔铁）三部分组成。静铁芯在下，动铁芯在上，线圈装在静铁芯上。铁芯是交流接触器发热的主要部件，静、动铁芯一般用 E 形硅钢片叠压而成，以减少铁芯的磁滞和涡流损耗，避免铁芯过热。另外，在 E 形铁芯的中柱端面需留有 0.1 ~ 0.2 mm 的气隙，以减小剩磁影响，避免线圈断电后衔铁粘住不能释放。铁芯的两个端面上嵌有短路环，如图 1 - 1 - 22 所示，用以消除电磁

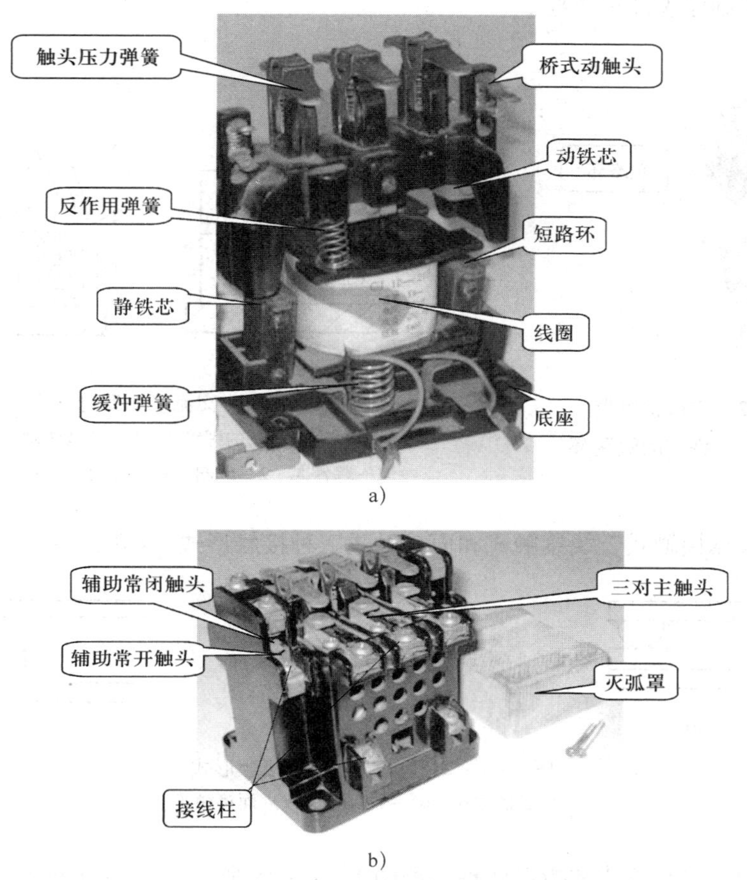

图 1－1－21　CJ10－20 型交流接触器的结构
a）电磁系统及辅助部件　b）触头系统和灭弧罩

系统的振动和噪声。线圈做成粗而短的圆筒形，且在线圈和铁芯之间留有空隙，以增强铁芯的散热效果。

交流接触器利用电磁系统中线圈的得电或失电，使静铁芯吸合或释放衔铁，从而带动动触头与静触头闭合或分断，实现电路的接通或断开。

CJ10 系列交流接触器的衔铁运动方式有两种，对于额定电流为 40 A 及以下的接触器，采用衔铁直线运动的螺管式，如图 1－1－23a 所示；对于额定电流为 60 A 及以上的接触器，采用衔铁绕轴转动的拍合式，如图 1－1－23b 所示。

2）触头系统。交流接触器的触头按通断能力可分为主触头和辅助触头，如图 1－1－21b 所示。主触头用于通、断电流较大的主电路，一般由三对常开触头组成。辅助触头用于通、断电流较小的控制电路，一般由两对常开触头和两对常闭触头组成。所谓触头的常开和常闭，是指电磁系统未通电动作前触头的状态。常开触头和常闭触头是联动的。当线圈得电时，常闭触头先断开，常开触头后闭合，中间有一个很短的时间差。当线圈失电时，常开触头先恢复断开，常闭触头后恢复闭合，中间也存在一个很短的时间差。这个时间差虽短，但对分析线路的控制原理却很重要。

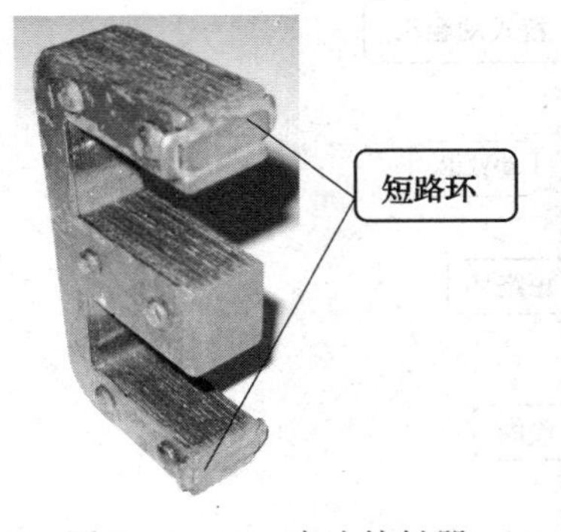

图 1－1－22　交流接触器铁芯的短路环

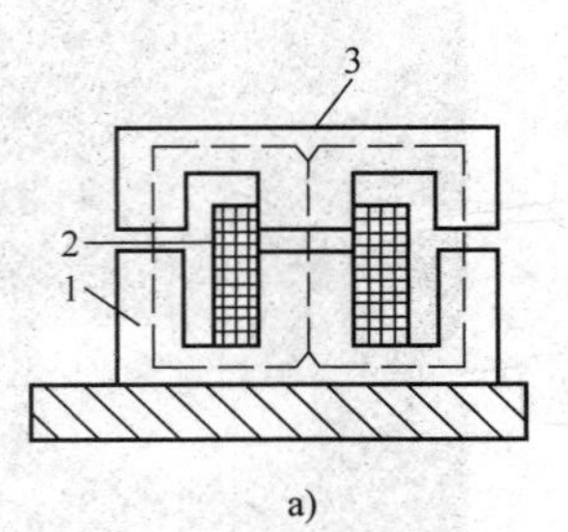

a)

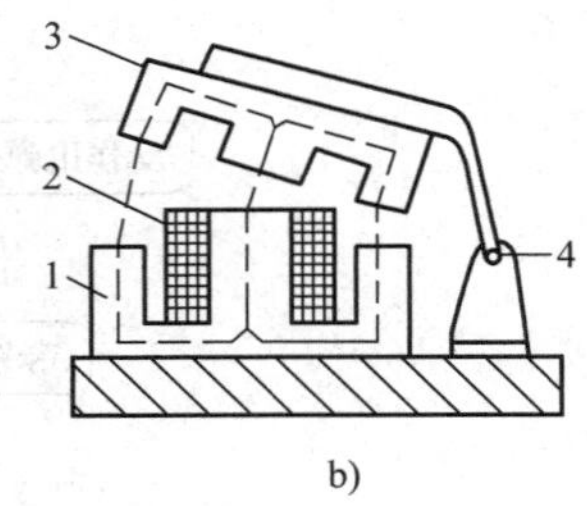

b)

图 1－1－23　交流接触器电磁系统的结构

a）衔铁直线运动的螺管式　b）衔铁绕轴转动的拍合式

1—静铁芯　2—线圈　3—动铁芯（衔铁）　4—轴

触头主要有点接触式、线接触式和面接触式三种接触形式，如图 1－1－24 所示。

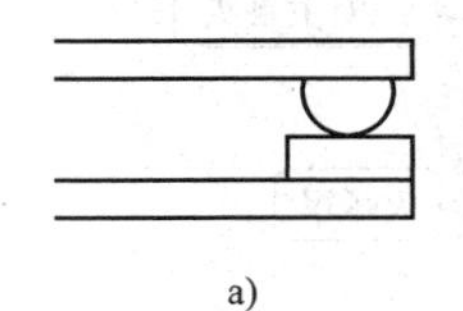

a)

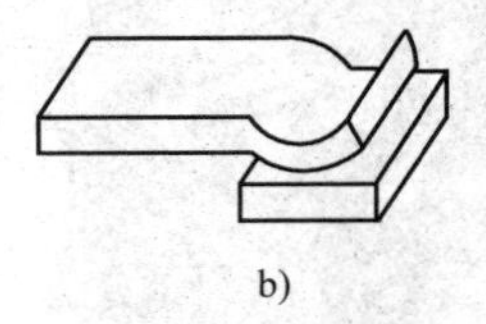

b)

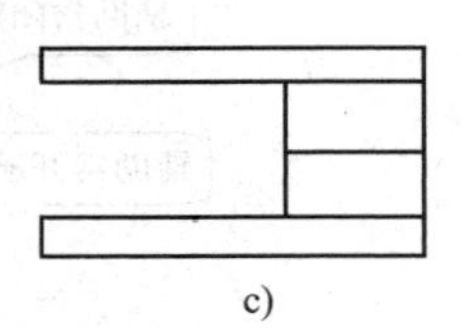

c)

图 1－1－24　触头的三种接触形式

a）点接触式　b）线接触式　c）面接触式

触头的结构形式有桥式和指形两种，如图 1－1－25 所示。CJ10 系列交流接触器的触头一般采用双断点桥式触头，其动触头用紫铜片冲压而成，在触头桥的两端镶有银基合金制成的触头块，以避免接触点由于产生氧化铜而影响其导电性能。静触头一般用黄铜板冲压而成，一端镶焊触头块，另一端为接线柱。在触头上装有压力弹簧，用以减小接触电阻，消除有害振动。

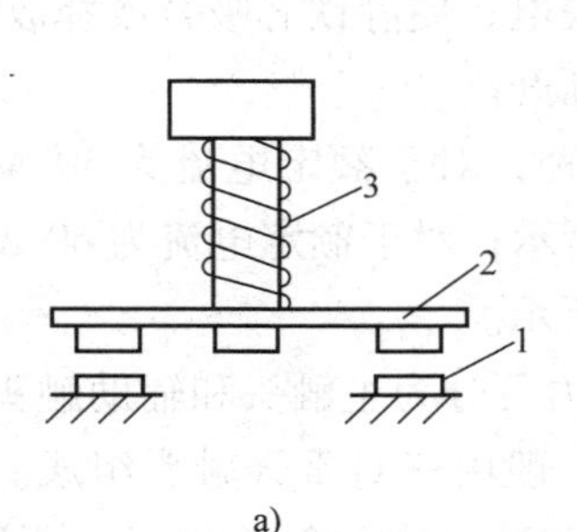

a)

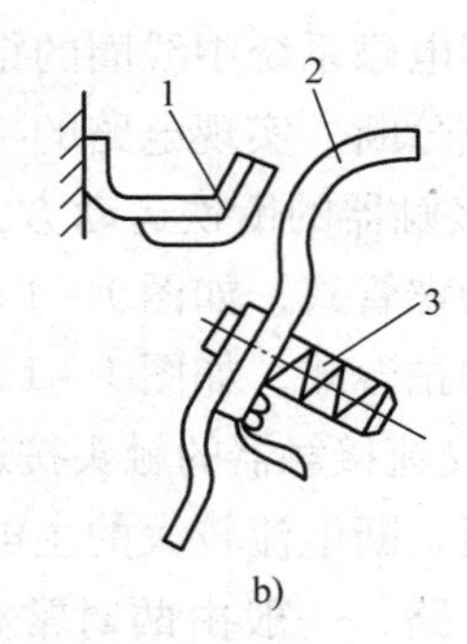

b)

图 1－1－25　触头的结构形式

a）桥式　b）指形

1—静触头　2—动触头　3—压力弹簧

3）灭弧装置。交流接触器在断开大电流或高电压电路时，会在动、静触头之间产生很强的电弧。电弧是触头间气体在强电场作用下产生的放电现象，它的产生一方面会灼伤触头，缩短触头的使用寿命；另一方面会使电路切断时间延长，甚至造成弧光短路或引起火灾事故。因此，触头间的电弧应尽快熄灭。

灭弧装置的作用是熄灭触头分断时产生的电弧，以减轻电弧对触头的灼伤，保证可靠地分断电路。交流接触器常采用的灭弧装置有双断口结构的电动力灭弧装置、纵缝灭弧装置和栅片灭弧装置，如图1－1－26所示。对于容量较小的交流接触器，如CJ10－10型，一般采用双断口结构的电动力灭弧装置灭弧；CJ10系列额定电流在20 A及以上的交流接触器，常采用纵缝灭弧装置灭弧；对于容量较大的交流接触器，多采用栅片灭弧装置灭弧。

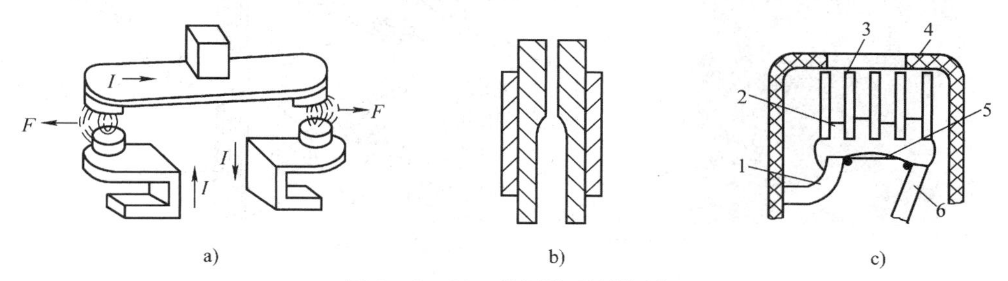

图1－1－26　常用的灭弧装置

a）双断口结构的电动力灭弧装置　b）纵缝灭弧装置　c）栅片灭弧装置

1—静触头　2—短电弧　3—灭弧栅片　4—灭弧罩　5—电弧　6—动触头

4）辅助部件。交流接触器的辅助部件有反作用弹簧、缓冲弹簧、触头压力弹簧、底座等，如图1－1－21a所示。反作用弹簧安装在衔铁和线圈之间，其作用是线圈失电后，推动衔铁释放，带动触头复位；缓冲弹簧安装在静铁芯和线圈之间，其作用是缓冲衔铁在吸合时对静铁芯和外壳的冲击力，保护外壳；触头压力弹簧安装在动触头上面，其作用是增加动、静触头间的压力，从而增大接触面积，减小接触电阻，防止触头过热损伤。

交流接触器的符号如图1－1－27所示。

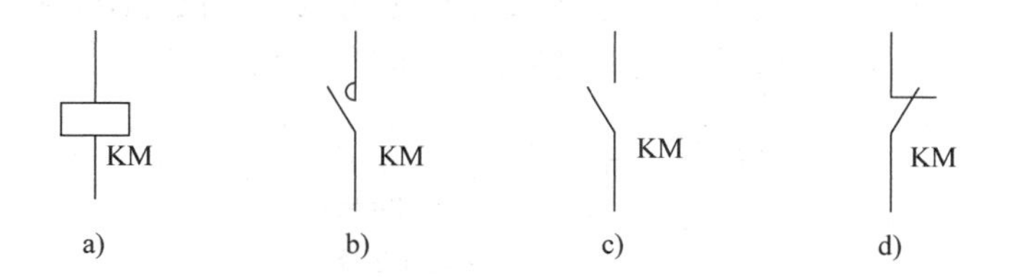

1－1－27　交流接触器的符号

a）线圈　b）主触头　c）辅助常开触头　d）辅助常闭触头

（3）工作原理

接触器实际上是一种自动的电磁式开关。触头的通、断不是由手来控制，而是电动操作。图1－1－28b所示用接触器控制电动机运转的工作原理示意图中，电动机通过接触器主触头接入电源，接触器线圈与启动按钮串接后接入电源。其工作原理是按下启动按钮→接触器线圈得电→线圈中的电流产生磁场，使静铁芯磁化，静铁芯产生足够大的电磁吸力，克服反作用弹簧的反作用力，将衔铁吸合→衔铁通过传动机构带动触头动作（辅助常闭触头先断开，三对常开主触头和辅助常开触头后闭合）；松开启动按钮→接触器线圈失电→静铁芯的电磁吸力消失→衔铁在反作用弹簧的作用下复位并带动各触头恢复常态。

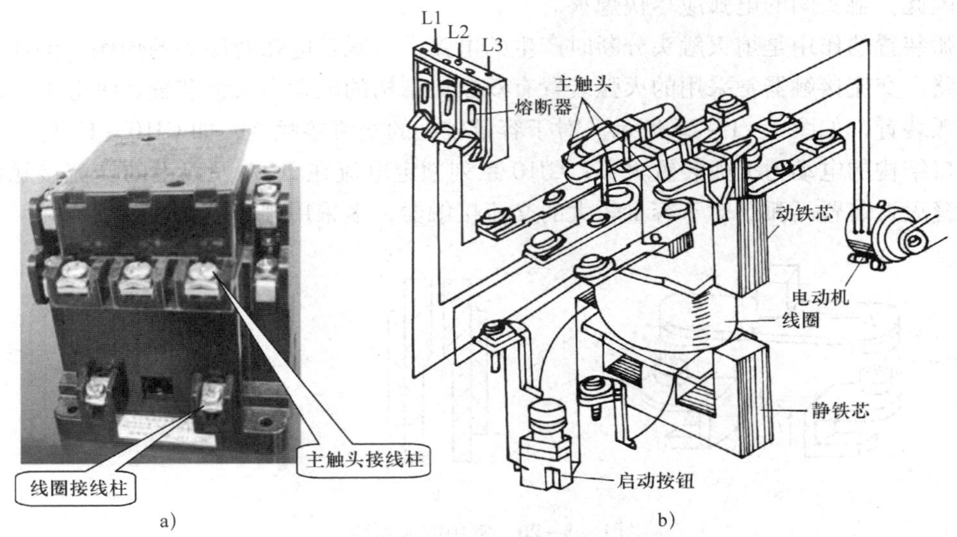

图 1－1－28　用接触器控制电动机运转

a）接触器外形　b）工作原理示意图

要点提示

常用的 CJ10 系列交流接触器在 85%～105% 的额定电压下，能保证触头可靠吸合。电压过高，磁路趋于饱和，线圈电流会显著增大；电压过低，电磁吸力不足，衔铁不能吸合，一般情况下线圈电流会达到额定电流的十几倍，因此，电压过高或过低都会造成线圈过热而烧毁。

CJT1 系列交流接触器是 CJ10 系列交流接触器的替代产品，适用于交流 50 Hz（或 60 Hz）、电压 380 V 及以下、电流 150 A 及以下的电力线路，供远距离接通和分断电路用，并适合频繁地控制启动、停止和反转交流电动机。其型号含义如下。

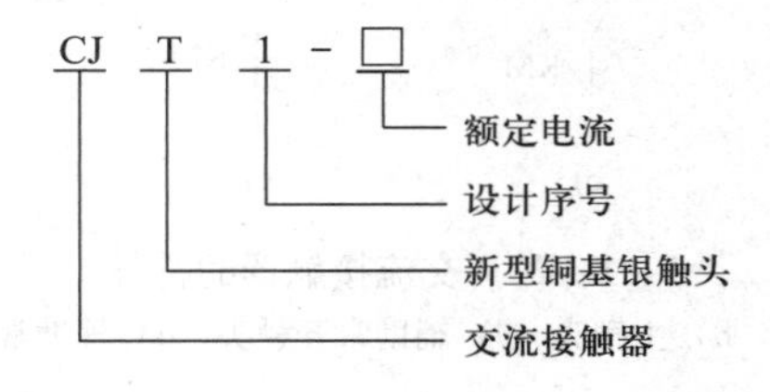

2. 直流接触器

直流接触器主要供远距离接通和分断额定电压 440 V、额定电流 1 600 A 及以下的直流电力线路之用，并适合直流电动机的频繁启动、停止、换向及反接制动。目前，常用的直流接触器有 CZ0、CZ17、CZ18、CZ21 等系列。图 1－1－29 所示是 CZ0 系列直流接触器的外形。

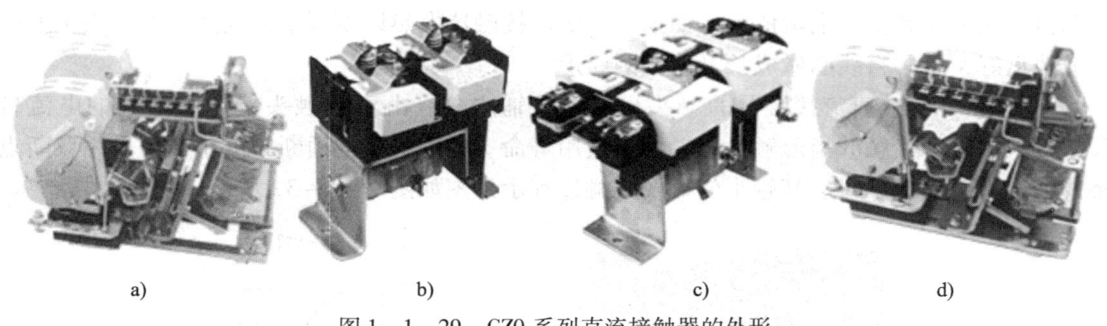

图1－1－29　CZ0系列直流接触器的外形

a）CZ0－20　b）CZ0－40　c）CZ0－150　d）CZ0－250

（1）型号含义

直流接触器的型号含义如下。

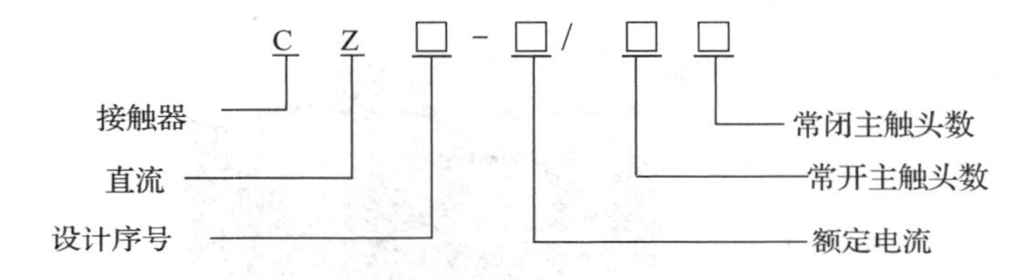

（2）结构

直流接触器主要由电磁系统（铁芯、线圈、衔铁）、触头系统（动、静触头，辅助触头）和灭弧装置三大部分组成，如图1－1－30所示。

1）电磁系统。直流接触器的电磁系统由线圈、铁芯和衔铁组成，如图1－1－31所示。由于线圈中通过的是直流电，铁芯不会因为产生涡流和磁滞损耗而发热，所以铁芯可用整块铸钢或铸铁制成，铁芯端面也不需要嵌装短路环。但在磁路中铁芯常垫有非磁性垫片，以减少剩磁的影响，保证线圈断电后衔铁能可靠释放。另外，因为直流接触器线圈的匝数比交流

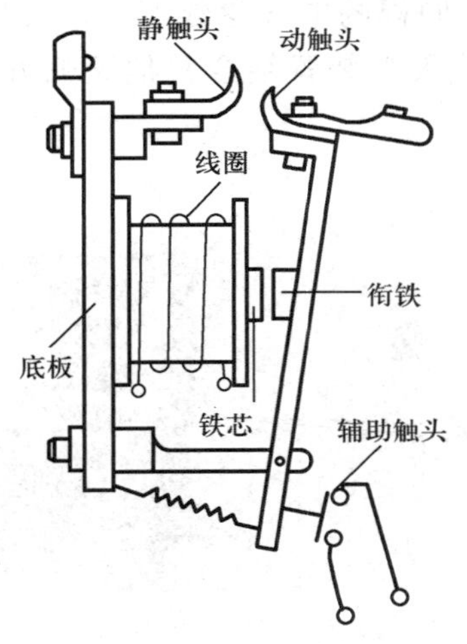

图1－1－30　直流接触器电磁系统和触头系统的结构

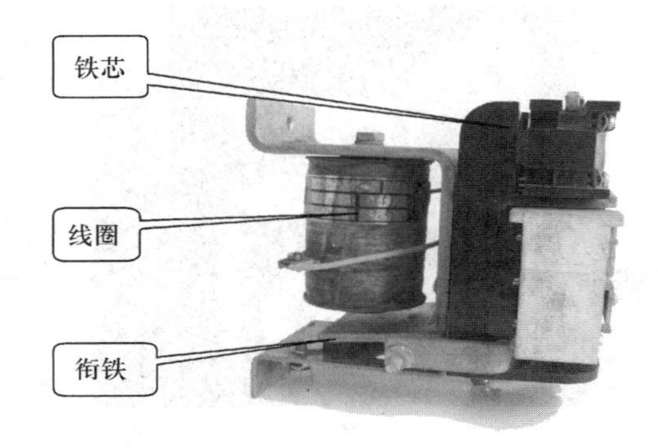

图1－1－31　直流接触器的电磁系统

接触器线圈的匝数多，电阻值大，铜损大，所以接触器发热以线圈本身发热为主。为了使线圈散热良好，常常将线圈做成长又薄的圆筒形。

2）触头系统。直流接触器的触头也有主、辅之分。由于主触头接通和断开的电流较大，多采用滚动接触的指形触头，以延长使用寿命。辅助触头的通断电流小，多采用双断点桥式触头，可有若干对。其触头外形及接触过程示意图如图 1－1－32 所示。

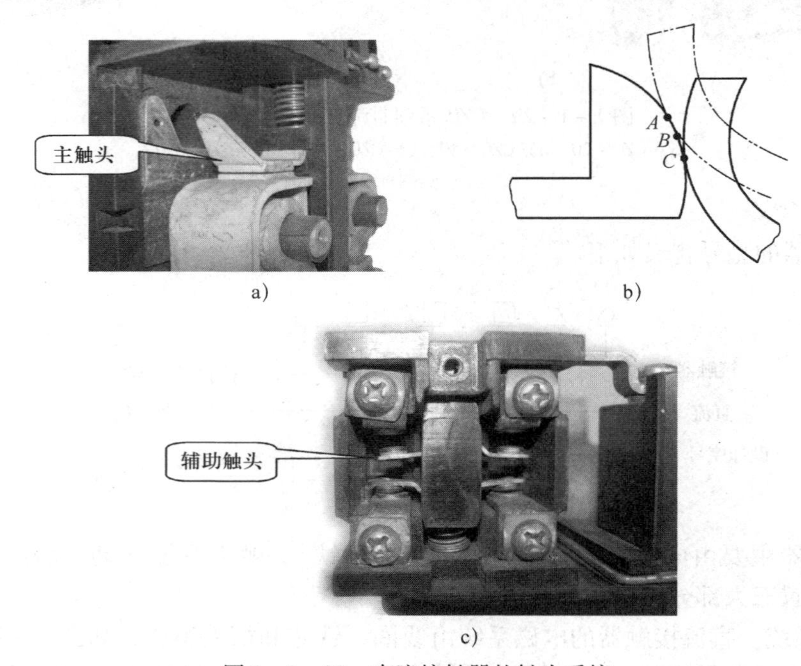

a）　　b）　　c）

图 1－1－32　直流接触器的触头系统

a）滚动接触的指形主触头外形　b）指形主触头接触过程示意图　c）双断点桥式辅助触头外形

3）灭弧装置。直流接触器的主触头在分断较大的直流电流时会产生强烈的电弧。由于直流电弧不像交流电弧那样有自然过零点，因此在同样的电气参数下，熄灭直流电弧比熄灭交流电弧要困难，直流接触器一般采用磁吹式灭弧装置结合其他灭弧方法灭弧，如图 1－1－33 所示。

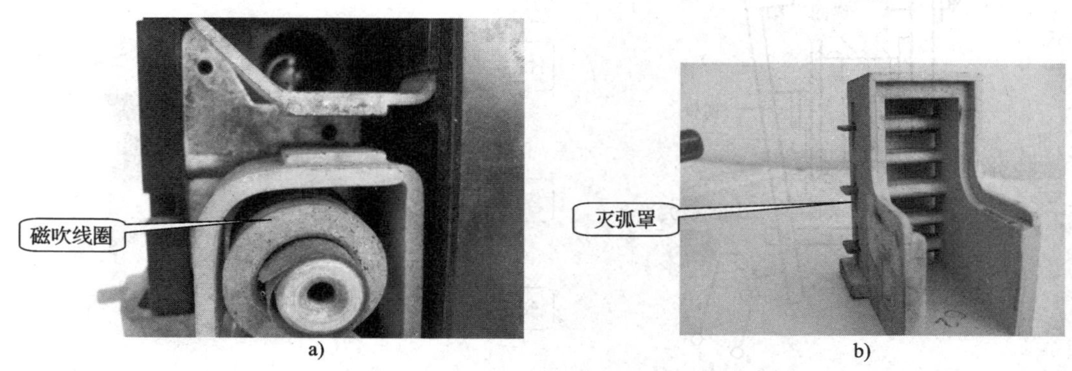

a）　　b）

图 1－1－33　直流接触器的灭弧装置

a）磁吹线圈　b）灭弧罩

为了减小直流接触器运行时的线圈功耗，延长线圈的使用寿命，对容量较大的直流接触器的线圈往往采用串联双绕组，其接线图如图 1－1－34 所示。把接触器的一个辅助常闭触头与保持线圈并联，在电路刚接通瞬间，保持线圈被辅助常闭触头短路，可使启动线圈获得较大的电流和吸力。当接触器动作时，启动线圈和保持线圈串联通电，由于电压不变，所以电流较小，但仍可保持衔铁被吸合，从而达到省电的目的。

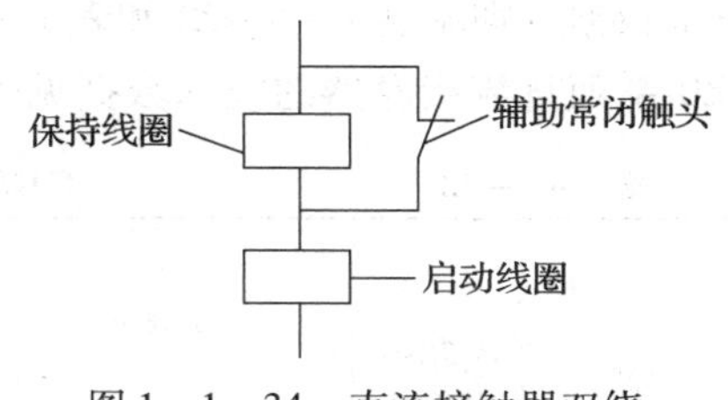

图 1－1－34　直流接触器双绕组线圈接线图

（3）工作原理和符号

直流接触器的工作原理和符号与交流接触器相同。

3. 接触器的选择

（1）选择接触器的类型

根据接触器所控制负载的性质选择接触器的类型。通常交流负载选用交流接触器，直流负载选用直流接触器。如果控制系统中主要是交流负载，而直流负载容量较小时，也可用交流接触器控制直流负载，但触头的额定电流应适当选择大一些。交流接触器按负荷种类一般分为一类、二类、三类和四类，分别记为 AC－1、AC－2、AC－3 和 AC－4。一类交流接触器对应的控制对象是无感或微感负荷，如白炽灯、电阻炉等；二类交流接触器用于绕线转子异步电动机的启动和停止控制；三类交流接触器的典型应用是笼型异步电动机的运转控制和运行中的分断；四类交流接触器用于笼型异步电动机的启动、反接制动、反转和点动控制。

（2）选择接触器主触头的额定电压

接触器主触头的额定电压应大于或等于所控制线路的额定电压。

（3）选择接触器主触头的额定电流

接触器主触头的额定电流应大于或等于负载的额定电流。控制电动机时，可按下列经验公式计算（仅适用于 CJ10 系列）：

$$I_C = \frac{P_N \times 10^3}{KU_N}$$

式中　K——经验系数，一般取 1～1.4；

P_N——被控制电动机的额定功率，kW；

U_N——被控制电动机的额定电压，V；

I_C——接触器主触头的额定电流，A。

接触器若在频繁启动、制动及正反转的场合使用，应将接触器主触头的额定电流降低一个等级使用。

（4）选择接触器线圈的额定电压

当控制线路简单、使用电器较少时，可直接选用 380 V 或 220 V 电压的线圈。当线路较复杂、使用电器的个数超过 5 只时，可选用 36 V 或 110 V 电压的线圈，以保证安全。

（5）选择接触器触头的数量和种类

接触器触头的数量和种类应满足控制线路的要求。CJ10 系列和 CJ20 系列交流接触器的技术数据分别见表1－1－22和表1－1－23，CJX2系列交流接触器的技术数据见表1－1－24，CZ0系列直流接触器的技术数据见表1－1－25。

表1－1－22　CJ10系列交流接触器的技术数据

型号	触头额定电压/V	主触头		辅助触头		线圈		可控制三相异步电动机的最大功率/kW		额定操作频率/（次/h）
		额定电流/A	对数/对	额定电流/A	对数/对	电压/V	功率/（V·A）	220 V	380 V	
CJ10－10	380	10	3	5	2常开、2常闭	36、110、220、380	11	2.2	4	≤600
CJ10－20		20	3				22	5.5	10	
CJ10－40		40	3				32	11	20	
CJ10－60		60	3				70	17	30	

表1－1－23　CJ20系列交流接触器的技术数据

型号	极数	额定工作电压/V	约定发热电流/A	额定工作电流/A	额定操作频率（AC－3）/（次/h）	机械寿命/万次	辅助触头	
							约定发热电流/A	触头组合/对
CJ20－10	3	220	10	10	1 200	1 000	10	2常开、2常闭
		380		10	1 200			
		660		5.8	600			
CJ20－16		220	16	16	1 200			
		380		16	1 200			
		660		13	600			
CJ20－25		220	32	25	1 200			
		380		25	1 200			
		660		16	600			
CJ20－40		220	55	40	1 200			
		380		40	1 200			
		660		25	600			
CJ20－63		220	80	63	1 200			
		380		63	1 200			
		660		40	600			
CJ20－100		220	125	100	1 200			
		380		100	1 200			
		660		63	600			
CJ20－160		220	200	160	1 200			
		380		160	1 200			
		660		100	600			
CJ20－160/11		1 140	200	80	300			

表 1－1－24　　CJX2 系列交流接触器的技术数据

<table>
<tr><td colspan="3">型号</td><td colspan="2">CJX2－09</td><td colspan="2">CJX2－12</td><td colspan="2">CJX2－18</td><td colspan="2">CJX2－25</td><td colspan="2">CJX2－32</td><td colspan="2">CJX2－40</td><td colspan="2">CJX2－50</td><td colspan="2">CJX2－65</td><td colspan="2">CJX2－80</td><td colspan="2">CJX2－95</td></tr>
<tr><td rowspan="4">额定工作电流/A</td><td rowspan="2">380 V</td><td>AC－3</td><td colspan="2">9</td><td colspan="2">12</td><td colspan="2">18</td><td colspan="2">25</td><td colspan="2">32</td><td colspan="2">40</td><td colspan="2">50</td><td colspan="2">65</td><td colspan="2">80</td><td colspan="2">95</td></tr>
<tr><td>AC－4</td><td colspan="2">3.5</td><td colspan="2">5</td><td colspan="2">7.7</td><td colspan="2">8.5</td><td colspan="2">12</td><td colspan="2">18.5</td><td colspan="2">24</td><td colspan="2">28</td><td colspan="2">37</td><td colspan="2">44</td></tr>
<tr><td rowspan="2">660 V</td><td>AC－3</td><td colspan="2">6.6</td><td colspan="2">8.9</td><td colspan="2">12</td><td colspan="2">18</td><td colspan="2">21</td><td colspan="2">34</td><td colspan="2">39</td><td colspan="2">42</td><td colspan="2">49</td><td colspan="2">49</td></tr>
<tr><td>AC－4</td><td colspan="2">1.5</td><td colspan="2">2</td><td colspan="2">3.8</td><td colspan="2">4.4</td><td colspan="2">7.5</td><td colspan="2">9</td><td colspan="2">12</td><td colspan="2">14</td><td colspan="2">17.3</td><td colspan="2">21.3</td></tr>
<tr><td colspan="3">约定自由空气发热电流/A</td><td colspan="2">20</td><td colspan="2">20</td><td colspan="2">32</td><td colspan="2">40</td><td colspan="2">50</td><td colspan="2">60</td><td colspan="2">80</td><td colspan="2">80</td><td colspan="2">95</td><td colspan="2">95</td></tr>
<tr><td colspan="3">额定绝缘电压/V</td><td colspan="2">690</td><td colspan="2">690</td><td colspan="2">690</td><td colspan="2">690</td><td colspan="2">690</td><td colspan="2">690</td><td colspan="2">690</td><td colspan="2">690</td><td colspan="2">690</td><td colspan="2">690</td></tr>
<tr><td colspan="2" rowspan="3">可控三相鼠笼式电动机功率（AC－3）/kW</td><td>220 V</td><td colspan="2">2.2</td><td colspan="2">3</td><td colspan="2">4</td><td colspan="2">5.5</td><td colspan="2">7.5</td><td colspan="2">11</td><td colspan="2">15</td><td colspan="2">18.5</td><td colspan="2">22</td><td colspan="2">25</td></tr>
<tr><td>380 V</td><td colspan="2">4</td><td colspan="2">5.5</td><td colspan="2">7.5</td><td colspan="2">11</td><td colspan="2">15</td><td colspan="2">18.5</td><td colspan="2">22</td><td colspan="2">30</td><td colspan="2">37</td><td colspan="2">45</td></tr>
<tr><td>660 V</td><td colspan="2">5.5</td><td colspan="2">7.5</td><td colspan="2">10</td><td colspan="2">15</td><td colspan="2">18.5</td><td colspan="2">30</td><td colspan="2">37</td><td colspan="2">37</td><td colspan="2">45</td><td colspan="2">45</td></tr>
<tr><td rowspan="3">操作频率/（次/h）</td><td rowspan="2">电寿命</td><td>AC－3</td><td colspan="2">1 200</td><td colspan="2">1 200</td><td colspan="2">1 200</td><td colspan="2">1 200</td><td colspan="2">600</td><td colspan="2">600</td><td colspan="2">600</td><td colspan="2">600</td><td colspan="2">600</td><td colspan="2">600</td></tr>
<tr><td>AC－4</td><td colspan="2">300</td><td colspan="2">300</td><td colspan="2">300</td><td colspan="2">300</td><td colspan="2">300</td><td colspan="2">300</td><td colspan="2">300</td><td colspan="2">300</td><td colspan="2">300</td><td colspan="2">300</td></tr>
<tr><td colspan="2">机械寿命</td><td colspan="2">3 600</td><td colspan="2">3 600</td><td colspan="2">3 600</td><td colspan="2">3 600</td><td colspan="2">3 600</td><td colspan="2">3 600</td><td colspan="2">3 600</td><td colspan="2">3 600</td><td colspan="2">3 600</td><td colspan="2">3 600</td></tr>
<tr><td rowspan="2">电寿命/万次</td><td colspan="2">AC－3</td><td colspan="2">100</td><td colspan="2">100</td><td colspan="2">100</td><td colspan="2">100</td><td colspan="2">80</td><td colspan="2">80</td><td colspan="2">60</td><td colspan="2">60</td><td colspan="2">60</td><td colspan="2">60</td></tr>
<tr><td colspan="2">AC－4</td><td colspan="2">20</td><td colspan="2">20</td><td colspan="2">20</td><td colspan="2">20</td><td colspan="2">20</td><td colspan="2">15</td><td colspan="2">15</td><td colspan="2">15</td><td colspan="2">10</td><td colspan="2">10</td></tr>
<tr><td colspan="3">机械寿命/万次</td><td colspan="2">1 000</td><td colspan="2">1 000</td><td colspan="2">1 000</td><td colspan="2">1 000</td><td colspan="2">800</td><td colspan="2">800</td><td colspan="2">800</td><td colspan="2">800</td><td colspan="2">600</td><td colspan="2">600</td></tr>
<tr><td colspan="3">配用熔断器型号</td><td colspan="2">RT16－20</td><td colspan="2">—</td><td colspan="2">RT16－32</td><td colspan="2">RT16－40</td><td colspan="2">RT16－50</td><td colspan="2">RT16－63</td><td colspan="2">RT16－80</td><td colspan="2">—</td><td colspan="2">RT16－100</td><td colspan="2">RT16－125</td></tr>
<tr><td rowspan="4">冷压端头</td><td colspan="2">根数/根</td><td>1</td><td>2</td><td>1</td><td>2</td><td>1</td><td>2</td><td>1</td><td>2</td><td>1</td><td>2</td><td>1</td><td>2</td><td>1</td><td>2</td><td>1</td><td>2</td><td>1</td><td>2</td><td>1</td><td>2</td></tr>
<tr><td colspan="2">非预制端头软线</td><td>1/2.5*</td><td>1/2.5</td><td>1/2.5</td><td>1/2.5</td><td>1.5/4</td><td>1.5/4</td><td>1.5/4</td><td>1.5/4</td><td>2.5/6</td><td>2.5/6</td><td>6/25</td><td>4/10</td><td>6/25</td><td>4/10</td><td>6/25</td><td>4/10</td><td>10/35</td><td>6/16</td><td>10/35</td><td>6/16</td></tr>
<tr><td colspan="2">有预制端头软线</td><td>1/4</td><td>1/2.5</td><td>1/4</td><td>1/2.5</td><td>1.5/6</td><td>1.5/4</td><td>1.5/10</td><td>1.5/6</td><td>2.5/10</td><td>2.5/6</td><td>6/25</td><td>4/10</td><td>6/25</td><td>4/10</td><td>6/25</td><td>4/10</td><td>10/35</td><td>6/16</td><td>10/35</td><td>6/16</td></tr>
<tr><td colspan="2">非预制端头硬线</td><td>1/4</td><td>1/4</td><td>1/4</td><td>1/4</td><td>1.5/6</td><td>1.5/6</td><td>1.5/6</td><td>1.5/6</td><td>2.5/10</td><td>2.5/10</td><td>6/25</td><td>4/10</td><td>6/25</td><td>4/10</td><td>6/25</td><td>4/10</td><td>10/35</td><td>6/16</td><td>10/35</td><td>6/16</td></tr>
<tr><td colspan="2" rowspan="3">交流线圈功率（50 Hz）</td><td>吸合/（V·A）</td><td colspan="2">70</td><td colspan="2">70</td><td colspan="2">70</td><td colspan="2">110</td><td colspan="2">110</td><td colspan="2">200</td><td colspan="2">200</td><td colspan="2">200</td><td colspan="2">200</td><td colspan="2">200</td></tr>
<tr><td>保持/（V·A）</td><td colspan="2">9.0</td><td colspan="2">9.0</td><td colspan="2">9.5</td><td colspan="2">14.0</td><td colspan="2">14.0</td><td colspan="2">57.0</td><td colspan="2">57.0</td><td colspan="2">57.0</td><td colspan="2">57.0</td><td colspan="2">57.0</td></tr>
<tr><td>功率/W</td><td colspan="2">1.8～2.7</td><td colspan="2">1.8～2.7</td><td colspan="2">3～4</td><td colspan="2">3～4</td><td colspan="2">3～4</td><td colspan="2">6～10</td><td colspan="2">6～10</td><td colspan="2">6～10</td><td colspan="2">6～10</td><td colspan="2">6～10</td></tr>
<tr><td colspan="3">动作范围</td><td colspan="20">吸合电压为 85% U_S～110% U_S；释放电压为 20% U_S～75% U_S（U_S 为线圈额定电压）</td></tr>
<tr><td colspan="3">辅助触头基本参数</td><td colspan="20">AC－15：360 V·A，DC－13：33 W，I_{th}＝10 A（I_{th}为约定发热电流）</td></tr>
</table>

＊ 1/2.5：适用于 1 mm^2 的导线配合 2.5 mm 的端头。

表 1－1－25　　**CZ0 系列直流接触器的技术数据**

型号	额定电压/V	额定电流/A	额定操作频率/(次/h)	主触头对数/对		辅助触头对数/对		最大分断电流/A	吸引线圈电压/V
				常开	常闭	常开	常闭		
CZ0－40/20		40	1 200	2	0	2	2	160	
CZ0－40/02		40	600	0	2	2	2	100	
CZ0－100/10		100	1 200	1	0	2	2	400	
CZ0－100/01		100	600	0	1	2	1	250	
CZ0－100/20		100	1 200	2	0	2	2	400	
CZ0－150/10		150	1 200	1	0	2	2	600	
CZ0－150/01	440	150	600	0	1	2	1	375	24、48、110、220、440
CZ0－150/20		150	1 200	2	0	2	2	600	
CZ0－250/10		250	600	1	0			1 000	
CZ0－250/20		250	600	2	0			1 000	
CZ0－400/10		400	600	1	0	可以在 5 常开、1 常闭与 5 常闭、1 常开之间任意组合		1 600	
CZ0－400/20		400	600	2	0			1 600	
CZ0－600/10		600	600	1	0			2 400	

4. 几种常用接触器简介

（1）机械联锁（可逆）交流接触器

机械联锁（可逆）交流接触器实际上是由两个相同规格的交流接触器加上机械联锁机构和电气元件联锁机构组成的，可以保证两台交流接触器在任何情况下（如机械振动或误操作而发出指令）都不能同时吸合，当一台接触器断开后，另一台接触器才能闭合，能有效防止电动机正、反转换向时出现相间短路故障。机械联锁（可逆）交流接触器主要用于电动机的可逆控制和双路电源的自动切换，也可用于需要频繁进行可逆换接的电气设备上。生产厂家通常将机械联锁机构和电气元件联锁机构以附件的形式提供给用户。

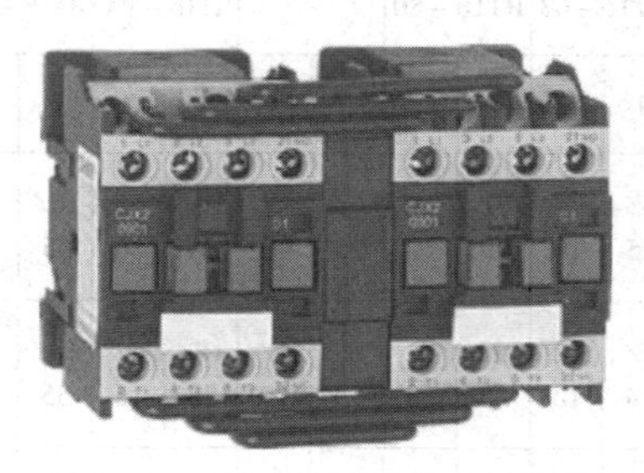

图 1－1－35　CJX2－N 系列机械联锁（可逆）交流接触器

图 1－1－35 所示为 CJX2－N 系列机械联锁（可逆）交流接触器。它主要用于交流 50 Hz（或 60 Hz）、额定工作电压 660 V 及以下、额定工作电流 95 A 及以下的电路，进行电动机的可逆控制。

（2）切换电容器接触器

切换电容器接触器专用于低压无功补偿设备中投入或切除并联电容器组，以调整用电系统的功率因数。切换电容器接触器带有抑制浪涌电流装置，能有效地抑制接通电容器组时出现的合闸涌流对电容器的冲击和断开电容器组时的过电压。其结构设计为正装式，灭弧系统采用封闭式自然灭弧。接触器既可采用螺钉安装，又可采用标准卡轨安装。

图 1－1－36 所示为 CJ19（16）系列切换电容器接触器。它主要用于交流 50 Hz（或 60 Hz）、额定工作电压 380 V 及以下的电力线路，投入或切除低压并联电容器。

图 1－1－36　CJ19（16）系列切换电容器接触器

（3）真空交流接触器

真空交流接触器是以真空为灭弧介质，其主触头封闭在真空管内。由于灭弧过程是在密封的真空容器中完成的，电弧和灼热的气体不会向外界喷溅，所以开断性能稳定、可靠，不会污染环境，特别适用于条件恶劣的环境，如易燃易爆物质的存放处、煤矿井下等危险场所。

常用的真空交流接触器有 CKJ 和 EVS 等系列，如图 1－1－37 所示。CKJ 系列产品为我国自己研发的产品，均为三极式，适用于交流 50 Hz、额定电压 1 140 V 及以下、额定电流 630 A 及以下的电力线路，远距离接通或断开电路及启动和控制交流电动机。此外，CKJ 系列产品可与各种保护装置配合使用，组成防爆型电磁启动器。EVS 系列重任务真空交流接触器采用以单极为基础单元的多级多驱动结构，可根据需要组装成 1、2、…、n 极接触器，以便与相关设备很好地配合。

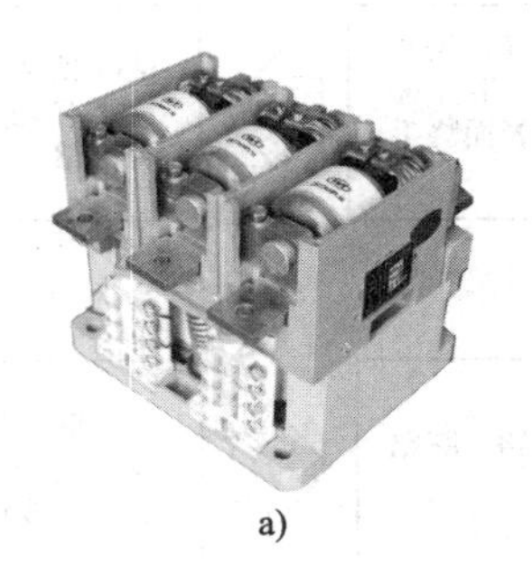

a)

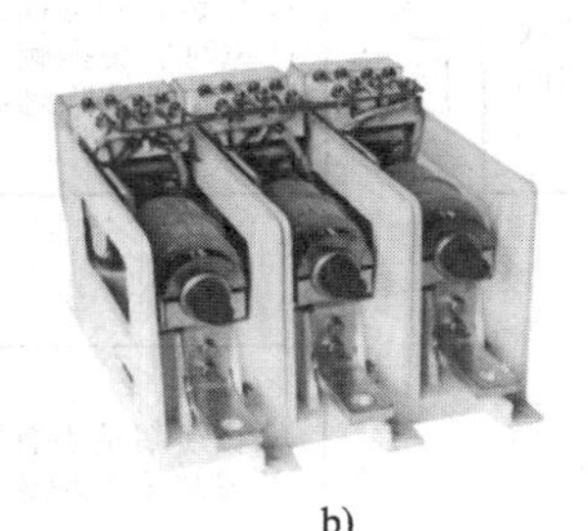

b)

图 1－1－37　真空交流接触器

a）CKJ5－400　b）EVS 系列

任务实施

一、识别按钮和接触器

在教师指导下，仔细观察各种不同系列、规格的按钮和接触器，熟悉其外形、型号及主要技术数据的含义、作用、结构及工作原理等，用万用表的电阻挡测量各对触头之间的接触情况，分辨常开触头和常闭触头以及各个接线柱等。

二、拆装与检修 CJ10－20 型交流接触器

1. 拆卸

根据图 1－1－38，完成 CJ10－20 型交流接触器的拆卸。

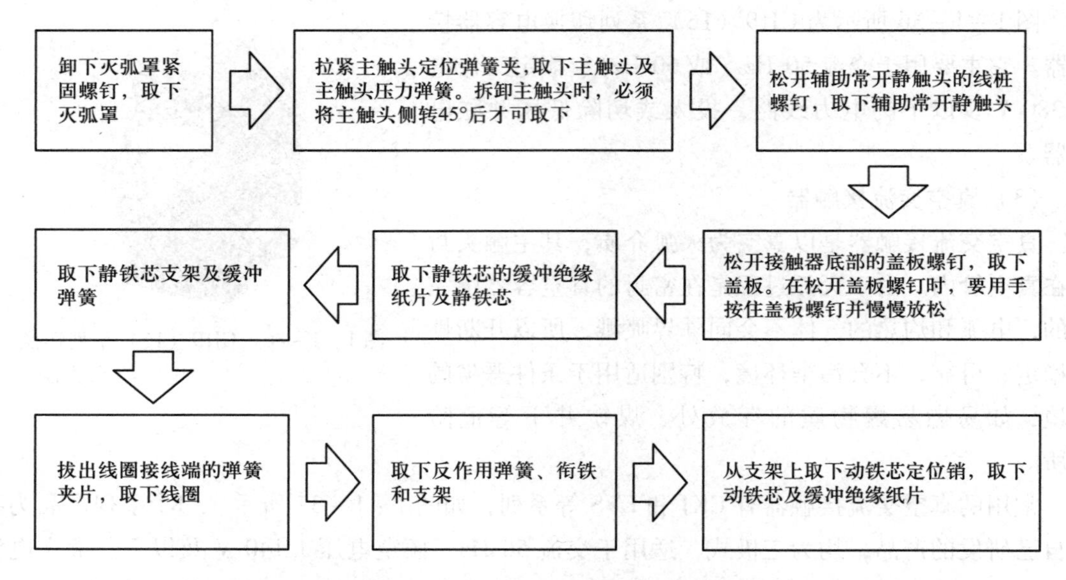

图 1－1－38　CJ10－20 型交流接触器的拆卸流程

2. 检修

根据图 1－1－39，完成 CJ10－20 型交流接触器的检修。

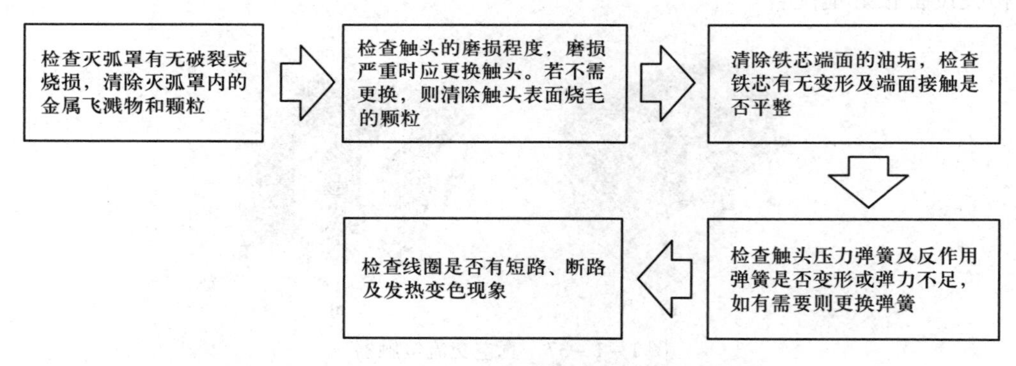

图 1－1－39　CJ10－20 型交流接触器的检修流程

3. 装配

按拆卸的逆序进行装配。

4. 自检

用万用表的欧姆挡检查线圈及各触头是否良好；用兆欧表测量各触头间及主触头对地电阻是否符合要求；用手按动主触头，检查运动部分是否灵活，以防产生接触不良、振动和噪声。

5. 注意事项

（1）拆卸交流接触器时，应备有盛放零件的容器，以免丢失零件。

（2）拆装过程中不允许硬撬元件，以免损坏。装配辅助静触头时，要防止卡住动触头。

三、校验 CJ10－20 型交流接触器及调整触头压力

1. 通电校验

根据图 1－1－40，完成 CJ10－20 型交流接触器的校验。

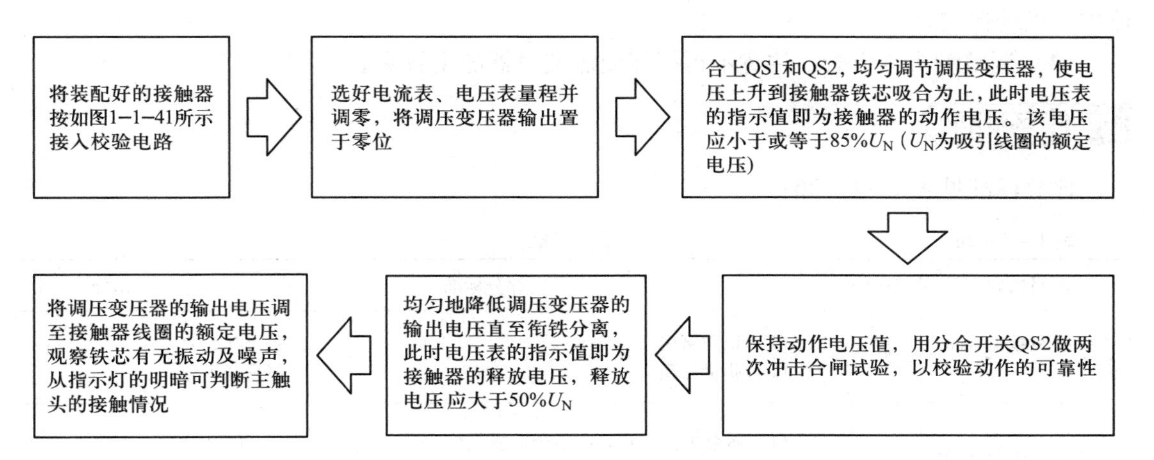

图 1－1－40　CJ10－20 型交流接触器的校验流程

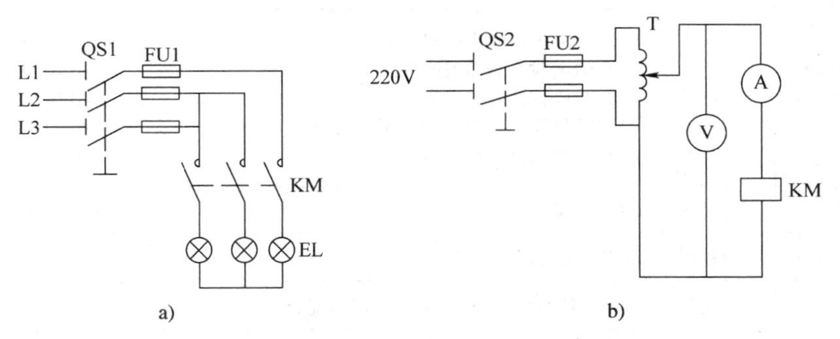

图 1－1－41　接触器动作值校验电路

a）主电路　b）控制电路

2. 调整触头压力

根据图 1－1－42，完成 CJ10－20 型交流接触器触头压力的调整。

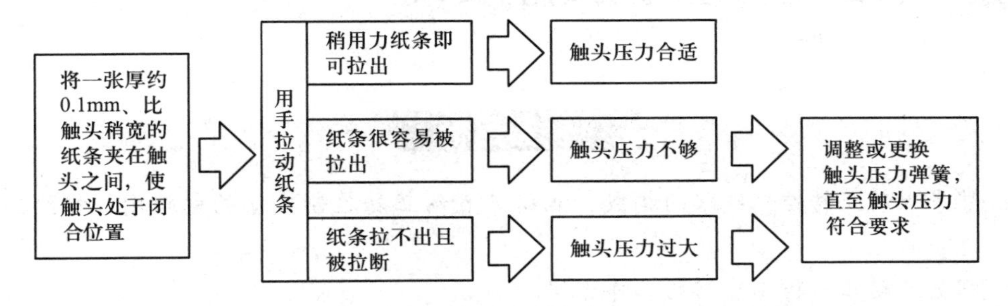

图 1－1－42　CJ10－20 型交流接触器触头压力的调整流程

3. 注意事项

（1）进行交流接触器通电校验时，应把交流接触器固定在控制板上。在通电校验过程中，要均匀、缓慢地改变调压变压器的输出电压，以使测量结果尽量准确，并应有指导教师监护，以确保安全。

（2）调整触头压力时，注意不得损坏交流接触器的主触头。

任务测评

评分标准见表 1－1－26。

表 1－1－26　评分标准

项目内容	配分	评分标准		扣分	得分
按钮和接触器的识别	20 分	（1）识别错误 （2）测量错误	每个扣 5 分 每项扣 5 分		
交流接触器的拆装、检修	40 分	（1）拆装方法不正确或不会拆装 （2）损坏、丢失或漏装零件 （3）未进行检修或检修方法不正确	扣 20 分 每个扣 10 分 扣 10 分		
交流接触器的校验及触头压力的调整	40 分	（1）不能进行通电校验 （2）通电时有振动或噪声 （3）校验方法或结果不正确 （4）不能凭经验判断触头压力大小 （5）不会调整触头压力	扣 20 分 扣 10 分 扣 10 分 扣 10 分 扣 10 分		
安全文明生产	违反安全文明生产规程		扣 5～40 分		
定额时间：2 h	每超时 5 min 以内以扣 5 分计算				
备注	除定额时间外，各项目的最高扣分应不超过配分		成绩		
开始时间		结束时间		实际时间	
指导教师：				年　月　日	

任务 4　点动正转控制线路的安装

任务目标

1. 熟悉点动正转控制线路的构成，能识读点动正转控制线路的电路图、接线图和布置图。

2. 掌握点动正转控制线路的工作原理。

3. 能正确完成点动正转控制线路的安装。

工作任务

任务 2 安装的手动正转控制线路，其优点是所用电气元件少，线路简单，缺点是操作劳动强度大，安全性差，且不便于实现远距离控制和自动控制。

图 1－1－43 所示是 CA6140 型车床，操作人员只要按下按钮，就能快速移动刀架；松开按钮，刀架立即停止移动。刀架快速移动采用的是一种点动控制线路，它通过主令电器（如按钮）和自动控制电器（如接触器）来实现线路的自动控制。

这种按下按钮电动机就通电运转，松开按钮电动机就断电停转的控制方法，称为点动控制。电动葫芦的起重电动机和车床拖板箱快速移动电动机均采用点动控制方式。本任务就是完成图 1－1－44 所示点动正转控制线路的安装。

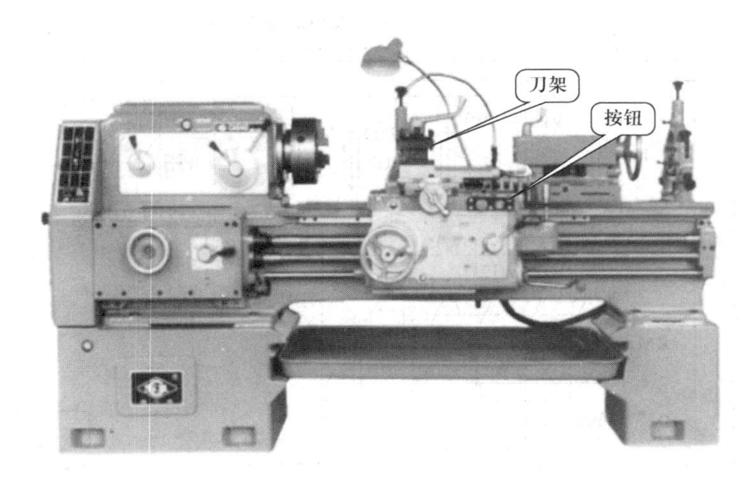

图 1－1－43　CA6140 型车床

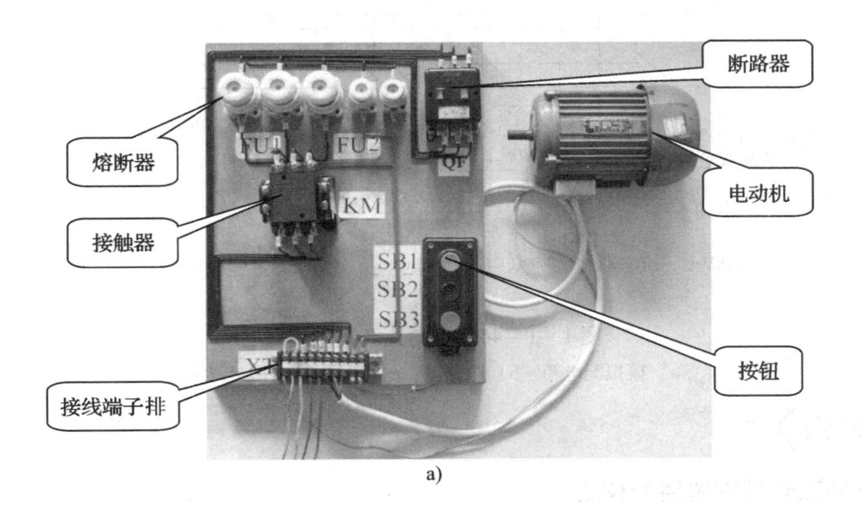

a)

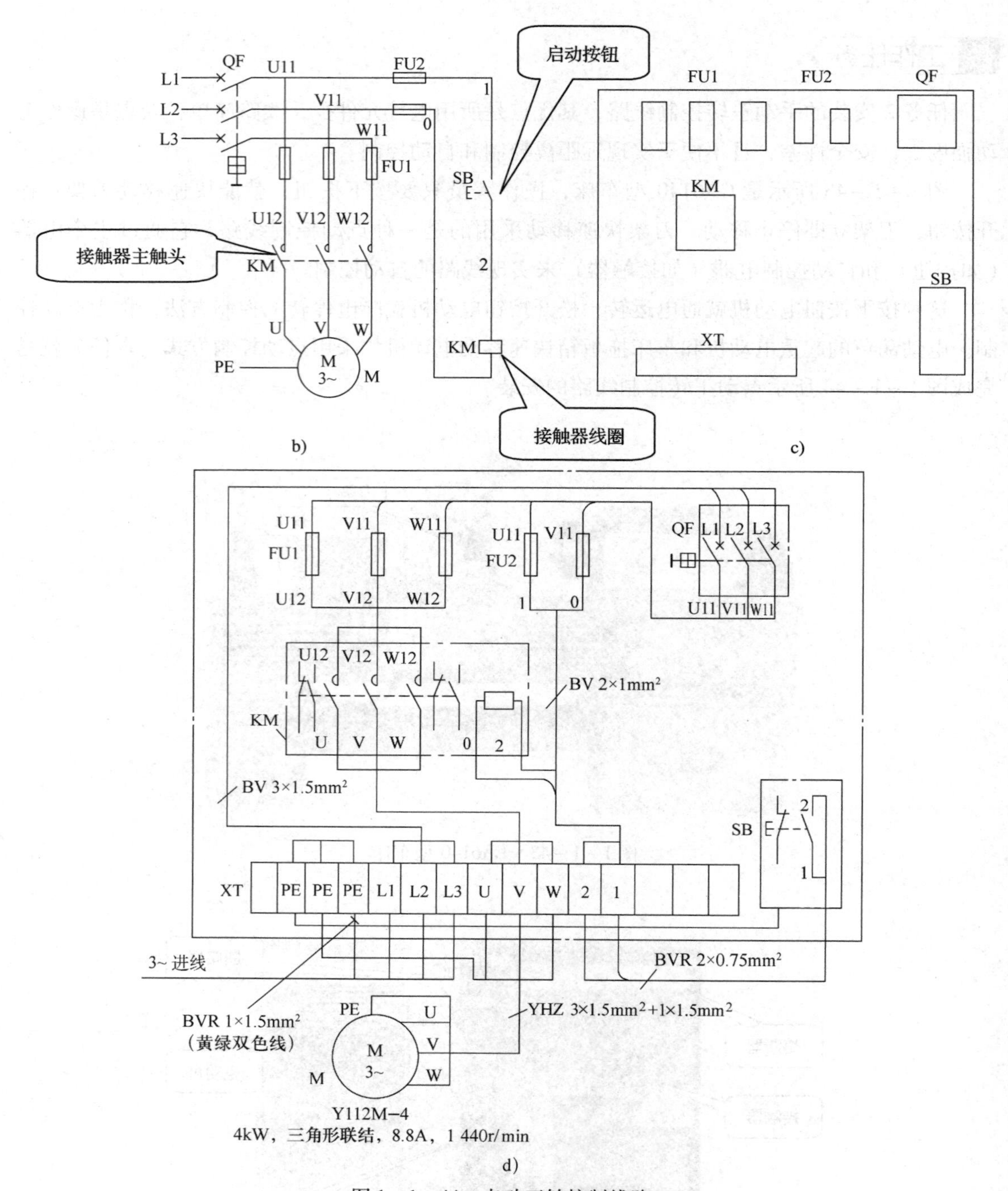

图 1－1－44　点动正转控制线路

a）模拟配电箱　b）电路图　c）布置图　d）接线图

相关知识

一、点动正转控制线路的构成

图 1－1－44 所示是点动正转控制线路，其中图 1－1－44a 所示为其模拟配电箱，图 1－1－44b

所示为其电路图，图 1 -1 -44c 所示为其布置图，图 1 -1 -44d 所示为其接线图。

从图 1 -1 -44b 可以看出，三相交流电源 L1、L2、L3 与低压断路器 QF 组成电源电路；熔断器 FU1、接触器 KM 三对主触头和三相异步电动机 M 构成主电路；熔断器 FU2、启动按钮 SB 和接触器 KM 的线圈组成控制电路。显然，合上低压断路器 QF，电动机 M 并不能通电启动运转，只有再按下启动按钮 SB，使接触器 KM 线圈通电，KM 主触头闭合，才能使电动机 M 得电启动运转。若松开 SB，KM 线圈失电，其主触头断开复位，电动机 M 断电停转。可见，电动机的运转不再由低压开关手动直接控制，而是由按钮、接触器配合实现自动控制。

二、点动正转控制线路的工作原理

在图 1 -1 -44 所示点动正转控制线路中，低压断路器 QF 用作电源隔离开关；熔断器 FU1、FU2 分别用作主电路、控制电路的短路保护电器；启动按钮 SB 控制接触器 KM 线圈的得电与失电；接触器 KM 的主触头控制电动机 M 的启动和停止。

点动正转控制线路的工作原理如下。

合上电源开关 QF。

启动：按下SB ⟶ KM线圈得电 ⟶ KM主触头闭合 ⟶ 电动机M启动运转

停止：松开SB ⟶ KM线圈失电 ⟶ KM主触头分断复位 ⟶ 电动机M失电停转

停止使用时，断开电源开关 QF。

任务实施

一、工具、仪表及器材准备

参照表 1 -1 -27 选配工具、仪表和器材，并进行质量检验。

表 1 -1 -27　　主要工具、仪表及器材

工具	验电笔、螺钉旋具、钢丝钳、尖嘴钳、斜口钳、剥线钳、电工刀等电工常用工具				
仪表	MF47 型万用表、ZC25 -3 型兆欧表（500 V、0 ~ 500 MΩ）、MG3 -1 型钳形电流表				
器材	代号	名称	型号	规格	数量
	M	三相笼型异步电动机	Y112M -4	4 kW、380 V、三角形联结、8.8 A、1 440 r/min	1 台
	QF	低压断路器	DZ5 -20/330	三极、380 V、额定电流 20 A	1 只
	FU1	螺旋式熔断器	RL1 -60/25	500 V、60 A、熔体额定电流 25 A	3 只
	FU2	螺旋式熔断器	RL1 -15/2	500 V、15 A、熔体额定电流 2 A	2 只
	KM	交流接触器	CJ10 -20 （CJT1 -20）	20 A、线圈电压 380 V	1 只
	SB	按钮	LA10 -3H	保护式、按钮数 3（代用）	1 个
	XT	接线端子排	TD -1515	15 A、15 节、660 V	1 条
		控制板		600 mm × 500 mm × 20 mm	1 块
		主电路线		BV 1.5 mm^2 和 BVR 1.5 mm^2（黑色）	若干
		控制电路线		BV 1 mm^2（红色）	若干
		按钮线		BVR 0.75 mm^2（红色）	若干
		接地线		BVR 1.5 mm^2（黄绿双色）	若干
		编码套管和紧固体、垫圈等			若干

二、安装点动正转控制线路

1. 按钮与接触器的安装与使用要求

按钮与接触器的安装与使用要求见表1－1－28。

表1－1－28　按钮与接触器的安装与使用要求

名称		安装与使用要求
按钮		（1）按钮安装在面板上时，应布置整齐，排列合理，如根据电动机启动的先后顺序从上到下或从左到右排列 （2）同一机床运动部件有几种不同的工作状态时（如上、下，前、后，松、紧等），应将每一对相反状态的按钮安装在一组 （3）按钮的安装应牢固，安装按钮的金属板或金属按钮盒必须可靠接地 （4）由于按钮的触头间距较小，如有油污等极易发生短路故障，所以应注意保持触头间的清洁 （5）光标按钮一般不宜用于需长期通电显示处，以免塑料外壳过度受热而变形，使更换灯泡困难
接触器	安装前的检查	（1）检查接触器铭牌与线圈的技术数据（如额定电压、额定电流、操作频率等）是否符合实际使用要求 （2）检查接触器外观，应无机械损伤；用手推动接触器可动部分时，接触器应动作灵活，无卡阻现象；灭弧罩应完整无损，固定牢固 （3）将铁芯极面上的防锈油脂或粘在极面上的污垢用煤油擦净，以免多次使用后衔铁被粘住，造成断电后不能释放 （4）测量接触器的线圈电阻（一般为1.5 kΩ左右）和绝缘电阻（大于0.5 MΩ）是否符合要求
	接触器的安装	（1）交流接触器一般应安装在垂直面上，倾斜度不得超过5°；若有散热孔，则应将有孔的一面放在垂直方向上，以利于散热，并按规定留有适当的飞弧空间，以免飞弧烧坏相邻的电器 （2）安装和接线时，注意不要将零件失落或掉入接触器内部。安装孔的螺钉应装有弹簧垫圈和平垫圈，并拧紧螺钉以防振动松脱 （3）安装完毕，检查接线且确保接线正确无误后，在主触头不带电的情况下操作几次，然后测量该产品的动作值和释放值，所测数值应符合产品的规定要求
	日常维护	（1）应对接触器做定期检查，观察螺钉有无松动，可动部分是否灵活等 （2）接触器的触头应定期清理，保持清洁，但不允许涂油。当触头表面因电灼作用形成金属小颗粒时，应及时清除 （3）拆装时，注意不要损坏灭弧罩。带灭弧罩的接触器绝不允许不带灭弧罩或带破损的灭弧罩运行，以免造成电弧短路故障

2. 点动正转控制线路的安装

点动正转控制线路的安装步骤和工艺要求如下。

（1）安装电气元件

按图1－1－44c所示布置图在控制板上安装电气元件，并贴上醒目的文字符号，如图1－1－45所示。其工艺要求如下。

1）断路器、熔断器的受电端应安装在控制板的外侧，并使熔断器的受电端为底座的中心端。

2）各元件的安装位置应整齐、匀称，间距合理，以便于元件的更换。

3）紧固各元件时，用力要均匀，紧固程度适当。在紧固熔断器、接触器等易碎元件时，应用手按住元件一边轻轻摇动，一边用旋具轮换旋紧对角线上的螺钉，直到元件摇不动后，再适当加固旋紧。

（2）布线

按图1－1－44d所示接线图的走线方法，进行板前明线布线和套编码套管，如图1－1－46所示。其工艺要求如下。

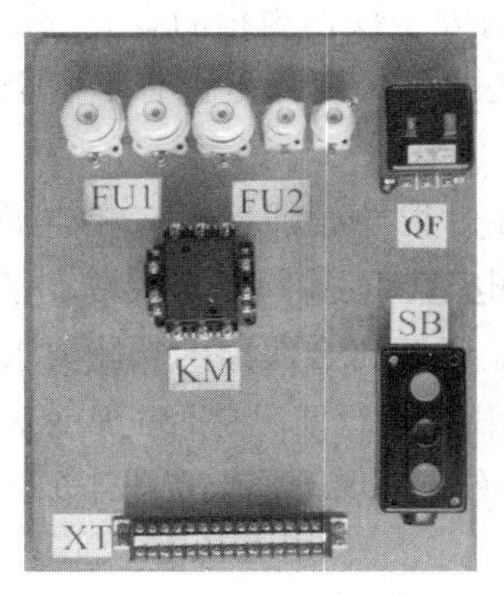

图1－1－45　安装电气元件并贴上文字符号

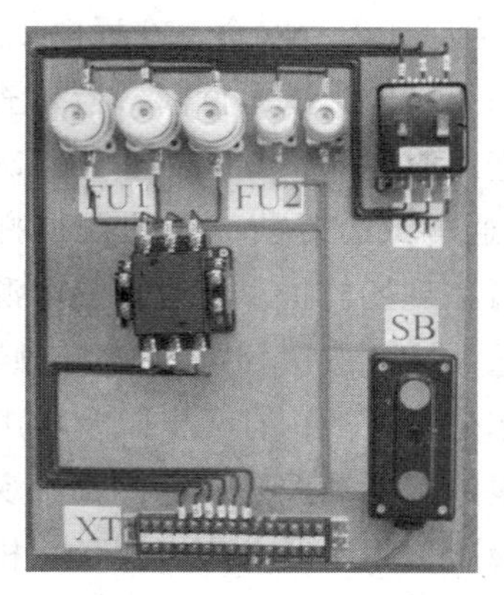

图1－1－46　进行板前明线布线和套编码套管

1）布线通道要尽可能少，同路并行导线按主电路、控制电路分类集中，单层密排，紧贴安装面布线。

2）布线顺序一般以接触器为中心，按照由里向外，由低至高，先控制电路，后主电路的顺序进行，以不妨碍后续布线为原则。

其他布线工艺要求与安装手动正转控制线路的布线工艺要求相同。

（3）检查布线

根据图1－1－44b所示电路图检查控制板布线的正确性。

（4）安装电动机

电动机在座墩或底座上的固定必须牢固。

（5）连接

先连接电动机和按钮金属外壳的保护接地线，然后连接电动机等控制板外部的导线，如图1－1－47所示。

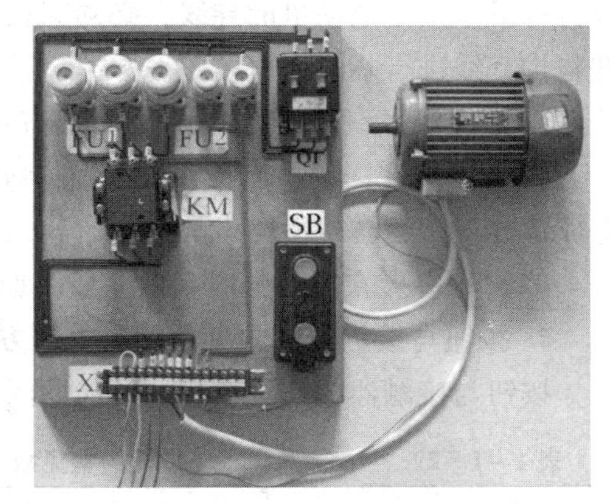

图1－1－47　连接导线

（6）自检

1）按电路图或接线图从电源端开始，逐段核对接线及接线端子处的线号是否正确，有无漏接、错接之处。检查导线的连接点是否符合要求，压接是否牢固。同时注意连接点应接触良好，以避免带负载运转时产生闪弧现象。

2）用万用表检查线路的通断情况。检查时，应选用倍率适当的电阻挡，并进行校零，以防发生短路故障。对控制电路的检查（可断开主电路），可将表笔分别搭在U11、V11线端上，读数应为“∞”。按下按钮SB时，读数应为接触器线圈的直流电阻。断开控制电路，检查主电路有无开路或短路现象，此时，可用手动代替接触器通电进行检查。

3）用兆欧表检查线路绝缘电阻，应不小于 1 MΩ。

（7）交付验收

线路必须经指导教师检查合格，方可接入三相电源。

（8）通电试运行

1）为保证人身安全，在通电试运行时，要认真执行安全操作规程的有关规定，一人监护，另一人操作。试运行前，应检查与通电试运行有关的电气设备是否有不安全的因素存在，若查出应立即整改，然后方能试运行。

2）通电试运行前，必须征得指导教师的同意，并由指导教师接通三相电源 L1、L2、L3，同时在现场监护。学生合上电源开关 QF 后，用验电笔检查熔断器出线端，氖管亮说明电源接通。按下按钮 SB，观察接触器的情况是否正常，是否符合线路的功能要求；电气元件的动作是否灵活，有无卡阻及噪声过大等现象；电动机的运行情况是否正常等，但不得对线路接线是否正确进行带电检查。观察过程中，若发现有异常现象，应立即停机。待电动机运转平稳后，用钳形电流表测量三相电流是否平衡。

3）试运行次数是以通电后第一次按下按钮时计算的。

4）线路出现故障后，学生应独立进行检修。若需带电检查，指导教师必须在现场监护。检修完毕，如需要再次试运行，指导教师也应该在现场监护，并做好时间记录。

5）通电试运行完毕，切断电源。先拆除三相电源线，再拆除电动机线。

3. 安装注意事项

（1）电动机及按钮的金属外壳必须可靠接地。在按钮内接线时，用力不可过猛，以防螺钉打滑。接至电动机的导线，必须穿在导线通道内加以保护，或采用坚韧的四芯橡胶线或塑料护套线进行临时通电校验。

（2）电源进线应接在螺旋式熔断器的下接线柱上，出线则应接在上接线柱上。

（3）安装完毕的控制板，必须经检查无误后，才允许通电试运行，以防止错接、漏接，造成不能正常运转或短路事故。

（4）训练应在规定的时间内完成。训练结束后，安装完成的控制板留用。

4. 按钮与接触器的常见故障及处理方法

按钮与接触器的常见故障、可能原因及处理方法分别见表 1－1－29 和表 1－1－30。

表 1－1－29　按钮的常见故障、可能原因及处理方法

故障现象	可能原因	处理方法
触头接触不良	（1）触头烧损 （2）触头表面有尘垢 （3）触头弹簧失效	（1）修整触头或更换产品 （2）清洁触头表面 （3）重绕弹簧或更换产品
触头间短路	（1）塑料受热变形，导致接线螺钉相碰短路 （2）杂物或油污在触头间形成通路	（1）查明发热原因，排除故障 （2）清洁按钮内部

表 1-1-30　　接触器的常见故障、可能原因及处理方法

故障现象	可能原因	处理方法
不能吸合或吸合不完全（即触头已闭合而铁芯尚未完全吸合）	(1) 电源电压太低或波动过大 (2) 操作回路电源容量不足或发生断线、配线错误及触头接触不良 (3) 线圈的技术数据与使用条件不符 (4) 产品本身受损 (5) 触头压力弹簧压力过大	(1) 调高或稳定电源电压 (2) 增加电源容量，更换线路，修理触头 (3) 更换线圈 (4) 更换新品 (5) 调整触头压力弹簧压力
不释放或释放缓慢	(1) 触头压力弹簧压力过小 (2) 触头熔焊 (3) 机械可动部分被卡住，转轴生锈或歪斜 (4) 反作用弹簧损坏 (5) 铁芯极面有油垢或尘埃黏附 (6) 铁芯磨损过大	(1) 调整触头压力弹簧压力 (2) 排除熔焊故障，更换触头 (3) 排除机械卡住故障，修理受损零件 (4) 更换反作用弹簧 (5) 清理铁芯极面 (6) 更换铁芯
电磁铁（交流）噪声大	(1) 电源电压过低 (2) 触头压力弹簧压力过大 (3) 短路环断裂 (4) 铁芯极面有污垢 (5) 磁系统歪斜或机械上卡住，使铁芯不能吸平 (6) 铁芯极面过度磨损而不平	(1) 提高操作回路的电源电压 (2) 调整触头压力弹簧压力 (3) 更换短路环 (4) 清理铁芯极面 (5) 排除机械卡住故障 (6) 更换铁芯
线圈过热或烧坏	(1) 电源电压过高或过低 (2) 线圈的技术数据与实际使用条件不符 (3) 接触器操作频率过高 (4) 线圈匝间短路	(1) 调整电源电压 (2) 更换线圈或接触器 (3) 更换合适的接触器 (4) 排除短路故障或更换线圈
触头灼伤或熔焊	(1) 触头压力弹簧压力过小 (2) 触头表面有金属颗粒异物 (3) 接触器操作频率过高，或工作电流过大，断开容量不够 (4) 接触器长期过载使用 (5) 负载侧短路	(1) 调高触头压力弹簧压力 (2) 清理触头表面 (3) 更换合适的接触器 (4) 更换合适的接触器 (5) 排除短路故障

任务测评

评分标准见表 1-1-31。

表 1-1-31　　评分标准

项目内容	配分	评分标准		扣分	得分
装前检查	10 分	电气元件、电动机漏检或错检	每处扣 2 分		
安装元件	30 分	(1) 元件布置不合理 (2) 元件安装不牢固 (3) 元件安装不整齐、不匀称 (4) 损坏元件	扣 15 分 每只扣 4 分 每只扣 3 分 每只扣 15 分		

续表

项目内容	配分	评分标准	扣分	得分
布线	30分	（1）不按电路图接线　扣20分 （2）布线不符合要求　每根扣3分 （3）接点松动、露铜过长、反圈等　每个扣1分 （4）损伤导线绝缘层或线芯　每根扣5分 （5）编码套管套装不正确　每处扣1分 （6）漏接接地线　扣10分		
通电试运行	30分	（1）熔体规格选用不当　扣10分 （2）第一次试运行不成功　扣10分 （3）第二次试运行不成功　扣20分 （4）第三次试运行不成功　扣30分		
安全文明生产	违反安全文明生产规程　扣5～40分			
定额时间：2.5 h	每超时5 min以内以扣5分计算			
备注	除定额时间外，各项目的最高扣分应不超过配分	成绩		
开始时间		结束时间	实际时间	
指导教师：		年　月　日		

任务5　接触器自锁正转控制线路的安装与维修

任务目标

1. 熟悉接触器自锁正转控制线路的构成和工作原理。
2. 熟悉接触器自锁正转控制线路的欠压保护和失压保护的概念及作用。
3. 熟悉具有过载保护的接触器自锁正转控制线路的作用和工作原理。
4. 熟悉热继电器的功能、分类、结构、工作原理、型号含义及技术数据，并能正确选用。
5. 能正确进行热继电器的校验和调整。
6. 能识读接触器自锁正转控制线路电路图、布置图和接线图，并能正确进行安装与维修。

工作任务

本课题任务4完成了点动正转控制线路的安装。点动控制方式的特点是按下启动按钮，电动机通电运转；松开启动按钮，电动机断电停转。但在生产中，许多生产机械需要按下启动按钮后使电动机能够连续运转，以实现工件的连续加工，提高生产效率和经济效益，如绪论中提到的车床、磨床、钻床等机床加工工件，都需要电动机连续运转带动工件连续加工。

图 1－1－48 所示的接触器自锁正转控制线路就能满足电动机启动后连续运转的控制要求。本任务就是安装与维修这种控制线路。

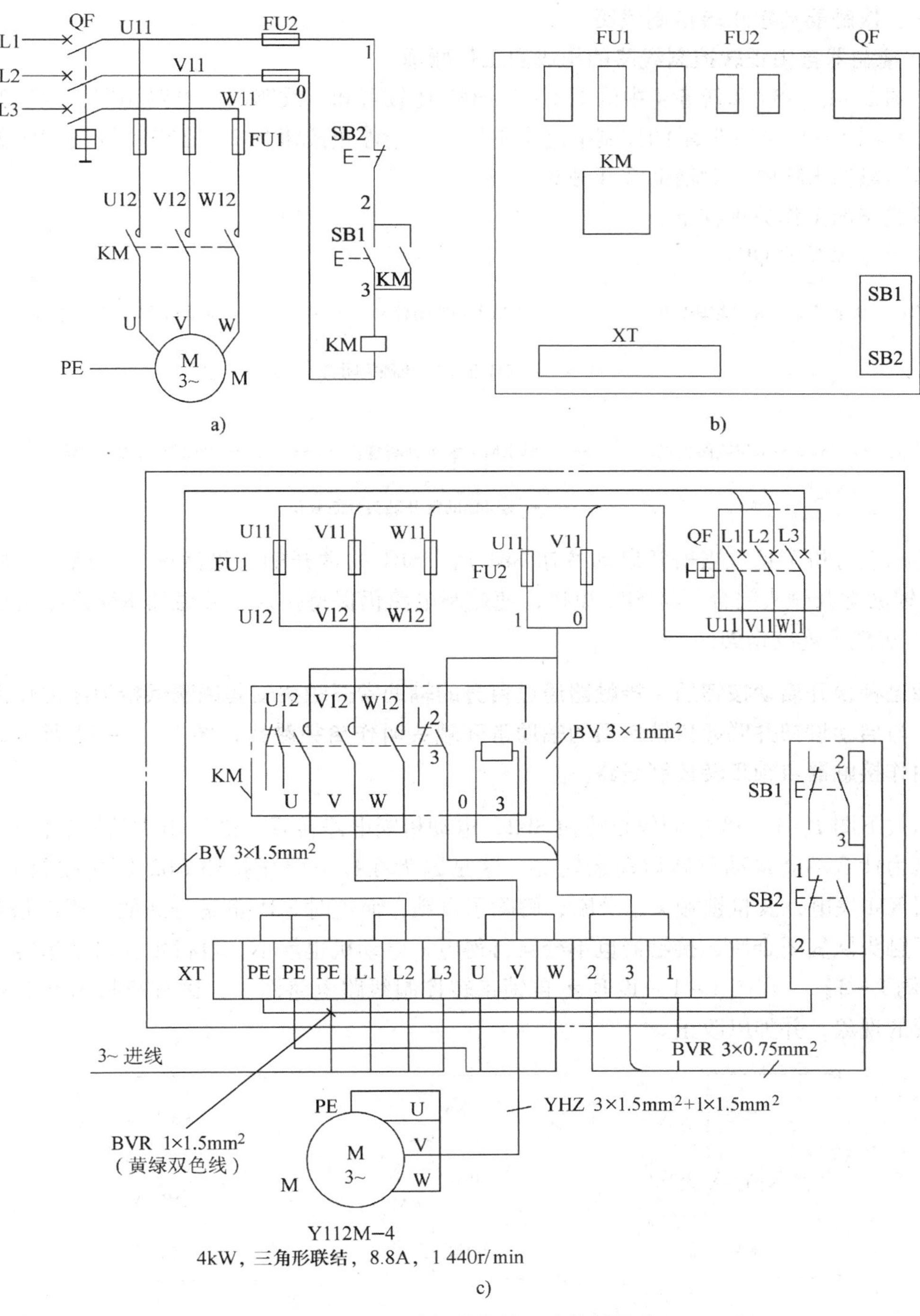

图 1－1－48　接触器自锁正转控制线路

a）电路图　b）布置图　c）接线图

相关知识

一、接触器自锁正转控制线路

1. 接触器自锁正转控制线路的构成和工作原理

把图1－1－48a和任务4中的图1－1－44b比较可知，线路的主电路相同，但控制电路不同。在图1－1－48a所示的控制电路中串接了一个停止按钮SB2，在启动按钮SB1的两端并接了接触器KM的一对辅助常开触头。

该线路的工作原理如下。

合上电源开关QF。

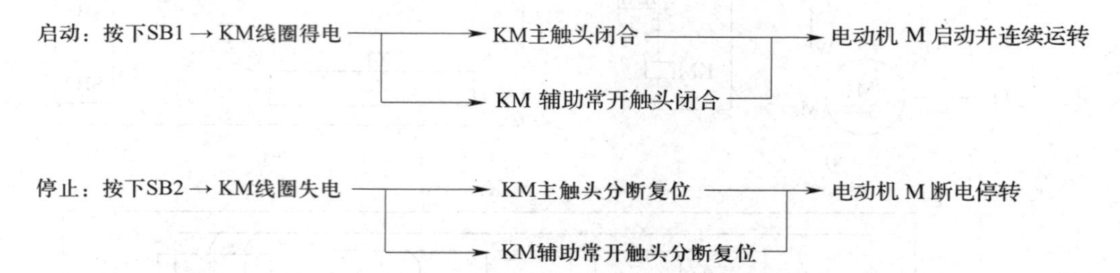

由以上分析可见，当松开启动按钮SB1后，SB1的常开触头虽然恢复分断，但接触器KM的辅助常开触头闭合，将SB1短接，使控制电路仍保持接通，接触器KM继续得电，电动机M实现了连续运转。

像这种松开启动按钮后，接触器通过自身的辅助常开触头使其线圈保持得电的作用叫作自锁。与启动按钮并联起自锁作用的辅助常开触头叫作自锁触头，图1－1－48所示的控制线路叫作接触器自锁正转控制线路。

当按下图1－1－48中的停止按钮SB2，电动机断电停转后，松开SB2其触头恢复闭合，电动机为什么不会自动重新启动运转呢？这是因为在按下停止按钮SB2切断控制电路时，接触器KM失电，其自锁触头已分断，解除了自锁，而这时SB1也是分断的，所以松开SB2其常闭触头恢复闭合后，接触器也不会自行得电，电动机也就不会自行重新启动运转。

【例1－3】 在图1－1－49所示自锁正转控制线路电路图中，试分析指出有关错误及其出现的现象，并加以改正。

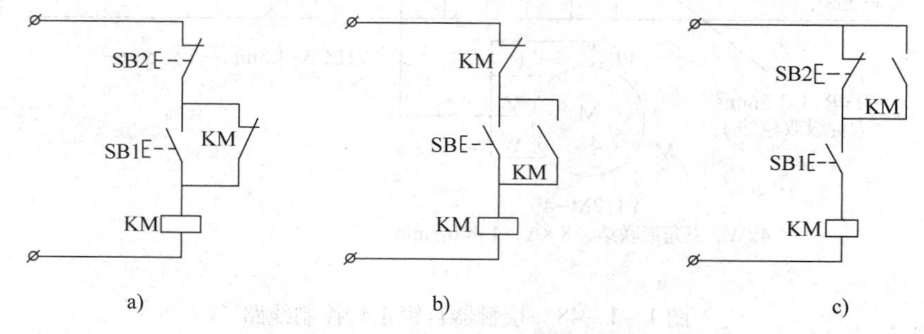

图1－1－49 自锁正转控制线路电路图

解：

在图 1－1－49a 中，接触器 KM 的自锁触头不应该用辅助常闭触头。因为用辅助常闭触头不但失去了自锁作用，同时会使电路出现时通时断的现象，所以应把辅助常闭触头改换成辅助常开触头，使电路正常工作。

在图 1－1－49b 中，接触器 KM 的辅助常闭触头不能串接在电路中，否则按下启动按钮 SB 后，会使电路出现时通时断的现象，所以应把 KM 的辅助常闭触头改换成停止按钮，使电路正常工作。

在图 1－1－49c 中，接触器 KM 的自锁触头不能并接在停止按钮 SB2 的两端，否则就失去了自锁作用，电路只能实现点动控制。应把自锁触头并接在启动按钮 SB1 两端。

2. 接触器自锁正转控制线路的欠压保护与失压（或零压）保护

在图 1－1－48 所示接触器自锁正转控制线路中，当电源电压降低到某一值时，发现电动机会自动停转。若突然断电，恢复供电时电动机也不会自行启动运转。这是因为接触器自锁控制线路不但能使电动机连续运转，而且具有欠压和失压（或零压）保护作用。

（1）欠压保护

欠压是指线路电压低于电动机的额定电压。欠压保护是指当线路电压下降到某一数值时，电动机能自动断开电源停转，避免电动机在欠压下运行的一种保护。

接触器自锁正转控制线路具有欠压保护作用。因为当线路电压下降到一定值（一般指额定电压 85% 以下）时，接触器线圈两端的电压也同样下降到此值，使接触器线圈磁通减弱，产生的电磁吸力减小。当电磁吸力减小到小于反作用弹簧的拉力时，动铁芯被迫释放，主触头和自锁触头同时分断，自动切断主电路和控制电路，电动机断电停转，起到了欠压保护的作用。

（2）失压（或零压）保护

失压保护是指电动机在正常运行中，由于外界某种原因引起突然断电时，能自动切断电动机电源，而当重新供电时，保证电动机不能自行启动的一种保护。接触器自锁正转控制线路也可实现失压（或零压）保护作用，因为接触器自锁触头和主触头在电源断电时已经分断，使控制电路和主电路都不能接通，所以在恢复供电时，电动机就不会自行启动运转，保证了人身和设备的安全。

二、热继电器

在图 1－1－48 所示接触器自锁正转控制线路中，熔断器 FU1、FU2 分别用作主电路和控制电路的短路保护电器，接触器 KM 除用于控制电动机的启、停外，还用作欠压和失压保护电器。但在生产中，电动机还需要过载保护。

过载保护是指当电动机出现过载时，能自动切断电动机的电源，使电动机停转的一种保护。那么，电动机为什么需要过载保护呢？

因为电动机在运行过程中，如果长期负载过大，或启动操作频繁，或缺相运行，都可能使电动机定子绕组的电流增大，超过其额定值。而在这种情况下，熔断器往往并不会熔断，从而引起定子绕组过热，使温度持续升高。若温度超过允许温升，就会造成绝缘损坏，缩短电动机的使用寿命，严重时甚至会烧毁电动机的定子绕组。因此，对电动机必须采取过载保护措施，最常用的过载保护电器是热继电器。

1. 热继电器的功能及分类

热继电器是利用流过继电器的电流所产生的热效应而反时限动作的自动保护电器。所谓反时限动作，是指电器的延时动作时间随通过电路电流的增加而缩短。热继电器主要与接触器配合使用，用于电动机的过载保护、断相保护、电流不平衡运行的保护等。

热继电器的形式有多种，其中双金属片式应用最多，按极数划分有单极、二极和三极三种，其中三极的又包括带断相保护装置的和不带断相保护装置的两种；按复位方式分有自动复位式和手动复位式两种。

图 1－1－50 所示为常用热继电器的外形，均为双金属片式。每一系列的热继电器一般只能和相适应系列的接触器配套使用，如 JR36 系列热继电器与 CJT1 系列接触器配套使用，JR20 系列热继电器与 CJ20 系列接触器配套使用，T 系列热继电器与 B 系列接触器配套使用，3UA 系列热继电器与 3TB、3TF 系列接触器配套使用等。

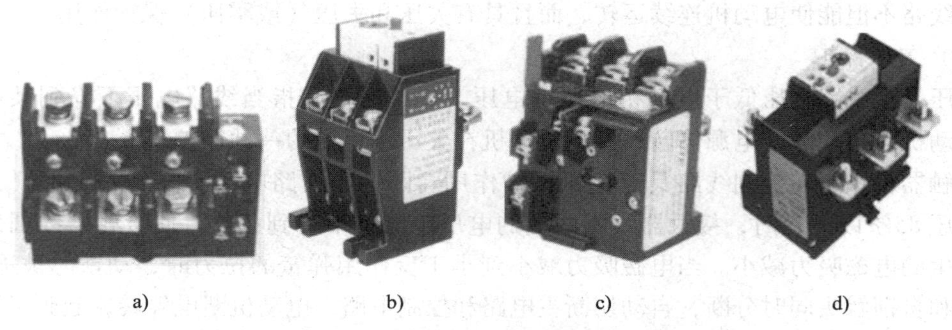

a) b) c) d)

图 1－1－50 热继电器的外形

a）JR36 系列 b）JR20 系列 c）T 系列 d）JRS2（3UA）系列

以上系列热继电器各有特点，其共同特点是均有三种安装方式，即独立安装式（通过螺钉固定）、导轨安装式（在标准安装轨道上安装）和接插安装式（直接挂接在与其配套的接触器上），操作面板上设有动作脱扣指示，可以显示热继电器是否已经动作。

2. 热继电器的结构及工作原理

（1）结构

图 1－1－51a 所示为双金属片式热继电器的结构，主要由热元件、传动机构、常闭触头、电流整定旋钮和复位按钮等组成。热继电器的热元件由主双金属片和绕在外面的电阻丝组成。主双金属片是由两种热膨胀系数不同的金属片复合而成的。

（2）工作原理

使用热继电器时，需要将热元件串联在主电路中，常闭触头串联在控制电路中，如图 1－1－51b 所示。当电动机过载时，流过电阻丝的电流超过热继电器的整定电流，电阻丝发热增多，温度升高，由于两块金属片的热膨胀程度不同而使主双金属片向右弯曲，通过传动机构推动常闭触头断开，分断控制电路，再通过接触器切断主电路，实现对电动机的过载保护。

切断电源后，主双金属片逐渐冷却恢复原位。热继电器的复位机构有手动复位和自动复位两种形式，可根据使用要求通过复位调节螺钉来自由调整。一般自动复位时间不大于

5 min，手动复位时间不大于 2 min。

热继电器的整定电流的大小可通过旋转电流整定旋钮来调节。热继电器的整定电流是指热继电器连续工作而不动作的最大电流。若线路电流超过整定电流，热继电器将在负载未达到其允许的过载极限之前动作。

热继电器在电路图中的符号如图 1－1－51c 所示。

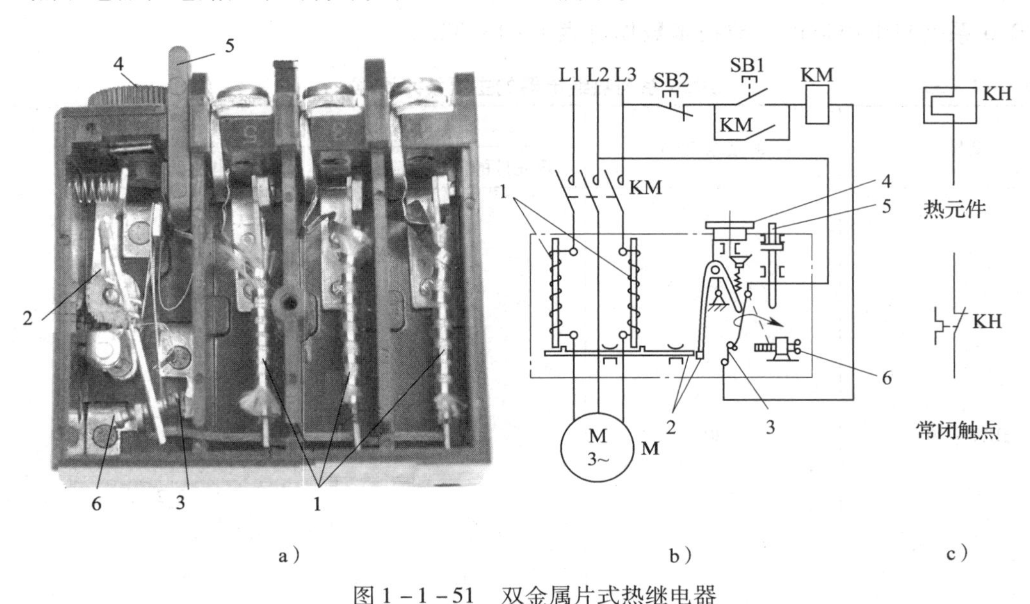

a）　　b）　　c）

图 1－1－51　双金属片式热继电器

a）结构　b）原理图　c）符号

1—热元件　2—传动机构　3—常闭触头　4—电流整定旋钮　5—复位按钮　6—复位调节螺钉

实践证明，三相异步电动机的缺相运行是导致电动机过热烧毁的主要原因之一。对定子绕组接成星形的电动机，普通二极或三极结构的热继电器均能实现断相保护；而对定子绕组接成三角形的电动机，必须采用三极带断相保护装置的热继电器，才能实现断相保护。

由于热继电器主双金属片受热膨胀的热惯性及传动机构从收到信号到动作的惰性，所以热继电器从电动机过载到触头动作需要一定的时间。也就是说，即使电动机严重过载甚至短路，热继电器也不会瞬时动作，因此热继电器不能用于短路保护。但也正是这个热惯性和机械惰性，保证了热继电器在电动机启动或短时过载时不会动作，从而满足了电动机的运行要求。

3. 热继电器的型号含义及技术数据

常用 JR36 系列热继电器的型号含义如下。

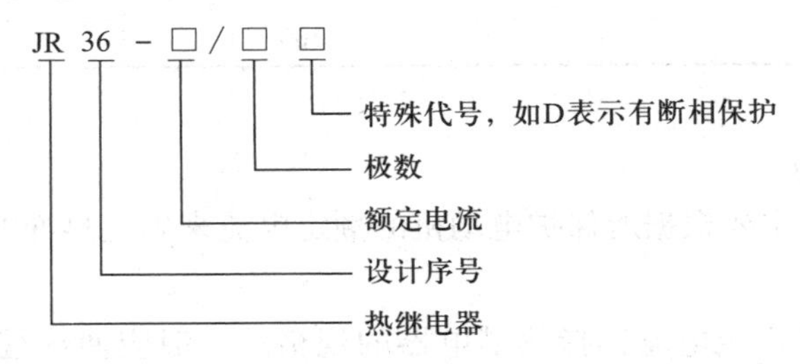

JR36 系列热继电器是在 JR16B 系列上改进设计的，是 JR16B 的替代产品，其外形尺寸和安装尺寸与 JR16B 系列完全一致，具有断相保护、温度补偿、自动与手动复位、动作可靠的特点，适用于交流 50 Hz、电压 690 V 及以下、电流 0.25 ~160 A 的电路，对长期或间断长期工作的交流电动机作过载与断相保护。该产品可与 CJT1 系列接触器组成 QC36 型电磁启动器。

JR36 系列热继电器的主要技术数据见表 1－1－32。

表 1－1－32　　JR36 系列热继电器的主要技术数据

型号	额定电流/A	热元件等级	
		热元件的额定电流/A	电流调节范围/A
JR36－20	20	0.35	0.25～0.35
		0.5	0.32～0.5
		0.72	0.45～0.72
		1.1	0.68～1.1
		1.6	1～1.6
		2.4	1.5～2.4
		3.5	2.2～3.5
		5	3.2～5
		7.2	4.5～7.2
		11	6.8～11
		16	10～16
		22	14～22
JR36－32	32	16	10～16
		22	14～22
		32	20～32
JR36－63	63	22	14～22
		32	20～32
		45	28～45
		63	40～63
JR36－160	160	63	40～63
		85	53～85
		120	75～120
		160	100～160

4. 热继电器的选用

选用热继电器时，主要根据所保护电动机的额定电流来确定热继电器的规格和热元件的电流等级。

（1）根据电动机的额定电流选择热继电器的规格。一般应使热继电器的额定电流略大于电动机的额定电流。

（2）根据需要的整定电流值选择热元件的编号和电流等级。一般情况下，热元件的整定电流为电动机额定电流的95% ~105%。

（3）根据电动机定子绕组的连接方式选择热继电器的结构形式，即定子绕组作星形联结的电动机选用普通三相结构的热继电器，而作三角形联结的电动机应选用三相结构带断相保护装置的热继电器。

【例1－4】 某机床电动机的型号为Y132M1－6，定子绕组为三角形联结，额定功率为4 kW，额定电流为9.4 A，额定电压为380 V，要对该电动机进行过载保护，试选择热继电器的型号、规格。

解：

根据电动机的额定电流值9.4 A，查表1－1－32可知，应选择额定电流为20 A的热继电器，其整定电流可取电动机的额定电流9.4 A，热元件的额定电流选择11 A，电流调节范围为6.8 ~11 A；由于电动机的定子绕组采用星形联结，应选用带断相保护装置的热继电器。因此，应选用型号为JR36－20的热继电器，热元件的额定电流选择11 A。

三、具有过载保护的接触器自锁正转控制线路

图1－1－52所示控制线路是在图1－1－48所示接触器自锁正转控制线路中增加了一只热继电器KH，构成了具有过载保护的接触器自锁正转控制线路。该线路不但具有短路保护、欠压和失压保护作用，而且具有过载保护作用，在生产中获得了广泛应用。

由图1－1－52a所示电路图可以看出，热继电器的热元件串接在三相主电路中，常闭触头串接在控制电路中。若电动机在运行过程中，由于过载或其他原因使电流超过额定值，那么经过一定时间后，串接在主电路中的热元件因受热发生弯曲，通过传动机构使串接在控制电路中的常闭触头分断，切断控制电路，使接触器KM线圈失电，其主触头和自锁触头分断，电动机M断电停转，达到过载保护的目的。

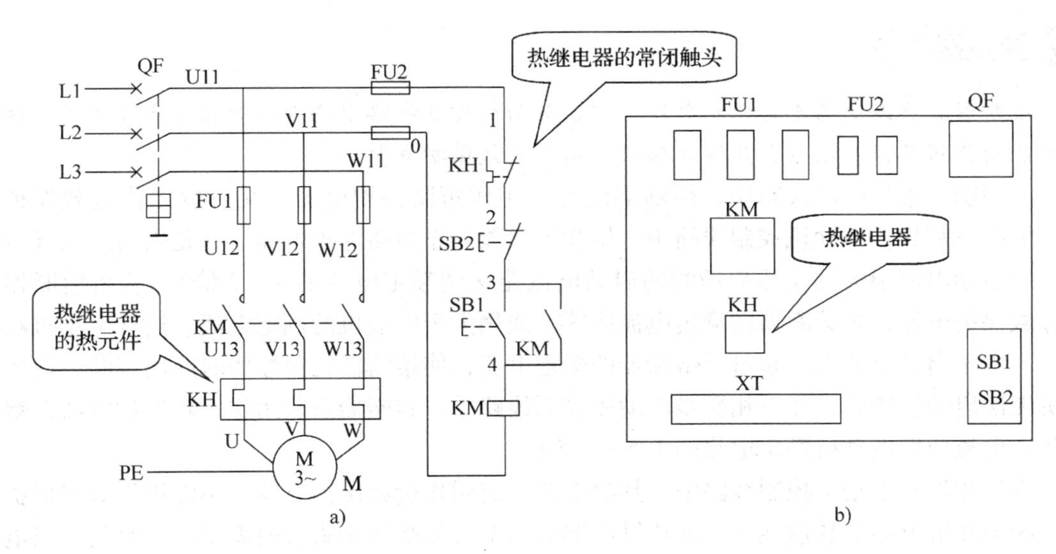

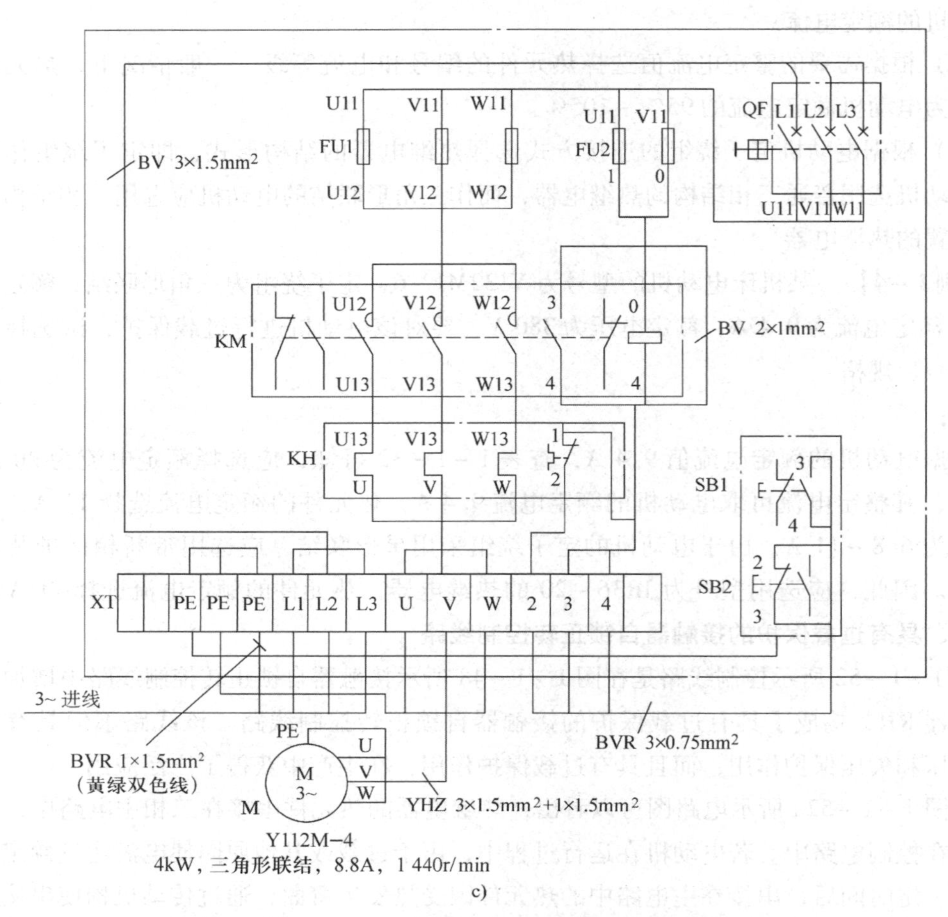

c）

图 1－1－52　具有过载保护的接触器自锁正转控制线路

a）电路图　b）布置图　c）接线图

要点提示

熔断器和热继电器都是保护电器，但在电动机控制线路中两者不能相互代替使用，熔断器只能用作短路保护电器，热继电器只能用作过载保护电器。

在照明、电加热等线路中，熔断器既可以用作短路保护电器，又可以用作过载保护电器。但在三相异步电动机控制线路中，熔断器只能用作短路保护电器。这是因为三相异步电动机的启动电流很大（全压启动时的启动电流能达到额定电流的 4～7 倍），若将熔断器用作过载保护电器，则熔断器的额定电流应等于或稍大于电动机的额定电流。这样电动机在启动时，由于启动电流大大超过了熔断器的额定电流，使熔断器在很短的时间内熔断，造成电动机无法启动。所以，在三相异步电动机控制线路中，熔断器只能用作短路保护电器，熔体的额定电流应取电动机额定电流的 1.5～2.5 倍。

在三相异步电动机控制线路中，热继电器只能用作过载保护电器，不能用作短路保护电器。因为热继电器的热惯性大，即热继电器的双金属片受热膨胀弯曲需要一定时间，当电动机发生短路时，由于短路电流很大，热继电器还没来得及动作，供电线路和电源设备可能已经损坏。而在电动机启动时，由于启动时间很短，热继电器还未动作，电动机已启动完毕。总之，热继电器和熔断器两者所起的作用不同，不能相互代替使用。

任务实施

热继电器的校验和调整

一、观察热继电器的结构和工作原理

将热继电器的后绝缘盖板卸下，仔细观察热继电器的结构，指出其热元件、传动机构、电流整定旋钮、复位按钮及常闭触头的位置，叙述它们的作用以及热继电器的工作原理。

二、校验热继电器

热继电器更换热元件后，应进行校验，方法如下。

1. 按照图 1－1－53 连接校验电路（电气元件明细见表 1－1－33）。将调压器的输出调到零位置。将热继电器置于手动复位状态，并将电流整定旋钮置于额定值处。

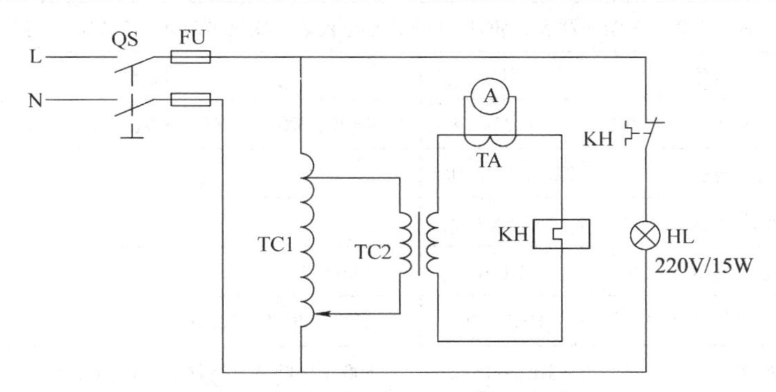

图 1－1－53　热继电器校验电路

2. 经指导教师审查同意后，合上电源开关 QS，指示灯 HL 亮。

3. 将调压器输出电压从零升高，使热继电器通过的电流升至额定值，1 h 内热继电器应不动作；若 1 h 内热继电器动作，则应将电流整定旋钮向整定值大的方向旋动。

4. 接着将电流升至 1.2 倍额定电流，热继电器应在 20 min 内动作，指示灯 HL 熄灭；若在 20 min 内热继电器不动作，则应将电流整定旋钮向整定值小的方向旋动。

5. 将电流降至零，待热继电器冷却并手动复位后，再调升电流至 1.5 倍额定值，热继电器应在 2 min 内动作。

6. 再将电流降至零，待热继电器冷却并复位后，快速调升电流至 6 倍额定值，分断 QS 再随即合上，其动作时间应大于 5 s。

三、调整复位方式

热继电器出厂时，一般都调在手动复位。如果需要自动复位，可将复位调节螺钉顺时针旋进。自动复位时应在动作后 5 min 内自动复位；手动复位时，在动作 2 min 后，按下手动复位按钮，热继电器应复位。

四、校验注意事项

1. 校验时的环境温度应尽量接近工作环境温度，连接导线的长度一般应不小于 0.6 m，连接导线的截面积应与实际使用情况相符。

2. 校验过程中的电流变化较大，为使测量结果准确，校验时应注意选择电流互感器的合适量程。

3. 通电校验时，必须将热继电器、电源开关等固定在校验板上，并有指导教师监护，以确保用电安全。

4. 电流互感器在通电过程中，电流表回路不可开路，接线时应充分注意。

线 路 安 装

一、工具、仪表及器材准备

参照表 1－1－33 选配工具、仪表和器材，并进行质量检验。

表 1－1－33　主要工具、仪表及器材

工具	验电笔、螺钉旋具、钢丝钳、尖嘴钳、斜口钳、剥线钳、电工刀等电工常用工具				
仪表	MF47 型万用表、ZC25－3 型兆欧表、MG3－1 型钳形电流表、交流电流表（5 A）、秒表				
器材	代号	名称	型号	规格	数量
	M	三相笼型异步电动机	Y112M－4	4 kW、380 V、三角形联结、8.8 A、1 440 r/min	1 台
	TC1	接触式调压器	TDGC2－5/0.5		1 台
	TC2	小型变压器	DG－5/0.5		1 台
	TA	电流互感器	HL24	100/5 A	1 台
	QS	开启式负荷开关	HK1－30	二极、30 A、220 V	1 只
	FU	熔断器	RL1－15/2	500 V、15 A、熔体额定电流 2 A	2 只
	KH	热继电器	JR36－20	三极、20 A、热元件额定电流 11 A、整定电流 8.8 A	1 只
		点动正转控制线路板			1 块
		主电路线		BV 1.5 mm^2、BVR 4.0 mm^2 和 BVR 1.5 mm^2（黑色）	若干
		控制电路线		BV 1 mm^2（红色）	若干
		按钮线		BVR 0.75 mm^2（红色）	若干
		接地线		BVR 1.5 mm^2（黄绿双色）	若干
		编码套管和紧固体、垫圈等			若干

二、安装接触器自锁正转控制线路

参照任务 4 中的工艺要求，根据图 1－1－48 所示的接触器自锁正转控制线路，在已安装好的点动正转控制线路板上，安装停止按钮 SB2 和接触器 KM 的自锁触头，完成接触器自锁正转控制线路的安装，如图 1－1－54 所示。

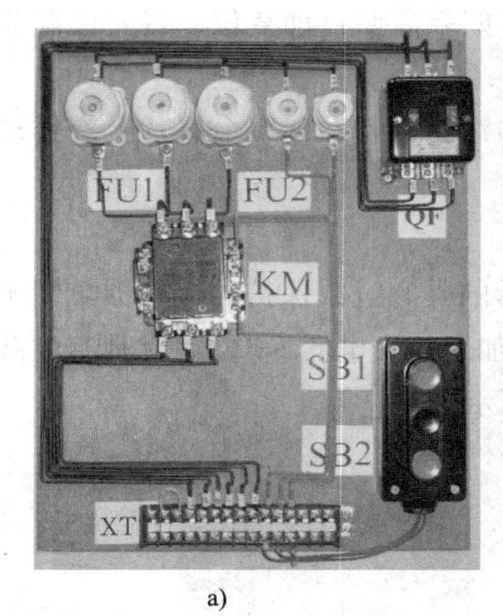

a)

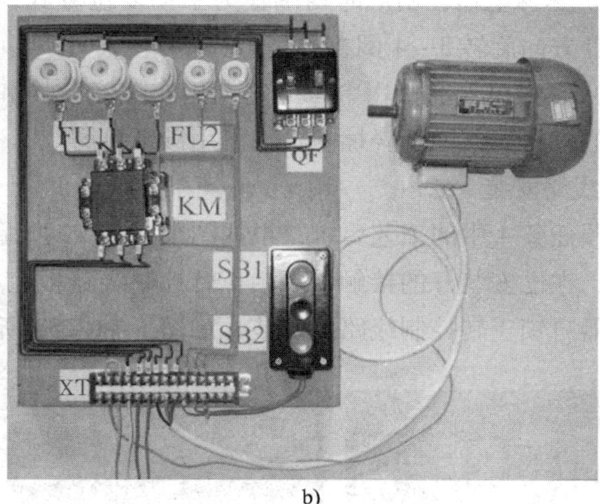

b)

图 1-1-54　接触器自锁正转控制线路板

a）接入停止按钮 SB2 和接触器 KM 的自锁触头　b）连接接地线和控制板外部导线

要点提示

停止按钮 SB2 要串接在控制电路中，接触器 KM 的自锁触头要并接在启动按钮 SB1 的两端。

三、安装具有过载保护的接触器自锁正转控制线路

1. 热继电器的安装与使用

（1）热继电器必须按照产品说明书中规定的方式安装。安装处的环境温度应与电动机所处环境温度基本相同。当热继电器与其他电器安装在一起时，应注意将热继电器安装在其他电器的下方，以免其动作特性受到其他电器发热的影响。

（2）安装热继电器时，应清除触头表面的尘污，以免因接触电阻过大或电路不通而影响热继电器的动作性能。

（3）热继电器出线端的连接导线应按表 1-1-34 的规定选用。这是因为导线的粗细和材料会影响热元件端接点传导到外部热量的多少，导线过细，轴向导热性差，热继电器可能提前动作；导线过粗，轴向导热快，热继电器可能滞后动作。

表 1-1-34　　热继电器连接导线选用表

热继电器的额定电流/A	导线截面积/mm^2	导线种类
10	2.5	单股铜芯塑料线
20	4	单股铜芯塑料线
60	16	多股铜芯橡胶线

（4）热继电器应定期通电校验。此外，在发生短路事故后，应检查热元件是否已发生永久变形，若已变形，则需通电校验。若因热元件变形或其他原因致使热继电器动作不准确，只能调整其可调部件，绝不能弯折热元件。

（5）热继电器在出厂时均调整为手动复位方式，如果需要自动复位，将复位调节螺钉沿顺时针方向旋转 3～4 圈，并稍微拧紧即可。

（6）热继电器在使用中，应定期用布擦净尘埃和污垢，若发现双金属片上有锈斑，应用干净的棉布蘸汽油轻轻擦除，切忌用砂纸打磨。

2. 线路安装

参照任务 4 中的工艺要求，根据图 1－1－52 所示的具有过载保护的接触器自锁正转控制线路，在已安装好的接触器自锁正转控制线路板上加装热继电器 KH，完成具有过载保护的接触器自锁正转控制线路的安装，如图 1－1－55 所示。

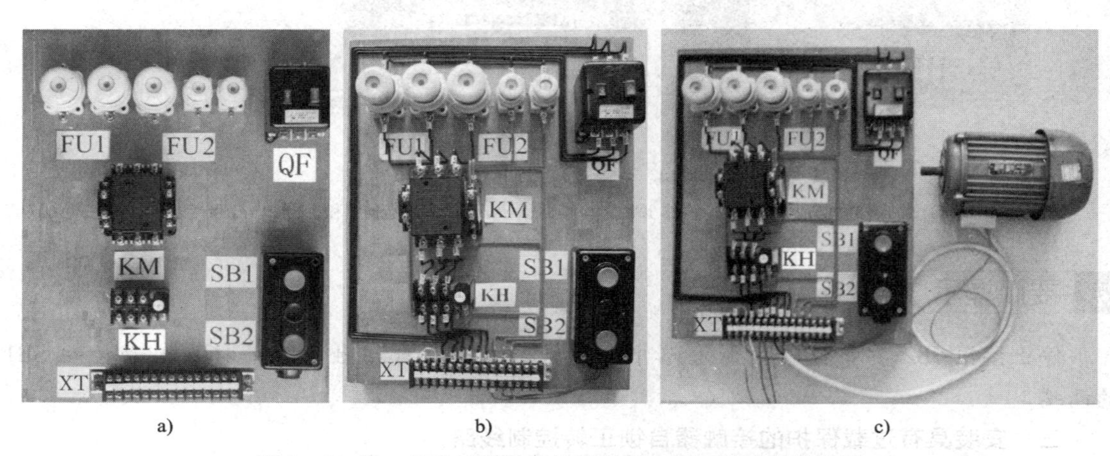

a)　　b)　　c)

图 1－1－55　具有过载保护的接触器自锁正转控制线路板

a）按布置图安装的元器件　b）按接线图布线连接　c）连接接地线和控制板外部导线

要点提示

热继电器 KH 的热元件应串接在主电路中，它的常闭触头应串接在控制电路中。

3. 安装注意事项

（1）电源进线应接在螺旋式熔断器的下接线柱上，出线则应接在上接线柱上。

（2）在按钮内接线时，用力不可过猛，以防螺钉打滑。

（3）电动机及按钮的金属外壳必须可靠接地。接至电动机的导线，必须穿在导线通道内加以保护，或采用坚韧的四芯橡胶线或塑料护套线进行临时通电校验。

（4）热继电器的整定电流应按电动机的额定电流自行调整，绝对不允许弯折双金属片。

（5）热继电器因电动机过载动作后，若需再次启动电动机，必须待热元件冷却并且热继电器复位后，才可进行。

（6）编码套管套装要正确。

（7）启动电动机时，在按下启动按钮 SB1 的同时，还必须按住停止按钮 SB2，以保证一旦出现故障，可立即按下 SB2 停机，以防止事故的扩大。

线路维修

一、热继电器的故障现象、可能原因及处理方法

热继电器的故障现象、可能原因及处理方法见表1-1-35。

表1-1-35　　热继电器的故障现象、可能原因及处理方法

故障现象	可能原因	处理方法
热元件烧断	（1）负载侧短路，电流过大 （2）热继电器操作频率过高	（1）排除故障，更换热继电器 （2）更换合适型号的热继电器
热继电器不动作	（1）热继电器的额定电流值选择不合适 （2）整定电流值偏大 （3）动作触头接触不良 （4）热元件烧断或脱焊 （5）动作机构卡阻 （6）导板脱出	（1）按保护容量合理选择额定电流值 （2）合理调整整定电流值 （3）消除触头接触不良因素 （4）更换热继电器 （5）消除卡阻因素 （6）重新放入导板并调试
热继电器动作不稳定，时快时慢	（1）热继电器内部机构某些部件松动 （2）双金属片弯折 （3）通电电流波动太大，或接线螺钉松动	（1）紧固松动部件 （2）用2倍电流预试几次或将双金属片拆下来进行热处理（一般约240 ℃），以去除内应力 （3）检查电源电压或拧紧接线螺钉
热继电器动作太快	（1）整定值偏小 （2）电动机启动时间过长 （3）连接导线太细 （4）热继电器操作频率过高 （5）热继电器的使用场合有强烈冲击和振动 （6）电动机可逆转换频繁 （7）安装热继电器处与电动机处环境温差太大	（1）合理调整整定值 （2）按启动时间要求，选择具有合适的可返回时间的热继电器或在启动过程中将热继电器短接 （3）选用标准导线 （4）更换合适型号的热继电器 （5）采取防振动措施或选用带防冲击振动的热继电器 （6）改用其他保护方式 （7）按两地温差情况配置适当的热继电器
主电路不通	（1）热元件烧断 （2）接线螺钉松动或脱落	（1）更换热元件或热继电器 （2）紧固或重新安装接线螺钉
控制电路不通	（1）触头烧坏或动触头簧片弹性消失 （2）电流整定旋钮旋至不合适的位置 （3）热继电器动作后未复位	（1）更换触头或簧片 （2）调整电流整定旋钮位置 （3）按动复位按钮

二、具有过载保护的接触器自锁正转控制线路的故障检修

1. 检修步骤

电气控制线路的检修一般包括如图1-1-56所示的六个步骤。

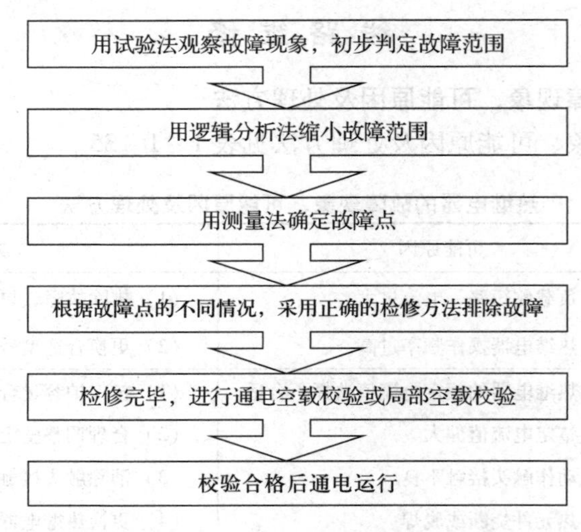

图 1－1－56　电气控制线路检修的一般步骤

（1）试验法

试验法是在不扩大故障范围、不损坏电气设备和机械设备的前提下，对线路进行通电试验，通过观察电气设备和电气元件的动作是否正常，各控制环节的动作程序是否符合要求，初步确定故障发生的大概部位或回路的方法。

（2）逻辑分析法

逻辑分析法是根据电气控制线路的工作原理、控制环节的动作程序以及它们之间的联系，结合故障现象做具体的分析，来迅速地缩小故障范围，从而判断出故障所在的方法。

（3）测量法

测量法是利用电工工具和仪表（如验电笔、万用表、钳形电流表、兆欧表等）对线路进行带电或断电测量的方法。

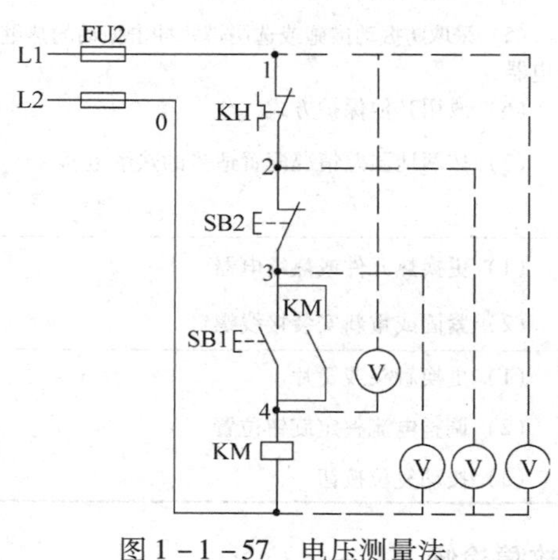

图 1－1－57　电压测量法

2. 检修方法示例

下面以两个具体检修过程为例，说明电气控制线路检修的方法和步骤。

（1）实例一　控制电路故障检修（假设电源电路正常）

1）用试验法观察故障现象，初步判定故障范围。合上 QF，按下 SB1 时，发现 KM 不吸合。初步判定故障在控制电路上。

2）用逻辑分析法缩小故障范围。由 KM 不吸合分析电路图，初步确定故障可能在 图 1－1－57 所示的电路上。

3）用测量法确定故障点。常用的测量方法有电压测量法、电阻测量法、验电笔法和校验灯法。本例所举的故障现象采用电压测量法或电阻测量法来进行检查。

①电压测量法。首先把万用表的转换开关置于交流电压 500 V 的挡位上，然后按如图 1－1－57 所示的方法进行测量。

接通电源，若按下启动按钮 SB1，接触器 KM 不吸合，说明控制电路有故障。

检测时，在松开按钮 SB1 的情况下，首先用万用表测量 0 和 1 两点之间的电压，若电压为 380 V，说明控制电路的电源电压正常。然后把黑表笔接到 0 点上，红表笔依次接到 2、3 各点上，分别测量出 0－2、0－3 的电压，若均为 380 V，再把黑表笔接到 1 点上，红表笔接到 4 点上，测量出 1－4 两点间的电压。根据其测量结果即可找出故障点，见表 1－1－36。表中符号“×”表示不需再测量。

表 1－1－36　　用电压测量法查找故障点

故障现象	0－2	0－3	1－4	故障点
按下 SB1 时，接触器 KM 不吸合	0	×	×	KH 常闭触头接触不良
	380 V	0	×	SB2 常闭触头接触不良
	380 V	380 V	0	KM 线圈断路
	380 V	380 V	380 V	SB1 接触不良

②电阻测量法。首先把万用表的转换开关置于倍率适当的电阻挡位上（一般选 $R \times 100$ 以上的挡位），然后按如图 1－1－58 所示的方法进行测量。

接通电源，若按下启动按钮 SB1，接触器 KM 不吸合，说明控制电路有故障。

检测时，首先切断电路的电源（这点与电压测量法不同），用万用表依次测量出 1－2、1－3、0－4 间的电阻值。根据测量结果即可找出故障点，见表 1－1－37。

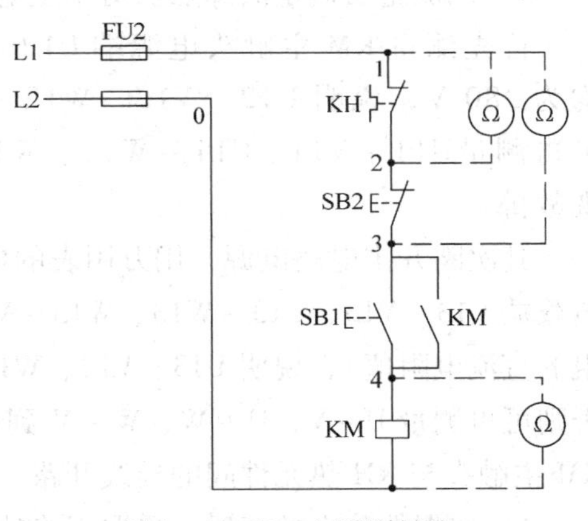

图 1－1－58　电阻测量法

③检查结果。用电压测量法，发现 0－2 间电压为 0（用电阻测量法，发现 1－2 间电阻值为 ∞），说明故障原因是 KH 常闭触头接触不良。

4）根据故障点的情况，采取正确的检修方法排除故障。故障点是模拟电动机 M 缺相运行导致 KH 常闭触头分断，故按下 KH 复位按钮后，控制电路即恢复正常。

表 1－1－37　　用电阻测量法查找故障点

故障现象	1－2	1－3	0－4	故障点
按下 SB1 时，接触器 KM 不吸合	∞	×	×	KH 常闭触头接触不良
	0	∞	×	SB2 常闭触头接触不良
	0	0	∞	KM 线圈断路
	0	0	R	SB1 接触不良

注：R 为接触器 KM 线圈的电阻值。

5）检修完毕，进行通电空载校验或局部空载校验。切断电源重新连接电动机 M 的负载线，在指导教师同意并监护下，合上 QF，按下 SB1，观察或检测线路及电动机的运行情况是否正常，控制环节的动作程序是否符合要求；用钳形电流表测量电动机三相电流是否平衡等。

6）校验合格后通电运行。

要点提示

在实际检修工作中，由于出现的故障不是千篇一律的，即使是同一种故障现象，发生故障的部位也不一定相同。因此，采用以上介绍的步骤和方法时，不宜生搬硬套，而应按不同的故障情况灵活运用，妥善处理，力求迅速、准确地找出故障点，查明故障原因，及时、正确地排除故障。

（2）实例二　主电路故障检修

1）用试验法观察故障现象，初步判定故障范围。合上 QF，按下 SB1 时，电动机 M 转速极低甚至不转，并发出“嗡嗡”声，此时，应立即切断电源，初步判定故障在主电路上。

2）用逻辑分析法缩小故障范围。根据故障现象分析线路，判定故障部位。

3）用测量法确定故障点。对于主电路的故障点结合图 1－1－52a 说明如下。

首先测量 KM 主触头电源端 U12－V12、U12－W12、W12－V12 之间的电压，若均为 380 V，说明 U12、V12、W12 三点至电源无故障，可进行第二步测量。否则，可再测量U11－V11、U11－W11、W11－V11 和 L1－L2、L2－L3、L3－L1，直到发现故障。

其次断开主电路电源，用万用表的电阻挡（一般选 $R\times10$ 以上挡位）测量 KM 主触头负载端 U13－V13、U13－W13、W13－V13 之间的电阻值，若电阻值均较小（电动机定子绕组的直流电阻值），说明 U13、V13、W13 三点至电动机无故障，可能是 KM 主触头有故障。否则可再测量 U－V、U－W、W－V 到电动机的接线端子处，直到发现故障。检查结果为 KM 主触头与 KH 热元件间的导线开路。

4）根据故障点的情况，采取正确的检修方法排除故障。重新接好 W13 处的连接点或更换同规格的连接 KM 主触头负载端 W13 与 KH 热元件受电端 W13 的导线。

5）检修完毕，进行通电空载校验或局部空载校验。切断电源重新连接电动机 M 的负载线，在指导教师同意并监护下，合上 QF，按下 SB1，观察或检测线路和电动机的运行情况是否正常，控制环节的动作程序是否符合要求；用钳形电流表测量电动机三相电流是否平衡等。

6）校验合格后通电运行。

3. 控制线路常见故障现象及处理方法

具有过载保护的接触器自锁正转控制线路的故障现象、可能原因及处理方法见表 1－1－38。

表 1－1－38　具有过载保护的接触器自锁正转控制线路的故障现象、可能原因及处理方法

故障现象	可能原因	处理方法
按下启动按钮 SB1，接触器 KM 不吸合	（1）主电路故障 1）电源开关 QF 接触不良或损坏 2）电源连接导线松脱 （2）控制电路故障 1）熔断器 FU2 熔断 2）热继电器 KH 常闭触头接触不良或动作后未复位 3）停止按钮 SB2 常闭触头、启动按钮 SB1 常开触头接触不良 4）接触器 KM 线圈断线或损坏 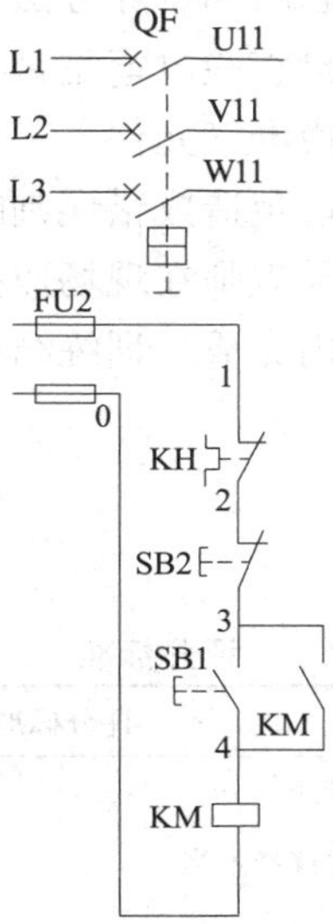	（1）检查主电路 除用电压测量法检查外，还可用验电笔法查找故障点：从三相电源端逐相逐点测量各点是否有电，若有电，则故障在控制电路；若某点没电，则故障在该线路的有电点和没电点两点之间 （2）检查控制电路 除用电阻测量法检查外，还可用验电笔法查找故障点：合上电源开关，用验电笔依次逐点检查控制电路各点是否有电，若某点没电，则故障在有电点和没电点两点之间 注：热继电器发生故障时，应检查电动机是否过载
接触器 KM 不自锁	（1）接触器 KM 自锁触头接触不良 （2）自锁电路连接导线松脱 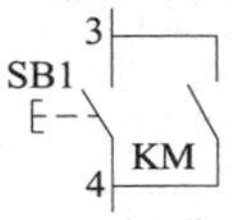	断开电源开关后，将万用表置于电阻挡，将一支表笔固定在 SB2 的下端头，按下接触器 KM 的触头架；另一支表笔逐点顺序检查通路情况，当检查到线路不通时，则故障在该点与上一点之间
按下停止按钮 SB2，接触器 KM 不释放	（1）停止按钮 SB2 触头焊住或卡住 （2）接触器 KM 已断电，但可动部分被卡住 （3）接触器 KM 铁芯接触面上有油污，上、下接触面粘住 （4）接触器 KM 主触头熔焊 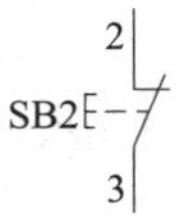 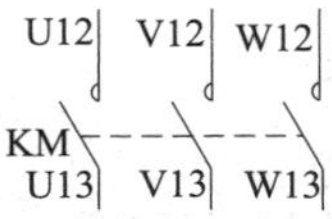	（1）检查停止按钮 SB2 断开电源开关后，将万用表置于电阻挡，将两支表笔固定在 SB2 的上、下端头，按下 SB2，检查其通断情况 （2）检查接触器 KM 主触头 断开电源开关后，将万用表置于电阻挡，将两支表笔分别固定在接触器 KM 主触头的上、下端头，检查其通断情况
接触器吸合后响声较大	（1）电源电压过低 （2）接触器铁芯接触面上有异物，使铁芯接触不严密 （3）接触器铁芯上的短路环断裂	用万用表交流电压 500 V 挡测量 FU2 的电压，观察其是否正常。若电压正常，则是接触器故障
控制电路正常，电动机不能启动并有“嗡嗡”声	（1）电源缺相 （2）电动机定子绕组断线或绕组匝间短路 （3）定子、转子气隙中灰尘、油泥过多，使转子卡阻 （4）接触器主触头接触不良，使电动机单相运行 （5）轴承损坏、转子扫膛	（1）主电路的检查方法参照本教材内容 （2）检查电动机 1）用钳形电流表测量电动机三相电流是否平衡 2）断开 QF，用万用表的电阻挡测量绕组是否断路
电动机加负载后转速明显下降	（1）电动机运行中线路缺一相 （2）转子笼条断裂	（1）检查电动机是否缺一相运行，可用钳形电流表测量电动机三相电流是否平衡 （2）检查转子笼条是否断裂

4. 检修注意事项

（1）在排除故障的过程中，分析思路和排除方法要正确。

（2）用验电笔检测故障时，必须检查验电笔是否符合使用要求。

（3）不能随意更改线路或带电触摸电气元件。

（4）仪表的操作方法要正确，以避免造成错误判断。

（5）带电检修故障时，必须有指导教师在现场监护，并要确保用电安全。

（6）排除故障必须在规定的时间内完成。训练结束后，安装的控制板留用。

任务测评

评分标准见表 1－1－39。

表 1－1－39　　评分标准

项目内容	配分	评分标准		扣分	得分
热继电器的校验和调整	15 分	（1）不能根据图样接线	扣 10 分		
		（2）电流互感器量程选择不当	扣 5 分		
		（3）操作步骤错误	每步扣 2 分		
		（4）电流表未调零或读数不准确	扣 5 分		
		（5）不会调整动作值	扣 5 分		
		（6）不会调整复位方式	扣 10 分		
装前检查	5 分	电气元件、电动机漏检或错检	每处扣 1 分		
安装布线	30 分	（1）元件布置不合理	扣 5 分		
		（2）元件安装不牢固	每只扣 4 分		
		（3）元件安装不整齐、不匀称	扣 5 分		
		（4）损坏元件	扣 15 分		
		（5）不按电路图接线	扣 15 分		
		（6）布线不符合要求	每根扣 3 分		
		（7）接点松动、露铜过长、反圈等	每个扣 1 分		
		（8）损伤导线绝缘层或线芯	每根扣 5 分		
		（9）漏装或套错编码套管	每处扣 1 分		
		（10）漏接接地线	扣 10 分		
故障分析	10 分	（1）故障分析思路不正确	每处扣 5 分		
		（2）标错电路故障范围	每处扣 5 分		
排除故障	20 分	（1）停电不验电	扣 5 分		
		（2）工具及仪表使用不当	每次扣 4 分		
		（3）排除故障的顺序不对	扣 5～10 分		
		（4）不能查出故障点	每个扣 10 分		
		（5）查出故障点，但不能排除	每个扣 5 分		

续表

项目内容	配分	评分标准		扣分	得分
		（6）产生新的故障： 不能排除　每个扣20分 已经排除　每个扣10分 （7）损坏电动机　扣20分 （8）损坏电气元件　每只扣5～20分			
通电试运行	20分	（1）热继电器未整定或整定错误　扣10分 （2）熔体规格选用不当　扣5分 （3）第一次试运行不成功　扣10分 第二次试运行不成功　扣15分 第三次试运行不成功　扣20分			
安全文明生产	违反安全文明生产规程　扣10～70分				
定额时间：4 h	安装训练不允许超时，在修复故障过程中才允许超时　每超1min扣5分				
备注	除定额时间外，各项内容的最高扣分应不超过配分		成绩		
开始时间		结束时间		实际时间	
指导教师：			年　月　日		

任务6　连续与点动混合正转控制线路的安装与维修

任务目标

1. 熟悉连续与点动混合正转控制线路的工作原理。

2. 能识读连续与点动混合正转控制线路电路图、布置图和接线图，并能正确进行安装与维修。

工作任务

机床设备在正常工作时，一般需要电动机处在连续运转状态，但在试车或调整刀具与工件的相对位置时，又需要电动机能点动控制，如T610型镗床主轴电动机就有这样的控制要求。实现这种工艺要求的是连续与点动混合正转控制线路，如图1－1－59所示。本任务就是安装与维修这种控制线路。

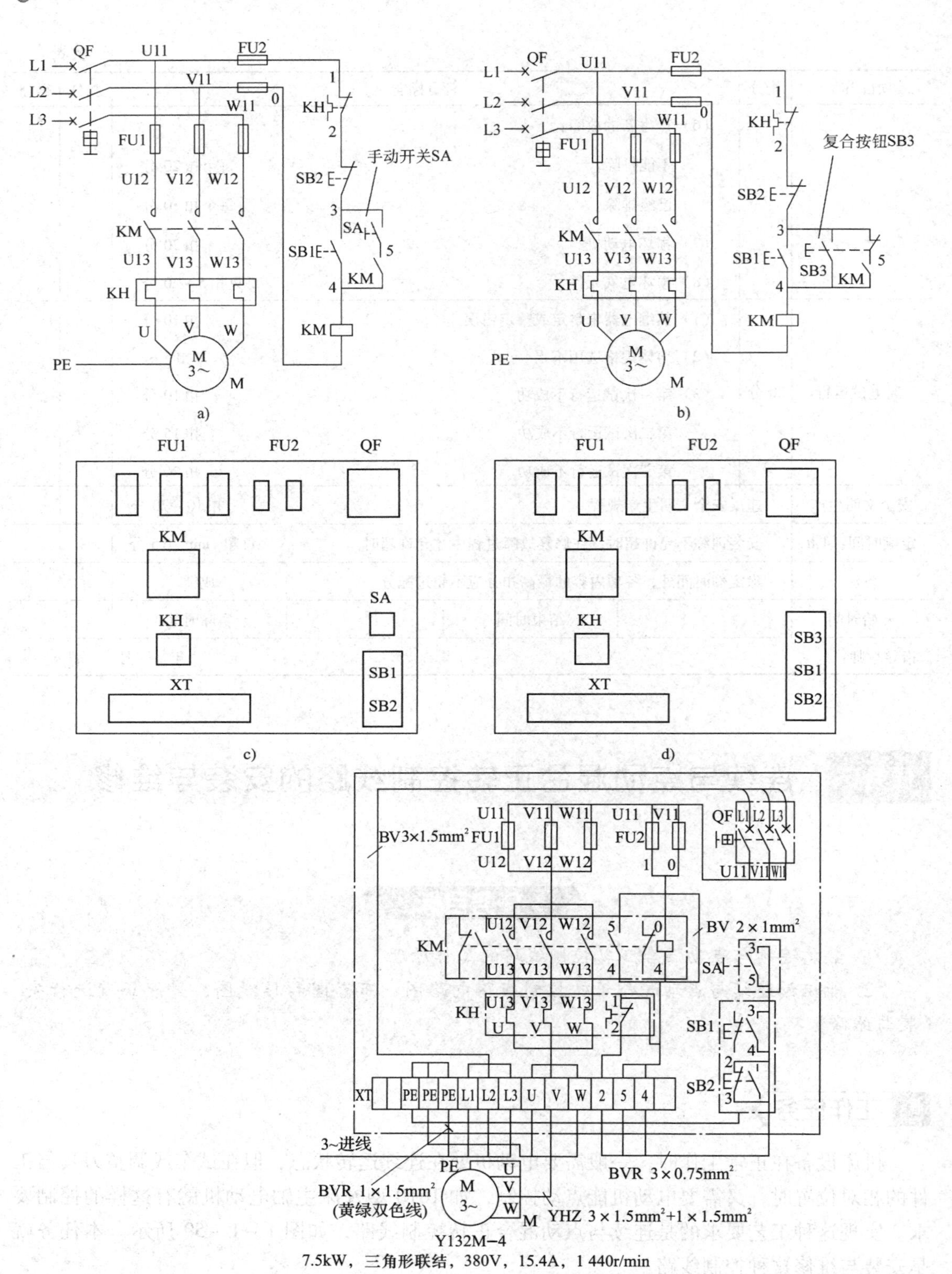

QF
L1
L2
L3
U11
V11
W11
FU2
FU1
U12
V12
W12
KM
U13
V13
W13
KH
U
V
W
PE
M
3~
手动开关SA
SB2
SA
SB1
复合按钮SB3
SB3
XT
BV 3×1.5mm²
BV 2×1mm²
3~进线
BVR 1×1.5mm²
(黄绿双色线)
YHZ 3×1.5mm²+1×1.5mm²
BVR 3×0.75mm²
Y132M−4
7.5kW，三角形联结，380V，15.4A，1 440r/min

a) b) c) d) e)

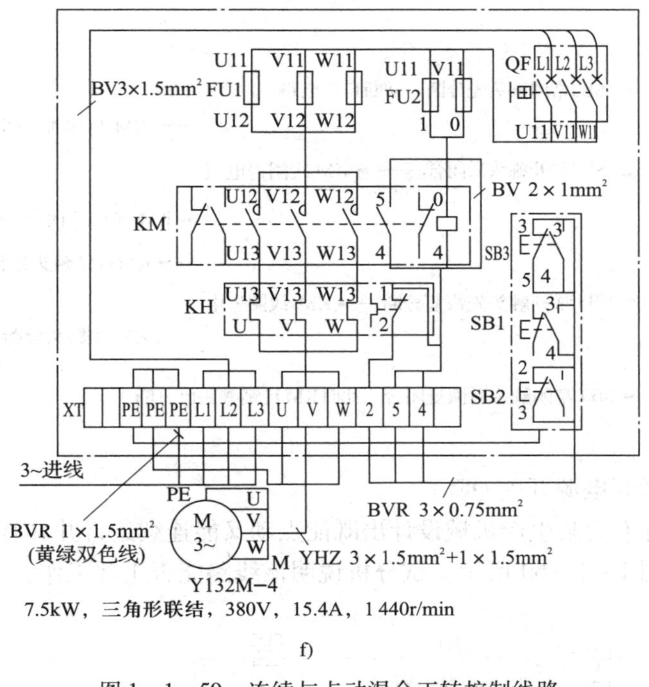

f)

图 1－1－59　连续与点动混合正转控制线路

a)、b) 电路图　c)、d) 布置图　e)、f) 接线图

相关知识

图 1－1－59a 所示控制线路是在具有过载保护的接触器自锁正转控制线路的基础上，把手动开关 SA 串接在自锁电路中构成的。显然，当把 SA 闭合或断开时，就可实现电动机的连续或点动控制。

图 1－1－59b 所示控制线路是通过在启动按钮 SB1 的两端并接一个复合按钮 SB3 来实现连续与点动混合正转控制的。SB3 的常闭触头应与 KM 自锁触头串接。该线路的工作原理如下。

合上电源开关 QF。

一、连续控制

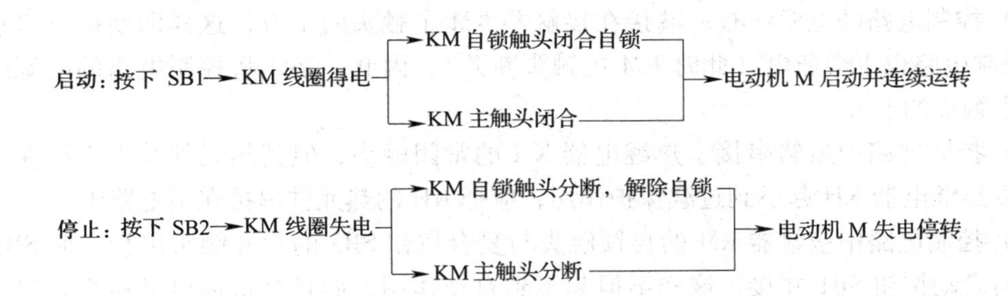

二、点动控制

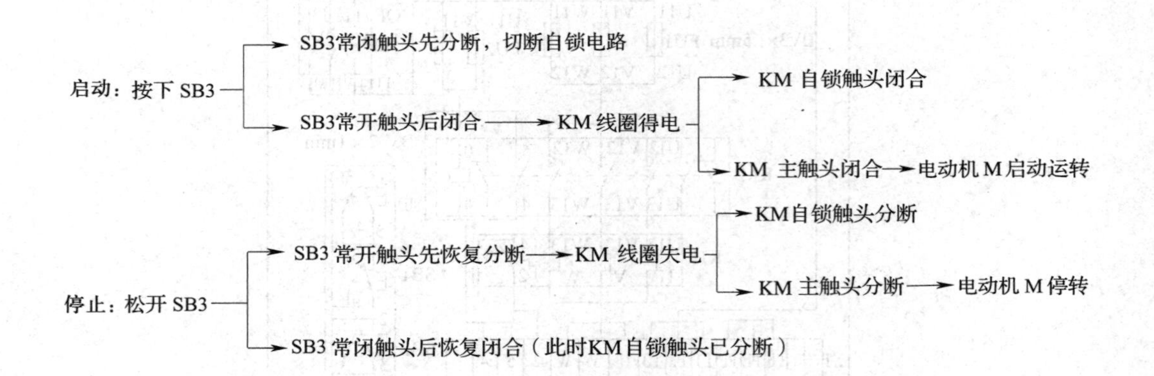

停止使用时，断开电源开关 QF。

【例 1－5】　有人为某生产机械设计出既能点动又能连续运行并具有短路和过载保护的电气控制线路，如图 1－1－60 所示。试分析说明该线路能否正常工作。

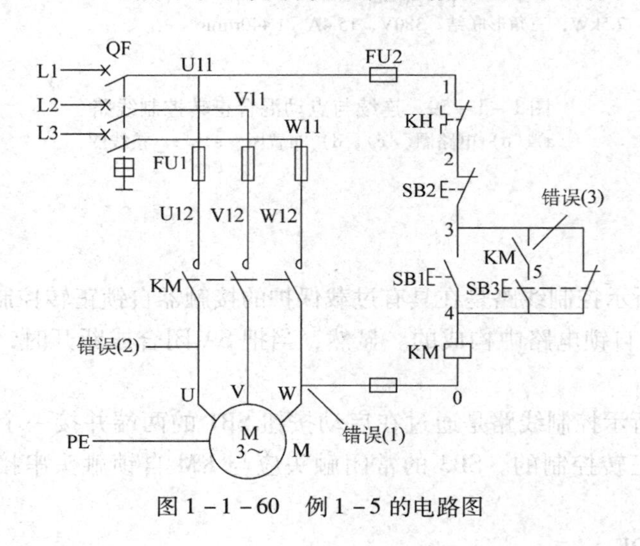

图 1－1－60　例 1－5 的电路图

解：

该线路不能正常工作。因该线路有以下三处错误。

（1）控制电路的电源线有一端接在接触器 KM 主触头的下方，这样即使按下启动按钮 SB1，控制电路也不会通电（此时 KM 主触头断开）。因此，必须将控制电路的电源线改接到 KM 主触头的上方。

（2）控制电路中虽然串接了热继电器 KH 的常闭触头，但其热元件并未串接在主电路中，所以热继电器 KH 起不到过载保护作用，应把 KH 的热元件串接在主电路中。

（3）控制电路中接触器 KM 的自锁触头与复合按钮 SB3 的常开触头串接，而 SB3 的常闭触头与启动按钮 SB1 并接，这样不但起不到自锁作用，而且会造成电动机自行启动，达不到控制要求，所以应把 KM 自锁触头与 SB3 的常闭触头串接。

任务实施

线 路 安 装

一、工具、仪表及器材准备

根据图 1－1－59 所示连续与点动混合正转控制线路，选配工具、仪表及器材，并填入表 1－1－40 和表 1－1－41。

表 1－1－40　工具与仪表

工具	
仪表	

表 1－1－41　器材明细表

代号	名称	型号	规格	数量
M	三相笼型异步电动机	Y132M－4	7.5 kW、380 V、15.4 A、三角形联结、1 440 r/min	1 台
SA	手动开关	1TL1－2		1 只
QF	断路器			
FU1	熔断器			
FU2	熔断器			
KM	交流接触器			
KH	热继电器			
SB1～SB3	按钮			
XT	接线端子排			
	主电路线			
	控制电路线			
	按钮线			
	接地线			
	电动机线			
	控制板			
	紧固体及编码套管等			

各器件可参考前几个任务自行选用。

二、安装步骤与工艺要求

工艺要求参照本课题任务 4，其安装步骤如下。

1. 识读图 1－1－59a、图 1－1－59b 所示电路图，明确线路所用电气元件及其作用，熟悉线路的工作原理。

2. 根据图 1－1－59 检查所选配的工具、仪表及器材是否符合任务要求，检验其质量是否合格，如不合格应予以更换。

3. 根据图 1－1－59c、图 1－1－59d 所示布置图，在控制板上安装除电动机以外的电气元件，并贴上醒目的文字符号。

4. 根据图 1－1－59e、图 1－1－59f 所示接线图的走线方法进行板前明线布线和套编码套管。

5. 根据图 1－1－59a、图 1－1－59b 所示电路图检查控制板布线的正确性。

6. 安装电动机。

7. 连接电动机和按钮金属外壳的保护接地线。

8. 连接电动机等控制板外部的导线。

9. 自检。

10. 交付验收。

11. 通电试运行。

三、安装注意事项

1. 电动机及按钮的金属外壳必须可靠接地。在按钮内接线时，用力不可过猛，以防螺钉打滑。接至电动机的导线，必须穿在导线通道内加以保护，或采用坚韧的四芯橡胶线或塑料护套线进行临时通电校验。

2. 电源进线应接在螺旋式熔断器的下接线柱上，出线则应接在上接线柱上。

3. 安装完毕的控制板，必须经检查无误后，才允许通电试运行，以防止错接、漏接，造成不能正常运转或短路事故。

4. 热继电器的整定电流应按电动机的规格进行调整。

5. 如果采用复合按钮进行点动控制，其常闭触头必须与自锁触头串接。

6. 填写所选用电气元件的型号、规格时，要做到字迹工整，书写正确、清楚、完整。

7. 训练应在规定的时间内完成，同时要做到安全操作和文明生产。

线 路 维 修

参照本课题任务 5 中的检修步骤、方法和注意事项，由指导教师在主电路和控制电路中人为设置自然电气故障各一处，让学生进行检修，并填写表 1－1－42。

表 1－1－42　　故障检修步骤和检修方法

检修步骤	检修方法	
	控制电路	主电路
用试验法观察故障现象		
用逻辑分析法判定故障范围		
用测量法确定故障点		
根据故障点的情况，采取正确的检修方法排除故障		
检修完毕通电试运行		

任务测评

评分标准见表 1－1－43。

表 1－1－43　**评分标准**

项目内容	配分	评分标准		扣分	得分
选用工具、仪表及器材	15 分	（1）工具、仪表少选或错选	每个扣 2 分		
		（2）电气元件选错型号和规格	每个扣 4 分		
		（3）电气元件数量或型号、规格没有写全	每个扣 2 分		
装前检查	5 分	电气元件、电动机漏检或错检	每处扣 1 分		
安装布线	30 分	（1）元件布置不合理	扣 5 分		
		（2）元件安装不牢固	每只扣 4 分		
		（3）元件安装不整齐、不匀称	扣 5 分		
		（4）损坏元件	扣 15 分		
		（5）不按电路图接线	扣 15 分		
		（6）布线不符合要求	每根扣 3 分		
		（7）接点松动、露铜过长、反圈等	每个扣 1 分		
		（8）损伤导线绝缘层或线芯	每根扣 5 分		
		（9）漏装或套错编码套管	每处扣 1 分		
		（10）漏接接地线	扣 10 分		
故障分析	10 分	（1）故障分析思路不正确	每处扣 5 分		
		（2）标错电路故障范围	每处扣 5 分		
排除故障	20 分	（1）停电不验电	扣 5 分		
		（2）工具及仪表使用不当	每次扣 4 分		
		（3）排除故障的顺序不对	扣 5～10 分		
		（4）不能查出故障点	每个扣 10 分		
		（5）查出故障点，但不能排除	每个扣 5 分		
		（6）产生新的故障：			
		不能排除	每个扣 20 分		
		已经排除	每个扣 10 分		
		（7）损坏电动机	扣 20 分		
		（8）损坏电气元件	每只扣 5～20 分		
通电试运行	20 分	（1）热继电器未整定或整定错误	扣 10 分		
		（2）熔体规格选用不当	扣 5 分		
		（3）第一次试运行不成功	扣 10 分		
		第二次试运行不成功	扣 15 分		
		第三次试运行不成功	扣 20 分		

续表

项目内容	配分	评分标准			扣分	得分
安全文明生产		违反安全文明生产规程		扣 10 ~ 70 分		
定额时间：3 h		安装训练不允许超时，在修复故障过程中才允许超时		每超 1 min 扣 5 分		
备注		除定额时间外，各项内容的最高扣分应不超过配分			成绩	
开始时间			结束时间		实际时间	
指导教师：					年　月　日	

课题二　三相笼型异步电动机正反转控制线路的安装与维修

任务 1　倒顺开关正反转控制线路的安装与维修

任务目标

1. 熟悉倒顺开关的功能、基本结构及工作原理，熟记它的图形符号和文字符号，并能正确识别和选用。
2. 熟悉倒顺开关的检测方法。
3. 能正确安装与维修倒顺开关正反转控制线路。

工作任务

课题一介绍的正转控制线路只能使电动机往一个方向旋转，带动生产机械的运动部件往一个方向运动。但在实际生产中，机床工作台需要前进与后退，万能铣床的主轴需要正转与反转，起重机的吊钩需要上升与下降等，要满足生产机械运动部件向正、反两个方向运动，就要求电动机能实现正反转控制。

本任务就是完成倒顺开关正反转控制线路的安装与维修，其电路图如图 1－2－1 所示。X62W 型万能铣床主轴电动机的正反转控制就是采用倒顺开关来实现的。

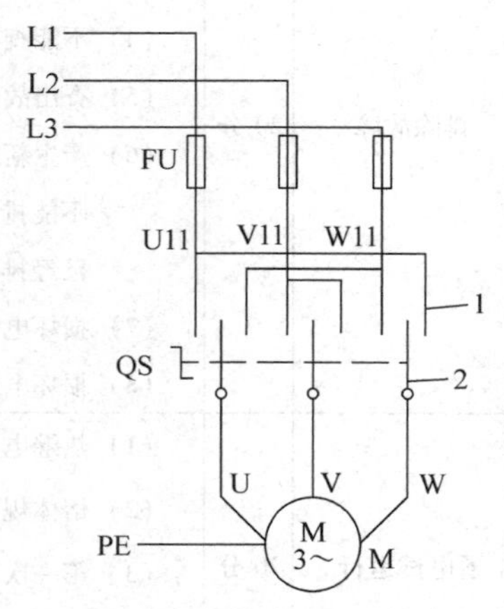

图 1－2－1　倒顺开关正反转控制线路电路图

1—静触头　2—动触头

相关知识

改变通入电动机定子绕组的三相电源相序，即把接入电动机三相电源进线中的任意两相对调，电动机就会反转。

一、倒顺开关

组合开关中有一类是专为控制小容量三相异步电动机的正反转而设计生产的，称为可逆转换开关或倒顺开关，如图 1－2－2 所示。开关的手柄有“倒”“停”“顺”三个位置，手柄只能从“停”的位置左转 45°或右转 45°。

a)

b)

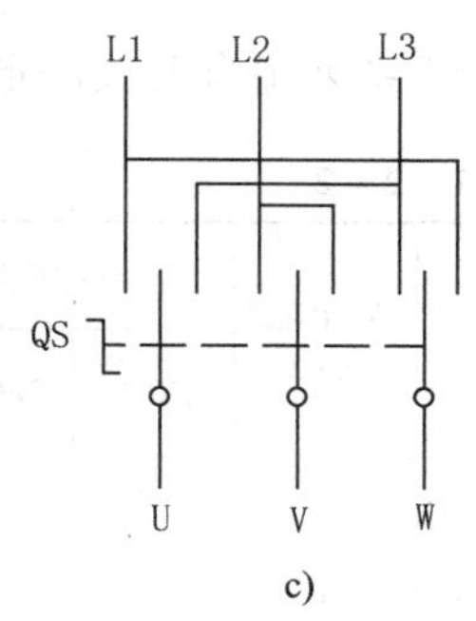

c)

图 1－2－2　倒顺开关

a）外形　b）结构　c）符号

HZ3－132 型可逆转换开关移去上盖可见两边各装有三对静触头，右边标有符号 L1、L2 和 W，左边标有符号 U、V 和 L3。转轴上固定着六对不同形状的动触头，其中四对动触头 I_1、I_2、I_3 和 II_1 是同一形状，余下的两对 II_2 和 II_3 是另一种形状。六对动触头分成两组，I_1、I_2、I_3 为一组，II_1、II_2、II_3 为另一组。动触头随转轴处于不同位置而与静触头接通或断开。

当手柄位于“停”位置时，两组动触头都不与静触头接触；当手柄位于“顺”位置时，动触头 I_1、I_2、I_3 与静触头接通；当手柄位于“倒”位置时，动触头 II_1、II_2、II_3 与静触头接通，如图 1－2－3 所示。HZ3－132 型倒顺开关触头的通、断情况见表 1－2－1。

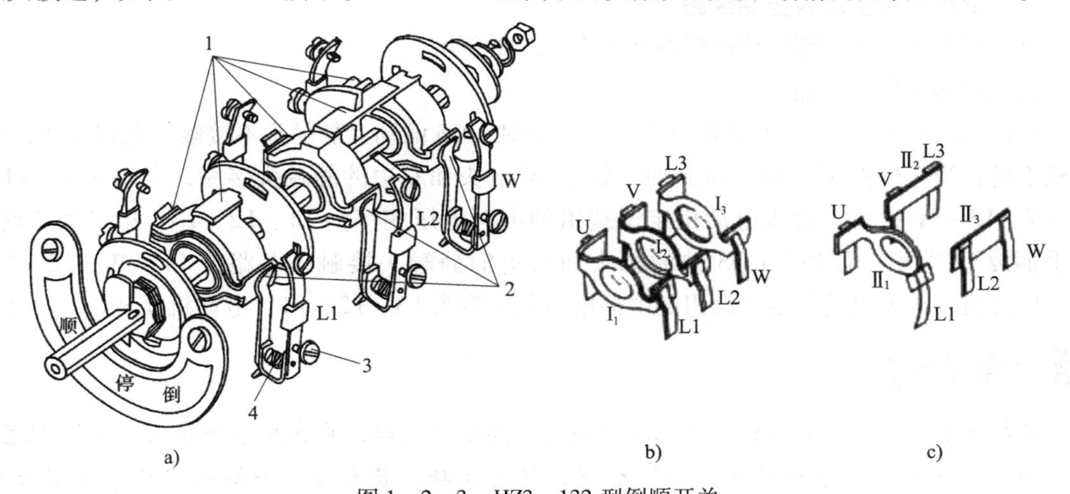

a)　　b)　　c)

图 1－2－3　HZ3－132 型倒顺开关

a）触头结构　b）手柄位于“顺”位置时　c）手柄位于“倒”位置时

1—动触头　2—静触头　3—调节螺钉　4—触头压力弹簧

表 1-2-1　　HZ3-132 型倒顺开关触头的通、断情况

手柄位置	顺	停	倒
触头	L1—Ⅰ$_1$—U L2—Ⅰ$_2$—V L3—Ⅰ$_3$—W	L1—　—U L2—　—V L3—　—W	L1—Ⅱ$_1$—U L2—Ⅱ$_3$—W L3—Ⅱ$_2$—V

HZ3 系列组合开关的形式、用途及技术数据见表 1-2-2。

表 1-2-2　　HZ3 系列组合开关的形式、用途及技术数据

型号	额定电流/A	电动机容量/kW			结构形式	罩壳	面板	用途
		220 V	380 V	500 V				
HZ3-131	10	2.2	3	3.5	标准	有	—	电源引入开关，控制电动机启动、停止
HZ3-132	10	2.2	3	3.5	标准	有	—	电源引入开关，控制电动机倒、顺、停
HZ3-133	10	2.2	3	3.5	标准	—	—	电源引入开关，控制电动机倒、顺、停
HZ3-134	10	2.2	3	3.5	标准	—	—	电源引入开关，控制电动机倒、顺、停
HZ3-161	20	5.5	7.5	—	标准	—	—	电源引入开关，控制电动机倒、顺、停
HZ3-431	10	2.2	3	3.5	标准	—	有	电源引入开关，控制电动机启动、停止
HZ3-432	10	2.2	3	3.5	标准	—	有	电源引入开关，控制电动机倒、顺、停
HZ3-451	10	2.2	3	3.5	标准	—	有	电源引入开关，控制双速电动机
HZ3-452	允许控制电磁吸盘的最大电流：110 V 时为 5 A；220 V 时为 2.5 A				标准	—	有	控制电磁吸盘

二、倒顺开关正反转控制线路

倒顺开关正反转控制线路电路图如图 1-2-1 所示。

该线路的工作原理如下。

操作倒顺开关 QS，当手柄处于“停”位置时，QS 的动、静触头不接触，电路不通，电动机不转；当手柄扳至“顺”位置时，QS 的动触头和左边的静触头接触，电路按 L1-U、L2-V、L3-W 接通，输入电动机定子绕组的电源电压相序为 L1、L2、L3，电动机正转；当手柄扳至“倒”位置时，QS 的动触头和右边的静触头接触，电路按 L1-W、L2-V、L3-U 接通，输入电动机定子绕组的电源电压相序变为 L3、L2、L1，电动机反转。

要点提示

必须注意的是，当电动机处于正转状态时，要使它反转，应先把手柄扳至“停”位置，待电动机停转后再把手柄扳至“倒”位置，使它反转。若直接把手柄由“顺”位置扳至“倒”位置，电动机的定子绕组会因为电源突然反接而产生很大的反接电流，易使电动机定子绕组因过热而损坏。

任务实施

线路安装

一、工具、仪表及器材准备

参照表 1－2－3 选配工具、仪表和器材，并进行质量检验。

表 1－2－3　　主要工具、仪表及器材

工具	验电笔、螺钉旋具、钢丝钳、尖嘴钳、斜口钳、剥线钳、电工刀等电工常用工具 冲击钻、弯管器、扳手等线路安装工具				
仪表	MF47 型万用表、ZC25－3 型兆欧表（500 V、0～500 MΩ）、MG3－1 型钳形电流表				
器材	代号	名称	型号	规格	数量
	M	三相笼型异步电动机	Y100L1－4	2.2 kW、380 V、星形联结、5 A、1 440 r/min	1 台
	QS	倒顺开关	HZ3－132	三极、500 V、10 A	1 只
	FU	熔断器	RL1－15/15	500 V、15 A、熔体额定电流 15 A	3 只
	XT	接线端子排	JX2－1015	500 V、10 A、15 节	1 条
		控制板		600 mm×500 mm×20 mm	1 块
		主电路线		BVR 1.5 mm^2（黑色）或 YHZ 4×1.5 mm^2 橡胶电缆线	若干
		接地线		BVR 1.5 mm^2（黄绿双色）	若干
		电线管、管夹		ϕ16 mm	若干
		木螺钉		ϕ3 mm×20 mm，ϕ5 mm×60 mm	若干
		平垫圈		ϕ4 mm	若干
		膨胀螺栓、紧固体			若干

检测倒顺开关时，将其手柄扳至“倒”和“顺”位置，用万用表的电阻挡检测各对触头之间的接触情况，再用兆欧表测量每两相触头之间的绝缘电阻。

二、安装倒顺开关正反转控制线路

参照课题一中的任务 2 自编安装步骤，熟悉其工艺要求，经指导教师审查合格后，开始安装。

要点提示

若安装的为临时性装置，如要将倒顺开关安装在墙上（属于半移动形式），接到电动机的引线可采用 BVR 1.5 mm^2（黑色）塑铜线或 YHZ 4×1.5 mm^2 橡胶电缆线，并采用金属软管保护；若将开关与电动机一起安装在同一金属结构件或支架上（属于移动形式），开关的电源进线必须采用四脚插头和插座连接，并在插座前装熔断器或再加装隔离开关。

三、安装注意事项

1. 电动机和倒顺开关的金属外壳等必须可靠接地，且必须将接地线接到倒顺开关指定的接地螺钉上，切忌接在开关的罩壳上。

2. 倒顺开关的进出线接线切忌接错。接线时，应看清开关线端标记，保证标记 L1、L2、L3 接电源，标记 U、V、W 接电动机，否则，易造成两相电源短路。

3. 倒顺开关的操作顺序要正确。

4. 作为临时性装置安装时，可移动的引线必须完整无损，不得有接头，引线的长度一般不超过 2 m。

线 路 维 修

倒顺开关正反转控制线路常见故障、故障原因及处理方法见表 1－2－4。

表 1－2－4　　倒顺开关正反转控制线路常见故障、故障原因及处理方法

常见故障	故障原因	处理方法
（1）电动机不启动	（1）熔断器熔体熔断	（1）查明原因，排除故障后更换熔体
（2）电动机缺相	（2）倒顺开关操作失控	（2）修复或更换倒顺开关
	（3）倒顺开关动、静触头接触不良	（3）对触头进行修整

倒顺开关正反转控制线路的检修流程如图 1－2－4 所示（将万用表的选择开关拨至交流 500 V 挡）。

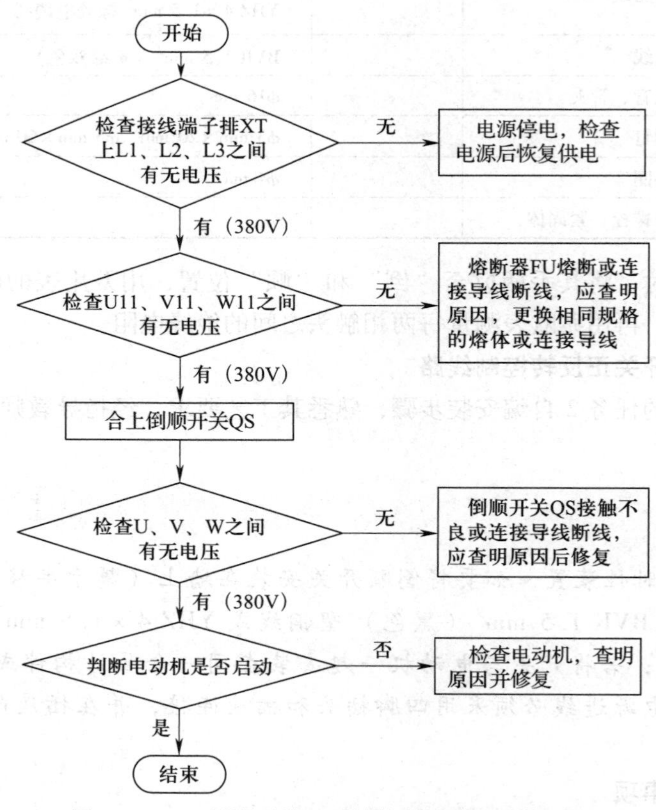

图 1－2－4　倒顺开关正反转控制线路的检修流程

任务测评

评分标准见表1－2－5。

表1－2－5　评分标准

项目内容	配分	评分标准		扣分	得分
装前检查	20分	（1）电动机质量检查　每漏一处扣5分 （2）倒顺开关漏检或错检　每处扣5分			
安装	30分	（1）电动机安装不符合要求： 地脚螺栓紧松不一或松动　扣15分 缺少弹簧垫圈、平垫圈、防振物　每个扣5分 （2）控制板或开关安装不符合要求： 位置不适当或松动　扣15分 紧固螺栓（或螺钉）松动　每个扣5分 （3）电线管支持不牢固或管口无护圈　扣5分 （4）导线穿管时损伤绝缘　扣10分 （5）导线选用及安装不符合要求　扣15分			
接线及试运行	30分	（1）不会使用仪表及测量方法不正确　每个仪表扣5分 （2）各接点松动或不符合要求　每个扣5分 （3）接线错误造成不能一次通电成功　扣30分 （4）倒顺开关进、出线接错　扣20分 （5）电动机接线错误　扣20分 （6）接线顺序错误　扣15分 （7）漏接接地线　扣20分			
检修	20分	（1）查不出故障　扣10分 （2）查出故障但不能排除　扣5分			
安全文明生产	违反安全文明生产规程　扣5～40分				
定额时间：3 h	每超时10 min以内以扣5分计算				
备注	除定额时间外，各项目的最高扣分应不超过配分		成绩		
开始时间		结束时间		实际时间	
指导教师：				年　月　日	

任务2　接触器联锁正反转控制线路的安装与维修

任务目标

1. 能正确绘制、识读接触器联锁正反转控制线路的电路图、布置图和接线图。

2. 能识读并分析接触器联锁正反转控制线路中各电气元件的作用，以及线路的构成和工作原理，并能正确进行安装与维修。

工作任务

倒顺开关正反转控制线路虽然所用电气元件较少，线路比较简单，但它是一种手动控制线路，在频繁换向时，操作人员劳动强度大，操作安全性差，所以这种线路一般用于控制额定电流 10 A、功率 3 kW 及以下的小容量电动机。在生产中，常用按钮和接触器控制电动机的正反转。本任务就是完成如图 1－2－5 所示的接触器联锁正反转控制线路的安装与维修。

相关知识

在图 1－2－5 所示接触器联锁正反转控制线路中，采用了两个接触器，即正转用接触器 KM1 和反转用接触器 KM2，它们分别由正转按钮 SB1 和反转按钮 SB2 控制。从主电路中可以看出，这两个接触器的主触头所接通的电源相序不同，接触器 KM1 按 L1、L2、L3 相序接线，接触器 KM2 则按 L3、L2、L1 相序接线，相应地有两条控制电路，一条是由按钮 SB1 和接触器 KM1 线圈等组成的正转控制电路，另一条是由按钮 SB2 和接触器 KM2 线圈等组成的反转控制电路。

要点提示

必须指出，接触器 KM1 和 KM2 的主触头绝对不允许同时闭合，否则将造成两相电源（L1 相和 L3 相）短路事故。为了避免两个接触器 KM1 和 KM2 同时得电动作，在正转和反转控制电路中分别串接了对方接触器的一对辅助常闭触头，这样，当一个接触器得电动作时，会通过其辅助常闭触头使另一个接触器不能得电动作，接触器之间这种相互制约的作用叫作接触器联锁（或互锁），实现联锁作用的辅助常闭触头称为联锁触头（或互锁触头），联锁符号用“▽”表示。

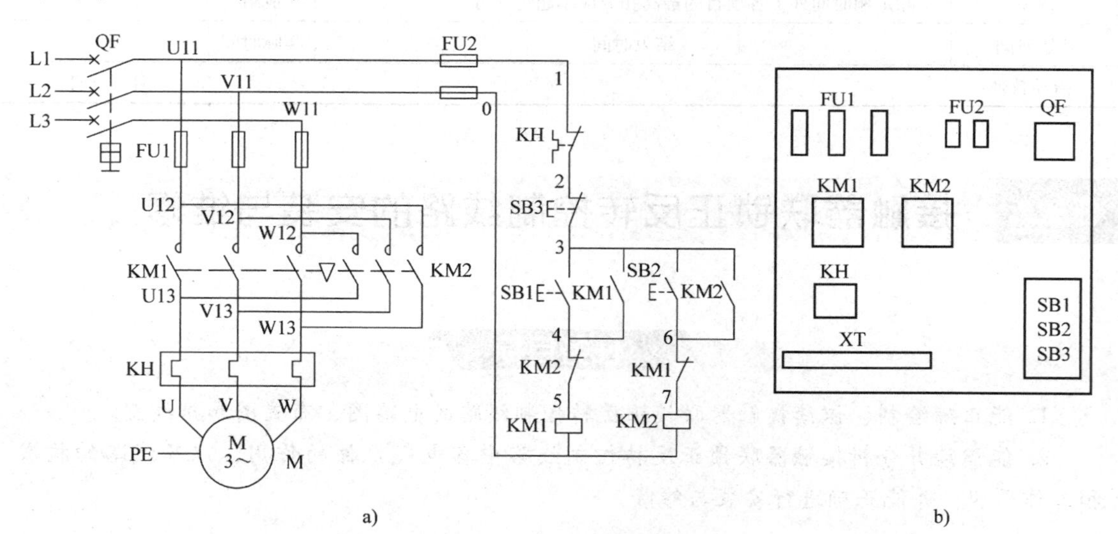

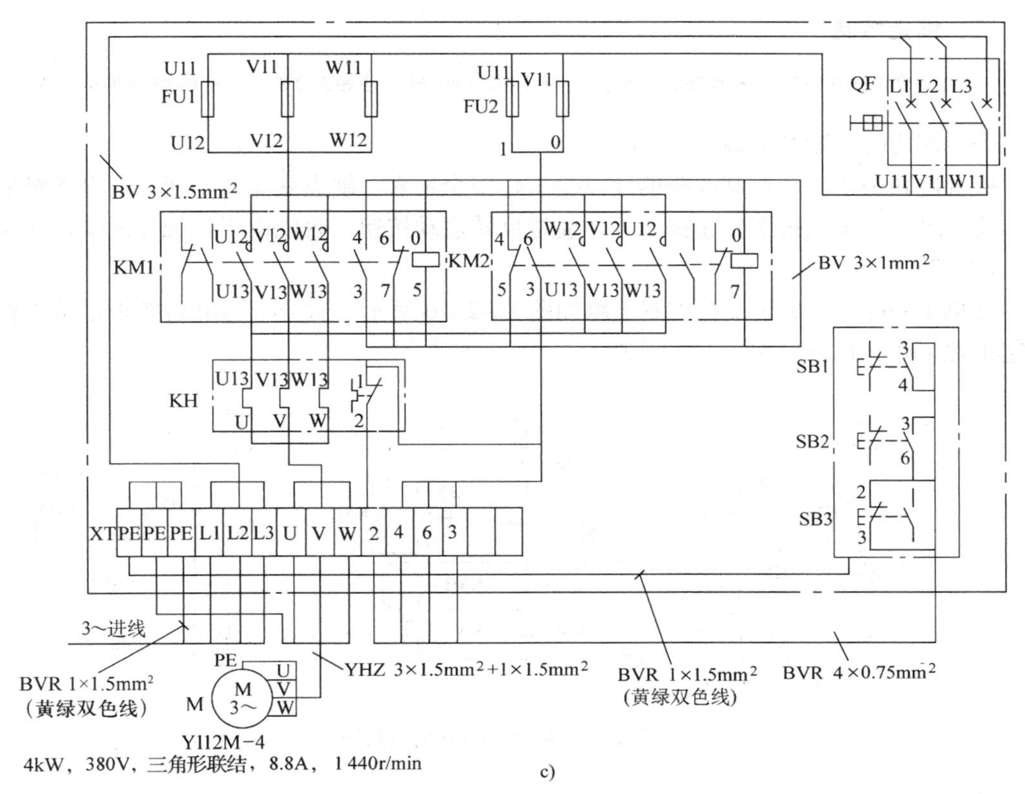

c)

图 1－2－5　接触器联锁正反转控制线路

a）电路图　b）布置图　c）接线图

该线路的工作原理如下。

合上电源开关 QF。

一、正转控制

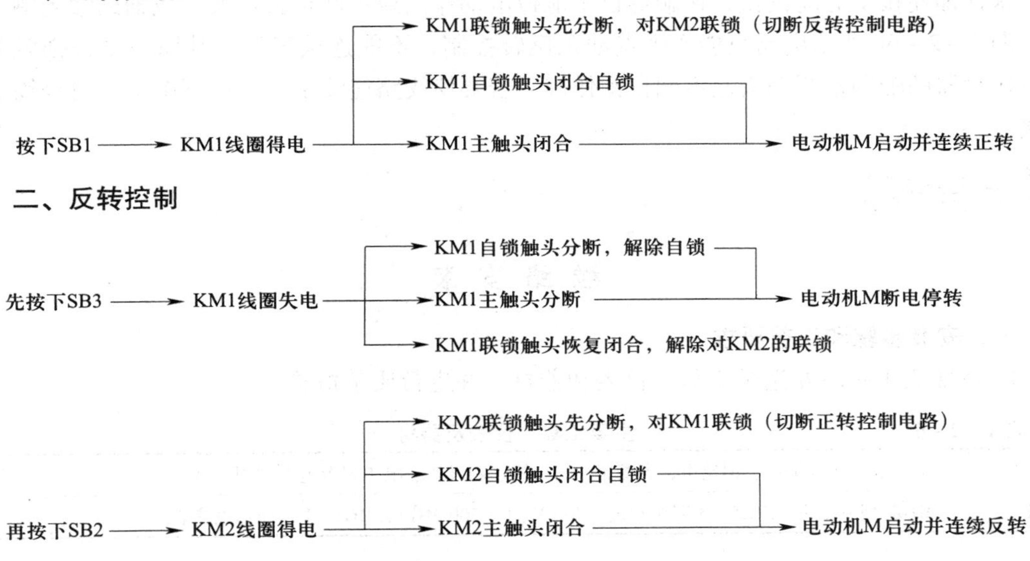

三、停止控制

按下停止按钮SB3 ——→ 控制电路断电 ——→ KM1（或KM2）主触头分析 ——→ 电动机M断电停转

停止使用时，断开电源开关 QF。

接触器联锁正反转控制线路的优点是工作安全可靠，缺点是操作不便。因电动机从正转变为反转时，必须先按下停止按钮，才能按反转启动按钮，否则由于接触器的联锁作用，不能实现反转。

【例 1－6】 几种正反转控制电路如图 1－2－6 所示。试分析各电路能否正常工作，若不能正常工作，找出原因，并予以改正。

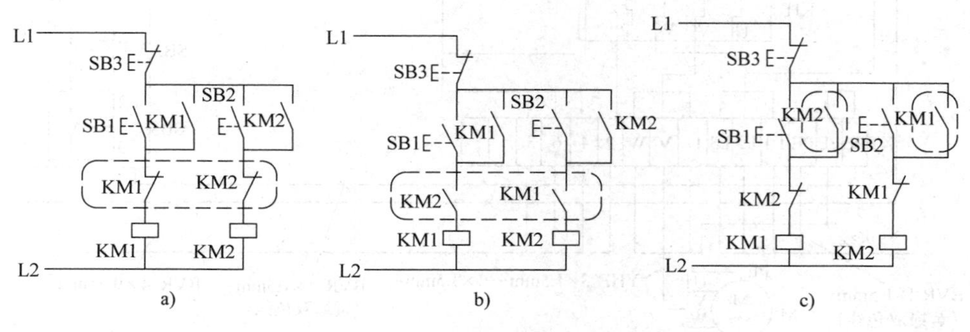

图 1－2－6　例 1－6 的电路图

解：

图 1－2－6a 所示电路不能正常工作。其原因是联锁触头不能用自身接触器的辅助常闭触头。因为这样不但起不到联锁作用，而且当按下启动按钮时，还会出现控制电路时通时断的现象。应把图中两对联锁触头换接。

图 1－2－6b 所示电路不能正常工作。其原因是联锁触头不能接接触器的辅助常开触头。因为这样即使按下启动按钮，接触器也不能得电动作。应把联锁触头换接成辅助常闭触头。

图 1－2－6c 所示电路只能实现点动正反转控制，不能连续工作。其原因是自锁触头用对方接触器的辅助常开触头起不到自锁作用。若要使线路连续工作，应把图中两对自锁触头换接。

任务实施

线 路 安 装

一、安装步骤和工艺要求

1. 参照表 1－2－6 选配工具、仪表和器材，并进行质量检验。

表 1－2－6　**主要工具、仪表及器材**

工具	验电笔、螺钉旋具、钢丝钳、尖嘴钳、斜口钳、剥线钳、电工刀等电工常用工具
仪表	MF47 型万用表、ZC25－3 型兆欧表（500 V、0～500 MΩ）、MG3－1 型钳形电流表

续表

	代号	名称	型号	规格	数量
器材	M	三相笼型异步电动机	Y112M－4	4 kW、380 V、三角形联结、8.8 A、1 440 r/min	1台
	QF	低压断路器	DZ5－20/330	三极、380 V、额定电流20 A	1只
	FU1	螺旋式熔断器	RL1－60/25	500 V、60 A、熔体额定电流25 A	3只
	FU2	螺旋式熔断器	RL1－15/2	500 V、15 A、熔体额定电流2 A	2只
	KM1、KM2	交流接触器	CJ10－20（CJT1－20）	20 A、线圈电压380 V	2只
	KH	热继电器	JR36－20	三极、20 A、热元件额定电流11 A、整定电流8.8 A	1只
	SB1～SB3	按钮	LA10－3H	保护式、380 V、5 A、按钮数3	1个
	XT	接线端子排	JX2－1015	380 V、10 A、15节	1条
		控制板		600 mm×500 mm×20 mm	1块
		主电路线		BV 1.5 mm^2 和BVR 1.5 mm^2（黑色）	若干
		控制电路线		BV 1 mm^2（红色）	若干
		按钮线		BVR 0.75 mm^2（红色）	若干
		接地线		BVR 1.5 mm^2（黄绿双色）	若干
		编码套管和紧固体等			若干

注：LA10－3H为3按钮开关，因此，SB1～SB3采用1个LA10－3H开关即可满足要求，后同。

2. 按图1－2－5b所示布置图在控制板上安装电气元件，并贴上醒目的文字符号。安装时，断路器、熔断器的受电端子应安装在控制板的外侧，并使熔断器的受电端为底座的中心端；元件排列要整齐、匀称、间距合理，且便于元件的更换；紧固各电气元件时，用力要均匀，紧固程度适当，做到既使元件安装牢固，又不使其损坏。

3. 按图1－2－5c所示接线图进行板前明线布线和套编码套管，做到布线横平竖直、整齐、分布均匀、紧贴安装面、走线合理；套编码套管要正确；严禁损伤线芯和导线绝缘；接点牢靠，不得松动，不得压绝缘层，不得反圈，露铜不得过长等。

4. 根据图1－2－5a所示电路图检查控制板布线的正确性。

5. 安装电动机。做到安装牢固、平稳，以防止在换向时产生滚动而引起事故。

6. 可靠连接电动机和按钮金属外壳的保护接地线。

7. 连接电动机等控制板外部的导线。导线要敷设在导线通道内，或采用绝缘良好的橡胶线进行通电校验。

8. 自检。安装完毕的控制板，必须按要求（参照课题一中的任务4）进行认真检查，确保无误后才允许通电试运行。

9. 通电时，必须经指导教师检查同意后，由指导教师接通三相电源L1、L2、L3，同时在现场监护。出现故障，学生应独立进行检修。若需带电检查，指导教师必须在现场监护。

10. 通电试运行完毕，停转、切断电源。先拆除三相电源线，再拆除电动机负载线。

安装完成的线路模拟板如图 1－2－7 所示。

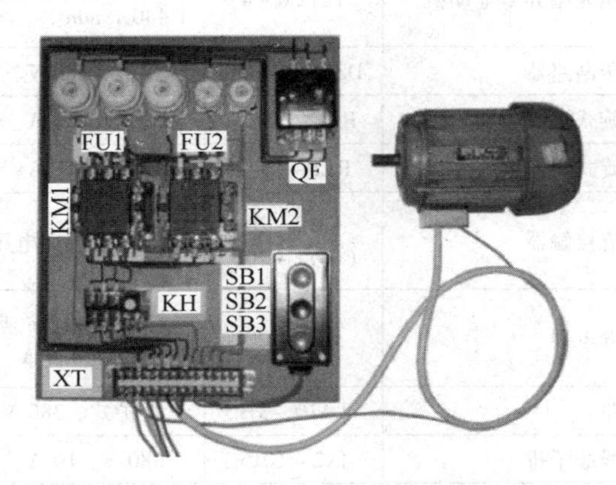

图 1－2－7　安装完成的线路模拟板

二、安装注意事项

1. 接触器联锁触头的接线必须正确，否则将会造成主电路中两相电源短路事故。

2. 通电试运行时，应先合上 QF，再按下 SB1（或 SB2）及 SB3，看控制是否正常，并在按下 SB1 后再按下 SB2，观察有无联锁作用。

3. 训练应在规定的时间内完成，同时要做到安全操作和文明生产。训练结束后，安装的控制线路板留用。

线 路 维 修

一、故障设置

断开电源，在控制电路或主电路中人为设置电气自然故障两处。

二、故障检修

1. 检修步骤

（1）用试验法观察故障现象，主要注意观察电动机的运行情况、接触器的动作情况和线路的工作情况等，如发现有异常情况，应马上断电检查。

（2）用逻辑分析法缩小故障范围，并在电路图中用虚线标出故障部位的最小范围。

（3）用测量法准确、迅速地找出故障点。

（4）根据故障点的不同情况，采取正确的修复方法，迅速排除故障。

（5）排除故障后通电试运行。

2. 检修方法

接触器联锁正反转控制线路各种故障的现象、可能原因及处理方法见表 1－2－7。

表 1－2－7　　接触器联锁正反转控制线路各种故障的现象、可能原因及处理方法

现象	可能原因	处理方法
按下 SB1（或 SB2）时，接触器 KM1（或 KM2）动作，但电动机不启动	按下 SB1（或 SB2）时，接触器 KM1（或 KM2）动作，说明控制电路正常，故障应在主电路，其可能原因： （1）熔断器 FU1 熔体熔断 （2）热继电器 KH 的热元件损坏 （3）主电路各连接点接触不良或连接导线断路 （4）电动机故障 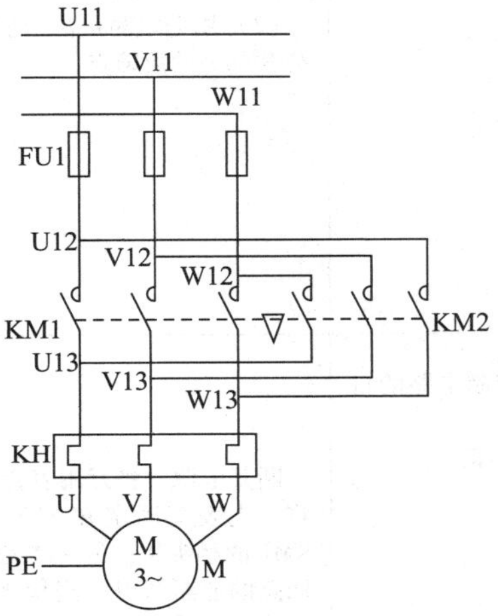	（1）用验电笔检查熔断器 FU1 的上、下接线柱是否有电，若上、下接线柱有电，说明熔断器正常；若无电，则断开电源，检查熔断器上接线柱接线和熔体 （2）用验电笔检查接触器 KM1、KM2 的上接线柱是否有电，若上接线柱无电，则断开电源，用万用表电阻挡检查接触器上接线柱的连接导线；若都有电，则断开电源，用万用表电阻挡检查热继电器 KH 的热元件，若热元件不能正常导通，说明热继电器 KH 的热元件有故障；若正常导通，则故障可能在电动机上 （3）若上述检查都没有问题，则最后检查两个接触器主触头的通断情况。即断开电源后，把万用表置于电阻挡，按下触头架，用两表笔依次连接接触器每对主触头的上、下接线柱，检查每对主触头的通断情况
正转控制正常，反转时接触器 KM2 不动作，电动机不启动	正转控制正常，说明电源电路、熔断器、热继电器、停止按钮及电动机均正常，其故障可能在反转控制电路 3—SB2—6—KM1—7—KM2—0 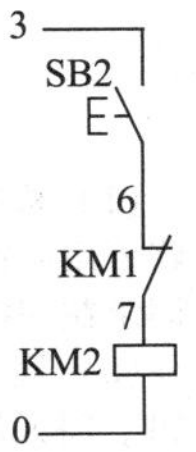	方法一：用验电笔依次检查反转控制电路中的反转启动按钮 SB2、联锁触头 KM1 和接触器 KM2 线圈的上、下接线柱，根据其是否有电找出故障点 方法二：断开电源后，用电阻测量法找出反转控制电路 3—SB2—6—KM1—7—KM2—0 中的故障点
正转控制正常，反转缺相	正转控制正常，反转缺相，说明电源电路、控制电路、熔断器、热继电器及电动机均正常，故障可能原因是反转接触器 KM2 主触头的某一相接触不良或其连接导线松脱或断路 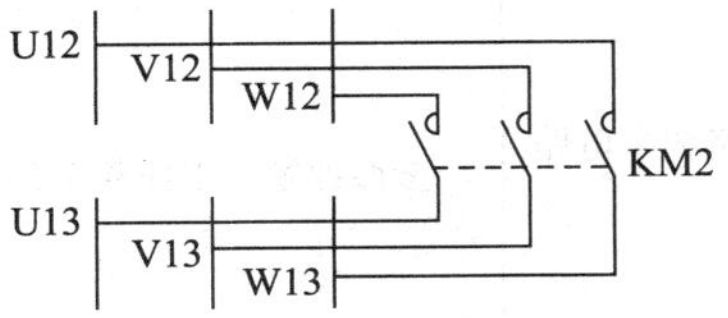	用验电笔检查反转接触器 KM2 主触头的上接线柱是否有电，若某点无电，则该相连接导线断路；若都有电，则断开电源，按下 KM2 的触头架，用万用表的电阻挡分别测量每对主触头的通断情况，不通处即为故障点；若全部导通，再检查 KM2 主触头下接线柱连接导线的通断情况，直至找出故障点

续表

现象	可能原因	处理方法
按下SB1或SB2时，接触器KM1和KM2都不动作，电动机不启动	接触器KM1和KM2都不动作，其可能原因： （1）电源电路故障 （2）熔断器FU2熔体熔断 （3）热继电器KH的常闭触头接触不良 （4）停止按钮SB3接触不良 （5）0号线出现断路	（1）用电压测量法或验电笔法查找电源电路和熔断器FU2的故障点 （2）用电阻测量法或验电笔法查找控制电路公共部分的故障点
按下SB1时，电动机正常运转；松开SB1后，电动机停转	由故障现象判断故障点应在正转控制电路的自锁电路中，可能原因： （1）接触器KM1的自锁触头接触不良 （2）接触器KM1的自锁回路断路	断开电源，将万用表置于倍率适当的电阻挡，将一支表笔固定在SB3的接线柱3上，按下KM1的触头架；另一支表笔依次逐点检查自锁回路的通断情况，当检查到电路不通，则故障在该点与上一点之间
按下SB1时，电动机正常运转；但按下停止按钮SB3后，电动机不停转	按下SB3后，电动机不停转的可能原因： （1）停止按钮SB3常闭触头焊住或卡住 （2）接触器KM1已断电，但其可动部分被卡住 （3）接触器KM1铁芯接触面上有油污，其上、下铁芯被粘住 （4）接触器KM1主触头熔焊	（1）检查停止按钮SB3，断开电源开关QF，将万用表置于倍率适当的电阻挡，把两支表笔固定在SB3的2、3接线柱上，检查通断情况 （2）检查接触器KM1主触头，断开电源开关QF，将万用表置于倍率适当的电阻挡，把两支表笔分别固定在KM1主触头的上、下接线柱上，检查通断情况
按下SB1（或SB2）时，电动机有“嗡嗡”声，不能正常启动	根据故障现象判断可能是在电源电路和主电路中出现了缺相故障	参照课题一中任务5介绍的方法进行检查

三、检修注意事项

检修注意事项参考接触器自锁正转控制线路相应内容。

任务测评

评分标准见表1－2－8。

表1－2－8　　评分标准

项目内容	配分	评分标准	扣分	得分
装前检查	10分	电气元件、电动机漏检或错检　每处扣2分		
安装布线	30分	（1）电动机安装不符合要求　扣15分 （2）控制板安装不符合要求： 元件布置不合理　扣5分 元件安装不牢固　每只扣4分 元件安装不整齐、不匀称　每只扣3分 损坏元件　每只扣15分 不按电路图接线　扣15分 布线不符合要求　每根扣3分 接点松动、露铜过长、反圈等　每个扣1分 损伤导线绝缘层或线芯　每根扣5分 漏装或套错编码套管　每处扣1分 漏接接地线　扣10分		
故障分析	10分	（1）故障分析思路不正确　每处扣5～10分 （2）标错电路故障范围　每处扣5分		
排除故障	30分	（1）停电不验电　扣5分 （2）工具及仪表使用不当　每次扣5分 （3）排除故障的顺序不对　扣5分 （4）不能查出故障点　每个扣10分 （5）查出故障点，但不能排除　每个扣5分 （6）产生新的故障： 不能排除　每个扣10分 已经排除　每个扣5分 （7）损坏电动机　扣20分 （8）损坏电气元件　每只扣5～20分		
通电试运行	20分	（1）热继电器未整定或整定错误　扣10分 （2）熔体规格选用不当　扣5分 （3）第一次试运行不成功　扣10分 第二次试运行不成功　扣15分 第三次试运行不成功　扣20分		
安全文明生产	违反安全文明生产规程　扣10～70分			
定额时间：6 h	安装训练不允许超时，在修复故障过程中才允许超时　每超1 min扣5分			
备注	除定额时间外，各项内容的最高扣分应不超过配分		成绩	
开始时间		结束时间		实际时间

指导教师：　　　　　　　　　　　　　　　　　　年　　月　　日

任务3 按钮和接触器双重联锁正反转控制线路的安装与维修

任务目标

1. 能绘制、识读按钮和接触器双重联锁正反转控制线路的电路图、布置图和接线图。

2. 能识读并分析按钮和接触器双重联锁正反转控制线路中各电气元件的作用，以及线路的构成和工作原理，并能正确进行安装与维修。

工作任务

在本课题任务1中安装完成的倒顺开关正反转控制线路的优点是所用电气元件较少，线路比较简单，缺点是在频繁换向时，操作人员劳动强度大，操作安全性差。任务2安装完成的接触器联锁正反转控制线路的优点是工作安全、可靠，缺点是操作不便。本任务要完成图1－2－8所示的按钮和接触器双重联锁正反转控制线路的安装与维修，该线路操作方便，工作安全、可靠，克服了接触器联锁正反转控制线路操作不便的缺点，在生产中获得了广泛的应用，如Z35型摇臂钻床的立柱松紧控制就是由这种电气控制线路实现的。

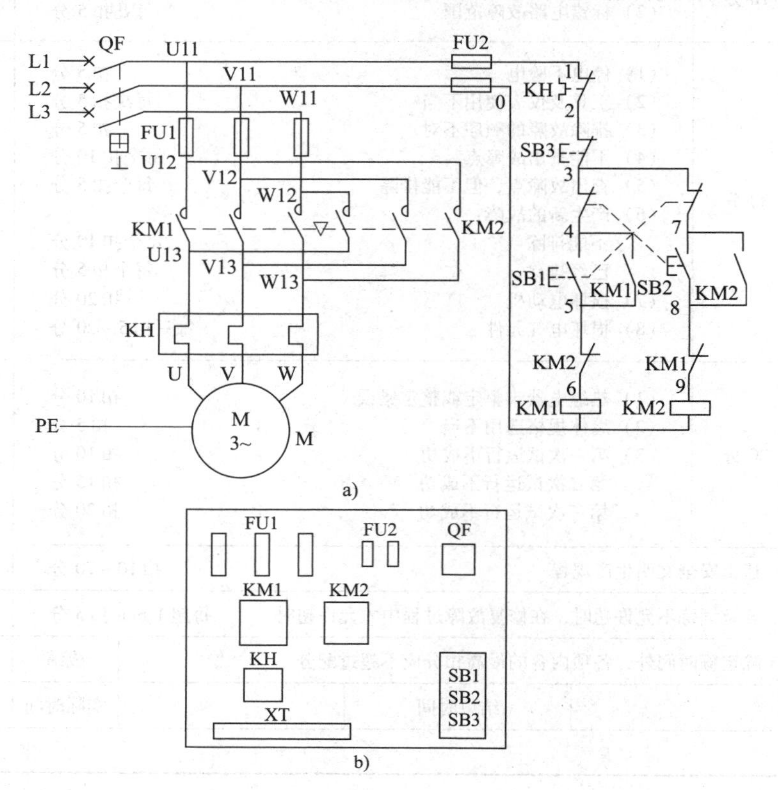

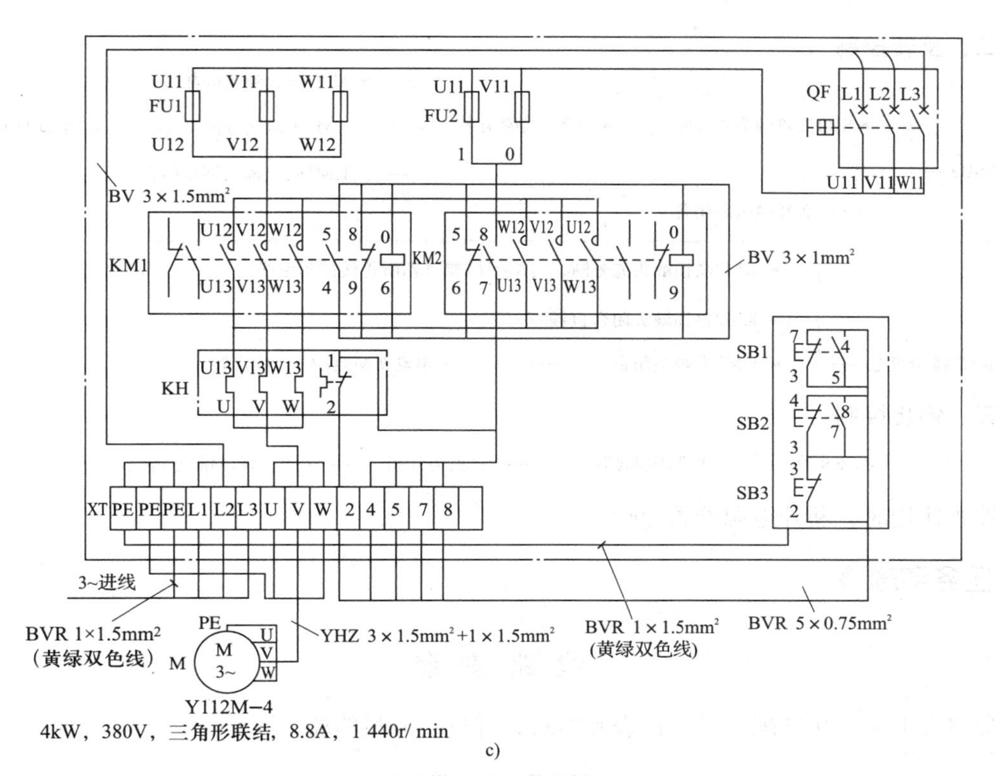

c)

图 1－2－8　按钮和接触器双重联锁正反转控制线路

a）电路图　b）布置图　c）接线图

相关知识

比较图 1－2－5 所示接触器联锁正反转控制线路和图 1－2－8 所示按钮和接触器双重联锁正反转控制线路，可以看出两种线路的不同点就在于图 1－2－8 所示线路中的正转按钮 SB1 和反转按钮 SB2 用的是两个复合按钮，两个复合按钮的常闭触头串接在对方的控制电路中，从而构成了按钮和接触器双重联锁正反转控制线路。这样电动机从正转变为反转时，可以直接按下反转启动按钮使其反转，无须再按下停止按钮，使线路操作方便，工作安全、可靠。

该线路的工作原理如下。

合上电源开关 QF。

一、正转控制

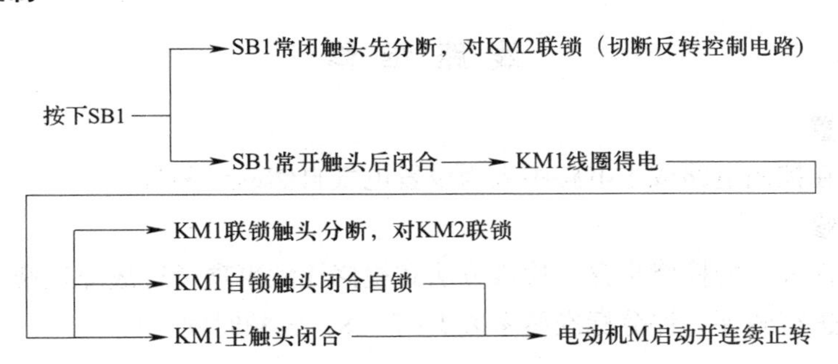

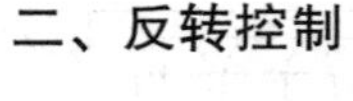

二、反转控制

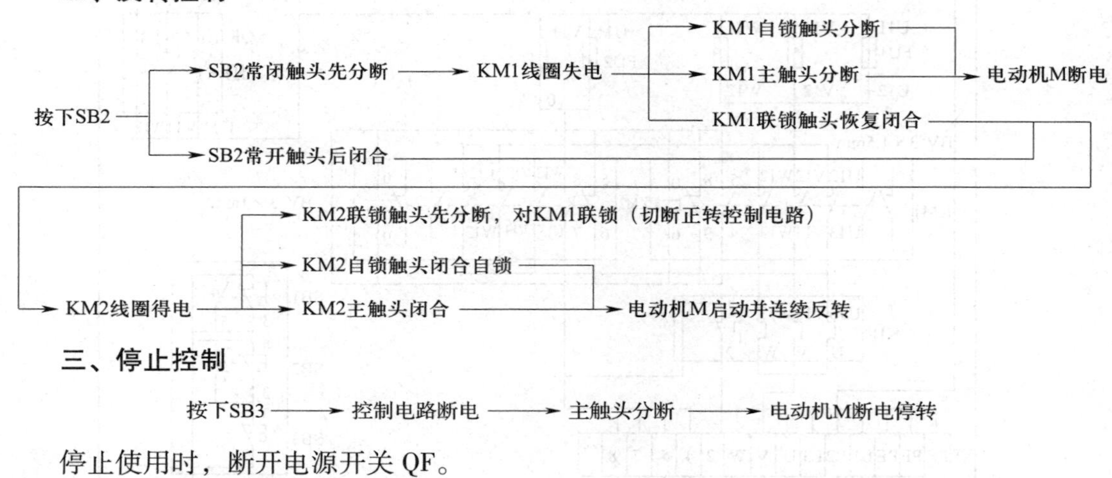

三、停止控制

按下SB3 → 控制电路断电 → 主触头分断 → 电动机M断电停转

停止使用时，断开电源开关 QF。

任务实施

线 路 安 装

参照表 1－2－9 选配工具、仪表和器材，并进行质量检验。

表 1－2－9　主要工具、仪表及器材

工具	验电笔、螺钉旋具、钢丝钳、尖嘴钳、斜口钳、剥线钳、电工刀等电工常用工具				
仪表	MF47 型万用表、ZC25－3 型兆欧表（500 V、0～500 MΩ）、MG3－1 型钳形电流表				
器材	代号	名称	型号	规格	数量
	M	三相笼型异步电动机	Y112M－4	4 kW、380 V、三角形联结、8.8 A、1 440 r/min	1 台
		控制板		600 mm×500 mm×20 mm	1 块
		主电路线		BV 1.5 mm^2 和 BVR 1.5 mm^2（黑色）	若干
		控制电路线		BV 1 mm^2（红色）	若干
		按钮线		BVR 0.75 mm^2（红色）	若干
		接地线		BVR 1.5 mm^2（黄绿双色）	若干
		编码套管和紧固体等			若干

根据按钮和接触器双重联锁正反转控制线路的电路图和接线图，将安装好的接触器联锁正反转控制线路板改装成双重联锁正反转控制线路板。通电试运行时，注意体会该线路的优点。

线 路 维 修

一、故障设置

断开电源，在控制电路或主电路中人为设置电气自然故障两处。

二、故障检修

参考课题二任务 2 的检修步骤、检修方法和检修注意事项进行故障检修。

任务完成后进行测评，评分标准参考表 1－2－8，定额时间 4 h。

课题三　三相笼型异步电动机位置控制和自动往返控制线路的安装与维修

任务1　位置控制线路的安装与维修

任务目标

1. 熟悉行程开关的功能、结构、动作原理、分类及型号含义，熟记它的图形符号和文字符号，并能正确识别和选用。

2. 能识读并分析位置控制线路的构成和工作原理，并能正确进行安装与维修。

工作任务

图1-3-1所示是一台YB6012B型半自动花键轴铣床，右下方是控制铣床工作的主令电器——按钮，通过手动操作它们控制主轴的启动、停止和点动等；而在靠近工作台处装有另一种主令电器——行程开关，通过安装在工作台上的挡铁撞击它动作，以实现对工作台的自动控制。

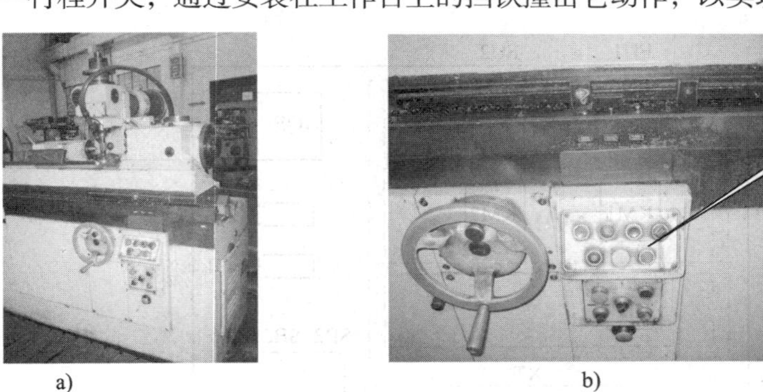

a)　　b)

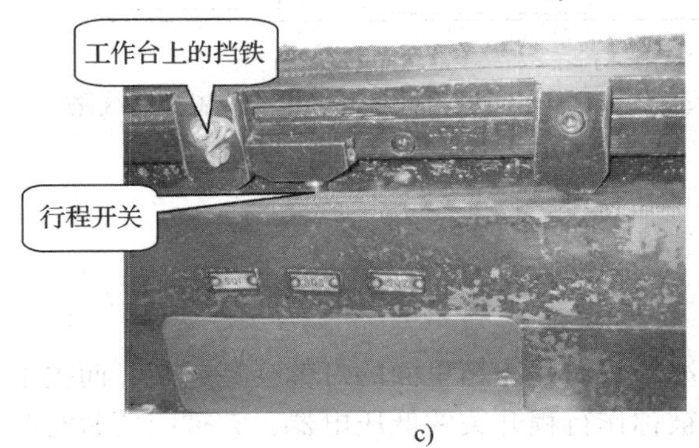

c)

图1-3-1　YB6012B型半自动花键轴铣床

a）外形　b）按钮　c）挡铁和行程开关

在生产过程中，一些生产机械运动部件的行程或位置都要受到限制，或者需要其运动部件在一定范围内自动往返循环等，以便实现对工件的连续加工。如在 M7475B 型平面磨床、摇臂钻床、万能铣床、镗床、桥式起重机及各种自动或半自动控制机床设备中，就经常遇到这种控制要求。实现这种控制要求所依靠的主要电器就是行程开关 SQ。图 1－3－2 所示是工厂车间里的行车常采用的位置控制线路，本任务就是完成该线路的安装与维修。

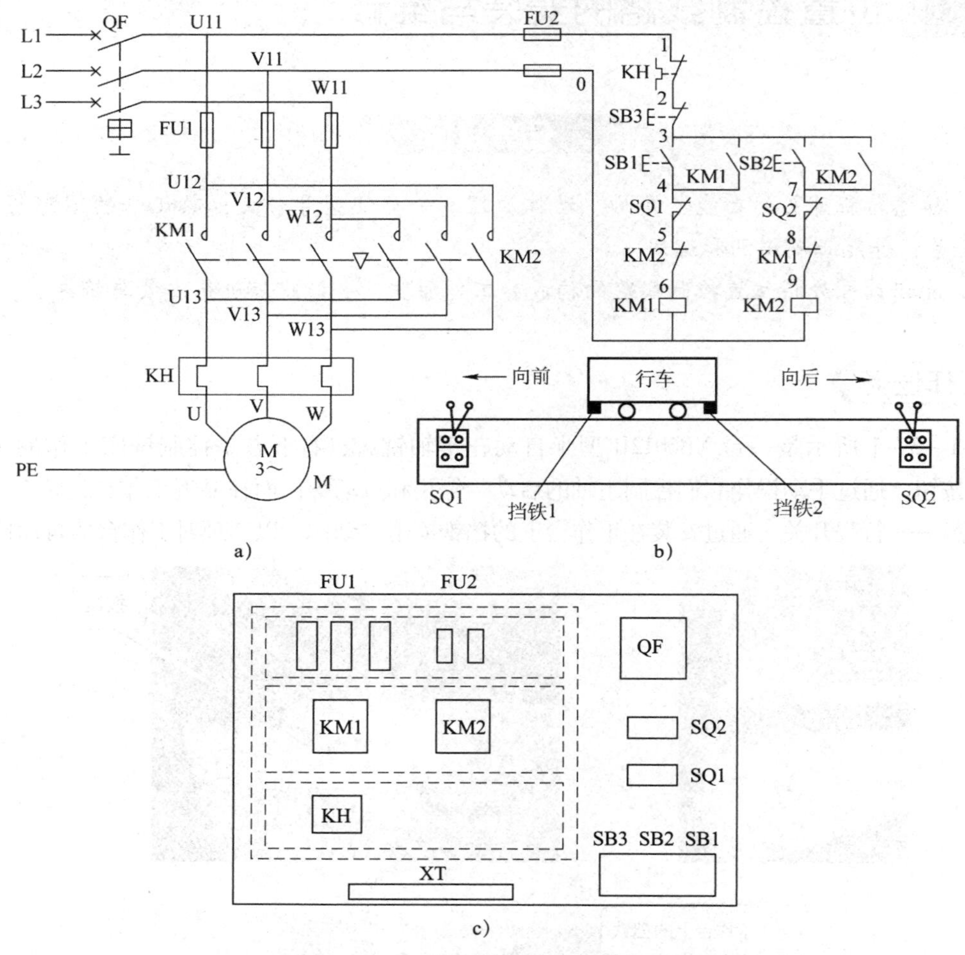

图 1－3－2　工厂车间里的行车常采用的位置控制线路

a）电路图　b）行车运动示意图　c）布置图

相关知识

一、行程开关

在日常生活中，在打开冰箱门时，冰箱里面的灯就会亮起来，而关上门灯就熄灭了。这是因为冰箱门框上装有一个被称作行程开关的低压电器，它被门压紧时断开灯的电路，门打开时该元件自动把电路闭合使灯点亮。

洗衣机在脱水（甩干）过程中转速很高，如果此时有人由于疏忽打开洗衣机的门或盖，再把手伸进去，很容易对人造成伤害。为了避免这种事故的发生，在洗衣机的门或盖上也装有行程开关，一旦有人开启洗衣机的门或盖，它就自动使电动机断电制动，强迫转动着的部件停下来，避免人受到伤害。

图 1－3－2b 所示是行车运动示意图。在行车运动路线的两端终点处各安装了一个行程开关 SQ1 和 SQ2，这样行车前后移动的位置就受到了限制。图 1－3－3 所示是行程开关的外形和符号。

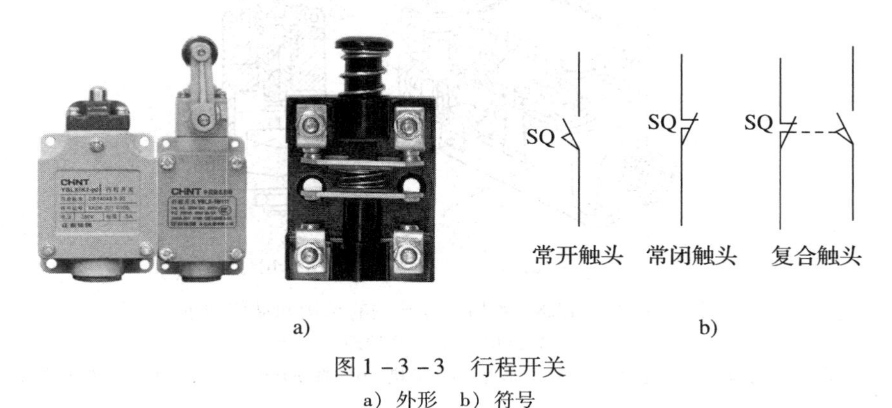

a)　　　　b)

图 1－3－3　行程开关

a）外形　b）符号

1. 功能

行程开关是一种利用生产机械某些运动部件的碰撞来发出控制指令的主令电器，主要用于控制生产机械的运动方向、速度、行程或位置，是一种自动控制电器。

行程开关的作用原理与按钮相同，区别在于它不是靠手指的按压使其触头动作的，而是利用生产机械运动部件的碰压使其触头动作的，从而将机械信号转变为电信号，使运动机械按一定的位置或行程实现自动停止、反向运动、变速运动或自动往返运动等。

2. 结构、动作原理和分类

机床中常用的行程开关有 LX19 和 JLXK1 等系列，JLXK1 系列行程开关的外形如图 1－3－4 所示。LX19 系列行程开关的外形与 JLXK1 系列的外形相似。

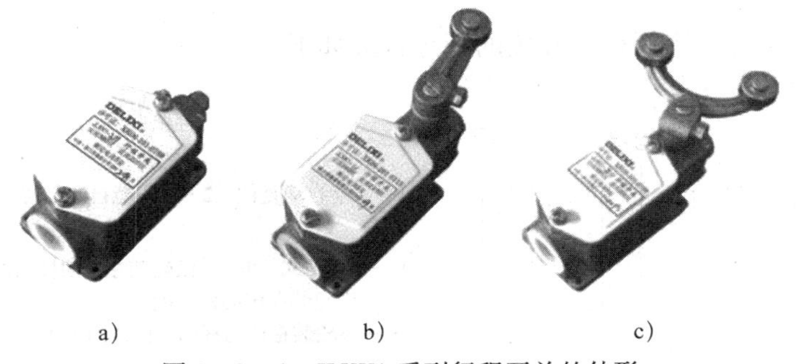

a)　　　　b)　　　　c)

图 1－3－4　JLXK1 系列行程开关的外形

a）按钮式　b）单轮旋转式　c）双轮旋转式

各系列行程开关的基本结构大体相同，都是由操作机构、触头系统和外壳组成的。JLXK1 系列行程开关的结构和动作原理如图 1－3－5 所示。以某种行程开关元件为基础，装置不同的操作机构，可以得到各种不同形式的行程开关，常见的有按钮式（直动式）和旋转式（滚轮式）。

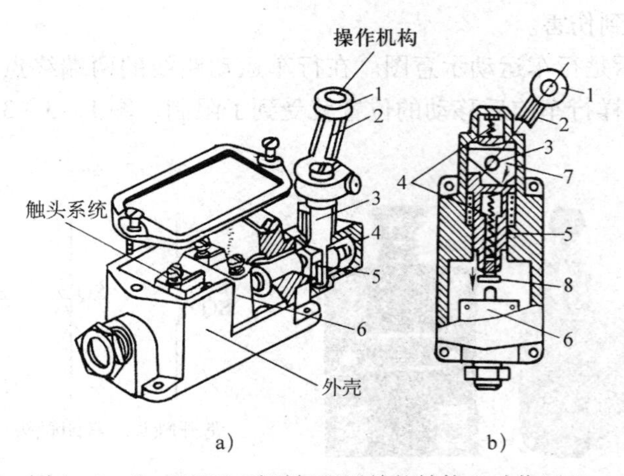

图 1－3－5　JLXK1 系列行程开关的结构和动作原理
a）结构　b）动作原理
1—滚轮　2—杠杆　3—转轴　4—复位弹簧　5—撞块　6—微动开关　7—凸轮　8—调节螺钉

JLXK1 系列行程开关的动作原理如图 1－3－5b 所示。当运动部件的挡铁碰压行程开关的滚轮 1 时，杠杆 2 连同转轴 3 一起转动，使凸轮 7 推动撞块 5。当撞块 5 被压到一定位置时，推动微动开关 6 快速动作，使其常闭触头断开，常开触头闭合。

行程开关按触头类型有一常开一常闭、一常开二常闭、二常开一常闭、二常开二常闭等形式；按动作方式有瞬动式、蠕动式和交叉从动式三种；按动作后的复位方式有自动复位和非自动复位两种。

行程开关在使用中要定期检查和保养，除去油垢及粉尘，清理触头，经常检查其动作是否灵活、可靠，及时排除故障，防止因行程开关触头接触不良或接线松脱产生误动作，从而导致设备和人身安全事故。

3. 型号含义

LX19 系列和 JLXK1 系列行程开关的型号含义如下。

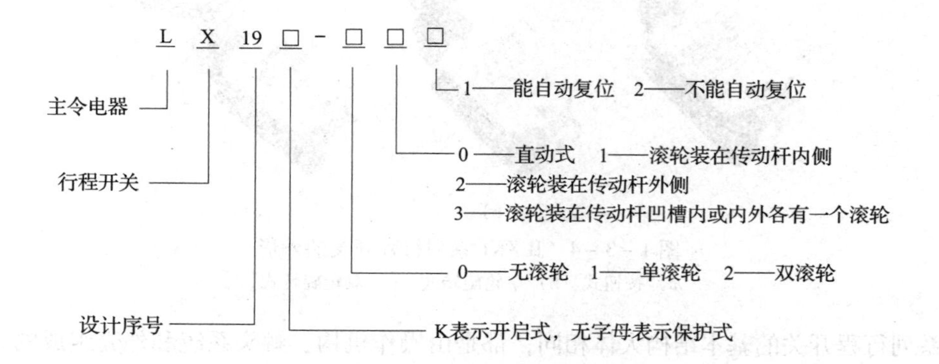

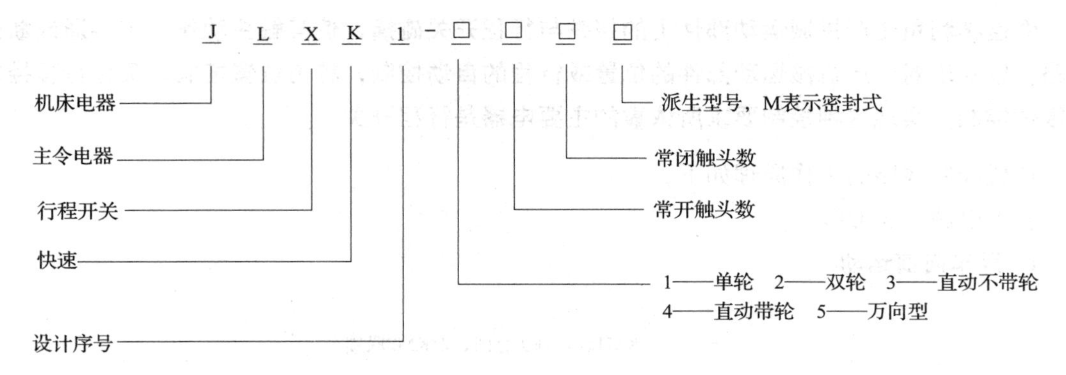

4. 选用

行程开关的主要参数有工作行程、额定电压及触头的电流容量等，在产品说明书中都有详细说明，主要根据动作要求、安装位置及触头数量选择行程开关。LX19 和 JLXK1 系列行程开关的主要技术数据见表 1－3－1。

表 1－3－1　　LX19 和 JLXK1 系列行程开关的主要技术数据

型号	额定电压/V	额定电流/A	结构特点	触头对数/对		工作行程	超行程	触头转换时间/s
				常开	常闭			
LX19			基础元件	1	1	3 mm	1 mm	
LX19－111			单轮，滚轮装在传动杆内侧，能自动复位	1	1	约 30°	约 20°	
LX19－121			单轮，滚轮装在传动杆外侧，能自动复位	1	1	约 30°	约 20°	
LX19－131			单轮，滚轮装在传动杆凹槽内，能自动复位	1	1	约 30°	约 20°	
LX19－212	380	5	双轮，滚轮装在 U 形传动杆内侧，不能自动复位	1	1	约 30°	约 15°	≤0.04
LX19－222			双轮，滚轮装在 U 形传动杆外侧，不能自动复位	1	1	约 30°	约 15°	
LX19－232			双轮，滚轮装在 U 形传动杆内外侧（各一个），不能自动复位	1	1	约 30°	约 15°	
LX19－001			无滚轮，仅有径向传动杆，能自动复位	1	1	<4 mm	3 mm	
JLXK1－111			单轮防护式	1	1	12°～15°	≤30°	
JLXK1－211	500	5	双轮防护式	1	1	约 45°	≤45°	—
JLXK1－311			直动防护式	1	1	1～3 mm	2～4 mm	
JLXK1－411			直动滚轮防护式	1	1	1～3 mm	2～4 mm	

二、位置控制线路

在图 1－3－2 所示的位置控制线路中，行程开关 SQ1 和 SQ2 的常闭触头分别串接在正转控制电路和反转控制电路中。当安装在行车前后的挡铁 1 或挡铁 2 撞击行程开关的滚轮时，行程开关的常闭触头分断，切断控制电路，使行车自动停止。

像这种利用生产机械运动部件上的挡铁与行程开关碰撞，使其触头动作，来接通或断开电路，以实现对生产机械运动部件的位置或行程的自动控制，称为位置控制，又称行程控制或限位控制。实现这种控制要求所依靠的主要电器是行程开关。

位置控制线路的工作原理如下。

合上电源开关 QF。

1. 行车向前运动

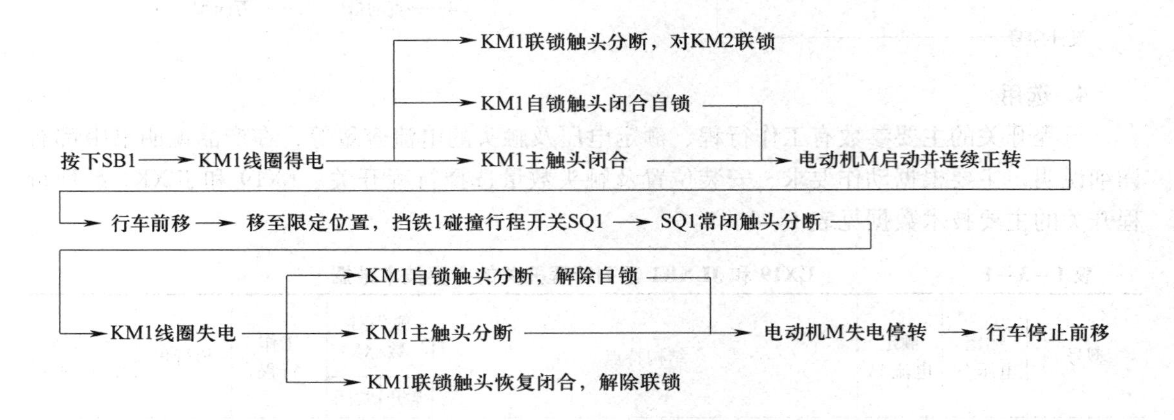

此时，即使再按下 SB1，由于 SQ1 常闭触头已分断，接触器 KM1 线圈也不会得电，保证了行车不会超过 SQ1 所在的位置。

2. 行车向后运动

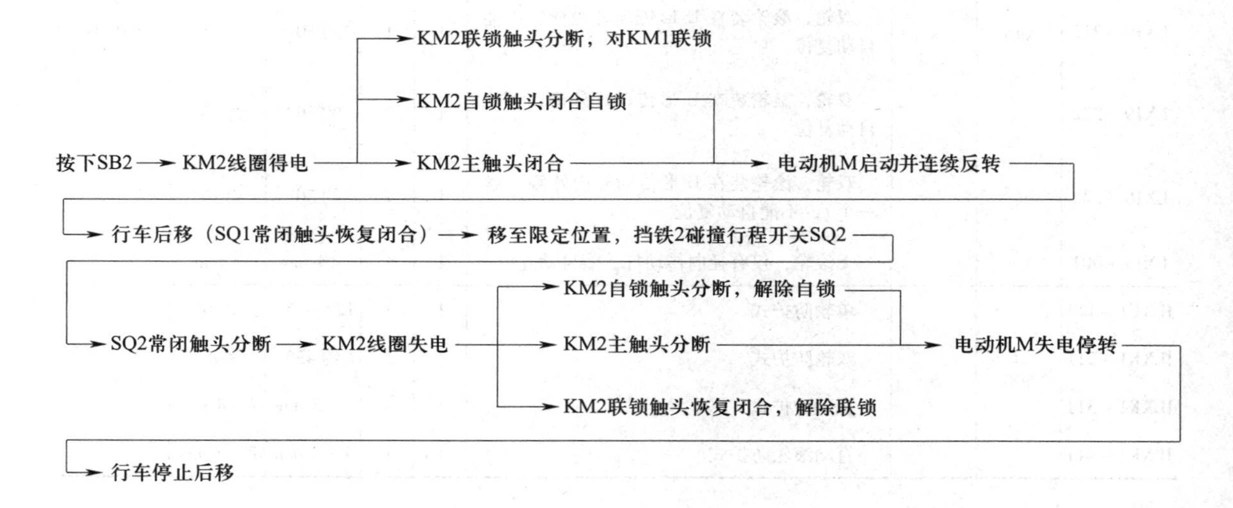

停机时，按下 SB3 即可。行车的行程和位置可通过移动行程开关的安装位置来调节。

停止使用时，断开电源开关 QF。

任务实施

线 路 安 装

一、安装位置控制线路

安装步骤和板前线槽配线工艺要求如下。

1. 参照表 1－3－2 选配工具、仪表和器材，并进行质量检验。

表 1－3－2　　主要工具、仪表及器材

工具	验电笔、螺钉旋具、钢丝钳、尖嘴钳、斜口钳、剥线钳、电工刀等电工常用工具				
仪表	MF47 型万用表、ZC25－3 型兆欧表（500 V、0～500 MΩ）、MG3－1 型钳形电流表				
器材	代号	名称	型号	规格	数量
	M	三相笼型异步电动机	Y112M－4	4 kW、380 V、8.8 A、三角形联结、1 440 r/min	1 台
	QF	断路器	TGB1N－63	三极复式脱扣器、380 V、20 A	1 只
	FU1	熔断器	RL1－60/25	500 V、60 A、熔体额定电流 25 A	3 只
	FU2	熔断器	RL1－15/2	500 V、15 A、熔体额定电流 2 A	2 只
	KM1、KM2	交流接触器	CJ10－20（CJT1－20）	20 A、线圈电压 380 V	2 只
	KH	热继电器	JR36－20	三极、20 A、热元件额定电流 11 A、整定电流 8.8 A	1 只
	SQ1、SQ2	行程开关	JLXK1－111	单轮防护式	2 只
	SB1～SB3	按钮	LA10－3H	保护式、380 V、5 A、按钮数 3	1 个
	XT	接线端子排	TD－2010 TD－1510	500 V、15 A、10 节，500 V、20 A、10 节	各 1 条
		控制板		600 mm×500 mm×20 mm	1 块
		主电路线		BVR 1.5 mm²（黑色）	若干
		控制电路线		BVR 1 mm²（红色）	若干
		按钮线		BVR 0.75 mm²（红色）	若干
		接地线		BVR 1.5 mm²（黄绿双色）	若干
		走线槽		18 mm×25 mm	若干
		各种规格的紧固体、针形及叉形轧头、金属软管及编码套管等			若干

2. 在控制板上按图 1－3－2c 所示布置图安装走线槽和所有电气元件，并贴上醒目的文字符号，如图 1－3－6 所示。安装走线槽时，应做到横平竖直，排列整齐、匀称，安装牢固和便于走线。

安装行程开关时，其位置要准确，安装要牢固；滚轮的方向不能装反，挡铁与滚轮碰撞的位置应符合控制线路的要求，并确保挡铁与滚轮可靠碰撞。

3. 按图 1－3－2a 所示电路图进行板前线槽配线，并在导线端部套编码套管和冷压接线头，如图 1－3－7 所示。

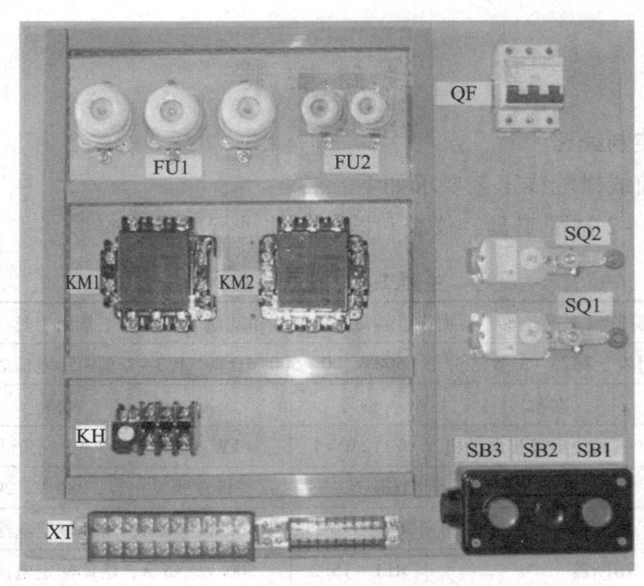

图 1－3－6　安装走线槽、电气元件，贴上文字符号

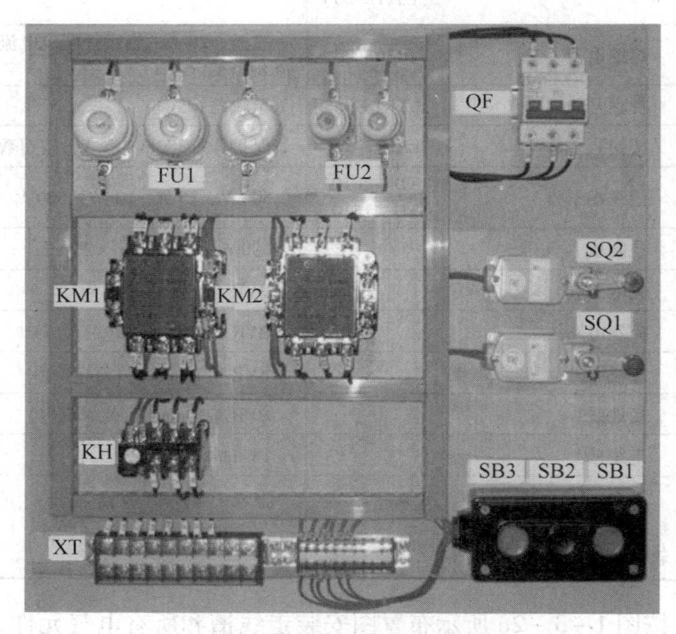

图 1－3－7　板前线槽配线，套编码套管和冷压接线头

板前线槽配线的具体工艺要求如下。

（1）所有导线的截面积在大于或等于 0.5 mm^2 时，必须采用软线。考虑力学强度的因素，所用导线的最小截面积在控制箱外为 1 mm^2，在控制箱内为 0.75 mm^2；但对控制箱内通过很小电流的电路连线，如电子逻辑电路，可用截面积为 0.2 mm^2 的导线，并且可以采用硬

线（只能用于不移动又无振动的场合）。

（2）布线时，严禁损伤线芯和导线绝缘。

（3）各电气元件接线端子引出导线的走向，以元件的水平中心线为界限，在水平中心线以上接线端子引出的导线必须进入元件上面的走线槽；在水平中心线以下接线端子引出的导线必须进入元件下面的走线槽。任何导线都不允许从水平方向进入走线槽。

（4）从各电气元件接线端子上引出或引入的导线，除间距很小和元件力学强度很差时允许直接架空敷设外，其他导线必须通过走线槽进行连接。

（5）进入走线槽的导线要完全置于走线槽内，并应尽可能避免交叉，装线不要超过走线槽容量的70%，以便于盖上线槽盖和以后的装配及维修。

（6）各电气元件与走线槽之间的外露导线，应走线合理，并尽可能做到横平竖直，变换走向处要弯成直角。从同一个元件上位置一致的端子和同型号电气元件中位置一致的端子上引出或引入的导线，要敷设在同一平面上，并应做到高低一致或前后一致，不得交叉。

（7）在所有接线端子和导线线头上，都应套有与电路图上相应接点线号一致的编码套管，并按线号进行连接，连接必须牢靠，不得松动。

（8）在任何情况下，接线端子都必须与导线截面积和材料性质相适应。当接线端子不适合连接软线或较小截面积的软线时，可以在导线端头穿上针形或叉形轧头并压紧。

（9）一般一个接线端子只能连接一根导线，如果采用专门设计的端子，可以连接两根或多根导线，但导线的连接方式必须是公认的、在工艺上成熟的连接方式，如夹紧、压接、焊接、绕接等，并应严格按照连接工艺的工序要求进行连接。

4. 根据图1－3－2a所示电路图检查控制板内部布线的正确性。

5. 安装电动机。

6. 可靠连接电动机和按钮金属外壳的保护接地线。

7. 连接电动机等控制板外部的导线。

8. 自检。

9. 交付验收。

10. 通电试运行。

二、安装注意事项

1. 行程开关可以先安装好，不占定额时间。行程开关必须牢固安装在合适的位置。行程开关安装完成后，必须用手动工作台或受控机械进行试验，试验合格后才能使用。训练中，若无条件进行实际机械安装试验，可将行程开关安装在控制板下方两侧，进行手控模拟试验。

2. 通电校验前，必须先用手触动行程开关，试验各行程控制动作是否正常、可靠。

3. 可不必拆卸走线槽（安装完成的走线槽可供本课题后面任务训练时使用）。安装走线槽的时间不计入定额时间。

4. 通电校验时，必须有指导教师在现场监护，学生应根据电路的控制要求独立进行校验，若出现故障应自行排除。

5. 安装训练应在规定的时间内完成，同时要做到安全操作和文明生产。训练结束后，安装完成的控制板留用。

线路维修

一、行程开关常见故障及处理方法

行程开关在使用时，要定期检查和保养，除去油垢及粉尘，清理触头，经常检查其动作是否灵活、可靠，及时排除故障，防止因行程开关触头接触不良或接线松脱而产生误动作，导致设备和人身安全事故。行程开关的故障现象、可能原因及处理方法见表1－3－3。

表1－3－3　行程开关的故障现象、可能原因及处理方法

故障现象	可能原因	处理方法
挡铁碰撞行程开关后，触头不动作	（1）安装位置不准确 （2）触头接触不良或接线松脱 （3）触头弹簧失效	（1）调整安装位置 （2）清理触头或紧固接线 （3）更换弹簧
杠杆已经偏转或无外界机械力作用，但触头不复位	（1）复位弹簧失效 （2）内部撞块卡阻 （3）调节螺钉太长，顶住微动开关	（1）更换复位弹簧 （2）清理内部杂物 （3）检查并调整调节螺钉

二、检修位置控制线路

1. 故障设置

在图1－3－2a所示线路中人为设置电气自然故障两处。

2. 故障检修

参照前面课题的相关任务自编检修步骤，经指导教师审查合格后开始检修。与接触器联锁正反转控制线路相同的各种故障的现象、可能原因及处理方法见表1－2－7。位置控制线路的故障现象、可能原因及处理方法见表1－3－4。

表1－3－4　位置控制线路的故障现象、可能原因及处理方法

故障现象	可能原因	处理方法
挡铁碰撞行程开关SQ1后，电动机不能停止	由故障现象说明行程开关SQ1触头不动作。其可能原因： （1）SQ1安装位置不正确导致其未压合 （2）行程开关SQ1固定螺钉松动，使传动机构松动或发生位移 （3）行程开关SQ1被撞坏，机构动作失灵 （4）行程开关SQ1内部有杂质，机械部分被卡住等	（1）外观检查，看行程开关SQ1固定螺钉是否松动、安装位置是否正确、是否被撞坏失灵等 （2）断开电源，将万用表调至合适的电阻挡，将两表笔连接在SQ1的4－5两端，碰压其滚轮检查通断情况
挡铁碰撞行程开关SQ1，电动机停止后按下SB2，电动机启动，挡铁碰撞行程开关SQ2，电动机停止，再按下SB1电动机不启动	由故障现象说明行程开关SQ1动作后未复位。其可能原因： （1）运动部件或撞块超程太多，造成开关机械损坏 （2）复位弹簧失效 （3）内部撞块卡阻 （4）调节螺钉太长，顶住微动开关 （5）触点表面不清洁，有油垢	（1）检查外观，看是否由于运动部件或撞块超程太多，造成开关机械损坏 （2）更换复位弹簧 （3）清扫内部杂物，消除卡阻 （4）检查并调整调节螺钉 （5）断开电源，打开开关检查触点表面是否清洁，用万用表的电阻挡，将两表笔连接在SQ1的4－5两端，碰压其滚轮检查通断情况

三、检修注意事项

1. 检修前，要掌握电路图中各个控制环节的作用和工作原理。
2. 在检修过程中，严禁扩大和产生新的故障，否则要立即停止检修。
3. 检修思路和方法要正确。
4. 不能随意更改线路和带电触摸电气元件。
5. 查找故障时，不要漏检行程开关，并且严禁在行程开关 SQ1、SQ2 上设置故障。
6. 带电检修故障时，必须有指导教师在现场监护，并要确保用电安全。
7. 检修必须在定额时间内完成。

任务完成后进行测评，评分标准参考表 1－2－8，定额时间 4 h。

任务 2　自动往返控制线路的安装与维修

任务目标

能识读并分析自动往返控制线路的构成和工作原理，并能正确进行安装与维修。

工作任务

在生产过程中，如摇臂钻床、万能铣床、镗床、桥式起重机及各种自动或半自动控制机床设备，它们的某些运动部件的行程或位置要受到限制。而有些生产机械的工作台则要求在一定行程内自动往返运动，以便实现对工件的连续加工，提高生产效率（如磨床工作台的自动往返运动）。这就需要电气控制线路能对电动机实现自动换接正反转控制。

本任务就是完成图 1－3－8 所示的用行程开关控制的工作台自动往返行程控制线路的安装与维修。

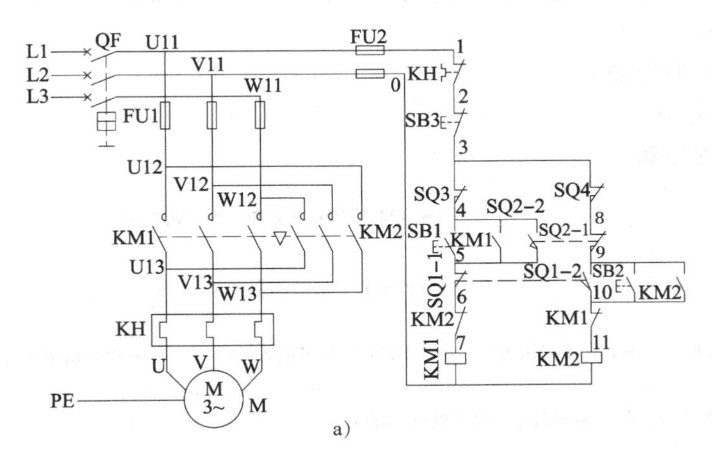

a）

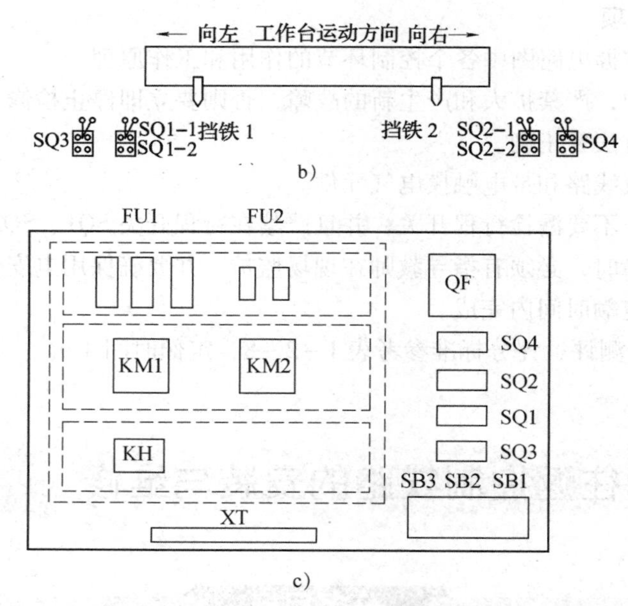

图 1－3－8　用行程开关控制的工作台自动往返行程控制线路

a）电路图　b）工作台自动往返运动示意图　c）布置图

相关知识

图 1－3－8b 所示是工作台自动往返运动示意图。为了使电动机的正反转控制与工作台的左右运动相配合，在控制线路中设置了四个行程开关 SQ1、SQ2、SQ3 和 SQ4，并把它们安装在工作台需限位的地方。其中 SQ1、SQ2 被用来自动换接电动机正反转控制电路，实现工作台的自动往返行程控制；SQ3 和 SQ4 被用来作终端保护，以防止 SQ1、SQ2 失灵，工作台越过限定位置而造成事故。在工作台边的 T 形槽中装有两块挡铁，挡铁 1 只能和 SQ1、SQ3 碰撞，挡铁 2 只能和 SQ2、SQ4 碰撞。当工作台运动到所限位置时，挡铁碰撞行程开关，使其触头动作，自动换接电动机正反转控制电路，同时通过机械传动机构使工作台自动往返运动。工作台的行程可通过移动挡铁的位置来调节，增加两块挡铁间的距离，行程就短，反之行程就长。

其线路的工作原理如下。

合上电源开关 QF。

一、自动往返运动

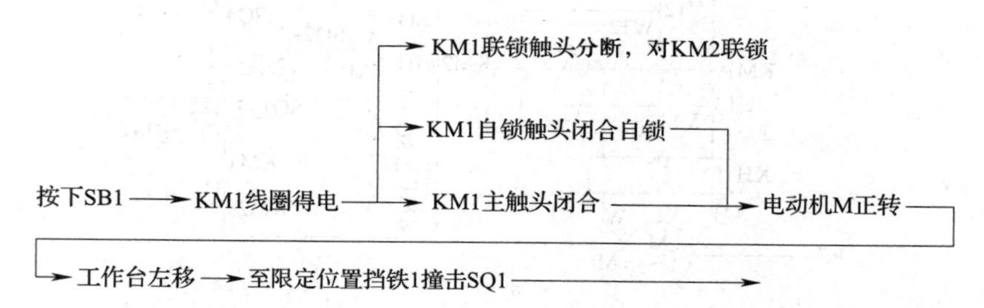

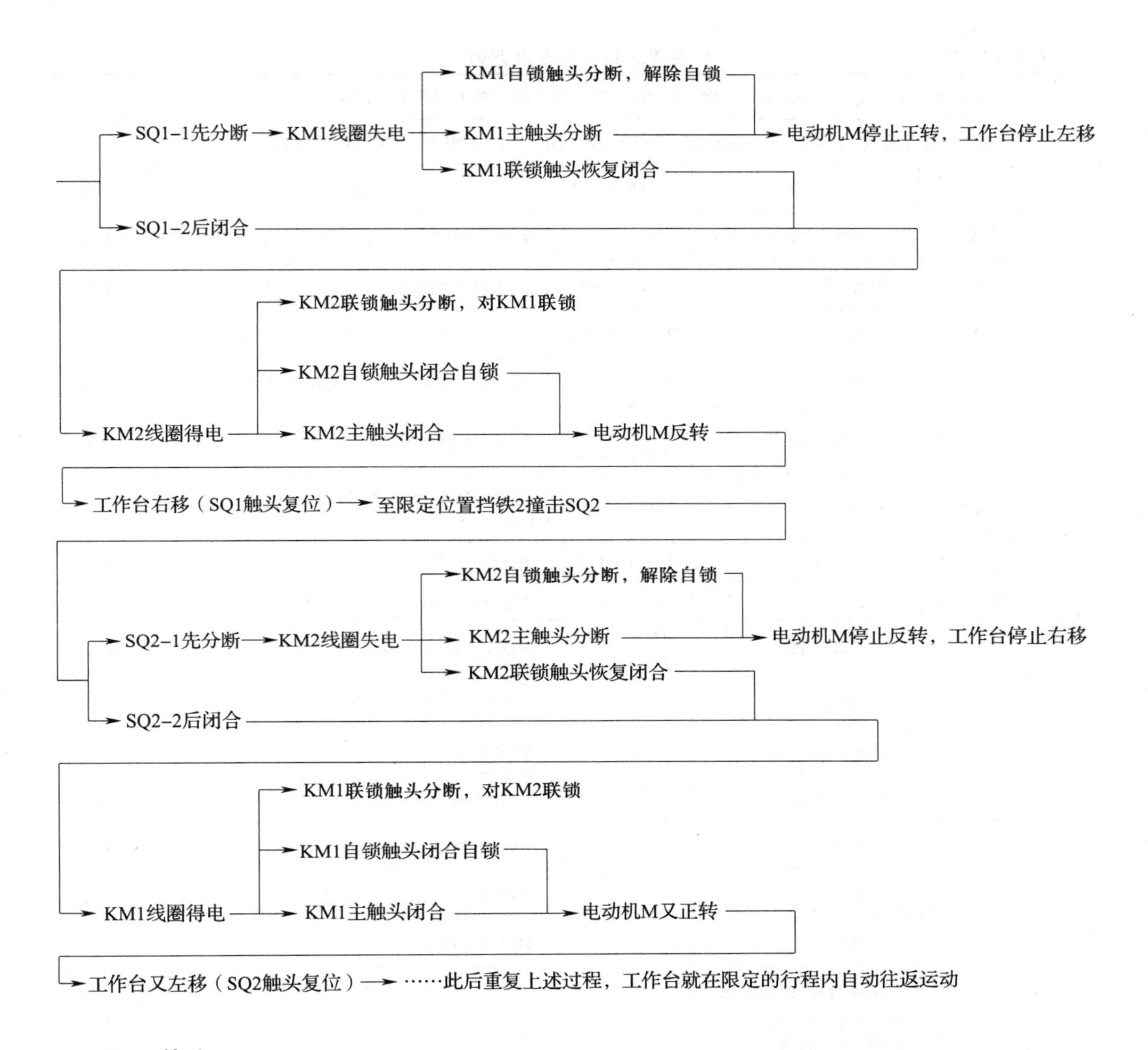

二、停止

按下SB3 → 整个控制电路失电 → KM1（或KM2）主触头分断 → 电动机M断电停转

这里 SB1、SB2 分别作为正转启动按钮和反转启动按钮，若启动时工作台在左端，则应按下 SB2 进行启动。

停止使用时，断开电源开关 QF。

任务实施

线 路 安 装

1. 参照表 1－3－5 选配工具、仪表和器材，并进行质量检验。

表 1－3－5　　主要工具、仪表及器材

工具	验电笔、螺钉旋具、钢丝钳、尖嘴钳、斜口钳、剥线钳、电工刀等电工常用工具				
仪表	MF47 型万用表、ZC25－3 型兆欧表（500 V、0～500 MΩ）、MG3－1 型钳形电流表				
器材	代号	名称	型号	规格	数量
	M	三相笼型异步电动机	Y112M－4	4 kW、380 V、8.8 A、三角形联结、1 440 r/min	1 台
	QF	断路器	TGB1N－63	三极复式脱扣器、380 V、20 A	1 只
	FU1	熔断器	RL1－60/25	500 V、60 A、熔体额定电流 25 A	3 只
	FU2	熔断器	RL1－15/2	500 V、15 A、熔体额定电流 2 A	2 只
	KM1、KM2	交流接触器	CJ10－20（CJT1－20）	20 A、线圈电压 380 V	2 只
	KH	热继电器	JR36－20	三极、20 A、热元件额定电流 11 A、整定电流 8.8 A	1 只
	SQ1～SQ4	行程开关	JLXK1－111	单轮防护式	4 只
	SB1～SB3	按钮	LA10－3H	保护式、380 V、5 A、按钮数 3	1 个
	XT	接线端子排	TD－2010 TD－1510	500 V、15 A、10 节，500 V、20 A、10 节	各 1 条
		控制板		600 mm×500 mm×20 mm	1 块
		主电路线		BVR 1.5 mm² （黑色）	若干
		控制电路线		BVR 1 mm² （红色）	若干
		按钮线		BVR 0.75 mm² （红色）	若干
		接地线		BVR 1.5 mm² （黄绿双色）	若干
		走线槽		18 mm×25 mm	若干
		各种规格的紧固体、针形及叉形轧头、金属软管及编码套管等			若干

2. 在控制板上按图 1－3－8c 所示布置图安装走线槽和所有电气元件，并贴上醒目的文字符号，如图 1－3－9 所示。安装走线槽时，应做到横平竖直、排列整齐匀称、安装牢固和便于走线。

3. 按图 1－3－8a 所示电路图进行板前线槽配线，并在导线端部套编码套管和冷压接线头，如图 1－3－10 所示。

板前线槽配线的具体工艺要求和安装注意事项参考本课题任务 1。

要点提示

工作台自动往返行程控制线路的安装可以在本课题任务 1 安装完成的位置控制线路板上进行改装完成。安装或改装时，注意四个行程开关的安装位置和接线要正确，以避免误动作。

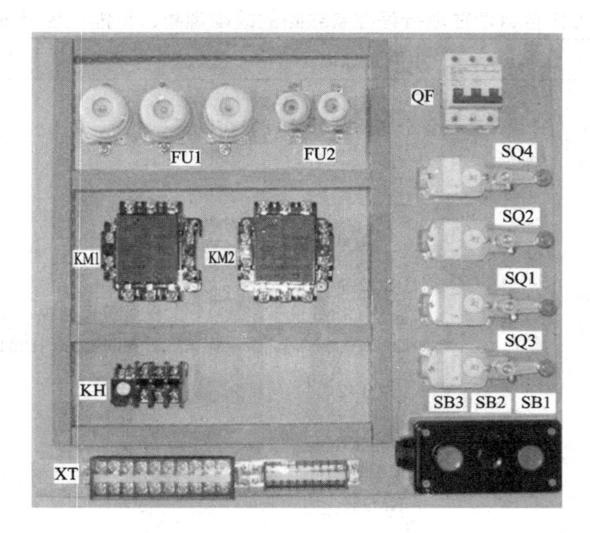

图 1－3－9　安装走线槽、电气元件，贴上文字符号

图 1－3－10　板前线槽配线，套编码套管和冷压接线头

线 路 维 修

一、故障设置

在图 1－3－8a 所示线路中人为设置电气自然故障两处。

二、故障检修

参照本课题任务 1 自编检修步骤，经指导教师审查合格后开始检修。与接触器联锁正反转控制线路相同的各种故障的现象、可能原因及处理方法见表 1－2－7。工作台自动往返行程控制线路的故障现象、可能原因及处理方法见表 1－3－6。

表 1 -3 -6　　工作台自动往返行程控制线路的故障现象、可能原因及处理方法

故障现象	可能原因	处理方法
挡铁 1 碰撞行程开关 SQ1 后电动机停止，工作台左移运动后不往返	由故障现象分析，其原因可能在以下电路中： 3 — SQ4 — 8 — SQ2-1 — 9 — SQ1-2 — 10 — KM1 — 11 — KM2 — 0	断开电源，碰压行程开关 SQ1，用万用表的电阻挡检查该段电路的通断情况
挡铁 1 碰撞行程开关 SQ3 后电动机才停止，工作台左移运动后不往返	（1）SQ1 安装位置不对或使用时发生了位移，挡铁无法碰撞滚轮 （2）SQ1 损坏致使 SQ1 -1 无法分断	（1）检查 SQ1 的安装位置是否正确，检查挡铁 1 能否正常碰撞 SQ1 的滚轮 （2）断开电源，碰压行程开关 SQ1，用万用表的电阻挡检查 SQ1 -1 的通断情况

三、检修注意事项

检修时，严禁在行程开关 SQ3、SQ4 上设置故障。其余注意事项参考本课题任务 1。

任务完成后进行测评，评分标准参考表 1 -2 -8，定额时间 4 h。

课题四　三相笼型异步电动机顺序控制和多地控制线路的安装与维修

任务 1　顺序控制线路的安装与维修

任务目标

能识读并分析电动机顺序控制线路的构成和工作原理，并能正确进行两台电动机顺序启动、逆序停止控制线路的安装与维修。

工作任务

在装有多台电动机的生产机械上，各电动机所起的作用是不同的，有时需要按一定的顺序启动或停止，才能保证操作过程的合理和工作的安全、可靠，如X62W型万能铣床，要求主轴电动机启动后，进给电动机才能启动；M7120型平面磨床则要求在砂轮电动机启动后，冷却泵电动机才能启动。

像这种要求几台电动机的启动或停止必须按一定的先后顺序来完成的控制方式叫作电动机的顺序控制。

本次工作任务就是要完成图1－4－1所示两台电动机顺序启动、逆序停止控制线路的安装与维修。

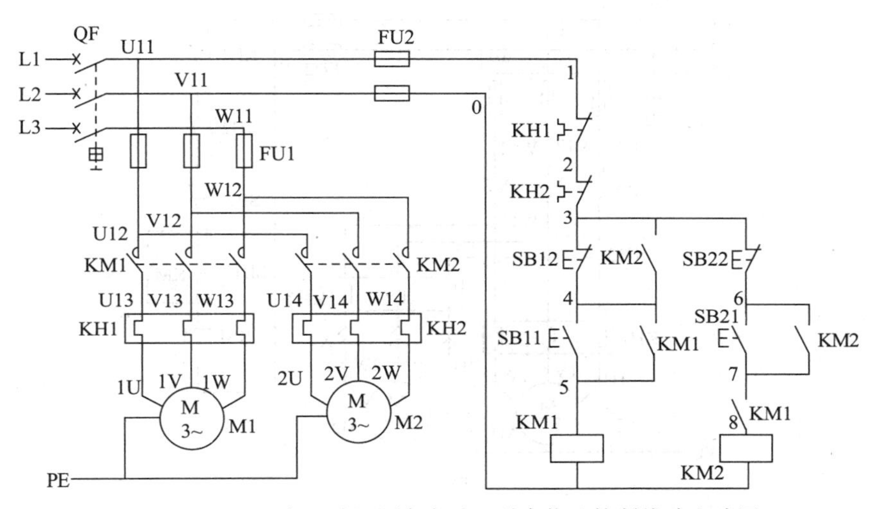

图1－4－1　两台电动机顺序启动、逆序停止控制线路电路图

相关知识

一、用主电路实现顺序控制

图1－4－2所示是用主电路实现电动机顺序控制的电路图。线路的特点是电动机M2的主电路接在KM（或KM1）主触头的下面。

在图1－4－2a所示控制线路中，电动机M2通过接插器X接在接触器KM主触头的下面，因此，只有KM主触头闭合，电动机M1启动运转后，电动机M2才可能接通电源运转。M7120型平面磨床的砂轮电动机和冷却泵电动机就采用了这种顺序控制线路。

在图1－4－2b所示控制线路中，电动机M1和M2分别通过接触器KM1和KM2来控制，接触器KM2的主触头接在接触器KM1主触头的下面，这样就保证了KM1主触头闭合、电动机M1启动运转后，电动机M2才可能接通电源运转。

图1－4－2b所示线路的工作原理如下。

合上电源开关QF。

1. M1 启动后 M2 才能启动

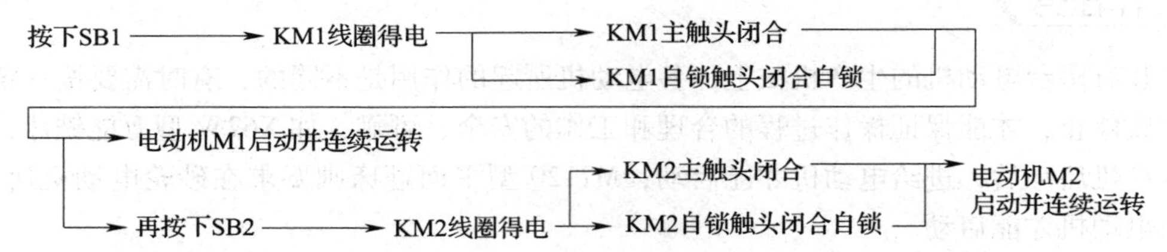

2. M1、M2 同时停转

按下SB3 ⟶ 控制电路失电 ⟶ KM1、KM2主触头分断 ⟶ 电动机M1、M2同时停转

停止使用时，关断电源开关 QF。

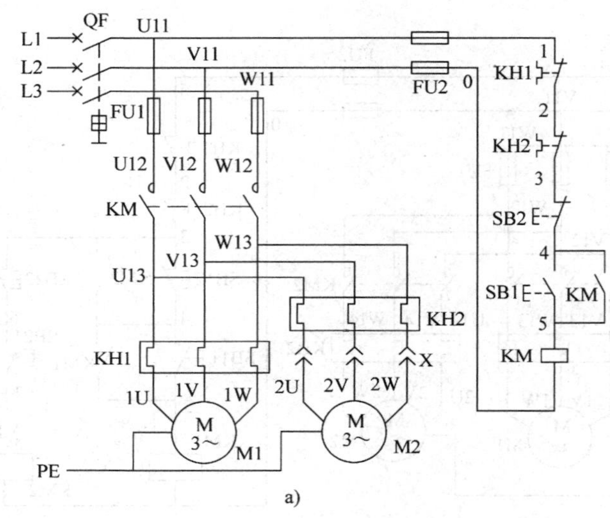

a)

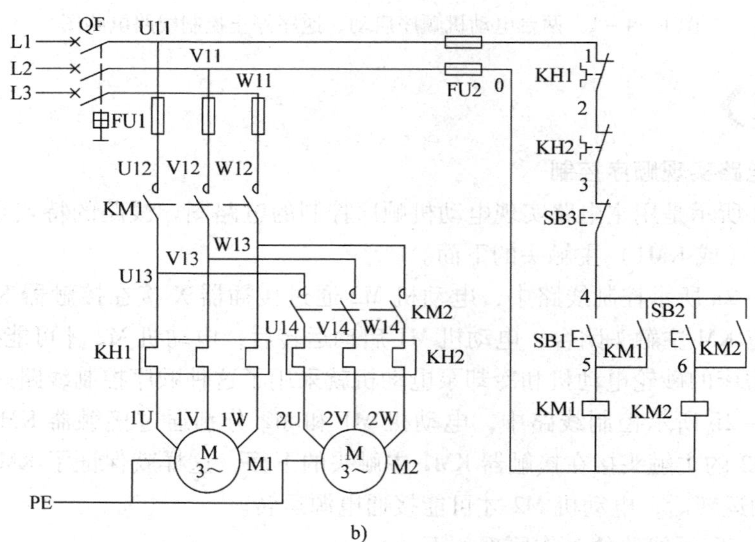

b)

图 1－4－2 用主电路实现电动机顺序控制的电路图

a）方式 1 b）方式 2

二、用控制电路实现顺序控制

几种用控制电路实现电动机顺序控制的电路图如图 1－4－3 和图 1－4－1 所示。图 1－4－3a 所示线路的特点是电动机 M2 的控制电路先与接触器 KM1 的线圈并接后再与 KM1 的自锁触头串接，这样就满足了 M1 启动后 M2 才能启动的顺序控制的要求。线路的工作原理与图 1－4－2b 所示线路的工作原理类同。

图 1－4－3b 所示控制线路的特点是在电动机 M2 的控制电路中串接了接触器 KM1 的辅助常开触头。显然，只要 M1 不启动，即使按下 SB21，由于 KM1 的辅助常开触头未闭合，KM2 线圈也不能得电，从而保证了 M1 启动后，M2 才能启动。线路中停止按钮 SB12 控制两台电动机同时停止，SB22 控制 M2 的单独停止。

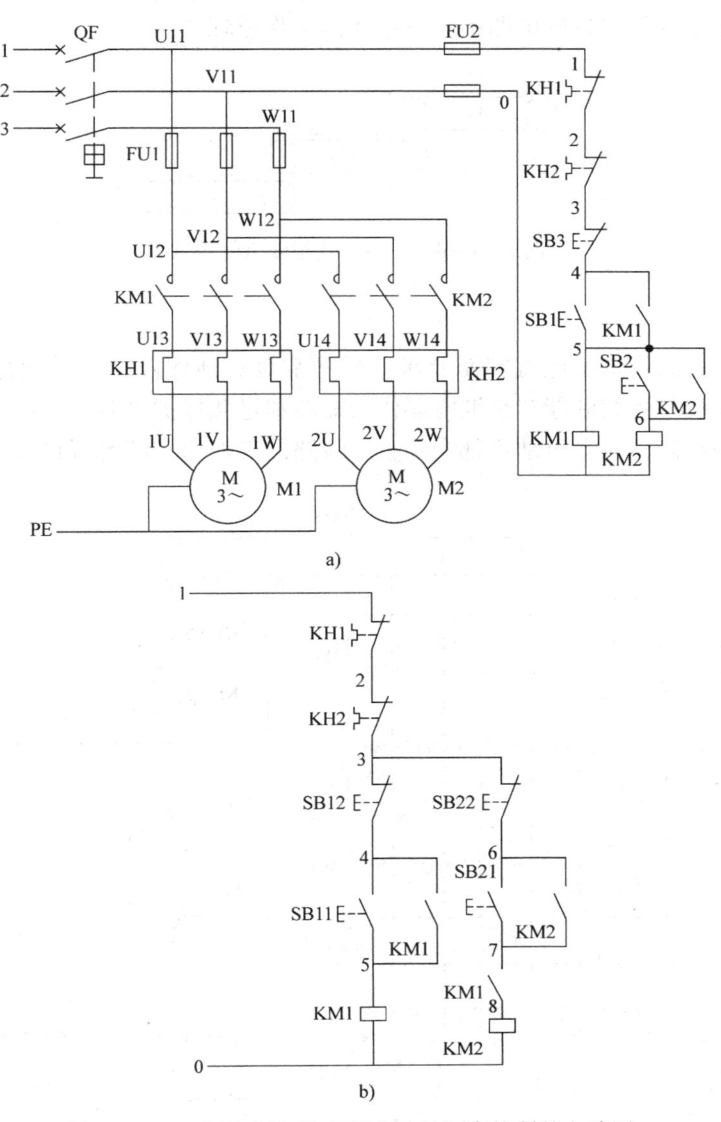

图 1－4－3　用控制电路实现电动机顺序控制的电路图

a）方式 1　b）方式 2

图 1－4－1 所示控制线路是在图 1－4－3b 所示线路中的 SB12 两端并接了接触器 KM2 的辅助常开触头，满足了 M1 启动后 M2 才能启动、M2 停止后 M1 才能停止的控制要求，即 M1、M2 是顺序启动，逆序停止。

【例 1－7】 图 1－4－4 所示是三条带式运输机的示意图。对于这三条带式运输机有以下要求。

（1）启动顺序为 1 号、2 号、3 号，即顺序启动，以防止货物在传送带上堆积。

（2）停止顺序为 3 号、2 号、1 号，即逆序停止，以保证停车后传送带上不残存货物。

（3）当 1 号或 2 号传送带出现故障停车时，3 号传送带能随即停车，以免继续进料。

试画出三条带式运输机的电路图，并叙述其工作原理。

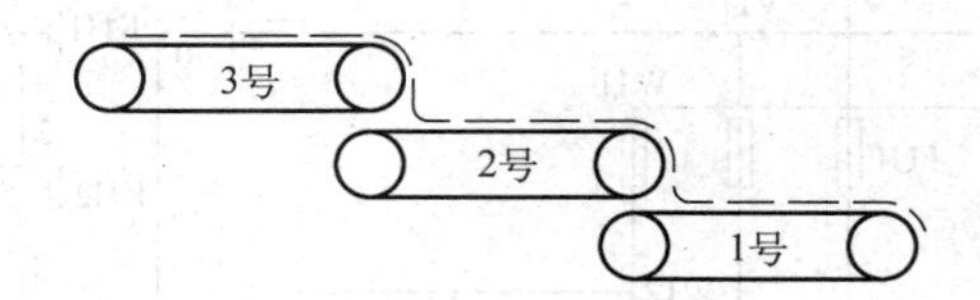

图 1－4－4　三条带式运输机的示意图

解：

能满足三条带式运输机电气控制要求（顺序启动、逆序停止）的电路图如图 1－4－5 所示。三台电动机都用熔断器和热继电器作为短路和过载保护电器，三台电动机中任何一台电动机出现过载故障，三台电动机都会停止。线路的工作原理读者可自行分析。

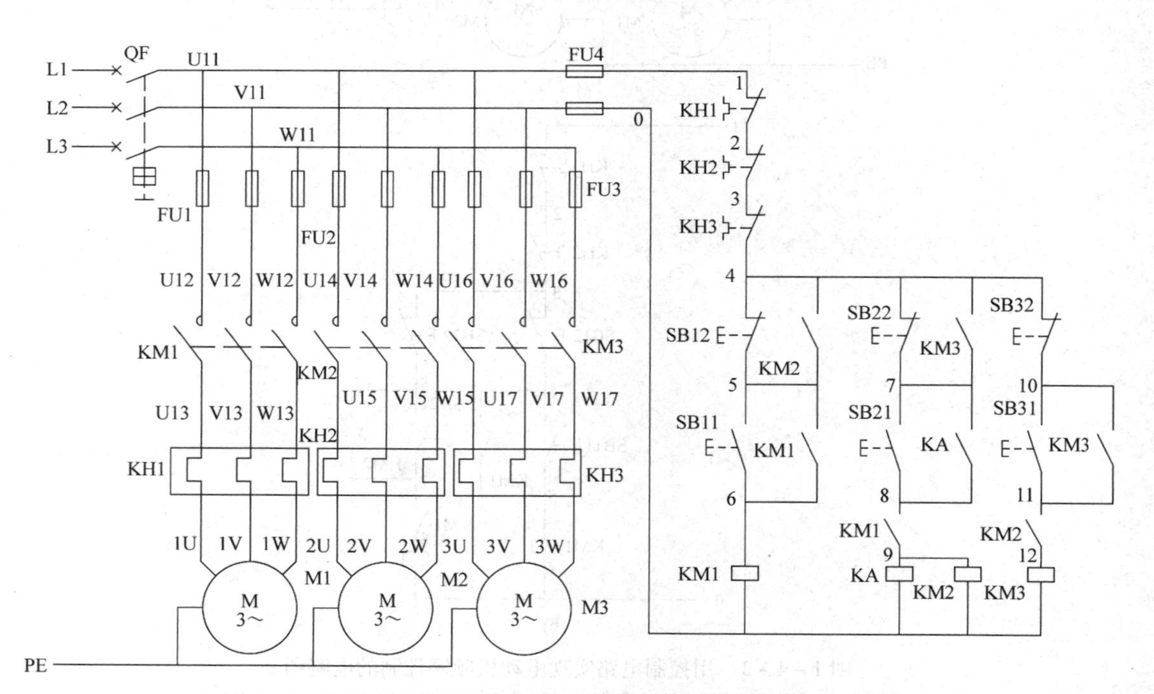

图 1－4－5　三条带式运输机顺序启动、逆序停止控制线路电路图

任务实施

线 路 安 装

一、安装步骤及工艺要求

参照课题三任务 1 中的板前线槽配线工艺要求进行安装。其安装步骤如下。

1. 参照表 1－4－1 选配工具、仪表和器材，并进行质量检验。

表 1－4－1　　主要工具、仪表及器材

工具	验电笔、螺钉旋具、钢丝钳、尖嘴钳、斜口钳、剥线钳、电工刀等电工常用工具				
仪表	MF47 型万用表、ZC25－3 型兆欧表（500 V、0～500 MΩ）、MG3－1 型钳形电流表				
器材	代号	名称	型号	规格	数量
	M1	三相异步电动机	Y112M－4	4 kW、380 V、8.8 A、三角形联结、1 440 r/min	1 台
	M2	三相异步电动机	Y90S－2	1.5 kW、380 V、3.4 A、星形联结、2 845 r/min	1 台
	QF	断路器	DZ5－20/330	三极复式脱扣器、380 V、20 A	1 只
	FU1	熔断器	RL1－60/25	500 V、60 A、熔体额定电流 25 A	3 只
	FU2	熔断器	RL1－15/2	500 V、15 A、熔体额定电流 2 A	2 只
	KM1	交流接触器	CJT1－20	20 A、线圈电压 380 V	1 只
	KM2	交流接触器	CJT1－10	10 A、线圈电压 380 V	1 只
	KH1	热继电器	JR36－20	三极、20 A、整定电流 8.8 A	1 只
	KH2	热继电器	JR36－20	三极、20 A、整定电流 3.4 A	1 只
	SB11、SB12	按钮	LA4－3H	保护式、按钮数 3	1 个
	SB21、SB22	按钮	LA4－3H	保护式、按钮数 3	1 个
	XT	接线端子排	JD0－1020	380 V、10 A、20 节	1 条
		控制板		600 mm×500 mm×20 mm	1 块
		主电路线		BVR 1.5 mm^2（黑色）	若干
		控制电路线		BV 1 mm^2（红色）	若干
		按钮线		BVR 0.75 mm^2（红色）	若干
		接地线		BVR 1.5 mm^2（黄绿双色）	若干
		走线槽		18 mm×25 mm	若干
		紧固体及编码套管、针形及叉形轧头、金属软管等			若干

2. 根据图 1－4－1 所示电路图，画出布置图。
3. 在控制板上按布置图安装走线槽和所有电气元件，并贴上醒目的文字符号。
4. 在控制板上按图 1－4－1 所示电路图进行板前线槽布线，并在导线端部套编码套管和冷压接线头。
5. 安装电动机。
6. 可靠连接电动机和电气元件金属外壳的保护接地线。

7. 连接控制板外部的导线。

8. 自检。

9. 交付验收。

10. 通电试运行。

二、安装注意事项

1. 通电试运行前，应熟悉线路的操作顺序，即先合上电源开关 QF，按下 SB11 后，再按下 SB21 顺序启动；按下 SB22 后，再按下 SB12 逆序停止。

2. 通电试运行时，注意观察电动机、各电气元件及线路各部分的工作是否正常。若发现异常情况，必须立即切断电源开关 QF，因为此时停止按钮已失去作用。

3. 安装训练应在规定的时间内完成，同时要做到安全操作和文明生产。

线路维修

一、故障设置

断开电源后在图 1－4－1 所示线路中人为设置电气自然故障两处。

二、故障检修

两台电动机顺序启动、逆序停止控制线路的故障现象、可能原因及处理方法见表 1－4－2。

表 1－4－2　两台电动机顺序启动、逆序停止控制线路的故障现象、可能原因及处理方法

故障现象	可能原因	处理方法
M1 顺利启动后 M2 不能启动	（1）按下 SB21 后 KM2 不动作，可能在以下控制电路中出现故障：SB22 或 SB21 或 KM1 接触不良；6 号、7 号或 8 号线断路；KM2 线圈断路 （2）按下 SB21 后 KM2 动作，但电动机 M2 不能启动，可能在以下主电路中出现故障：KM2 主触头、KH2 热元件或电动机 M2 故障；U12、V12、W12、U14、V14、W14、2U、2V、2W 导线接触不良或断路 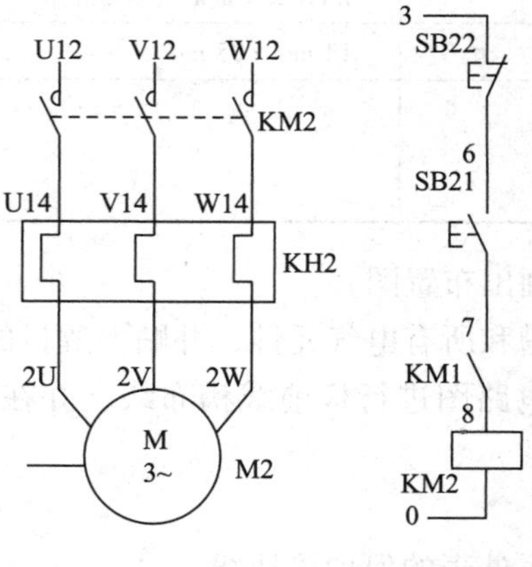 U12 V12 W12 KM2 U14 V14 W14 KH2 2U 2V 2W M 3~ M2 3 SB22 6 SB21 7 KM1 8 KM2 0	（1）按下 SB21 后 KM2 不动作的检查方法：按下 SB21 后，用验电笔逐点测量 SB22、SB21、KM1 和 KM2 的上、下接线柱，故障在有电与无电两点之间 （2）按下 SB21 后 KM2 动作，但电动机 M2 不能启动，参照课题一中的任务 2 和任务 5 介绍的方法查找故障点即可

续表

故障现象	可能原因	处理方法
在 M1 没有启动的情况下，按下 SB21 后 M2 启动	原因可能是 KM1 辅助常开触头被短接 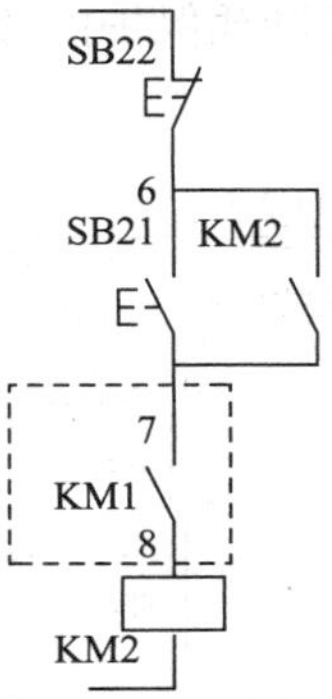 SB22 6 SB21 KM2 7 KM1 8 KM2	断开电源后，将万用表置于电阻挡，两表笔接在 KM1 辅助常开触头 7、8 两接线柱上，检查其通断情况
在 M1 、M2 两台电动机启动后，按下 SB12 两台电动机同时停止，即无法实现逆序停止控制	原因可能是 KM2 辅助常开触头接触不良或其回路断路 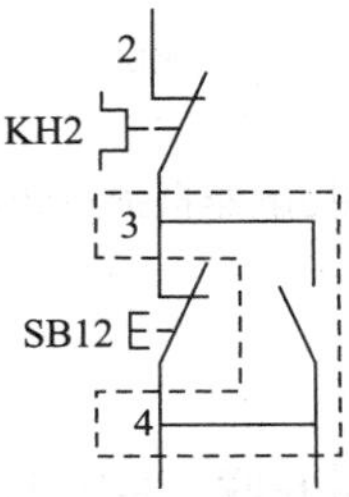 2 KH2 3 SB12 KM2 4	断开电源后，将万用表置于电阻挡，一支表笔接在 KH2 常闭触头下接线柱 3 上，按下 SB12 和 KM2 的触头架，另一支表笔逐点顺序检查左图中虚线标出电路的通断情况，当检查到电路不通时，故障在该点与上一点之间

三、检修注意事项

检修注意事项参考接触器自锁正转控制线路相应内容。

任务完成后进行测评，评分标准参考表 1－2－8（注意，增加走线槽安装的考核），定额时间 4 h。

任务 2　多地控制线路的安装与维修

任务目标

能识读并分析多地控制线路的构成和工作原理，并能正确进行两地控制的具有过载保护的接触器自锁正转控制线路的安装与维修。

工作任务

在生产和生活中，常常会用到多地控制，如为方便操作，X62W 型万能铣床的主轴电动机 M1 采用两地控制方式，一组启动按钮 SB1 和停止按钮 SB5 安装在工作台上，另一组启动按钮 SB2 和停止按钮 SB6 安装在床身上。

能在两地或多地控制同一台电动机的控制方式叫作电动机的多地控制。

本次的工作任务就是要完成两地控制的具有过载保护的接触器自锁正转控制线路的安装与维修，其电路图如图 1－4－6 所示。

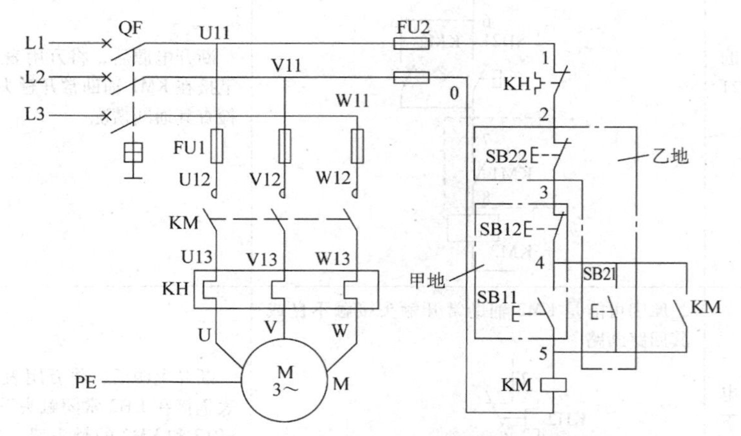

图 1－4－6　两地控制的具有过载保护的接触器自锁正转控制线路电路图

相关知识

多地控制的原理并不复杂，可总结为启动按钮并联，停止按钮串联。

在图 1－4－6 所示电路中，SB11、SB12 为安装在甲地的启动按钮和停止按钮；SB21、SB22 为安装在乙地的启动按钮和停止按钮。线路的特点是两地的启动按钮 SB11、SB21 要并联在一起；停止按钮 SB12、SB22 要串联在一起，这样就可以分别在甲、乙两地启动和停止同一台电动机，达到操作方便的目的。

对三地或多地控制，只要把各地的启动按钮并联、停止按钮串联就可以实现。

任务实施

线 路 安 装

1. 参照表 1－4－3 选配工具、仪表和器材，并进行质量检验。

表 1－4－3　　**主要工具、仪表及器材**

工具	验电笔、螺钉旋具、钢丝钳、尖嘴钳、斜口钳、剥线钳、电工刀等电工常用工具				
仪表	MF47 型万用表、ZC25－3 型兆欧表（500 V、0～500 MΩ）、MG3－1 型钳形电流表				
器材	代号	名称	型号	规格	数量
	M	三相异步电动机	Y112M－4	4 kW、380 V、8.8 A、三角形联结、1 440 r/min	1 台
	QF	断路器	DZ5－20/330	三极、380 V、额定电流 20 A	1 只
	FU1	熔断器	RL1－60/25	500 V、60 A、熔体额定电流 25 A	3 只

续表

	代号	名称	型号	规格	数量
器材	FU2	熔断器	RL1－15/2	500 V、15 A、熔体额定电流 2 A	2 只
	KM	交流接触器	CJ10－20 （CJT1－20）	20 A、线圈电压 380 V	1 只
	KH	热继电器	JR36－20	三极、20 A、热元件额定电流 11 A、整定电流 8.8 A	1 只
	SB11、SB12、SB21、SB22	按钮	LA10－3H	保护式、按钮数 3	2 个
	XT	接线端子排	TD－1515	15 A、15 节、660 V	1 条
		控制板		500 mm×400 mm×20 mm	1 块
		主电路线		BV 1.5 mm^2 和 BVR 1.5 mm^2（黑色）	若干
		控制电路线		BV 1 mm^2（红色）	若干
		按钮线		BVR 0.75 mm^2（红色）	若干
		接地线		BVR 1.5 mm^2（黄绿双色）	若干
		编码套管和紧固体			若干

2. 根据图 1－4－6 所示电路图，画出布置图，参照课题一的任务 4 和任务 5 中的安装步骤、工艺要求和注意事项进行安装。

线 路 维 修

根据以下故障现象，学生之间相互设置故障点，独立查找故障点，并正确排除故障，把结果填入表 1－4－4。教师巡视指导并做好现场监护。

表 1－4－4　　检修结果表

故障现象	故障点	排故方法
按下 SB11、SB21 电动机都不能启动		
电动机只能点动控制		
按下 SB11 电动机不启动，按下 SB21 电动机启动		

任务完成后进行测评，评分标准参考表 1－2－8，定额时间 3 h。

课题五　三相笼型异步电动机降压启动控制线路的安装与维修

任务1　自耦变压器降压启动控制线路的安装与维修

任务目标

1. 熟悉时间继电器和中间继电器的功能、基本结构、工作原理及型号含义，熟记它们的图形符号和文字符号，并能正确识别和选用。

2. 能识读和分析定子绕组串接电阻降压启动控制线路和自耦变压器降压启动控制线路的构成和工作原理，并能正确进行自耦变压器降压启动控制线路的安装和维修。

工作任务

前面课题安装完成的各种控制线路，在启动时，加在电动机定子绕组上的电压为电动机的额定电压，属于全压启动，也叫直接启动。全压启动的优点是所用电气设备少，线路简单，维修量较小，但全压启动时的启动电流较大，一般为额定电流的4～7倍，在电源变压器容量不够大，而电动机功率较大的情况下，全压启动将导致电源变压器输出电压下降，这不仅会减小电动机本身的启动转矩，还会影响同一供电线路中其他电气设备的正常工作。因此，较大容量的电动机启动时，需要采用降压启动的方法。

通常规定电源容量在180 kV · A以上，电动机容量在7 kW以下的三相异步电动机可以采用全压启动。

此外，还可以用下面的经验公式来判断一台电动机能否采用全压启动。

$$\frac{I_{st}}{I_N} \leqslant \frac{3}{4} + \frac{S}{4P}$$

式中　I_{st}——电动机全压启动电流，A；

I_N——电动机额定电流，A；

S——电源变压器容量，kV · A；

P——电动机功率，kW。

凡不满足全压启动条件的电动机，均须采用降压启动。

利用启动设备将电压适当降低后，加到电动机的定子绕组上进行启动，待电动机启动运转后，再使其电压恢复到额定电压正常运转的启动方式称为降压启动。

由于电流随电压的降低而减小，所以降压启动达到了减小启动电流的目的。但是，由于电动机转矩与电压的平方成正比，所以降压启动也将导致电动机的启动转矩大为降低。因此，降压启动需要在空载或轻载下进行。

常见的降压启动方法有定子绕组串接电阻降压启动、自耦变压器降压启动、星－三角降压启动、延边三角形降压启动等。本次的工作任务是安装与检修自耦变压器降压启动控制线路。

相关知识

一、时间继电器

时间继电器是一种利用电磁原理或机械动作原理实现触头延时闭合或分断的自动控制电器。因它自得到动作信号起到触头动作有一定的延时时间，故广泛用于需要按时间顺序进行自动控制的电气线路中。

时间继电器的种类很多，常用的主要有电磁式、电动式、晶体管式、空气阻尼式、单片机控制式等类型，图 1－5－1 所示是几款时间继电器的外形。

a)　　b)　　c)

图 1－5－1　几款时间继电器的外形

a）JS20 系列晶体管式　b）JS7－A 系列空气阻尼式　c）JS14S 系列数显式

一般电磁式时间继电器的延时范围在十几秒以下，多为断电延时型，其延时整定的精度和稳定性不是很高，但继电器本身的适应能力较强，常用于一些要求不高，工作条件又较恶劣的场合。电磁式有 JT3 系列等。

电动式时间继电器的延时精度高，延时可调范围大（由几分钟到十几小时），但结构复杂，价格较高，如 JS11 系列和 7FR 型同步电动机式时间继电器。

空气阻尼式时间继电器的延时范围可达数分钟，但整定精度往往较差，只适用于一般场合，如 JS7－A 系列。

晶体管式时间继电器也称为半导体时间继电器或电子式时间继电器，具有机械结构简单、延时范围宽、整定精度高、体积小、耐冲击和耐振动、消耗功率小、调整方便及使用寿命长等优点，所以发展迅速，已成为时间继电器的主流产品，其应用越来越广。晶体管式时间继电器按结构分为阻容式和数字式两类；按延时方式分为通电延时、断电延时和复式延时、多制式等延时类型，如 DHC6 多制式单片机控制时间继电器，JSS17、JSZ13 等系列大规模集成电路数字式时间继电器，JS14S 等系列电子式数显时间继电器，JSG1 等系列固态时间继电器等。

下面以 JS7 – A 系列空气阻尼式和 JS20 系列晶体管式时间继电器为例进行介绍。

1. JS7 – A 系列空气阻尼式时间继电器

（1）结构和原理

空气阻尼式时间继电器又称为气囊式时间继电器，其外形和结构如图 1 – 5 – 2 所示，主要由电磁系统、延时机构和触头系统三部分组成，电磁系统为直动式双 E 形电磁铁，延时机构采用气囊式阻尼器，触头系统是借用 LX5 型微动开关，包括两对瞬时触头（1 常开 1 常闭）和两对延时触头（1 常开 1 常闭）。根据触头延时的特点，JS7 – A 系列空气阻尼式时间继电器可分为通电延时动作型和断电延时复位型两种。

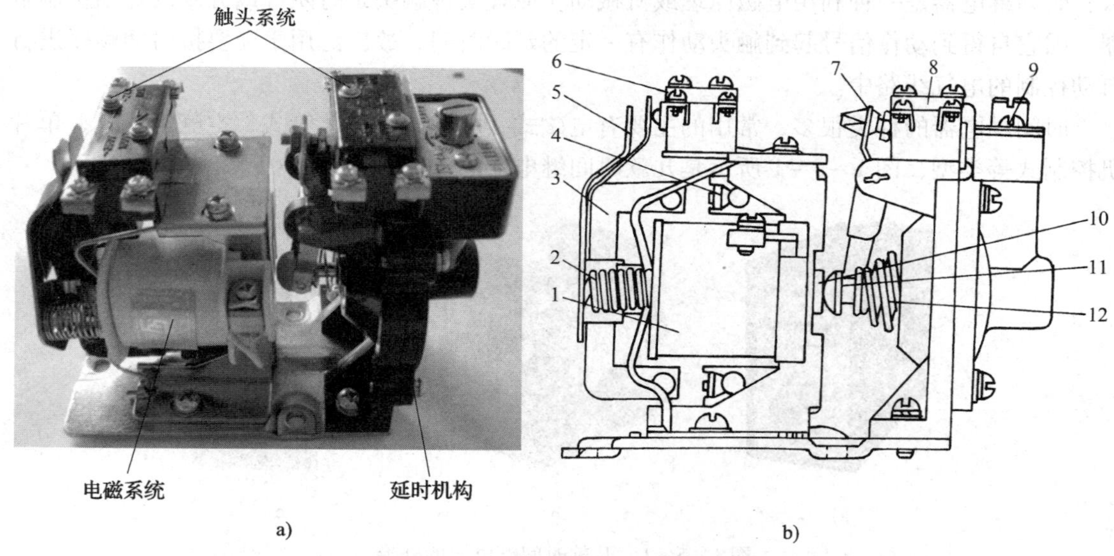

图 1 – 5 – 2　JS7 – A 系列空气阻尼式时间继电器的外形与结构
a）外形　b）结构
1—线圈　2—反力弹簧　3—衔铁　4—铁芯　5—弹簧片　6—瞬时触头　7—杠杆
8—延时触头　9—调节螺钉　10—推杆　11—活塞杆　12—塔形弹簧

JS7 – A 系列空气阻尼式时间继电器是利用气囊中的空气通过小孔节流的原理来获得延时动作的，其结构原理示意图如图 1 – 5 – 3 所示。图 1 – 5 – 3a 所示是通电延时型时间继电器，当电磁系统的线圈通电时，微动开关 SQ2 的触头瞬时动作，而 SQ1 的触头由于气囊中空气阻尼的作用延时动作，其延时时间的长短取决于进气的快慢，可通过旋动调节螺钉 13 进行调节，延时范围有 0. 4 ~60 s 和 0. 4 ~180 s 两种。当线圈断电时，微动开关 SQ1 和 SQ2 的触头均瞬时复位。

JS7 – A 系列断电延时型时间继电器和通电延时型时间继电器的组成元件是通用的。若将图 1 – 5 – 3a 中通电延时型时间继电器的电磁机构旋出固定螺钉后反转 180°安装，即为图 1 – 5 – 3b 所示断电延时型时间继电器。其工作原理读者可自行分析。

（2）符号

时间继电器在电路图中的符号如图 1 – 5 – 4 所示。

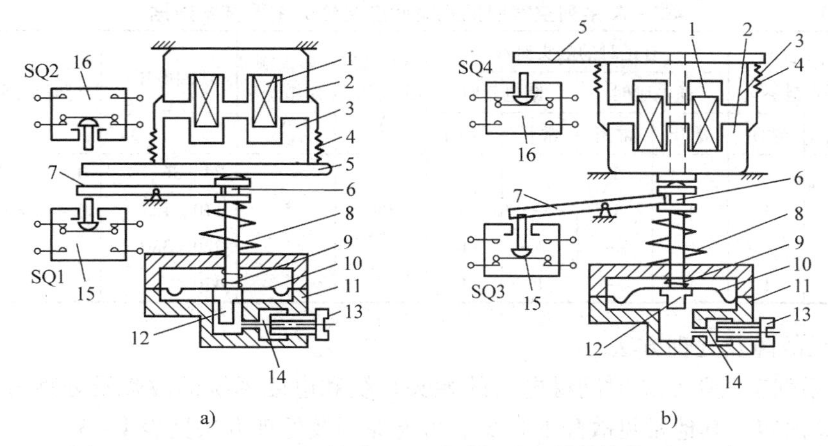

图 1－5－3　JS7－A 系列空气阻尼式时间继电器的结构原理示意图

a）通电延时型　b）断电延时型

1—线圈　2—铁芯　3—衔铁　4—反力弹簧　5—推板　6—活塞杆　7—杠杆　8—塔形弹簧　9—弱弹簧　10—橡胶膜　11—空气室　12—活塞　13—调节螺钉　14—进气孔　15、16—微动开关

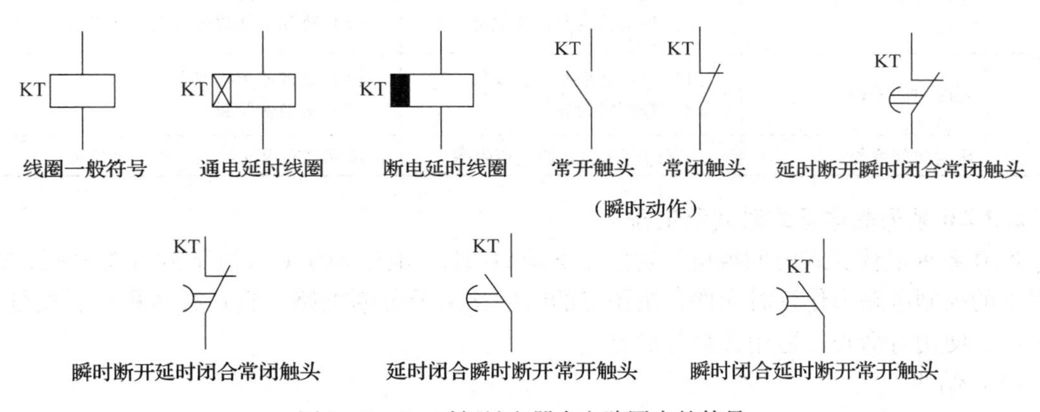

图 1－5－4　时间继电器在电路图中的符号

（3）型号含义及技术数据

JS7－A 系列时间继电器的型号含义如下。

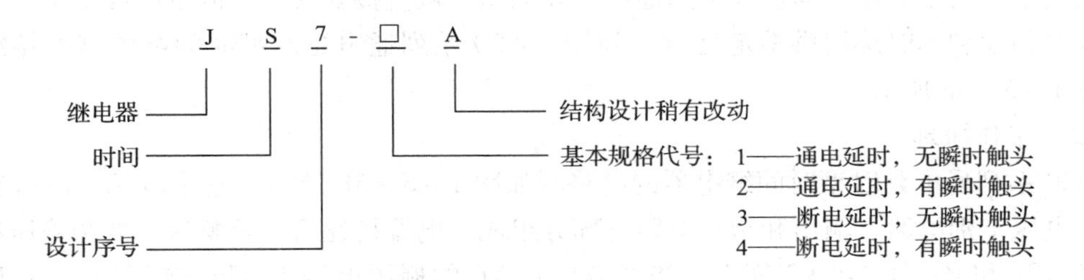

JS7－A 系列空气阻尼式时间继电器的主要技术数据见表 1－5－1。

表 1－5－1　　JS7－A 系列空气阻尼式时间继电器的主要技术数据

型号	瞬时动作触头对数		有延时的触头对数				触头额定电压/V	触头额定电流/A	线圈电压/V	延时范围/s	额定操作频率/（次/h）
			通电延时		断电延时						
	常开	常闭	常开	常闭	常开	常闭					
JS7－1A	—	—	1	1	—	—	380	5	24、36、110、127、220、380、420	0.4～60 及 0.4～180	600
JS7－2A	1	1	1	1	—	—					
JS7－3A	—	—	—	—	1	1					
JS7－4A	1	1	—	—	1	1					

（4）常见故障及处理方法

JS7－A 系列空气阻尼式时间继电器的触头系统和电磁系统的故障及处理方法可参考课题一中的有关内容。其他常见故障的现象、可能原因及处理方法见表 1－5－2。

表 1－5－2　　其他常见故障的现象、可能原因及处理方法

现象	可能原因	处理方法
延时触头不动作	（1）电磁线圈断线 （2）电源电压过低 （3）传动机构卡住或损坏	（1）更换电磁线圈 （2）调高电源电压 （3）排除卡住故障或更换部件
延时时间缩短	（1）气室装配不严，漏气 （2）橡胶膜损坏	（1）修理或更换气室 （2）更换橡胶膜
延时时间变长	气室内有灰尘，使气道阻塞	清除气室内的灰尘，使气道畅通

2. JS20 系列晶体管式时间继电器

JS20 系列晶体管式时间继电器适用于交流 50 Hz、电压 380 V 及以下或直流电压 220 V 及以下的控制电路中作延时元件，按预定的时间接通或分断电路。它具有体积小、质量轻、精度高、使用寿命长、通用性强等优点。

（1）结构

JS20 系列晶体管式时间继电器的外形如图 1－5－1a 所示，它具有保护外壳，其内部采用印制电路组件，安装和接线采用专用的插接座，并配有带插脚标记的接线图，上标盘上还带有发光二极管作为动作指示。JS20 系列晶体管式时间继电器的结构形式有外接式、装置式和面板式三种，外接式的整定电位器可通过插座用导线接到所需的控制板上；装置式具有带接线端子的胶木底座；面板式采用通用八脚插座，可直接安装在控制台的面板上，另外还带有延时刻度和延时旋钮供整定延时时间用。JS20 系列通电延时型时间继电器的接线示意图如图 1－5－5a 所示。

（2）工作原理

JS20 系列通电延时型时间继电器的电路图如图 1－5－5b 所示。它由电源、电容充放电电路、电压鉴别电路、输出和指示电路五部分组成。电源接通后，经整流滤波和稳压后的直流电经 RP1 和 R2 向电容 C2 充电。当场效应管 V6 的栅源电压 U_{gs} 低于夹断电压 U_p 时，V6 截止，因而 V7、V8 也处于截止状态。随着充电的不断进行，电容 C2 的电位按指数规律上升，当满足 U_{gs} 大于 U_p 时，V6 导通，V7、V8 也导通，继电器 KA 吸合，输出延时信号。同

时电容 C2 通过 R8 和 KA 的常开触头放电，为下次动作做好准备。当切断电源时，继电器 KA 释放，电路恢复原始状态，等待下次动作。调节 RP1 和 RP2 即可调整延时时间。

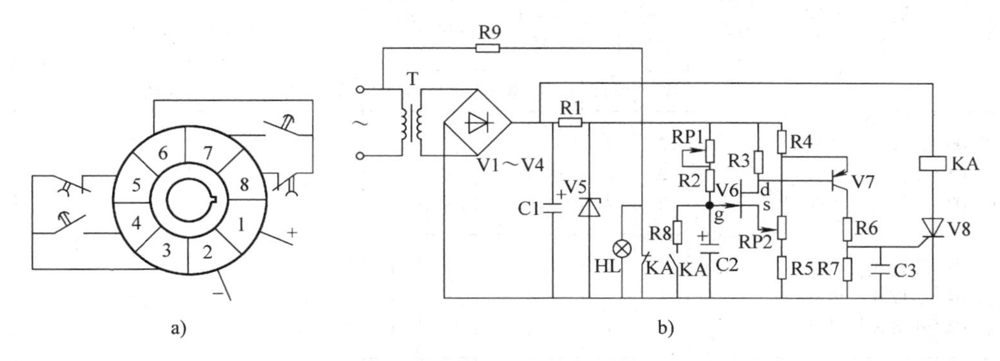

图 1－5－5　JS20 系列通电延时型时间继电器的接线示意图和电路图
a）接线示意图　b）电路图

（3）型号含义及技术数据

JS20 系列晶体管式时间继电器的型号含义如下。

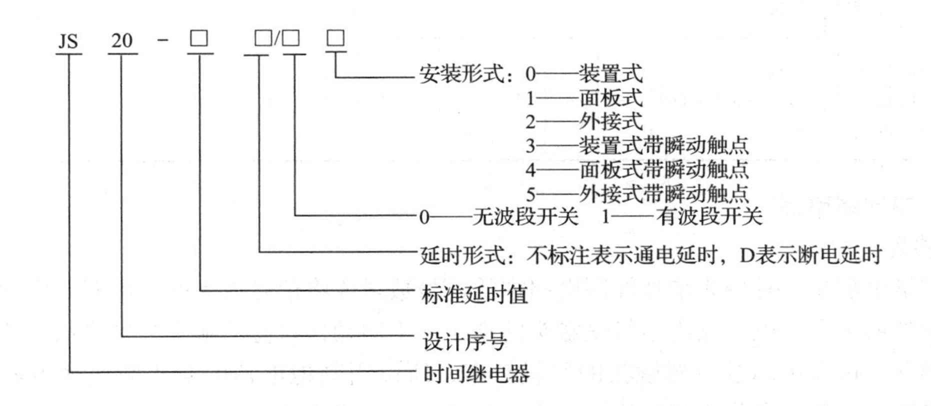

JS20 系列晶体管式时间继电器的主要技术数据见表 1－5－3。

（4）适用场合

JS20 系列晶体管式时间继电器适用于当电磁式时间继电器不能满足要求时，或者当要求的延时精度较高时，或者控制回路相互协调需要无触点输出时的情况。

3. 时间继电器的选用

（1）根据系统的延时范围和精度选择时间继电器的类型与系列。目前在电力拖动控制线路中，大多选用晶体管式时间继电器。在延时精度要求不高的场合，也可选用价格较低的 JS7－A 系列空气阻尼式时间继电器。

（2）根据控制线路的要求选择时间继电器的延时方式（通电延时或断电延时）。同时，还必须考虑线路对瞬时动作触头的要求。

（3）根据控制线路的电压选择时间继电器吸引线圈的电压。

表 1－5－3　　JS20 系列晶体管式时间继电器的主要技术数据

型号	结构形式	延时整定元件位置	延时范围/s	延时触头对数/对				不延时触头对数/对		误差/%		环境温度/℃	工作电压/V		功率消耗/W	机械寿命/万次
				通电延时		断电延时										
				常开	常闭	常开	常闭	常开	常闭	重复	综合		交流	直流		
JS20－□/00	装置式	内接	0.1～300	2	2					±3	±10	－10～+40	36、110、127、220、380	24、48、110	≤5	1 000
JS20－□/01	面板式	内接		2	2	—	—	—	—							
JS20－□/02	外接式	外接		2	2											
JS20－□/03	装置式	内接		1	1			1	1							
JS20－□/04	面板式	内接		1	1	—	—	1	1							
JS20－□/05	外接式	外接		1	1			1	1							
JS20－□/10	装置式	内接	0.1～3 600	2	2											
JS20－□/11	面板式	内接		2	2	—	—	—	—							
JS20－□/12	外接式	外接		2	2											
JS20－□/13	装置式	内接		1	1			1	1							
JS20－□/14	面板式	内接		1	1	—	—	1	1							
JS20－□/15	外接式	外接		1	1			1	1							
JS20－□D/00	装置式	内接	0.1～180			2	2									
JS20－□D/01	面板式	内接		—	—	2	2	—	—							
JS20－□D/02	外接式	外接				2	2									

二、中间继电器

1. 功能

中间继电器是一种用来增加控制电路中的信号数量或将信号放大的继电器。它的输入信号是线圈的通电和断电，输出信号是触头的动作，不同动作状态的触头分别将信号传给几个元件或回路。由于中间继电器触头的数量较多，所以当其他电器的触头数或触点容量不够时，可借助中间继电器作中间转换用，来控制多个元件或回路。

常用的中间继电器有 JZ7、JZ14 等系列，图 1－5－6a、图 1－5－6b 所示为 JZ7 系列中间继电器的外形和结构，图 1－5－6c 所示为 JZ14 系列中间继电器的外形。

2. 结构及工作原理

中间继电器的结构及工作原理与接触器基本相同，因而中间继电器又称为接触器式继电器。但中间继电器的触头对数多，且没有主、辅触头之分，各对触头允许通过的电流大小相同，多数为 5 A。因此，对于工作电流小于 5 A 的电气控制线路，可用中间继电器代替接触器来控制。

JZ7 系列中间继电器采用立体布置，由铁芯、衔铁、线圈、触头系统、反作用弹簧和缓冲弹簧等组成。铁芯和衔铁用 E 形硅钢片叠装而成，线圈置于铁芯中柱，组成双 E 直动式电磁系统。触头采用双断点桥式结构，上下两层各有四对触头，下层触头只能是常开触头，故触头系统可按 8 常开、6 常开与 2 常闭、4 常开与 4 常闭组合。继电器吸引线圈的额定电

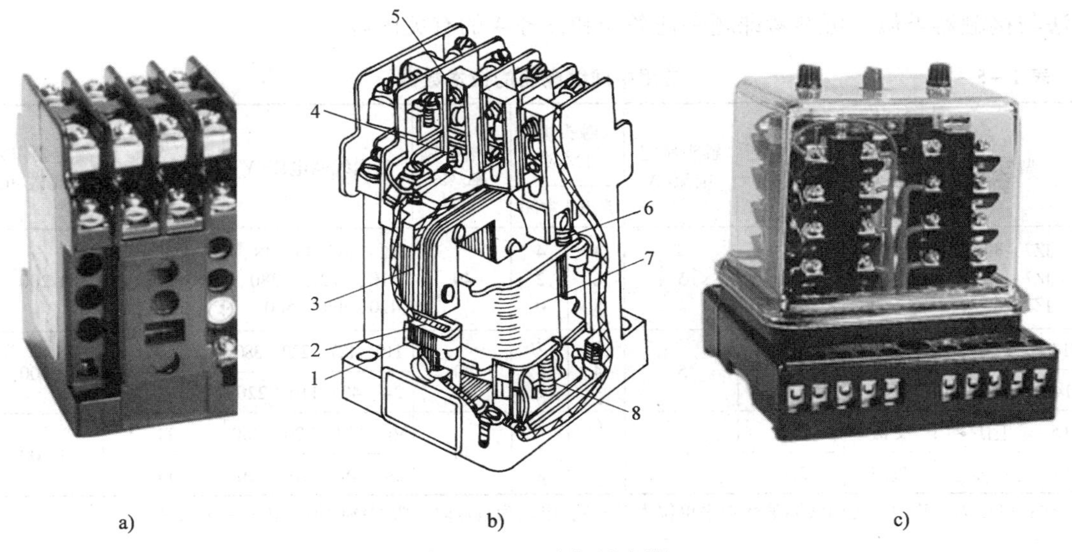

图 1－5－6　中间继电器

a）JZ7 系列中间继电器的外形　b）JZ7 系列中间继电器的结构　c）JZ14 系列中间继电器的外形

1—静铁芯　2—短路环　3—衔铁　4—常开触头　5—常闭触头

6—反作用弹簧　7—线圈　8—缓冲弹簧

压有 12 V、36 V、110 V、220 V、380 V 等。

JZ14 系列中间继电器有交流操作和直流操作两种，采用螺管式电磁系统和双断点式桥式触头，其基本结构为交直流通用，只是交流铁芯为平顶形，直流铁芯与衔铁为圆锥形接触面，触头采用直列式分布，对数达 8 对，可按 6 常开、2 常闭，4 常开、4 常闭或 2 常开、6 常闭组合。该系列的中间继电器带有透明外罩，可防止尘埃进入内部而影响工作的可靠性。

3. 符号及型号含义

中间继电器在电路图中的符号如图 1－5－7 所示。其型号含义如下。

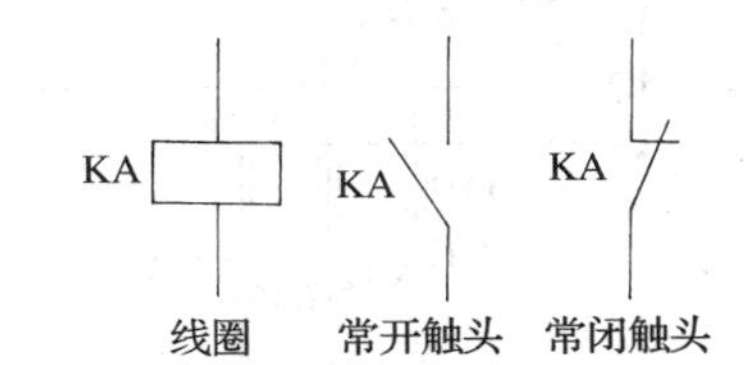

图 1－5－7　中间继电器在电路图中的符号

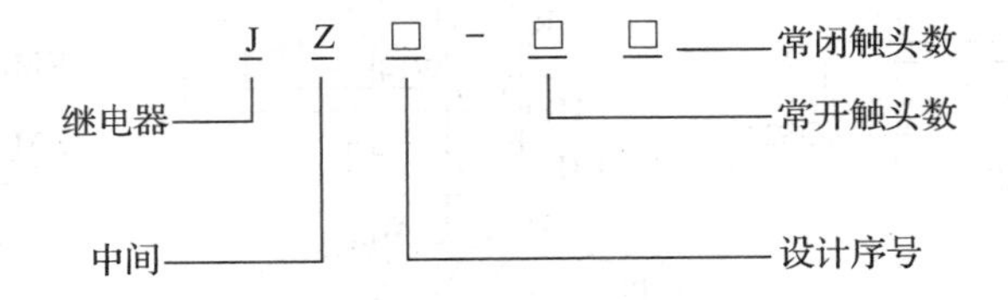

4. 选用

中间继电器主要依据被控制电路的电压等级和所需触头的数量、种类、容量等要求来选择。常用中间继电器的技术数据见表 1－5－4。中间继电器的安装、使用、常见故障及处理方法与接触器类似，可参考课题一任务 3 和任务 4 的有关内容。

表 1－5－4　　常用中间继电器的技术数据

型号	电压种类	触头额定电压/V	触头额定电流/A	触头组合/对 常开	触头组合/对 常闭	通电持续率/%	吸引线圈电压/V	吸引线圈消耗功率/（V·A 或 W）	额定操作频率/（次/h）
JZ7－44 JZ7－62 JZ7－80	交流	380	5	4 6 8	4 2 0	40	12、24、36、48、110、127、380、420、440、500	12	1 200
JZ14－□□J/□	交流	380	5	6 4 2	2 4 6	40	110、127、220、380	10	2 000
JZ14－□□Z/□	直流	220					24、48、110、220	7	
JZ15－□□J/□	交流	380	10	6 4 2	2 4 6	40	36、127、220、380	11	1 200
JZ15－□□Z/□	直流	220					24、48、110、220	11	

注：电压为交流时，吸引线圈消耗功率单位为 V·A；电压为直流时，吸引线圈消耗功率单位为 W。

三、定子绕组串接电阻降压启动控制线路

1. 手动控制线路

图 1－5－8a 所示是手动控制定子绕组串接电阻降压启动控制线路电路图，其降压启动过程如下。

合上电源开关QS1 ——→ 电动机M串联电阻R进行降压启动 —至电动机的转速升高到一定值时→ 合上QS2 ——→ 电阻R被开关QS2的触头短接 ——→ 电动机全压正常运转

可见，定子绕组串接电阻降压启动是在电动机启动时，把电阻串接在电动机定子绕组与电源之间，通过电阻的分压作用来降低定子绕组上的启动电压，待电动机启动后，再将电阻短接，使电动机在额定电压下正常运行。

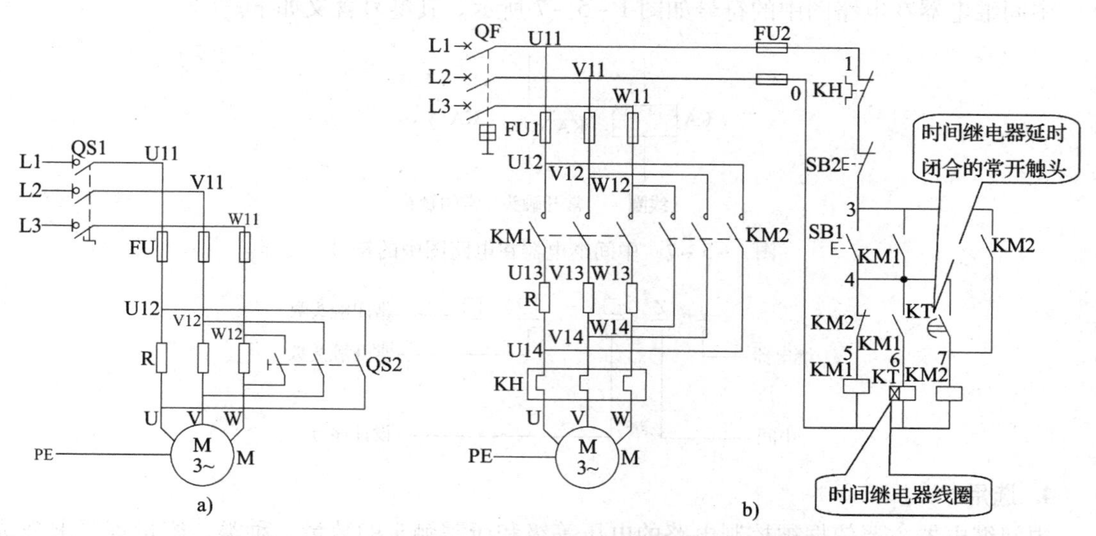

图 1－5－8　定子绕组串接电阻降压启动控制线路电路图

a）手动控制　b）时间继电器自动控制

2. 时间继电器自动控制线路

图 1－5－8a 所示手动控制线路，电动机从降压启动到全压运行是通过操作开关 QS2 来实现的，工作既不方便又不可靠。因此，在实际中常采用自动延时控制电器——时间继电器来自动完成电阻的短接，从而实现自动控制。

图 1－5－8b 所示是时间继电器自动控制定子绕组串接电阻降压启动控制线路电路图，这个线路中用接触器 KM2 的主触头代替图 1－5－8a 所示线路中的开关 QS2 来短接电阻 R，用时间继电器 KT 来控制电动机从降压启动到全压运行的时间，从而实现自动控制。线路的工作原理如下。

合上电源开关 QF。

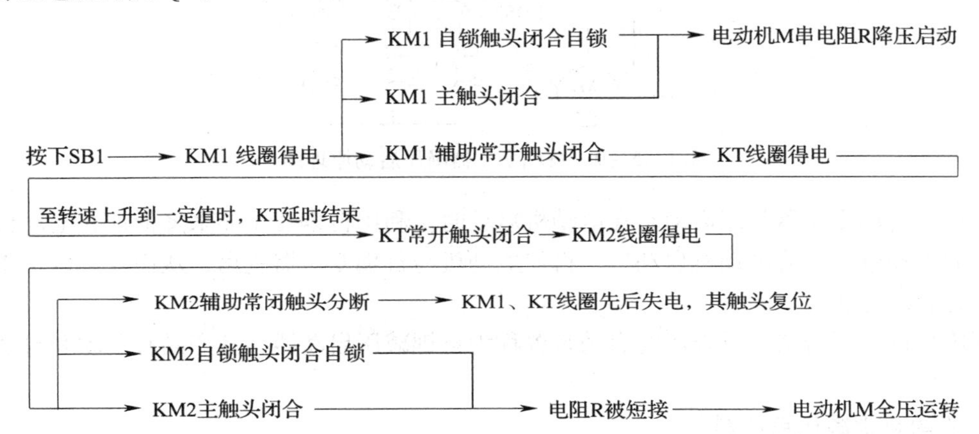

停止时，按下 SB2 即可实现。

停止使用时，关断电源开关 QF。

由以上分析可见，只要调整好时间继电器 KT 触头的动作时间，电动机由降压启动过程切换成全压运行过程就能准确、可靠地自动完成。

启动电阻 R 一般采用 ZX1、ZX2 系列铸铁电阻。铸铁电阻能够通过较大电流，功率大。启动电阻可按下列公式近似确定。

$$R = 190 \times \frac{I_{st} - I'_{st}}{I_{st} I'_{st}}$$

式中　I_{st}——未串电阻前的启动电流，一般 $I_{st} = (4 \sim 7) I_N$（电动机的额定电流，下同），A；

I'_{st}——串电阻后的启动电流，一般 $I'_{st} = (2 \sim 3) I_N$，A；

R——电动机每相串接的启动电阻，Ω。

电阻功率可用公式 $P = I_N^2 R$ 计算。由于启动电阻仅在启动过程中接入，且启动时间很短，所以实际选用的电阻功率可以比计算值小一些。

串电阻降压启动的缺点是减小了电动机的启动转矩，同时启动时在电阻上的功率消耗较大。如果启动频繁，则电阻的温度很高，对于精密的机床会产生一定的影响，因此，目前这种降压启动的方法在生产中的应用正在逐步减少。

四、自耦变压器降压启动控制线路

图 1－5－9 所示是自耦变压器降压启动原理图。启动时，先合上电源开关 QS1，再将开关 QS2 扳向“启动”位置，此时电动机的定子绕组与变压器的二次侧相接，电动机进行降

压启动。待电动机转速上升到一定值时，迅速将开关 QS2 从“启动”位置扳到“运行”位置，这时，电动机与自耦变压器脱离而直接和电源相接，在额定电压下正常运行。

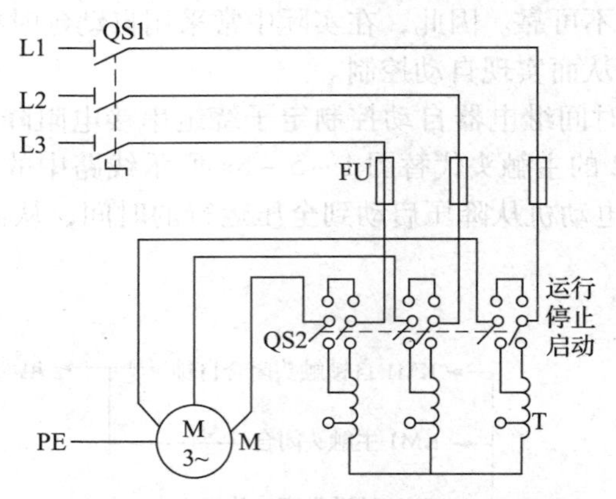

图 1－5－9　自耦变压器降压启动原理图

可见，自耦变压器降压启动是在电动机启动时，利用自耦变压器来降低加在电动机定子绕组上的启动电压，待电动机启动后，再使电动机与自耦变压器脱离，从而在全压下正常运行的一种启动方法。

利用自耦变压器来进行降压的启动装置称为自耦减压启动器，其产品有手动和自动两种类型。

1. 手动自耦减压启动器

常用的手动自耦减压启动器有 QJD3 系列油浸式和 QJ10 系列空气式两种。

（1）QJD3 系列油浸式手动自耦减压启动器

其外形如图 1－5－10a 所示，主要由薄钢板制成的防护式外壳、自耦变压器、触头系统（触头浸在油中）、操作机构及保护系统五个部分组成，具有过载和失压保护功能，适用于一般工业用交流 50 Hz 或 60 Hz、额定电压 380 V、功率 10～75 kW 的三相笼型异步电动机的不频繁降压启动和停止。QJD3 系列油浸式手动自耦减压启动器的型号及其含义如下。

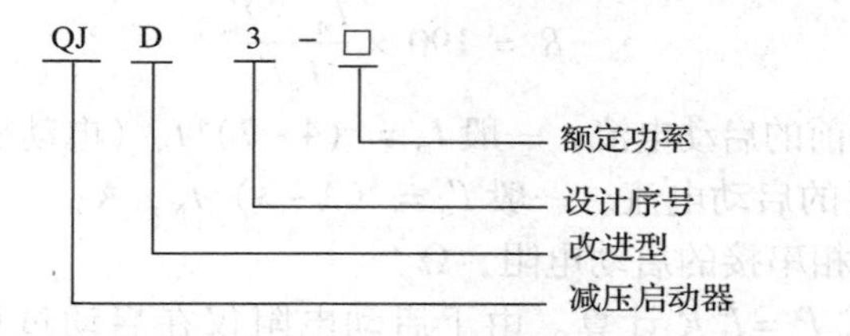

QJD3 系列油浸式手动自耦减压启动器的电路图如图 1－5－10b 所示，其动作原理如下。

当操作手柄扳到“停止”位置时，装在主轴上的动触头与上、下两排静触头都不接触，电动机处于断电停止状态。

当操作手柄向前推到“启动”位置时，装在主轴上的动触头与上面一排启动静触头接触，三相电源 L1、L2、L3 通过右边三个动、静触头接入自耦变压器，又经自耦变压器的三个 65%（或 80%）抽头接入电动机进行降压启动；左边两个动、静触头接触则把自耦变压器接成了星形。

当电动机的转速上升到一定值时，将操作手柄向后迅速扳到“运行”位置，使右边三个动触头与下面一排的三个运行静触头接触，这时，自耦变压器脱离，电动机与三相电源 L1、L2、L3 直接相接全压运行。

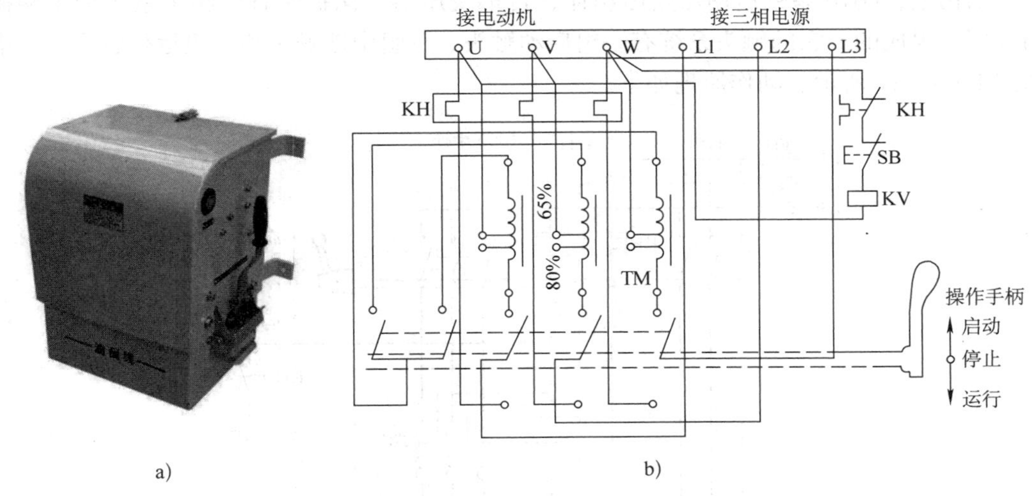

a)　　b)

图 1-5-10　QJD3 系列油浸式手动自耦减压启动器

a）外形　b）电路图

停止时，只要按下停止按钮 SB，失压脱扣器 KV 线圈失电，衔铁下落释放，通过机械操作机构使启动器掉闸，操作手柄便自动回到“停止”位置，电动机断电停转。

由于热继电器 KH 的常闭触头、停止按钮 SB、失压脱扣器线圈 KV 串接在 U、W 两相电源上，所以当出现电源电压不足、突然停电、电动机过载和停机时都能使启动器掉闸，电动机断电停转。

QJD3 系列油浸式手动自耦减压启动器的技术数据见表 1-5-5（对表中额定工作电流和热保护整定电流另有要求者除外）。

表 1-5-5　　QJD3 系列油浸式手动自耦减压启动器的技术数据

型号	额定工作电压/V	控制的电动机功率/kW	额定工作电流/A	热保护额定电流/A	最大启动时间/s
QJD3-10	380	10	19	22	30
QJD3-14		14	26	32	
QJD3-17		17	33	45	40
QJD3-20		20	37	45	
QJD3-22		22	42	45	
QJD3-28		28	51	63	
QJD3-30		30	56	63	
QJD3-40		40	74	85	60
QJD3-45		45	86	120	
QJD3-55		55	104	160	
QJD3-75		75	125	160	

（2）QJ10 系列空气式手动自耦减压启动器

该系列启动器适用于交流 50 Hz、电压 380 V 及以下、容量 75 kW 及以下的三相笼型异步电动机的不频繁降压启动和停止。

在结构上，QJ10 系列启动器是由箱体、自耦变压器、保护装置、触头系统和手柄操作机构五部分组成的。它的触头系统有一组启动触头、一组中性触头和一组运行触头，其电路图如图 1－5－11 所示。动作原理如下。

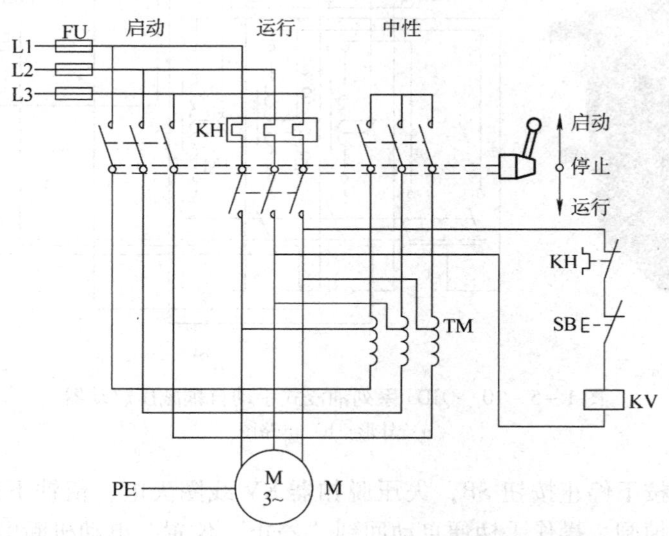

图 1－5－11　QJ10 系列空气式手动自耦减压启动器电路图

当操作手柄扳到“停止”位置时，所有的动、静触头均断开，电动机处于断电停止状态；当操作手柄向前推到“启动”位置时，启动触头和中性触头同时闭合，三相电源经启动触头接入自耦变压器 TM，又经自耦变压器的三个抽头接入电动机进行降压启动，中性触头则把自耦变压器接成了星形；当电动机的转速上升到一定值时，将操作手柄迅速扳到“运行”位置，启动触头和中性触头先同时断开，运行触头随后闭合，这时自耦变压器脱离，电动机与三相电源 L1、L2、L3 直接相接全压运行。停止时，按下 SB 即可。

2. XJ01 系列自耦减压启动箱

XJ01 系列自耦减压启动箱是我国生产的自耦变压器降压启动自动控制设备，广泛用于交流频率 50 Hz、电压 380 V、功率 14 ~ 300 kW 的三相笼型异步电动机的不频繁降压启动。XJ01 系列自耦减压启动箱的型号含义如下。

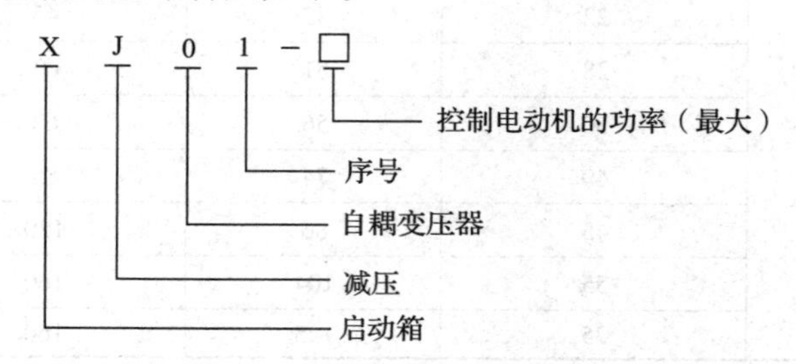

XJ01 系列自耦减压启动箱的外形及内部结构如图 1－5－12a 所示。XJ01 系列自耦减压启动箱是由自耦变压器、交流接触器、中间继电器、热继电器、时间继电器和按钮等组成的。14～75 kW 的产品，采用自动控制方式；100～300 kW 的产品，具有手动和自动两种控制方式，由转换开关进行切换。时间继电器为可调式，在 5～120 s 内可以自由调节启动时间。自耦变压器备有额定电压 60% 和 80% 两挡抽头。启动箱具有过载和失压保护功能，最大启动时间为 2 min（一次启动时间或连续数次启动时间的总和），若启动时间超过 2 min，则启动后的冷却时间应不少于 4 h 才能再次启动。

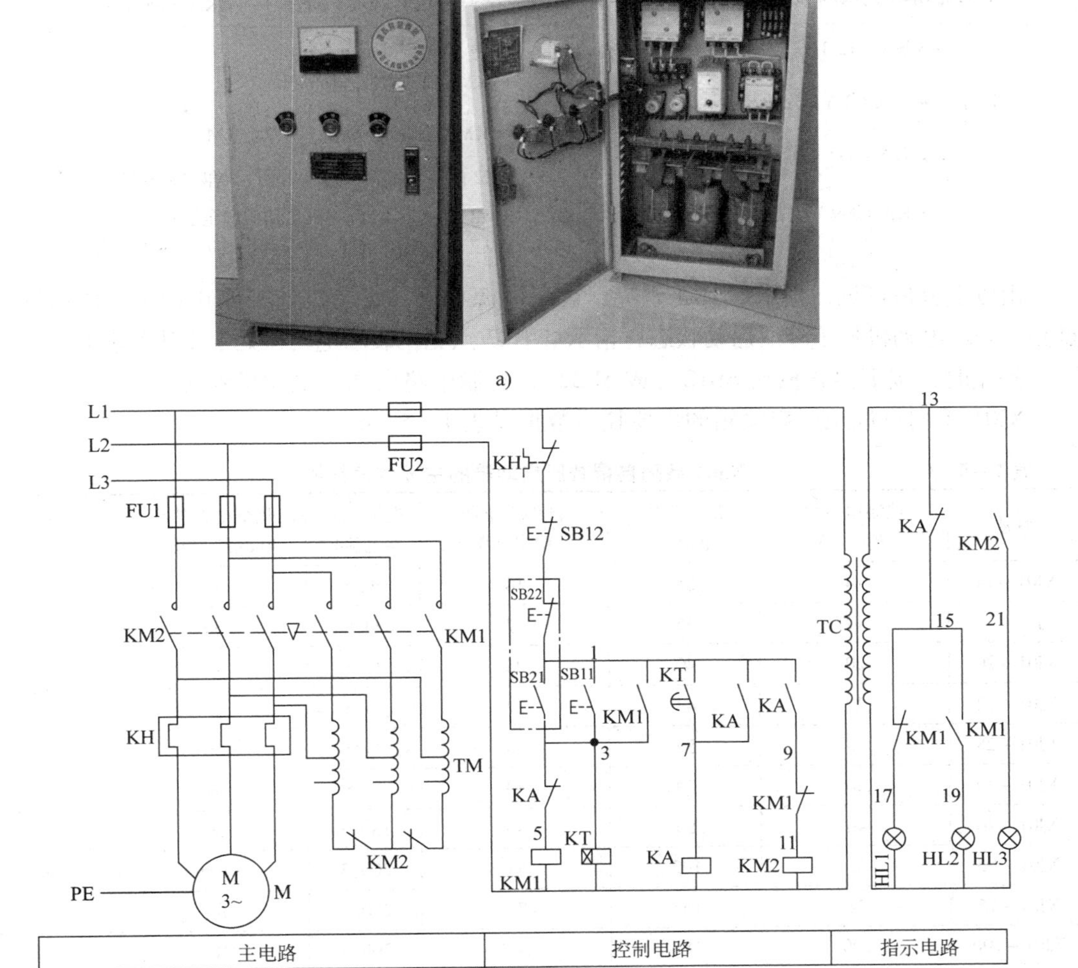

图 1－5－12　XJ01 系列自耦减压启动箱

a）外形及内部结构　b）电路图

XJ01 系列自耦减压启动箱的电路图如图 1－5－12b 所示。点画线框内的按钮是异地控制按钮。整个控制线路分为主电路、控制电路和指示电路三部分。线路工作原理如下。

（1）降压启动

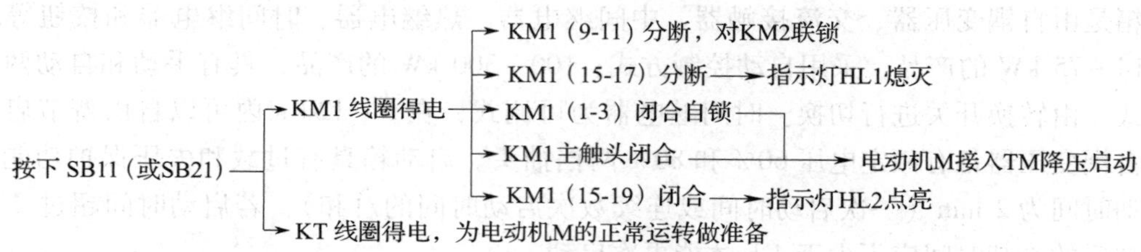

（2）全压运转

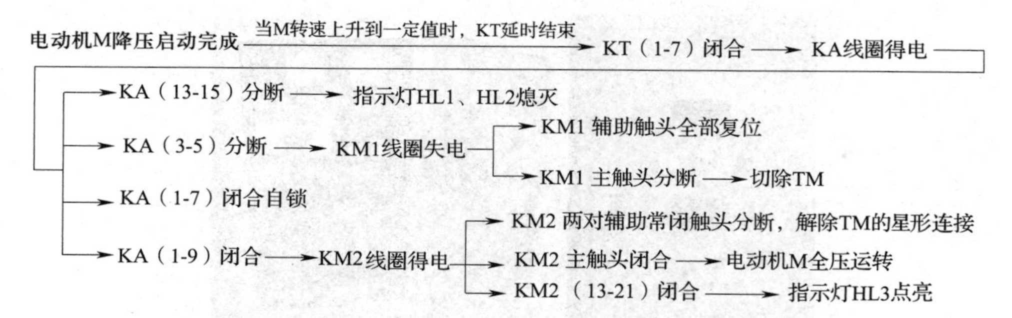

由以上分析可见，指示灯 HL1 点亮，表示电源有电，电动机处于停止状态；指示灯 HL2 点亮，表示电动机处于降压启动状态；指示灯 HL3 点亮，表示电动机处于全压运转状态。

停止时，按下停止按钮 SB12（或 SB22），控制电路失电，电动机停转。

XJ01 系列自耦减压启动箱的主要技术数据见表 1－5－6。

表 1－5－6　XJ01 系列自耦减压启动箱的主要技术数据

<table>
<tr><th>型号</th><th>控制电动机功率/kW</th><th>最大工作电流/A</th><th>自耦变压器功率/kW</th><th>电流互感器电流比</th><th>热继电器整定电流参考值/A</th><th>最大启动时间/s</th></tr>
<tr><td>XJ01－14</td><td>14</td><td>28</td><td>14</td><td>50/5</td><td>28</td><td rowspan="6">40</td></tr>
<tr><td>XJ01－17</td><td>17</td><td>35</td><td>17</td><td>50/5</td><td>35</td></tr>
<tr><td>XJ01－20</td><td>20</td><td>40</td><td>20</td><td>75/5</td><td>40</td></tr>
<tr><td>XJ01－22</td><td>22</td><td>43</td><td>22</td><td>75/5</td><td>43</td></tr>
<tr><td>XJ01－28</td><td>28</td><td>56</td><td>28</td><td>75/5</td><td>56</td></tr>
<tr><td>XJ01－30</td><td>30</td><td>59</td><td>30</td><td>75/5</td><td>59</td></tr>
<tr><td>XJ01－40</td><td>40</td><td>80</td><td>40</td><td>150/5</td><td>80</td><td rowspan="3">60</td></tr>
<tr><td>XJ01－55</td><td>55</td><td>105</td><td>55</td><td>200/5</td><td>105</td></tr>
<tr><td>XJ01－75</td><td>75</td><td>143</td><td>75</td><td>200/5</td><td>143</td></tr>
<tr><td>XJ01－100</td><td>100</td><td>184</td><td>100</td><td>300/5</td><td>184</td><td rowspan="7">90</td></tr>
<tr><td>XJ01－115</td><td>115</td><td>219</td><td>115</td><td>300/5</td><td>219</td></tr>
<tr><td>XJ01－135</td><td>135</td><td>252</td><td>135</td><td>600/5</td><td>252</td></tr>
<tr><td>XJ01－190</td><td>190</td><td>351</td><td>190</td><td>600/5</td><td>351</td></tr>
<tr><td>XJ01－225</td><td>225</td><td>407</td><td>225</td><td>800/5</td><td>407</td></tr>
<tr><td>XJ01－260</td><td>260</td><td>469</td><td>260</td><td>800/5</td><td>469</td></tr>
<tr><td>XJ01－300</td><td>300</td><td>537</td><td>300</td><td>800/5</td><td>537</td></tr>
</table>

自耦变压器降压启动的优点是启动转矩和启动电流可以调节，缺点是设备庞大，成本较高。因此，这种方法适用于额定电压220/380 V、△/Y接法、容量较大的三相异步电动机的降压启动。

任务实施

线路安装

一、安装自耦变压器降压启动控制线路

1. 完成图1－5－13所示时间继电器自动控制自耦变压器降压启动控制线路的补画工作，并标注线路编号。

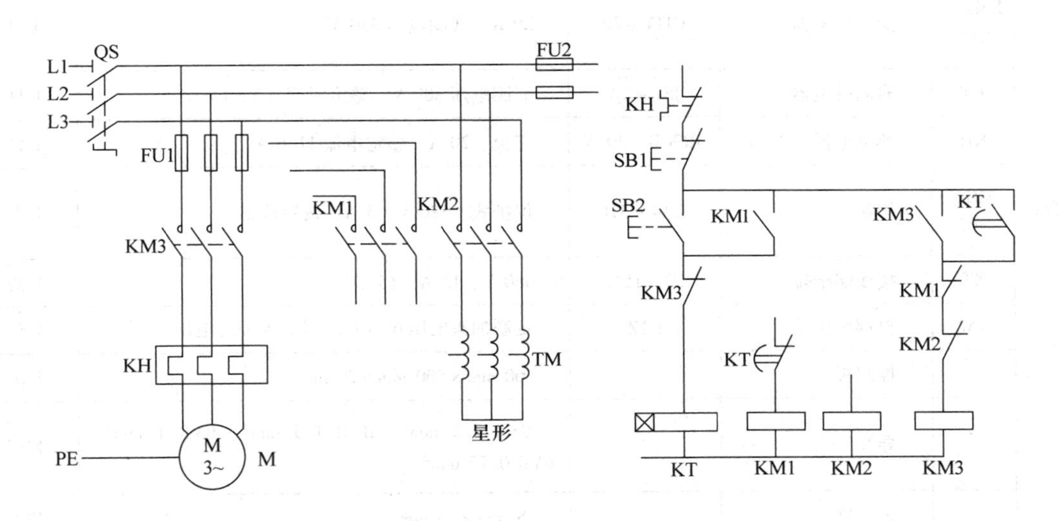

a)

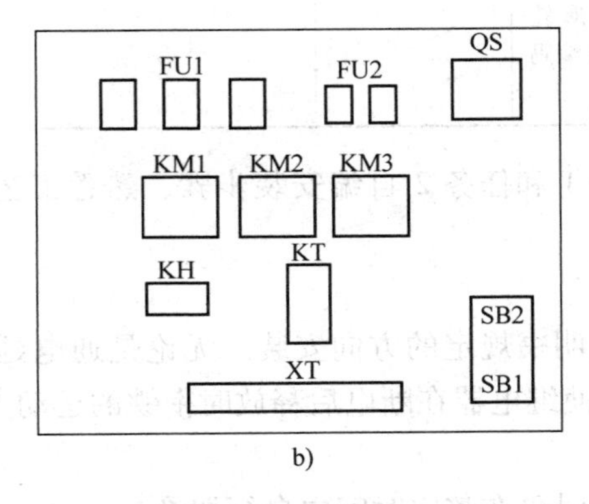

b)

图1－5－13　时间继电器自动控制自耦变压器降压启动控制线路

a）电路图　b）布置图

2. 参照表1－5－7选配工具、仪表和器材，并进行质量检验。

表1－5－7　　主要工具、仪表及器材

工具	验电笔、螺钉旋具、钢丝钳、尖嘴钳、斜口钳、剥线钳、电工刀等电工常用工具				
仪表	MF47型万用表、ZC25－3型兆欧表、MG3－1型钳形电流表				
器材	代号	名称	型号	规格	数量
	M	三相异步电动机	Y132S－4	5.5 kW、380 V、11.6 A、三角形联结、1 440 r/min	1台
	QS	电源开关	HZ10－25/3	三极、25 A	1只
	FU1	熔断器	RL1－60/25	500 V、60 A、熔体额定电流25 A	3只
	FU2	熔断器	RL1－15/2	500 V、15 A、熔体额定电流2 A	2只
	KM1～KM3	交流接触器	CJT1－20	20 A、线圈电压380 V	3只
	KT	时间继电器	JS7－2A	线圈电压380 V、整定时间（3±1）s	1只
	KH	热继电器	JR36B－20/3	三极、20 A、整定电流11.6 A	1只
	SB1、SB2	按钮	LA4－3H	保护式、380 V、5 A、按钮数3	1个
	XT	接线端子排	TD－1515	660 V、15 A、15节	1条
	TM	自耦变压器	GTZ	定制抽头电压65% U_N（U_N为额定电压）	1台
		控制板		600 mm×500 mm×20 mm	1块
		导线		BVR 2.5 mm^2、BVR 1.5 mm^2、BVR 1 mm^2、BVR 0.75 mm^2	若干
		走线槽		18 mm×25 mm	若干
		各种规格的紧固体、针形及叉形轧头、金属软管及编码套管等			若干

3. 参照课题三的任务1和任务2自编安装步骤，熟悉工艺要求，经教师审阅合格后进行安装。

二、安装注意事项

1. 时间继电器应按说明书规定的方向安装。无论是通电延时型时间继电器还是断电延时型时间继电器，都必须使继电器在断电后释放时衔铁的运动方向垂直向下，其倾斜度不得超过5°。

2. 通电延时和断电延时可在整定时间内自行切换。

3. 时间继电器和热继电器的整定值应在不通电时预先整定好，并在试运行时校正。

4. 电动机和自耦变压器的金属外壳及时间继电器的金属底板必须可靠接地，并应将接地线接到它们指定的接地螺钉上。

5. 自耦变压器要安装在箱体内，否则，应采取遮护或隔离措施，并在进、出线的端子上进行绝缘处理，以防止发生触电事故。

6. 若无自耦变压器，可采用灯箱来分别替代电动机和自耦变压器进行模拟试验，但三相线路中灯的规格必须相同，如图 1－5－14 所示。

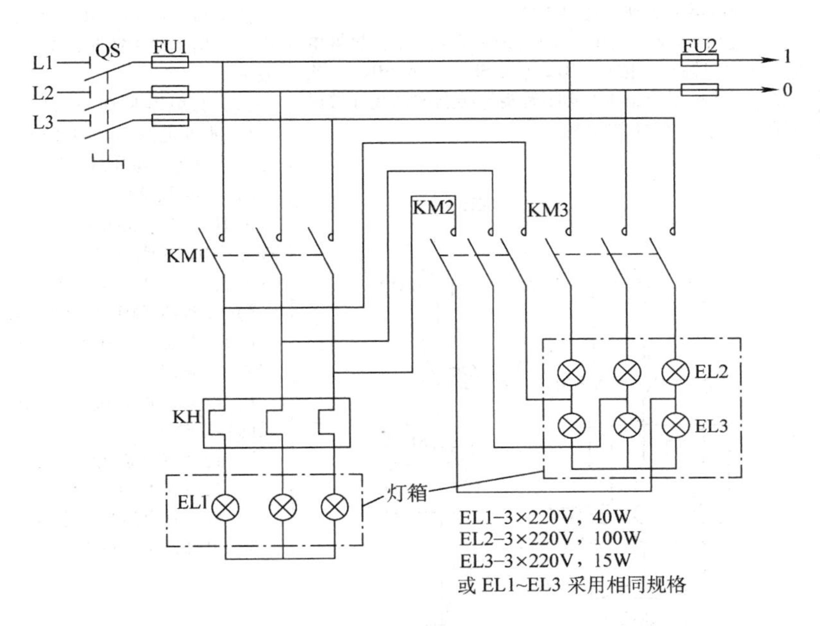

图 1－5－14　用灯箱进行模拟试验电路图

7. 布线时要注意电路中 KM2 与 KM3 的相序不能接错，否则，会使电动机的转向在工作时与启动时相反。

8. 通电试运行时，必须有指导教师在现场监护，以确保用电安全。同时，要做到安全文明生产。

9. 时间继电器在使用时，应经常清除灰尘及油污，否则延时误差将增大。

线 路 维 修

一、故障设置

断开电源后在图 1－5－12 所示线路中人为设置电气自然故障两处。

二、故障检修

XJ01 系列自耦减压启动箱降压启动控制线路的故障现象、可能原因及处理方法见表 1－5－8。

参考课题二任务 2 的检修步骤和检修注意事项进行故障检修。

表 1－5－8　XJ01 系列自耦减压启动箱降压启动控制线路的故障现象、可能原因及处理方法

故障现象	可能原因	处理方法
电动机不能启动	（1）主电路可能在以下电路中存在故障： 1）电源无电压或熔断器熔断 2）接触器 KM1 有故障 3）电动机故障 4）变压器电压抽头选得过低 （2）控制电路可能在以下电路中存在故障：热继电器 KH 常闭触头、按钮 SB12（或 SB22）和 SB11（或 SB21）、中间继电器 KA 常闭触头等触点或接线柱接触不良；接触器 KM1 线圈断路 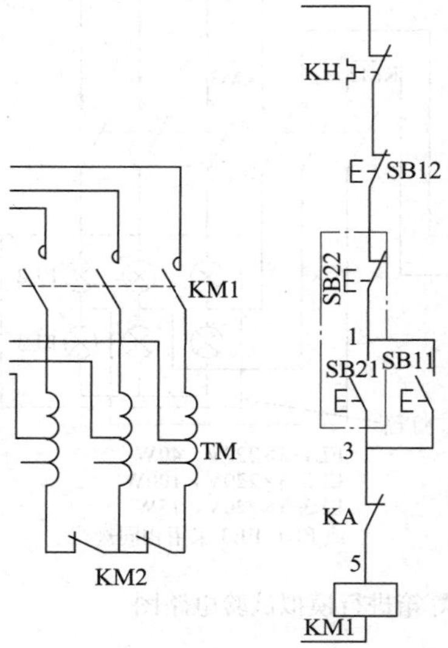	按下启动按钮，观察接触器 KM1 是否吸合，根据其动作情况，按以下两种现象查找故障： （1）接触器 KM1 不吸合 1）观察电源指示灯 HL1 是否亮，HL1 不亮说明电源无电压或熔断器熔断 2）看时间继电器 KT 是否吸合，KT 不吸合但 HL1 亮，说明热继电器 KH 常闭触头、按钮 SB12（或 SB22）和 SB11（或 SB21）等触点或接线柱接触不良 3）接触器 KM1 本身的故障 （2）接触器 KM1 吸合，但电动机不转并伴有“嗡嗡”声 1）电动机负载过大，机械部分故障造成反向转矩过大等 2）传动带过紧或电压过低 3）接触器 KM1 主触头有一相接触不良 4）变压器电压抽头选得过低 5）电动机本身的故障
接触器 KM1 释放后电动机停转	（1）KA 常开触头（1－9）或 KM1 辅助常闭触头（9－11）接触不良 （2）接触器 KM2 有故障不能吸合或线圈断路 （3）电动机切换时间过快：时间继电器 KT 整定时间过短，造成电动机启动状态还没结束便转为工作状态 （4）较长时间的大电流通过热继电器的热元件，使其常闭触头分断，电动机停转 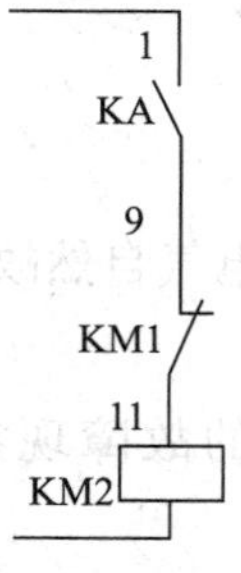	由于控制电路中使用了变压器，因此，在使用电阻法或校验灯法检查时，应注意变压器回路的影响 断电后检查： （1）使用电阻法或校验灯法检查中间继电器 KA 常开触头（1－9）时，在按下 KA 的触头架时应同时按下 KM1 的触头架 （2）使用电阻法或校验灯法检查 KM1 辅助常闭触头（9－11）、KM2 线圈时，按下 SB12 可以防止变压器回路的影响

续表

故障现象	可能原因	处理方法
自耦变压器发出“嗡嗡”声	变压器铁芯松动、过载等；变压器线圈接地；电动机短路或其他原因使启动电流过大	断开电源后，检查变压器铁芯的压紧螺钉是否松动；用兆欧表检查变压器线圈的接地电阻；检查电动机
自耦变压器过热	（1）自耦变压器短路、接地 （2）电动机启动时间过长或电路不能切换成全压运行：时间继电器因延时时间过长、线圈短路、机械受阻等原因造成不能吸合；时间继电器 KT 的延时闭合常开触头不能闭合或接触不良；中间继电器 KA 有故障导致不能吸合；启动过于频繁	当发现自耦变压器过热时，应立即停车，否则会造成自耦变压器烧毁（因电动机启动时间很短，自耦变压器也是按短时通电设计的，只允许连续启动两次） （1）断电后用兆欧表检查变压器线圈的接地电阻、匝间电阻 （2）切断主电路，通电检查时间继电器延时时间是否过长、触头是否动作和中间继电器 KA 是否动作等

任务完成后进行测评，评分标准参考表 1－2－8（注意，增加走线槽安装的考核），定额时间 4 h。

任务 2　星－三角降压启动控制线路的安装与维修

任务目标

能识读并分析手动控制及时间继电器控制星－三角降压启动控制线路的构成和工作原理，并能正确进行时间继电器控制星－三角降压启动控制线路的安装与维修。

工作任务

串电阻降压启动由于其自身存在的缺点，使得这种降压启动方法在生产中的应用逐步减少。自耦变压器降压启动虽然启动转矩和启动电流可以调节，但缺点是设备庞大，成本较高，所以这种方法只适用于额定电压 220/380 V、△/Y接法、容量较大的三相异步电动机的降压启动。而对于在正常运行时定子绕组作三角形联结的异步电动机，采用的是星－三角降压启动，如 M7475B 型平面磨床的砂轮电动机、T610 型镗床的主轴电动机均采用了星－三角降压启动。

本次工作任务是安装与维修时间继电器控制星－三角降压启动控制线路，其电路图如图 1－5－15 所示。

相关知识

一、手动控制星－三角降压启动控制线路

图 1－5－16 所示是双投开启式负荷开关手动控制星－三角降压启动控制线路电路图。

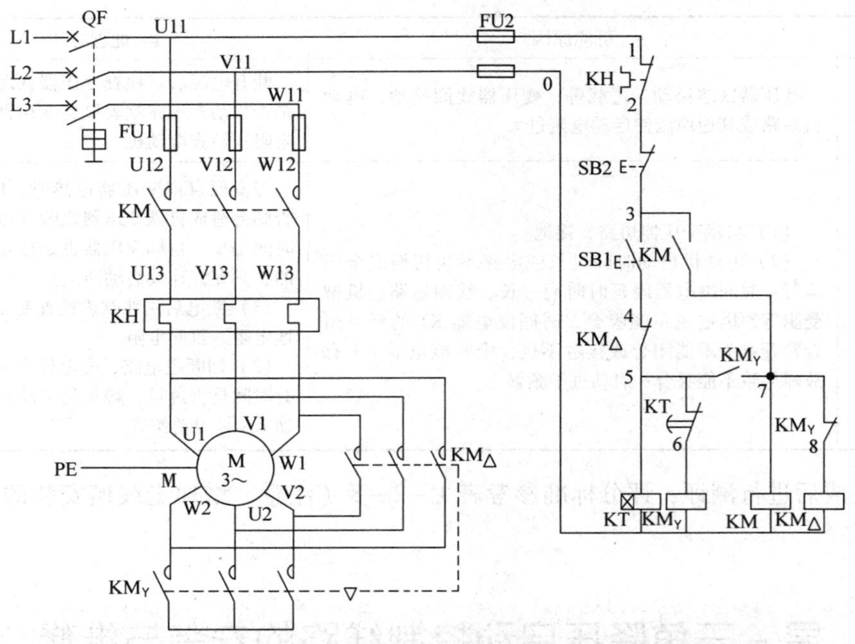

图 1－5－15　时间继电器控制星－三角降压启动控制线路电路图

线路的工作原理：启动时，先合上电源开关 QS1，然后把双投开启式负荷开关 QS2 扳到"启动"位置，电动机定子绕组便接成星形降压启动；当电动机转速上升并接近额定值时，再将 QS2 扳到"运行"位置，电动机定子绕组改接成三角形全压正常运行。

电动机启动时接成星形，加在每相定子绕组上的启动电压只有三角形接法的$\frac{1}{\sqrt{3}}$，启动电流为三角形接法的$\frac{1}{3}$，启动转矩也只有三角形接法的$\frac{1}{3}$，所以这种降压启动方法只适用于轻载或空载场合。

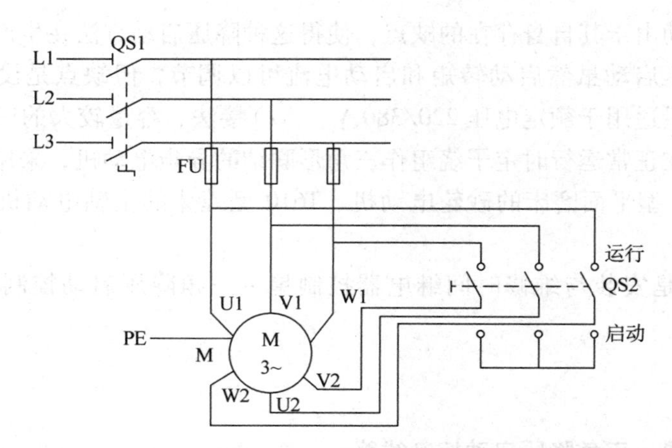

图 1－5－16　双投开启式负荷开关手动控制星－三角降压启动控制线路电路图

手动星－三角启动器专用于手动星－三角降压启动，有 QX1 和 QX2 系列，按控制电动机的容量分为 13 kW 和 30 kW 两种，启动器的正常操作频率为 30 次/h。

QX1 系列手动星－三角启动器的外形及结构、接线图如图 1－5－17 所示，触头分合表见表 1－5－9。启动器有启动（Y）、停止（0）和运行（△）三个位置，当手柄扳到“0”位置时，八对触头都分断，电动机脱离电源停转；当手柄扳到“Y”位置时，1、2、5、6、8 触头闭合接通，3、4、7 触头分断，定子绕组的末端 W2、U2、V2 通过触头 5 和 6 接成星形，始端 U1、V1、W1 则分别通过触头 1、8、2 接入三相电源 L1、L2、L3，电动机进行星形降压启动；当电动机转速上升并接近额定转速时，将手柄扳到“△”位置，这时 1、2、3、4、7、8 触头闭合，5、6 触头分断，定子绕组按 U1→触头 1→触头 3→W2、V1→触头 8→触头 7→U2、W1→触头 2→触头 4→V2 接成三角形全压正常运转。

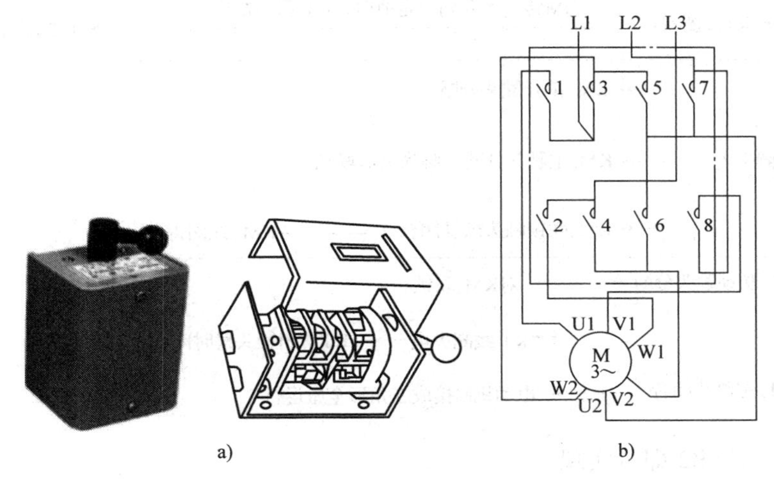

图 1－5－17　QX1 系列手动星－三角启动器

a）外形及结构　b）接线图

表 1－5－9　触头分合表

接点	手柄位置		
	启动（Y）	停止（0）	运行（△）
1	×		×
2	×		×
3			×
4			×
5	×		
6	×		
7			×
8	×		×

注：“×”表示接通。

二、时间继电器控制星－三角降压启动控制线路

时间继电器控制星－三角降压启动控制线路电路图如图 1－5－15 所示。接触器 KM 用于引入电源，接触器 KM_Y和 $KM_\triangle$分别用于星形降压启动和三角形运行，时间继电器 KT 用于控制星形降压启动的时间和完成星－三角自动切换，SB1 是启动按钮，SB2 是停止按钮，FU1 是主电路短路保护电器，FU2 是控制电路短路保护电器，KH 是过载保护电器。

线路的工作原理如下。

合上电源开关 QF。

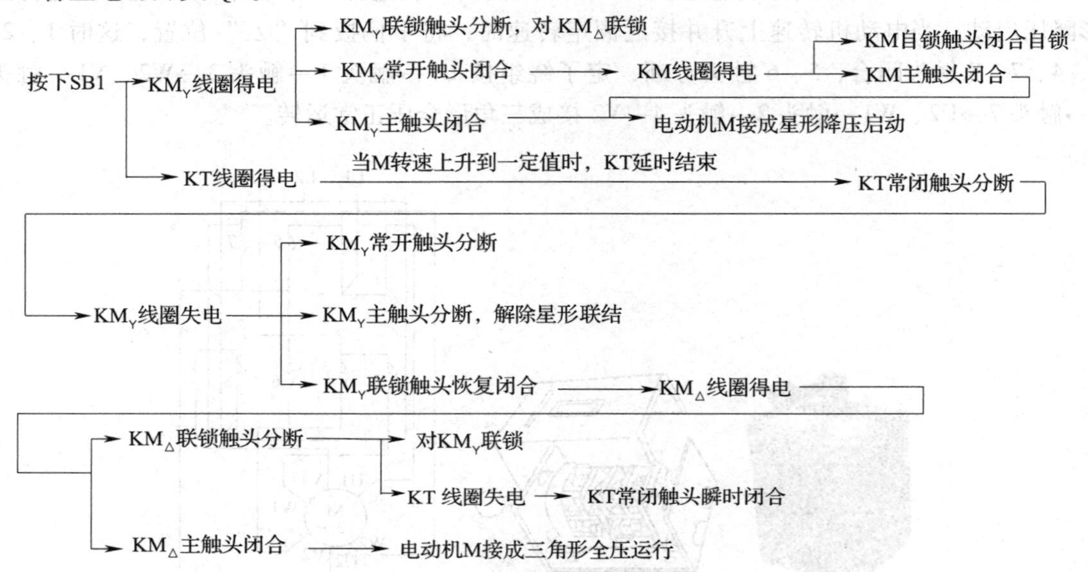

停止时，按下 SB2 即可实现。

停止使用时，关断电源开关 QF。

该线路中，接触器 KM_Y得电以后，通过 KM_Y的辅助常开触头使接触器 KM 得电动作，由于 KM_Y的主触头是在无负载的条件下进行闭合的，故可延长接触器 KM_Y主触头的使用寿命。

时间继电器控制星－三角降压启动控制线路的定型产品有 QX3、QX4 两个系列，名为星－三角自动启动器，它们的主要技术数据见表 1－5－10。

表 1－5－10　星－三角自动启动器的主要技术数据

启动器型号	控制功率/kW			配用热元件的额定电流/A	延时调整时间/s
	220 V	380 V	500 V		
QX3－13	7	13	13	11、16、22	4～16
QX3－30	17	30	30	32、45	4～16
QX4－17	—	17	13	15、19	11、13
QX4－30		30	22	25、34	15、17
QX4－55		55	44	45、61	20、24
QX4－75		75		85	30
QX4－125		125		100～160	14～60

QX3－13型星－三角自动启动器外形、结构和电路图如图1－5－18所示。这种启动器主要由三个接触器KM、KM_Y、$KM_\triangle$，一个热继电器KH，一个通电延时型时间继电器KT和两个按钮组成，这些电器的作用和线路的工作原理读者可参照上文自行分析。

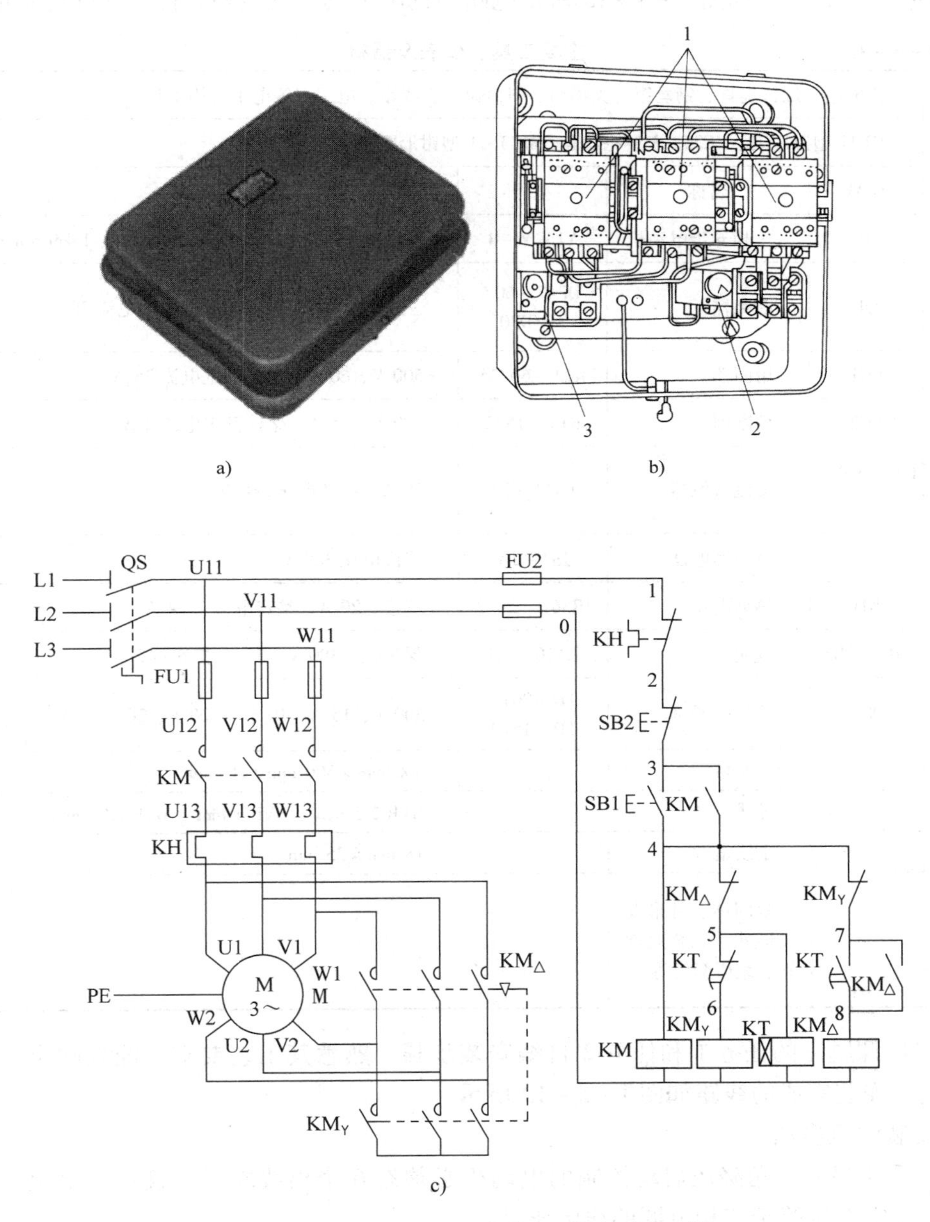

图1－5－18　QX3－13型星－三角自动启动器

a）外形　b）结构　c）电路图

1—接触器　2—热继电器　3—时间继电器

任务实施

线 路 安 装

1. 按表 1－5－11 和图 1－5－15 所示电路图选配工具、仪表和器材，并进行质量检验。

表 1－5－11　　主要工具、仪表及器材

工具	验电笔、螺钉旋具、钢丝钳、尖嘴钳、斜口钳、剥线钳、电工刀等电工常用工具				
仪表	MF47 型万用表、ZC25－3 型兆欧表、MG3－1 型钳形电流表				
器材	代号	名称	型号	规格	数量
	M	三相异步电动机	Y132M－4	7.5 kW、380 V、15.4 A、三角形联结、1 440 r/min	1 台
	QF	断路器	DZ47－60/3P/D20	三极复式脱扣器、400 V、额定电流 20 A	1 只
	FU1	熔断器	RL1－60/35	500 V、60 A、熔体额定电流 35 A	3 只
	FU2	熔断器	RL1－15/2	500 V、15 A、熔体额定电流 2 A	2 只
	KM、KM_Y、$KM_\triangle$	交流接触器	CJT1－20	20 A、线圈电压 380 V	3 只
	KT	时间继电器	JS7－2A	线圈电压 380 V	1 只
	KH	热继电器	JR36B－20/3	三极、20 A、整定电流 15.4 A	1 只
	SB1、SB2	按钮	LA10－3H	保护式、380 V、5 A、按钮数 3	1 个
	XT	接线端子排	TD－2010 TD－1510	500 V、15 A、10 节，500 V、20 A、10 节	各 1 条
		控制板		600 mm×500 mm×20 mm	1 块
		导线		BVR 2.5 mm^2、BVR 1 mm^2、BVR 0.75 mm^2	若干
		走线槽		18 mm×25 mm	若干
		紧固体、针形及叉形轧头、金属软管、编码套管等			若干

2. 参照课题三的任务 1 和任务 2 自编安装步骤，熟悉其工艺要求，经教师审阅合格后进行安装。安装完成的线路如图 1－5－19 所示。

3. 安装注意事项

（1）采用星－三角降压启动控制的电动机必须有 6 个出线端子，且定子绕组在三角形接法时的额定电压等于三相电源的线电压。

（2）接线时，要保证电动机三角形接法的正确性，即接触器主触头闭合时，应保证定子绕组的 U1 与 W2、V1 与 U2、W1 与 V2 相连接。

（3）接触器 KM_Y 的进线必须从三相定子绕组的末端引入，若误将其从首端引入，则在

KM_Y吸合时，会产生三相电源短路事故。

（4）控制板外部配线必须按要求一律装在导线通道内，使导线得到适当的保护，并防止液体、铁屑和灰尘的侵入。在训练时，可适当降低要求，但必须以能确保安全为前提。

（5）通电校验前，要再次检查熔体规格及时间继电器、热继电器的整定值是否符合要求。

（6）通电校验时，必须有指导教师在现场监护，学生应根据电路的控制要求独立进行校验，若出现故障应自行排除。

（7）安装训练应在规定的时间内完成，同时要做到安全操作和文明生产。

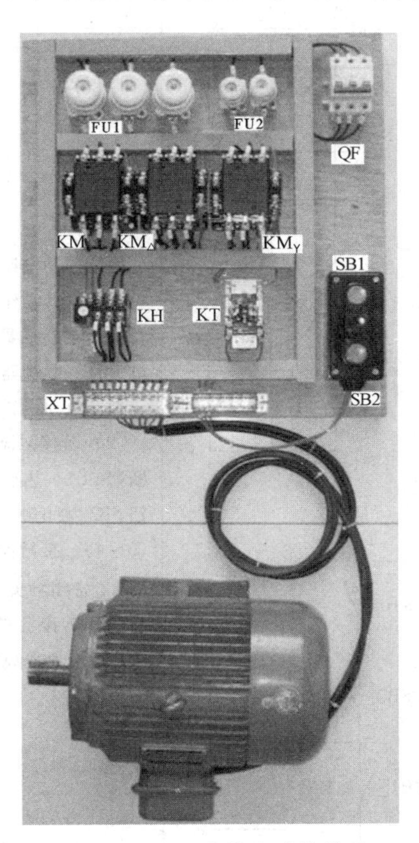

图1－5－19　安装完成的线路

线 路 维 修

一、故障设置

断开电源后在图1－5－15所示线路中人为设置电气自然故障两处。

二、故障检修

时间继电器控制星－三角降压启动控制线路的故障现象、可能原因及处理方法见表1－5－12。

表 1－5－12　时间继电器控制星－三角降压启动控制线路的故障现象、可能原因及处理方法

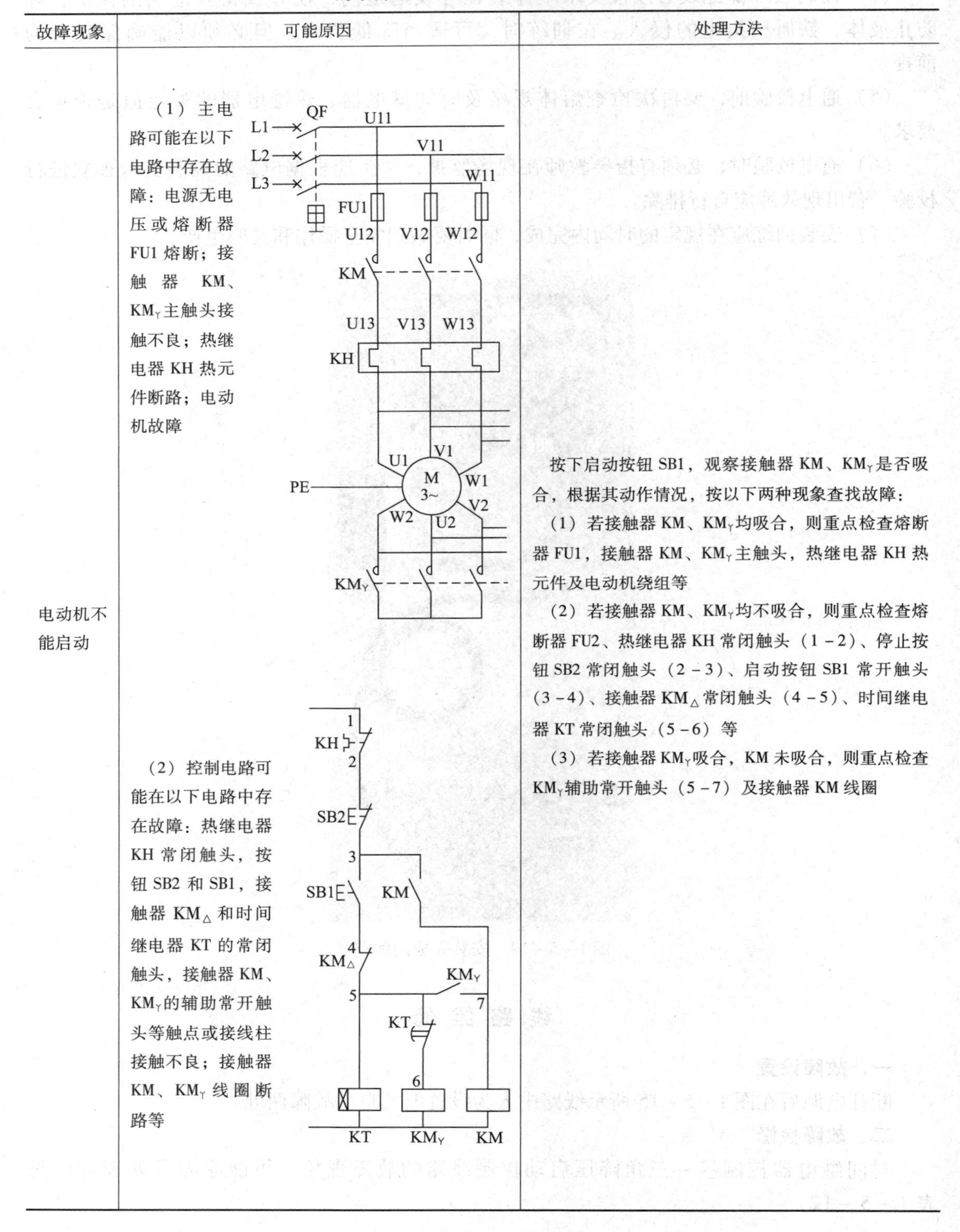

故障现象	可能原因	处理方法
电动机不能启动	（1）主电路可能在以下电路中存在故障：电源无电压或熔断器 FU1 熔断；接触器 KM、KM_Y主触头接触不良；热继电器 KH 热元件断路；电动机故障 （2）控制电路可能在以下电路中存在故障：热继电器 KH 常闭触头，按钮 SB2 和 SB1，接触器 $KM_{\triangle}$ 和时间继电器 KT 的常闭触头，接触器 KM、KM_Y的辅助常开触头等触点或接线柱接触不良；接触器 KM、KM_Y 线圈断路等	按下启动按钮 SB1，观察接触器 KM、KM_Y是否吸合，根据其动作情况，按以下两种现象查找故障： （1）若接触器 KM、KM_Y均吸合，则重点检查熔断器 FU1，接触器 KM、KM_Y主触头，热继电器 KH 热元件及电动机绕组等 （2）若接触器 KM、KM_Y均不吸合，则重点检查熔断器 FU2、热继电器 KH 常闭触头（1－2）、停止按钮 SB2 常闭触头（2－3）、启动按钮 SB1 常开触头（3－4）、接触器 $KM_{\triangle}$常闭触头（4－5）、时间继电器 KT 常闭触头（5－6）等 （3）若接触器 KM_Y吸合，KM 未吸合，则重点检查 KM_Y辅助常开触头（5－7）及接触器 KM 线圈

续表

故障现象	可能原因	处理方法
电动机能进行星形降压启动，但不能转换为三角形运行	（1）主电路中的接触器 $KM_{\triangle}$ 主触头接触不良 （2）控制电路中的时间继电器 KT 线圈断路、时间继电器 KT 常闭触头（5－6）无法分断、接触器 KM_{Y} 辅助常闭触头（7－8）接触不良、接触器 $KM_{\triangle}$ 线圈断路	按下启动按钮 SB1，电动机进行星形降压启动后，观察时间继电器 KT 是否吸合： （1）若时间继电器 KT 未吸合，重点检查时间继电器 KT 的线圈 （2）若时间继电器 KT 吸合，经过一定时间后，观察接触器 KM_{Y} 是否释放，$KM_{\triangle}$ 是否吸合 1）若 KM_{Y} 未释放，检查时间继电器 KT 常闭触头（5－6）是否能延时分断 2）若 KM_{Y} 释放，则观察 $KM_{\triangle}$ 是否吸合。若 $KM_{\triangle}$ 未吸合，检查接触器 KM_{Y} 辅助常闭触头（7－8）；若 $KM_{\triangle}$ 吸合，则检查 $KM_{\triangle}$ 主触头

参考课题二任务 2 的检修步骤和检修注意事项进行故障检修。

任务完成后进行测评，评分标准参考表 1－2－8（注意，增加走线槽安装的考核），定额时间 6 h。

任务3　软启动器面板操作与外围主电路排故

任务目标

1. 熟悉软启动器的结构、工作原理、工作特性及应用。

2. 熟悉 CMC－L 系列软启动器的型号含义及使用条件、电路连接、控制模式、显示及操作，能分析与排除常见故障，并进行日常维护。

工作任务

定子绕组串接电阻降压启动、自耦变压器降压启动、星－三角降压启动、延边三角形降压启动四种降压启动的方法，其共同特点是启动转矩固定不可调节，启动过程中存在较大的冲击电流，会使被拖动负载受到较大的机械冲击，同时易受电网电压波动的影响，一旦出现电网电压波动，会造成启动困难甚至使电动机堵转，停止时由于都是瞬间断电，也会造成剧烈的电网电压波动和机械冲击，因此，人们研制了软启动器，它是一种集电动机软启动、软停机、轻载节能和多种保护功能于一体的电动机控制装置。

图 1－5－20　CMC－L 系列软启动器

本次的工作任务是识别图 1－5－20 所示 CMC－L 系列软启动器的操作面板、电源输入端、电源输出端及控制端，分析并排除软启动器外围主电路的故障，以及对其进行日常维护。

相关知识

一、软启动器的主要结构和工作原理

目前市场上常见的软启动器主要有电子式、磁控式和自动液体电阻式等类型，电子式多为晶闸管调压式，是利用电力电子技术与自动控制技术（包括计算机技术），将强电和弱电结合起来的控制技术，其主要结构是一组串接于电源与被控电动机之间的三相反并联晶闸管及其电子控制电路，利用晶闸管移相控制原理，控制三相反并联晶闸管的导通角，使被控电动机的输入电压按要求变化，从而实现不同的启动功能。可见，软启动器实际上是一个晶闸管交流调压器，通过改变晶闸管的触发角，就可以调节晶闸管调压电路的输出电压。

电子式软启动器的工作原理是在启动时，使晶闸管的导通角从零开始逐渐前移，电动机的端电压从零开始，按预设函数关系逐渐上升，直至满足启动转矩而使电动机顺利启动，晶闸管全导通使电动机全压运行。

磁控式软启动器是利用磁放大器原理制造的串联在电源和电动机之间的三相饱和电抗器构成的软启动装置，启动时通过数字控制板调节磁放大器控制绕组的励磁电流，改变三相饱和电抗器的电抗值，从而调节启动电压降，实现电动机软启动。

不论是晶闸管式软启动器还是磁控式软启动器，在启动时都只能通过调节输出电压，以达到控制启动时的电压降、限制启动电流的目的。

自动液体电阻式软启动器适用于三相绕线型交流异步电动机的重载平滑软启动，其工作原理是在被控绕线型电动机的转子回路中串入特殊配制的电解液作为电阻，并通过调整电解液的浓度及改变两极板间的距离，使串入电阻在启动过程中始终满足电动机机械特性对其的要求，从而使电动机在获得最大启动转矩及最小启动电流的情况下，转速均匀提升，平稳启动。启动结束，用开关短接转子回路。

二、软启动器的工作特性

下面以电子式软启动器为例进行介绍。

异步电动机在软启动过程中，软启动器通过控制加到电动机上的平均电压来控制电动机的启动电流和转矩，一般情况下，软启动器可以通过设定得到不同的启动特性，以满足不同负载特性的要求。

1. 斜坡恒流升压启动

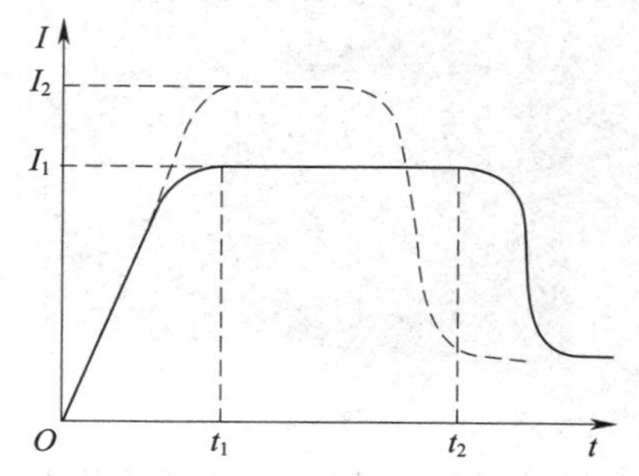

图 1－5－21　斜坡恒流升压启动曲线

斜坡恒流升压启动曲线如图 1－5－21 所示，这种启动方式是在晶闸管的移相电路中引入电动机电流反馈，使电动机在启动过程中保持恒流，使启动平稳。

在电动机启动的初始阶段，启动电流逐渐增加，当电流达到预先所设定的限流值后保持恒定，直至启动完毕。启动过程中，电流上升变化的速率可以根据电动机的负载调整设定。斜坡陡，电流上升速率大，启动转矩大，启动时间短。当负载较轻或空载启动时，所需启动

转矩较小，应使斜坡缓和一些，当电流达到预先所设定的限流值时，再迅速增加转矩，完成启动。由于是以启动电流为设定值，当电网电压波动时，通过控制电路自动增大或减小晶闸管的导通角，可以维持原设定值不变，保持启动电流恒定，不受电网电压波动的影响。这种软启动方式是应用最多的一种启动方式，尤其适用于风机、泵类负载的启动。

2. 脉冲阶跃启动

图 1－5－22 所示为脉冲阶跃启动、运行和减速软停控制曲线。在启动开始阶段，晶闸管在极短的时间内以较大的电流导通，经过一段时间后回落，再按原设定值线性上升，进入恒流启动状态。该启动方法适用于重载并需克服较大静摩擦力的启动场合。

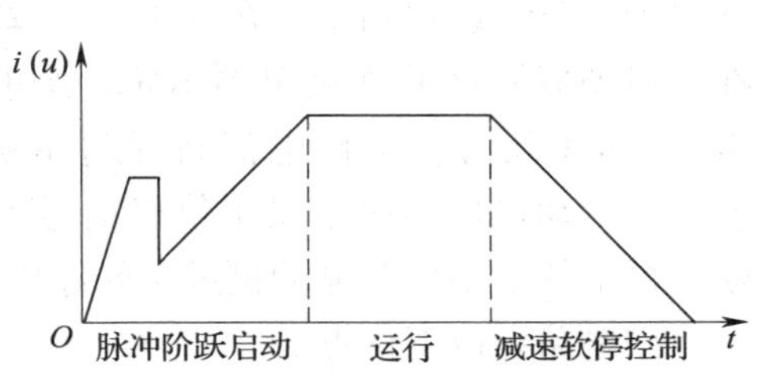

图 1－5－22　脉冲阶跃启动、运行和减速软停控制曲线

3. 减速软停控制

减速软停控制是当电动机需要停机时，不是立即切断电动机的电源，而是通过调节晶闸管的导通角，从全导通状态逐渐减小，使电动机的端电压逐渐降低直至切断电源，这一过程时间较长，故称为软停控制。停机的时间根据实际需要可在 0～120 s 范围内调整。减速软停控制曲线如图 1－5－22 所示。

传统的停机控制方式都是瞬间停电完成，但有许多应用场合不允许电动机瞬间停机，如高层建筑、楼宇的水泵系统，如果瞬间停机，会产生巨大的“水锤”效应，使管道甚至水泵遭到破坏。为了减少和防止“水锤”效应，需要电动机逐渐停机，采用软启动控制器就能满足这一要求。另外在泵站中，应用软停机技术可避免泵站设备损坏，减少维修费用和维修工作量。

4. 节能特性

软启动器可以根据电动机功率因数的高低自动判断电动机的负载率，当电动机处于空载状态或负载率很低时，通过相位控制使晶闸管的导通角发生变化，从而改变输入电动机的功率，以达到节能的目的。

5. 制动特性

当电动机需要快速停止时，软启动器具有能耗制动功能。能耗制动功能即在接到制动命令后，软启动器改变晶闸管的触发方式，使交流电转变为直流电，然后在关闭主电路后，立即将直流电压加到电动机定子绕组上，利用转子感应电流与静止磁场的作用达到制动的目的。

三、软启动器的应用

在工业自动化程度要求比较高的场合，为便于控制和应用，通常将软启动器、断路器和控制电路组成一个较完整的电动机控制中心，以实现电动机的软启动、软停机、故障保护、报警、自动控制等功能。该控制中心还具有运行和故障状态监视，接触器操作次数、电动机运行时间和触头弹跳监视等辅助功能。另外，其可以附加通信单元、图形显示操作单元和编程器单元等，并能直接与通信总线联网。

1. 软启动器与旁路接触器

软启动器可以实现软启动、软停机，但软启动器并不需要一直运行。集成的旁路接触器在电动机达到正常运行速度之后启用，将电动机连到线路上，这时软启动器就可以关闭了。在图 1－5－23 所示电路中，在软启动器两端并联接触器 KM，当电动机软启动结束后，KM 闭合，工作电流将通过 KM 送至电动机。若要求电动机软停机，发出停机信号后，先将 KM 分断，再由软启动器对电动机进行软停机。

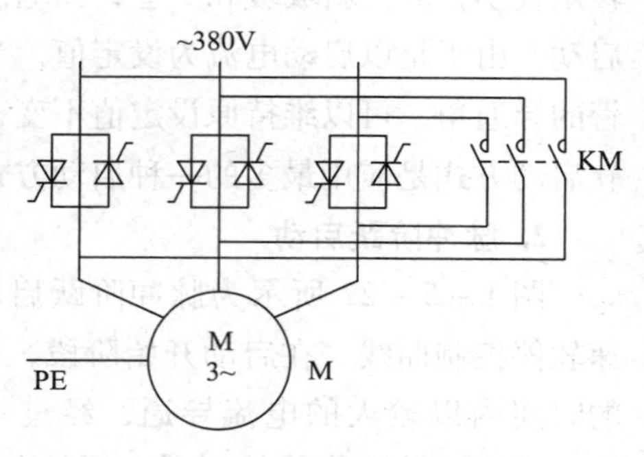

图 1－5－23　软启动器主电路图

该电路有以下优点。

（1）在电动机运行时可以避免软启动器产生的谐波。

（2）软启动器仅在启动、停机时工作，可以避免长期运行使晶闸管发热，以降低晶闸管的热损耗，延长软启动器的使用寿命。

（3）一旦软启动器发生故障，可由旁路接触器暂时替代软启动器应急使用。

2. 用单台软启动器启动多台电动机

在有多台电动机需要启动的场合，最理想的方案是每台电动机都单独安装一台软启动器，这样既方便控制，又能充分发挥软启动器的故障检测等功能。但在一些情况下，可用一台软启动器对多台电动机进行软启动，以节约资金投入。图 1－5－24 所示就是用一台软启动器分别控制两台电动机启动和停止的控制线路。

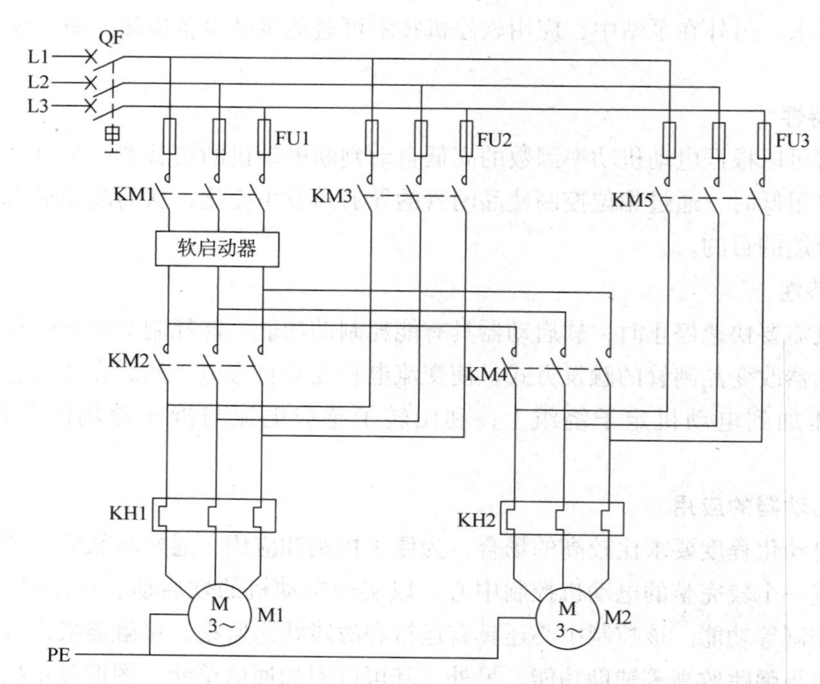

图 1－5－24　用一台软启动器分别控制两台电动机启动和停止的控制线路

任务实施

一、工具、仪表及器材准备

参照表 1－5－13 选配工具、仪表和器材，并进行质量检验。

表 1－5－13　　主要工具、仪表及器材

工具	验电笔、螺钉旋具、钢丝钳、尖嘴钳、斜口钳、剥线钳、电工刀等电工常用工具				
仪表	MF47 型万用表、ZC25－3 型兆欧表、MG3－1 型钳形电流表				
器材	代号	名称	型号	规格	数量
	M	三相异步电动机	Y132M－4	7.5 kW、380 V、15.4 A、三角形联结、1 440 r/min	1 台
	QF	断路器	DZ47－60/3P/D20	三极复式脱扣器、400 V、额定电流 20 A	1 只
	KM	旁路接触器	CJX4－25	20 A、线圈电压 380 V	3 只
	CMC－L	软启动器	CMC－L008－3	额定电流 18 A、额定电压 380 V	1 台
	TA1	电流互感器		50/5	1 台
		一次线规格（铜线）		6 mm^2	若干

二、熟悉 CMC－L 系列软启动器的型号含义及使用条件

1. CMC－L 系列软启动器的型号含义

CMC－L 系列软启动器的型号含义如下。

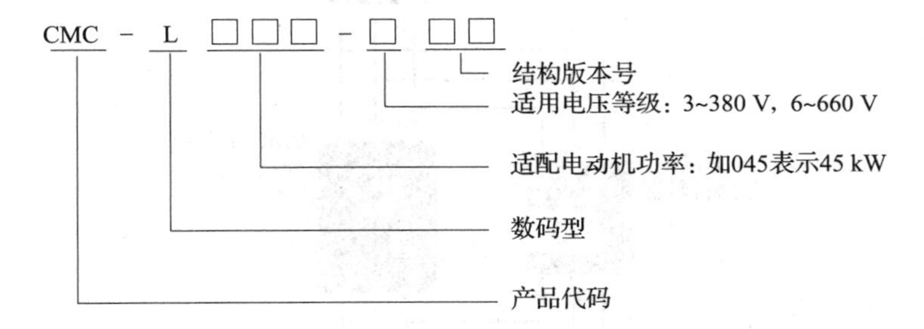

2. CMC－L 系列软启动器的使用条件

CMC－L 系列软启动器的使用条件见表 1－5－14。

表 1－5－14　　CMC－L 系列软启动器的使用条件

控制电源	AC 110～220 V（1＋15%），50 Hz
三相电源	AC 380 V、660 V、1 140 V（1±30%），50 Hz
标称电流	15～1 000 A，共 22 种额定值
适用电动机	一般笼型异步电动机
启动斜坡方式	限流启动、电压斜坡启动、电压斜坡＋限流启动
停机方式	自由停机、软停机
逻辑输入	阻抗 1.8 kΩ，电源＋15 V
启动频度	可频繁或不频繁启动，建议每小时启动次数不超过 10 次

续表

保护功能	断相、过流、短路、过热等
防护等级	IP00、IP20
冷却方式	自然冷却或强迫风冷
安装方式	壁挂式（垂直安装）
环境条件	海拔超过 2 000 m，应相应降低容量使用 环境温度 -25 ~ +45 ℃ 相对湿度不超过 95%（20 ℃ ±5 ℃） 无易燃、易爆、腐蚀性气体，无导电尘埃，室内安装，通风良好，振动小于 0.5g

三、熟悉 CMC－L 系列软启动器的电路连接

1. CMC－L 系列软启动器基本接线示意图

CMC－L 系列软启动器基本接线示意图如图 1－5－25 所示。

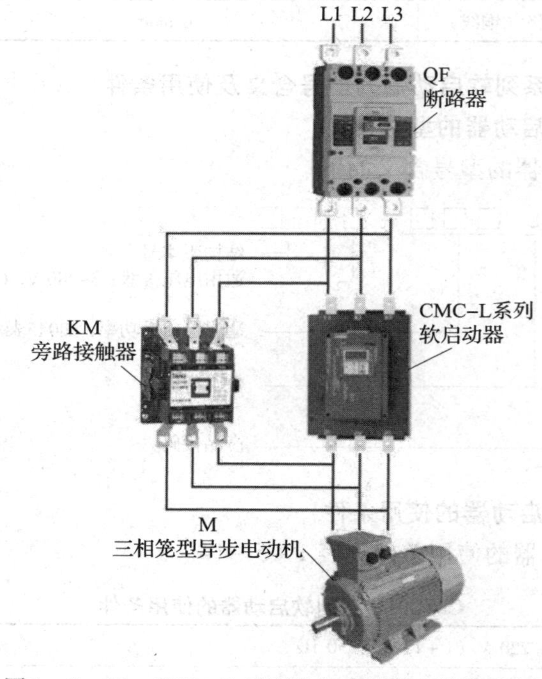

图 1－5－25　CMC－L 系列软启动器基本接线示意图

2. CMC－L 系列软启动器基本接线原理图

CMC－L 系列软启动器基本接线原理图如图 1－5－26 所示。

（1）主电路接线

软启动器主电路端子 1L1、3L2、5L3 接三相电源，2T1、4T2、6T3 接三相电动机。当采用旁路接触器时，可通过内置信号继电器控制旁路接触器，如图 1－5－27 所示。

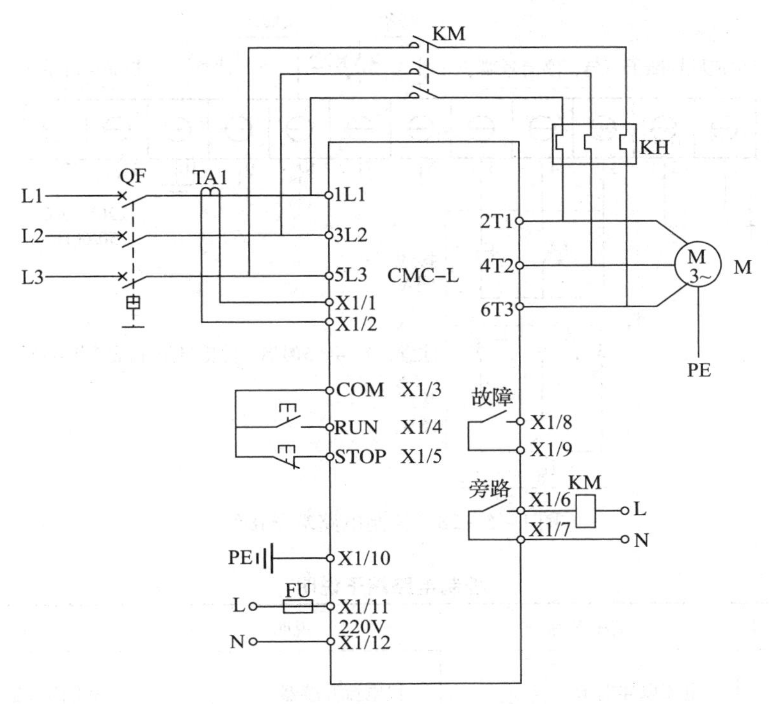

图 1－5－26　CMC－L 系列软启动器基本接线原理图

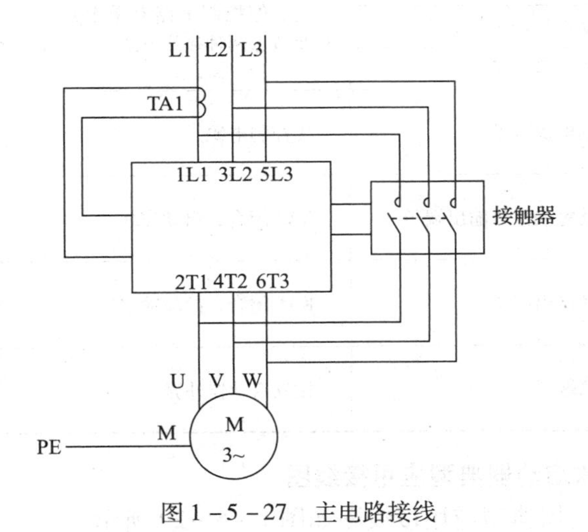

图 1－5－27　主电路接线

（2）控制电路接线

CMC－L 系列软启动器有 12 个外接控制端子，为用户实现外部信号控制、远程控制及系统控制提供方便。控制电路端子接线如图 1－5－28 所示。控制电路端子说明见表 1－5－15。

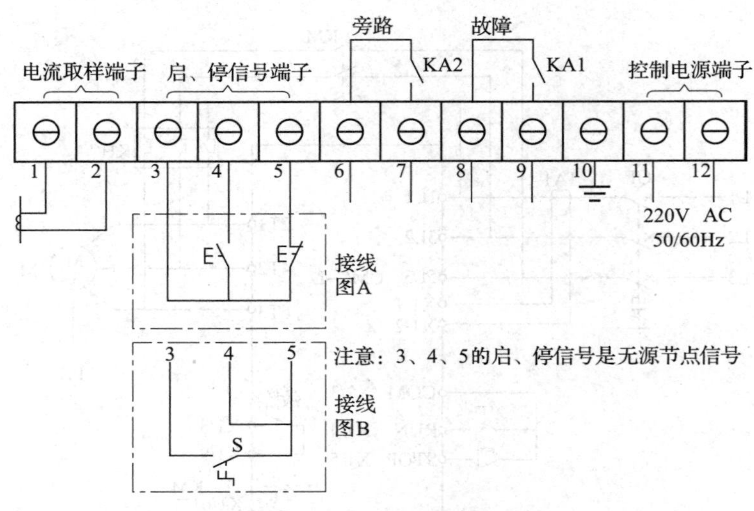

图 1－5－28　控制电路端子接线

表 1－5－15　**控制电路端子说明**

	端子序号	端子名称	说明	技术参数
输入端子	1	电流取样端子	接电流互感器	参考附件选用
	2			
	3	启、停信号公共端子	启、停控制电路有单节点和双节点两种接线方式	双节点：接线图 A 单节点：接线图 B
	4	启动信号端子		
	5	停止信号端子		
	11	控制电源端子	接控制电源	AC 220 V（1 ± 15%），50/60 Hz
	12			
输出端子	6	启动完成信号输出端子	KA2 闭合，启动完成	无源节点
	7			
	8	故障输出端子	KA1 闭合，故障输出	无源节点
	9			
	10	接地端子	接软启动器外壳	接地电缆截面积：1.5 ~ 2.5 mm^2

3. CMC－L 系列软启动器典型应用接线图

CMC－L 系列软启动器典型应用接线图如图 1－5－29 所示。

要点提示

（1）图 1－5－29 所示为单节点控制方式。节点闭合，软启动器启动，节点打开，软启动器停止。但要注意这种接线对 LED 面板启动操作无效。

（2）PE 接地线应尽可能短，接于距软启动器最近的接地点，合适的接地点应位于安装板上紧靠软启动器处，安装板也应接地，此处的接地为功能接地，不是保护接地。

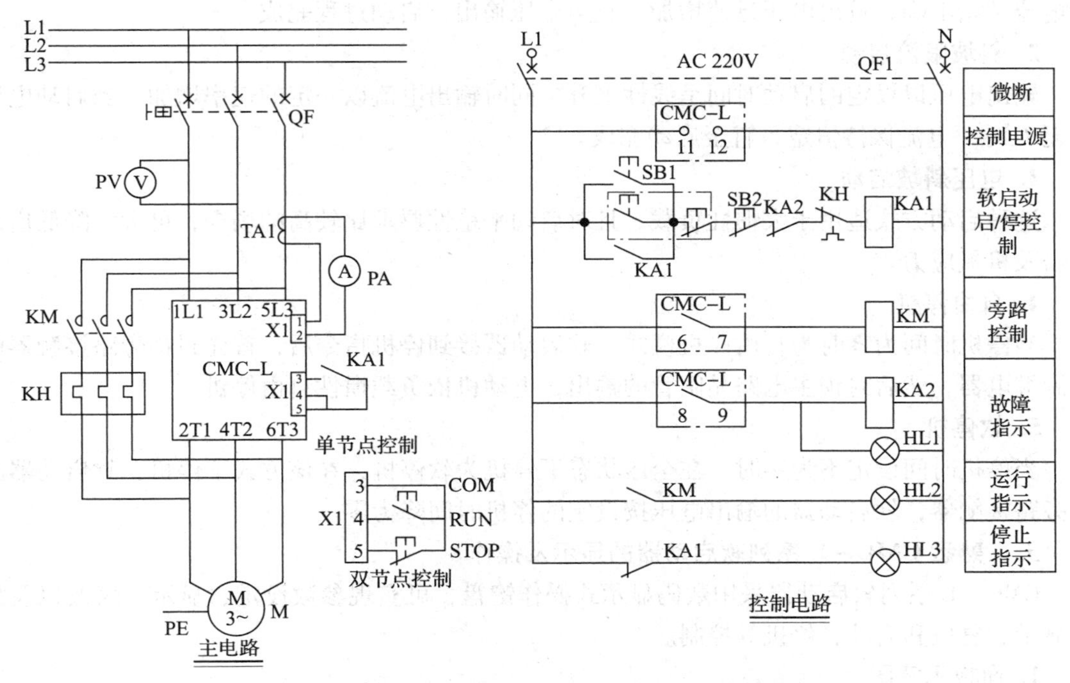

图 1－5－29　CMC－L 系列软启动器典型应用接线图

（3）电流互感器二次侧导线的截面积应不小于 2 mm^2。

四、熟悉 CMC－L 系列软启动器的控制模式

CMC－L 系列软启动器有多种启动方式：限流启动、斜坡限流启动、电压斜坡启动；有多种停机方式：自由停机、软停机。用户可根据负载不同及具体使用条件选择不同的启动方式和停机方式。软启/软停电压（电流）特性曲线如图 1－5－30 所示。

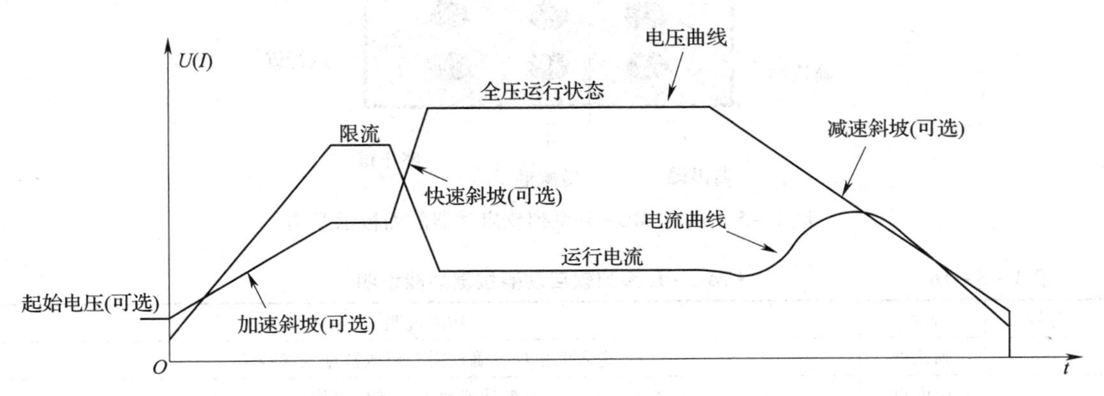

图 1－5－30　软启/软停电压（电流）特性曲线

1. 限流启动

使用限流软启动模式时，启动时间设置为零，软启动器接到启动指令后，其输出电压迅速增加，直至输出电流达到设定值 I_m，输出电流不再增大，电动机运转加速持续一段时间

后电流开始下降，输出电压迅速增加，直至全压输出，启动过程完成。

2. 斜坡限流启动

输出电压以设定的启动时间呈线性上升，同时输出电流以一定的速率增加，当启动电流增至 I_m 时，电流保持恒定，直至启动完成。

3. 电压斜坡启动

这种启动方式适用于大惯性负载，且对启动平稳性要求比较高的场合，可大大降低启动冲击及机械应力。

4. 自由停机

当停机时间为零时为自由停机模式，软启动器接到停机指令后，首先封锁旁路接触器的控制继电器，然后封锁主电路晶闸管的输出，电动机依负载惯性自由停机。

5. 软停机

当停机时间设定不为零时，在全压状态下停机为软停机，在该方式下停机，软启动器断开旁路接触器，软启动器的输出电压按设定的停机时间降为零。

五、熟悉 CMC－L 系列软启动器的显示及操作

CMC－L 系列软启动器采用数码显示式操作键盘，可实现参数设定、显示、修改以及故障显示、复位和启动、停机等控制。

1. 面板示意图

CMC－L 系列软启动器的面板示意图如图 1－5－31 所示，各按键功能说明见表 1－5－16。

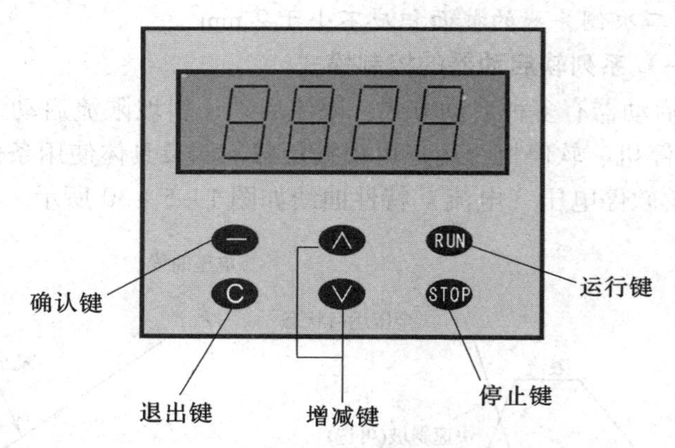

图 1－5－31　CMC－L 系列软启动器的面板示意图

表 1－5－16　**CMC－L 系列软启动器按键功能说明**

符号	名称	功能说明
—	确认键	进入菜单项，确认需要修改数据的参数项
∧	递增键	参数项或数据的递增操作
∨	递减键	参数项或数据的递减操作
C	退出键	确认修改的参数或数据并退出参数项，退出参数菜单
RUN	运行键	键操作有效时，用于运行操作，并且端子排 X1 的 3、5 端子短接
STOP	停止键	键操作有效时，用于停止操作，故障状态下按 STOP 键 4 s 以上可复位当前故障

2. 显示状态说明

CMC－L 系列软启动器显示状态说明见表 1－5－17。

表 1－5－17　　CMC－L 系列软启动器显示状态说明

序号	显示	状态说明	备注
1	STOP	停止状态	设备处于停止状态
2	P020	编程状态	此时可阅览和设定参数
3	AUA	运行状态 1	设备处于软启动状态
4	AUA	运行状态 2	设备处于全压工作状态
5	AUA	运行状态 3	设备处于软停机状态
6	Err 1	故障状态	设备处于故障状态

3. 键盘操作、参数设定及操作说明

（1）键盘操作

当软启动器通电后，即进入启动准备状态，键盘显示STOP，此时按—键进入编程状态。软启动器在编程状态下可进行以下两种操作：参数阅览和参数设定，当显示参数前两位处于闪烁状态时是参数阅览状态，后两位处于闪烁状态时是参数设定状态。

在参数阅览状态下，按∧或∨键可进行参数阅览；按—键进入参数设定状态，按∧或∨键可进行参数设定及修改。按C键退出本级菜单并返回上一级菜单。

（2）参数设定及操作说明

参数显示有四位，前两位是参数项，后两位是参数值。参数设定及操作说明见表 1－5－18。

表 1－5－18　　参数设定及操作说明

序号	显示	参数设定	操作说明	出厂值
1	P020	启动电压 （10%～70%）U_e，16 级可调 设为 99% 时为全压启动	★在参数设定状态下，按∧或∨键可修改启动电压的大小	20%
2	P110	启动时间 0～60 s，16 级可调 选择 0 s 为电流限幅软启动	★在参数设定状态下，按∧或∨键可修改启动时间	10

续表

序号	显示	参数设定	操作说明	出厂值
3	P200	停机时间 0～60 s，16 级可调 选择 0 s 为自由停机	★在参数设定状态下，按 ∧ 或 ∨ 键可修改停机时间	0
4	P330	电流限幅倍数 (1.5～5) I_e，16 级可调	★在参数设定状态下，按 ∧ 或 ∨ 键可修改电流限幅倍数	3
5	P415	运行过流保护值 (1.5～5) I_e，8 级可调	★在参数设定状态下，按 ∧ 或 ∨ 键可修改运行过流保护值	1.5
6	P500	未定义参数		
7	P6 2	控制方式选择 0—接线端子控制 1—操作键盘控制 2—键盘、端子同时控制	★在参数设定状态下，按 ∧ 或 ∨ 键可选择控制方式	2
8	P7 0	SCR 保护选择 0—允许 SCR 保护 1—禁止 SCR 保护	★在参数设定状态下，按 ∧ 或 ∨ 键可选择是否用晶闸管保护	0
9	P800	双斜坡启动选择 0—双斜坡启动无效 非 0—双斜坡启动有效 设定值为第一次的启动时间 （范围：0～60 s）	★在参数设定状态下，按 ∧ 或 ∨ 键可选择是否用双斜坡启动	0

注：在停止状态下参数设定有效；U_e 和 I_e 分别为额定电压和额定电流。

要点提示

参数 P1 启动时间的长短可决定在什么时间内将启动转矩升高到最终转矩。当启动时间较长时，就会在电动机启动过程中产生较小的加速转矩，这样就可实现较长时间的电动机软加速。这里的启动时间表示转速变化的速率，并不完全等同于电动机正常的启动时间。应适当选择启动时间的长短，使电动机能够进行软加速，直到达到其额定转速。如设定的加速时间比电动机加速到额定转速所需的时间短，就会在一定的时间内将转矩限制到所设置的极限转矩。

六、CMC－L 系列软启动器的故障分析与排除

1. 故障分析

当软启动器保护功能动作时，软启动器立即停机，显示屏显示当前故障。用户可根据故障内容进行故障分析。显示 Err3 表示机器处于故障状态，后缀数字表示故障号。CMC－L 系列软启动器故障说明及排除方法见表 1－5－19。

表 1－5－19　　CMC－L 系列软启动器故障说明及排除方法

显示	故障说明	排除方法
STOP	软启动器处于待机状态	（1）检查旁路接触器是否卡在闭合位置上 （2）检查各晶闸管是否被击穿
	给出启动信号但电动机无反应	（1）检查端子 3、4、5 是否接通 （2）检查控制电路连接是否正确，控制开关是否正常 （3）检查控制电源电压是否过低
无显示	—	（1）检查端子 11 和 12 是否接通 （2）检查控制电源是否正常
Err1	电动机启动时缺相	检查三相电源各相电压，判断是否缺相并予以排除
Err2	晶闸管温度过高	（1）检查软启动器的安装环境是否通风良好且软启动器是否垂直安装 （2）软启动器是否被阳光直射 （3）检查散热器是否过热或过热保护开关是否被断开 （4）降低启动频次 （5）检查控制电源电压是否过低
Err3	启动失败故障	（1）逐一检查各项工作参数的设定值，核实设置的参数值与电动机的实际参数是否匹配 （2）启动失败（80 s 未完成启动），检查限流倍数是否设定得过小或核对电流互感器变比的正确性
Err4	软启动器输入与输出端短路	（1）检查旁路接触器是否卡在闭合位置上 （2）检查晶闸管是否被击穿
	电动机连接线开路（P7 设置为 0）	（1）检查软启动器输出端与电动机是否正确且可靠连接 （2）检查电动机内部是否开路 （3）检查晶闸管是否被击穿 （4）检查进线是否缺相
Err5	限流功能失效	（1）检查电流互感器是否接到端子 1、2 上 （2）查看限流保护设置是否正确 （3）检查电流互感器电流的变化是否与电动机匹配
	电动机运行过流	（1）检查软启动器输出端连接是否有短路现象 （2）检查电动机是否过载或短路 （3）检查电动机电路是否缺相 （4）检查电流互感器电流的变化是否与电动机匹配

2. 故障排除

由于故障具有记忆性，所以在故障排除后，通过按 STOP 键（长按 4 s 以上）进行复位，使软启动器恢复到启动准备状态。

七、CMC－L 系列软启动器的日常维护

1. 除尘

如果灰尘太多，将降低软启动器的绝缘等级，可能使软启动器不能正常工作，除尘主要有以下两种方法。

（1）用清洁、干燥的毛刷轻轻刷去灰尘。

（2）用压缩空气吹去灰尘。

2. 除露

如果结露，将降低软启动器的绝缘等级，可能使软启动器不能正常工作，除露主要有以下两种方法。

（1）用吹风机或电炉吹干。

（2）配电间去湿。

3. 检查元件的完好性和冷却通道的畅通性

定期检查元件是否完好，是否能正常工作。检查软启动器的冷却通道，确保其不被污物和灰尘堵塞。

要点提示

维护和检查必须在切断软启动器进线侧所有电源之后进行。

八、附表说明

软启动器型号及附件选用见表 1－5－20，不同应用的基本设置见表 1－5－21。

表 1－5－20　软启动器型号及附件选用

适配电动机/kW	软启动器型号	额定电流/A	旁路接触器型号	电流互感器	一次线规格（铜线）
7.5	CMC－008－3	18	CJX4－25	50/5	6 mm^2
11	CMC－011－3	24	CJX4－32	50/5	10 mm^2
15	CMC－015－3	30	CJX4－32	100/5	16 mm^2
18.5	CMC－018－3	39	CJX4－40	100/5	16 mm^2
22	CMC－022－3	45	CJX4－50	100/5	16 mm^2
30	CMC－030－3	60	CJX4－63	100/5	25 mm^2
37	CMC－037－3	76	CJX4－80	200/5	25 mm^2
45	CMC－045－3	90	CJX4－95	200/5	35 mm^2
55	CMC－055－3	110	CJX4－115F	300/5	50 mm^2
75	CMC－075－3	150	CJX4－150F	300/5	70 mm^2
90	CMC－090－3	180	CJX4－185F	400/5	20 mm×3 mm 铜排
110	CMC－110－3	218	CJX4－225F	500/5	20 mm×3 mm 铜排
132	CMC－132－3	260	CJX4－265F	500/5	25 mm×3 mm 铜排
160	CMC－160－3	320	CJX4－330F	600/5	30 mm×3 mm 铜排
185	CMC－185－3	370	CJX4－400F	600/5	30 mm×4 mm 铜排
220	CMC－220－3	440	CJX4－500F	800/5	30 mm×4 mm 铜排
250	CMC－250－3	500	CJX4－500F	1 000/5	40 mm×4 mm 铜排
280	CMC－280－3	560	CJX4－630F	1 000/5	40 mm×4 mm 铜排
315	CMC－315－3	630	CJX4－630F	1 500/5	40 mm×5 mm 铜排
400	CMC－400－3	780	JWCJ20－800	1 500/5	50 mm×5 mm 铜排

续表

适配电动机/kW	软启动器型号	额定电流/A	旁路接触器型号	电流互感器	一次线规格（铜线）
470	CMC－470－3	920	JWCJ20－1000	1 500/5	50 mm×5 mm 铜排
530	CMC－530－3	1 000	JWCJ20－1000	1 500/5	50 mm×6 mm 铜排

表 1－5－21　不同应用的基本设置（以下设置仅供参考）

负载种类	初始电压占比/%	启动斜坡时间/s	停止斜坡时间/s	电流限制/A
船用推进器	20	10	0	2.5
离心风机	15	20	0	3.5
离心泵	20	6	6	3
活塞式压缩机	20	15	0	3
提升机械	30	15	6	3.5
搅拌机	40	15	0	3.5
破碎机	30	15	6	3.5
螺旋压缩机	20	15	0	3.5
螺旋传送带	15	10	6	3.5
空载电动机	20	10	0	2.5
传送带	20	15	10	3.5
热泵	20	15	6	3
自动扶梯	20	10	0	3
气泵	20	10	0	2.5

课题六　三相笼型异步电动机制动控制线路的安装与维修

任务 1　电磁抱闸制动器制动控制线路的安装与维修

任务目标

1. 熟悉电磁抱闸制动器的基本结构、工作原理及型号含义，熟记其图形符号和文字符号。

2. 熟悉电磁离合器的基本结构和制动原理。

3. 能识读并分析电磁抱闸制动器制动控制线路的构成和工作原理，并能正确进行安装与维修。

工作任务

电动机断开电源以后，由于惯性作用不会马上停止转动，而是需要转动一段时间才会完全停下来，这种情况对于某些生产机械是不适宜的。例如，20/5 t 桥式起重机的主钩、副钩、大车、小车均采用电磁抱闸制动以保证其能准确定位；X62W 型万能铣床的主轴电动机则采用电磁离合器制动以实现准确停机；T68 型卧式镗床的主轴电动机采用的是反接制动。可见，为满足生产机械的这种准确定位或停机的控制要求，就需要对电动机进行制动。

所谓制动，就是给电动机一个与转动方向相反的转矩使它迅速停转（或限制其转速）。制动的方法一般有机械制动和电力制动两类。

本次的工作任务是安装与维修电磁抱闸制动器断电制动控制线路，其电路图如图 1－6－1 所示。

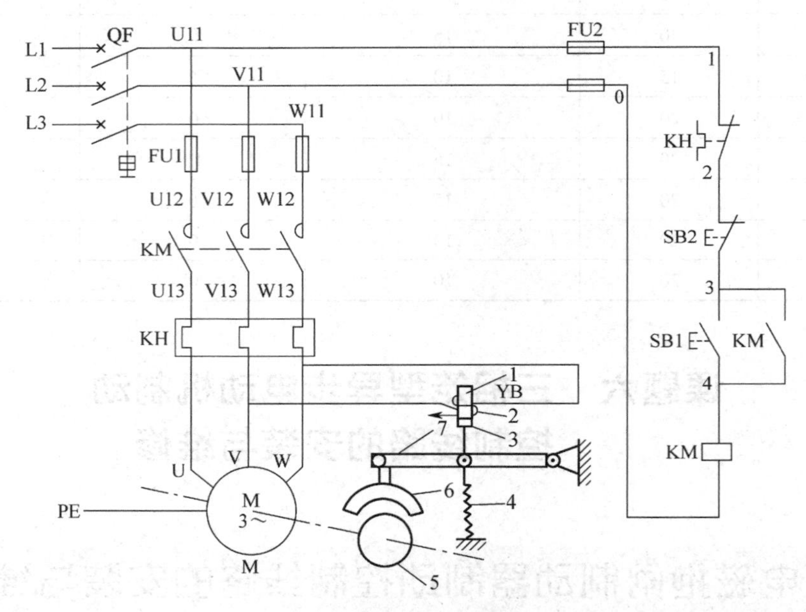

图 1－6－1　电磁抱闸制动器断电制动控制线路电路图

1—铁芯　2—线圈　3—衔铁　4—弹簧　5—闸轮　6—闸瓦　7—杠杆

相关知识

利用机械装置使电动机断开电源后迅速停转的制动方式叫作机械制动。机械制动常用的方法有电磁抱闸制动器制动和电磁离合器制动。两者的制动原理类似，控制线路也基本相同。下面以电磁抱闸制动器为例，介绍机械制动的制动原理和控制线路。

一、电磁抱闸制动器

图 1－6－2 所示为常用的制动电磁铁与闸瓦制动器，它们配合使用共同组成电磁抱闸制动器，配用方案见表 1－6－1。

a)

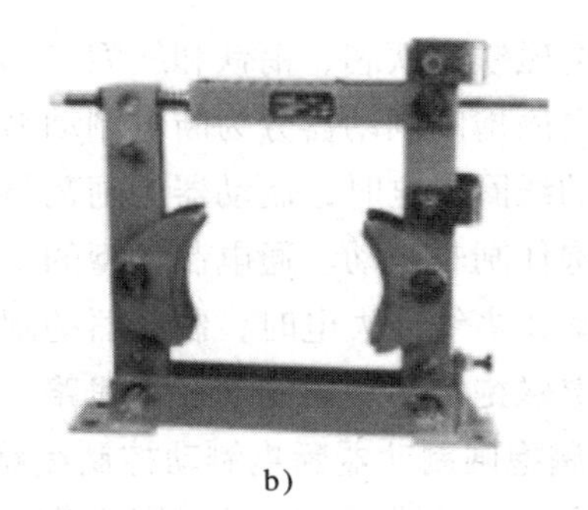

b)

图 1－6－2　制动电磁铁与闸瓦制动器

a）MZD1 系列交流单相制动电磁铁　b）TJ2 系列闸瓦制动器

表 1－6－1　TJ2 系列闸瓦制动器与 MZD1 系列交流单相制动电磁铁的配用方案

制动器型号	制动力矩/（N·m）		闸瓦退距/mm（正常/最大）	调整杆行程/mm（开始/最大）	电磁铁型号	电磁铁转矩/（N·m）	
	通电持续率为25%或40%	通电持续率为100%				通电持续率为25%或40%	通电持续率为100%
TJ2－100	20	10	0.4/0.6	2/3	MZD1－100	5.5	3
TJ2－200	160	80	0.5/0.8	2.5/3.8	MZD1－200	40	20
TJ2－300	500	200	0.7/1	3/4.4	MZD1－300	100	40

电磁铁和制动器的型号含义如下。

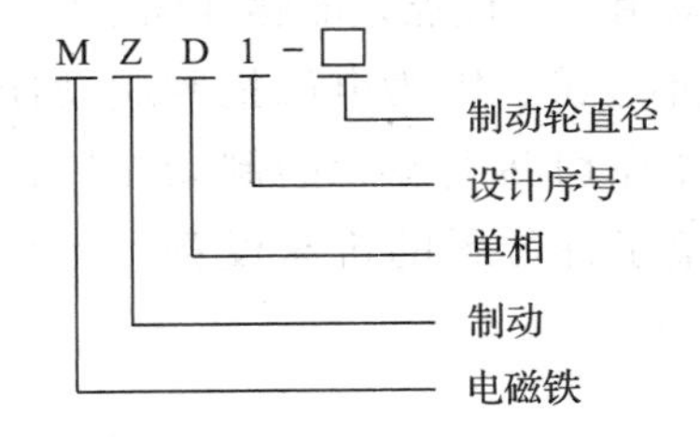

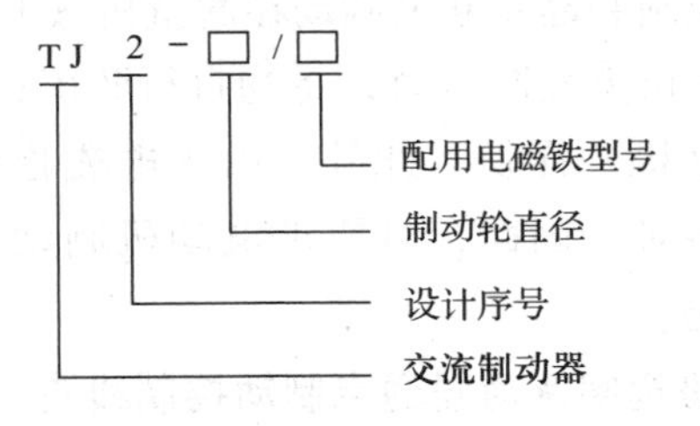

电磁抱闸制动器的结构如图 1－6－3a 所示，符号如图 1－6－3b 所示。

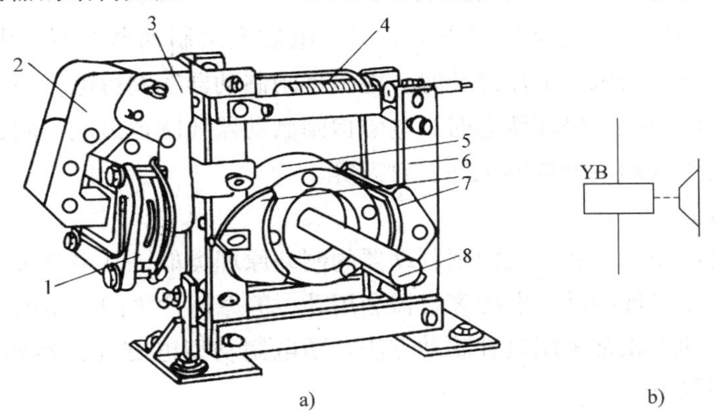

a)　　b)

图 1－6－3　电磁抱闸制动器

a）结构　b）符号

1—线圈　2—衔铁　3—铁芯　4—弹簧　5—闸轮　6—杠杆　7—闸瓦　8—轴

制动电磁铁由铁芯、衔铁和线圈三部分组成。闸瓦制动器包括闸轮、闸瓦、杠杆和弹簧等部分。电磁抱闸制动器分为断电制动型和通电制动型两种。断电制动型的工作原理：当制动电磁铁的线圈得电时，制动器的闸瓦与闸轮分开，无制动作用；当线圈失电时，制动器的闸瓦紧紧抱住闸轮制动。通电制动型的工作原理：当制动电磁铁的线圈得电时，闸瓦紧紧抱住闸轮制动；当线圈失电时，制动器的闸瓦与闸轮分开，无制动作用。

二、电磁抱闸制动器制动控制线路

1. 电磁抱闸制动器断电制动控制线路

电磁抱闸制动器断电制动控制线路电路图如图 1－6－1 所示。

线路工作原理如下。

（1）启动运转

合上电源开关 QF，按下启动按钮 SB1，接触器 KM 线圈得电，其自锁触头和主触头闭合，电动机 M 接通电源，同时电磁抱闸制动器线圈得电，衔铁与铁芯吸合，衔铁克服弹簧拉力，迫使制动杠杆向上移动，从而使制动器的闸瓦与闸轮分开，电动机正常运转。

（2）制动停转

按下停止按钮 SB2，接触器 KM 线圈失电，其自锁触头和主触头分断，电动机 M 失电，同时电磁抱闸制动器线圈失电，衔铁与铁芯分开，在弹簧拉力的作用下，制动器的闸瓦紧紧抱住闸轮，使电动机被迅速制动而停转。

电磁抱闸制动器断电制动在起重机械上被广泛采用，其优点是能够准确定位，同时可以防止当电动机突然断电时，重物自行坠落；缺点是不经济，因为电磁抱闸制动器线圈耗电时间与电动机一样长。此外，由于电磁抱闸制动器在切断电源后的制动作用，使手动调整工件很困难，因此，对要求电动机制动后能调整工件位置的机床设备，可采用通电制动控制线路。

2. 电磁抱闸制动器通电制动控制线路

电磁抱闸制动器通电制动控制线路电路图如图 1－6－4 所示。这种通电制动方法与上述断电制动方法稍有不同。当电动机得电运转时，电磁抱闸制动器线圈失电，闸瓦与闸轮分开，无制动作用；当电动机失电需停转时，电磁抱闸制动器线圈得电，使闸瓦紧紧抱住闸轮制动；当电动机长时间处于停转状态时，电磁抱闸制动器线圈也无电，闸瓦与闸轮分开，这样操作人员可以用手扳动主轴调整工件、对刀等。

三、电磁离合器

电磁离合器的制动原理和电磁抱闸制动器的制动原理类似，其主要区别是电磁抱闸制动器利用闸瓦抱住闸轮实现制动，电磁离合器利用动、静摩擦片之间产生的足够大的摩擦力实现制动，电动葫芦的绳轮常采用这种制动方法。断电制动型电磁离合器如图 1－6－5 所示。其结构及制动原理如下。

1. 结构

电磁离合器主要由制动电磁铁（包括动铁芯、静铁芯和励磁线圈）、静摩擦片、动摩擦片以及制动弹簧等组成。电磁铁的静铁芯靠导向轴（图 1－6－5 中未画出）连接在电动葫

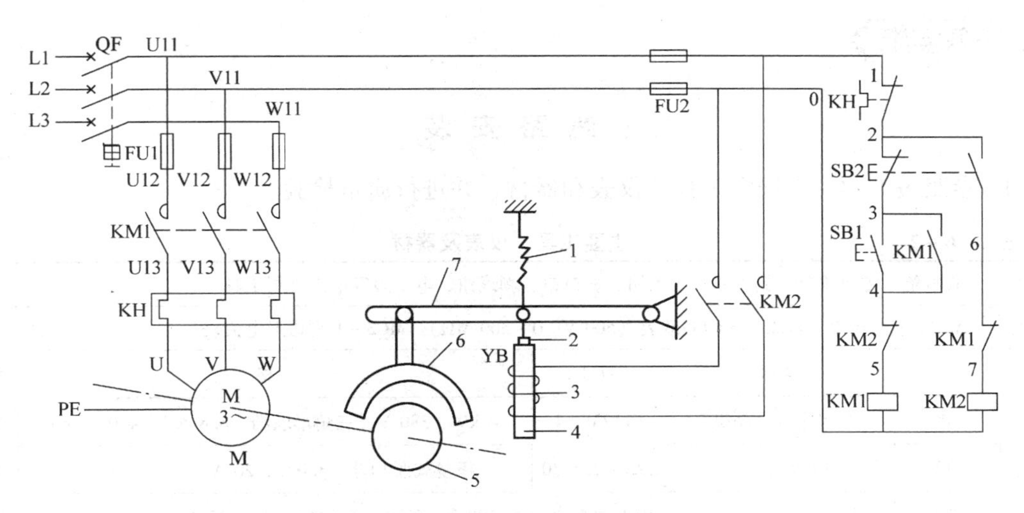

图 1－6－4　电磁抱闸制动器通电制动控制线路电路图

1—弹簧　2—衔铁　3—线圈　4—铁芯　5—闸轮　6—闸瓦　7—杠杆

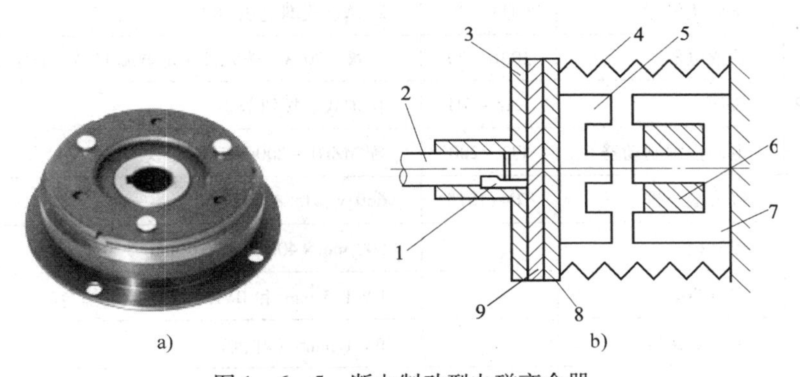

图 1－6－5　断电制动型电磁离合器

a）外形　b）结构示意图

1—键　2—绳轮轴　3—连接法兰　4—制动弹簧

5—动铁芯　6—励磁线圈　7—静铁芯　8—静摩擦片　9—动摩擦片

芦本体上，动铁芯与静摩擦片固定在一起，且只能做轴向移动而不能绕轴转动。动摩擦片通过连接法兰与绳轮轴（与电动机共轴）由键固定在一起，可随电动机一起转动。

2. 制动原理

当电动机静止时，励磁线圈无电，制动弹簧将静摩擦片紧紧地压在动摩擦片上，此时电动机通过绳轮轴被制动。当电动机通电运转时，励磁线圈也同时得电，电磁铁的动铁芯被静铁芯吸合，使静摩擦片与动摩擦片分开，于是，动摩擦片连同绳轮轴在电动机的带动下正常启动运转。当切断电动机电源时，励磁线圈也同时失电，制动弹簧立即将静摩擦片连同动铁芯推向转动着的动摩擦片，强大的弹簧张力迫使动、静摩擦片之间产生足够大的摩擦力，使电动机断电后立即受到制动停转。电磁离合器的制动控制线路电路图与图 1－6－1 所示线路电路图基本相同，读者可自行画出并进行分析。

任务实施

线路安装

1. 参照表 1－6－2 选配工具、仪表和器材，并进行质量检验。

表 1－6－2　主要工具、仪表及器材

工具	验电笔、螺钉旋具、钢丝钳、尖嘴钳、斜口钳、剥线钳、电工刀等电工常用工具				
仪表	MF47 型万用表、ZC25－3 型兆欧表（500 V、0～500 MΩ）、MG3－1 型钳形电流表				
器材	代号	名称	型号	规格	数量
	M	三相异步电动机	Y112M－4	4 kW、380 V、三角形联结、8.8 A、1 440 r/min	1 台
	QF	低压断路器	DZ5－20/330	三极复式脱扣器、380 V、20 A	1 只
	FU1	熔断器	RL1－60/25	500 V、60 A、熔体额定电流 25 A	3 只
	FU2	熔断器	RL1－15/2	500 V、15 A、熔体额定电流 2 A	2 只
	KM	交流接触器	CJT1－20	20 A、线圈电压 380 V	1 只
	KH	热继电器	JR36－20	三极、20 A、热元件额定电流 11 A、整定电流 8.8 A	1 只
	SB1、SB2	按钮	LA4－3H	保护式、按钮数 3	1 个
	YB	电磁抱闸制动器	TJ2－200	配 MZD1－200 制动电磁铁	1 台
	XT	接线端子排	TD－1515	660 V、15 A、15 节	1 条
		控制板		500 mm×400 mm×20 mm	1 块
		主电路线		BV 1.5 mm^2 和 BVR 1.5 mm^2（黑色）	若干
		控制电路线		BV 1 mm^2（红色）	若干
		按钮线		BVR 0.75 mm^2（红色）	若干
		接地线		BVR 1.5 mm^2（黄绿双色）	若干
		紧固体和编码套管等			若干

2. 参照课题一中的任务 4 自编安装步骤，熟悉安装工艺要求，经指导教师审查合格后进行安装。安装注意事项如下。

（1）电磁抱闸制动器必须与电动机一起安装在固定的底座或座墩上，其地脚螺栓必须拧紧，且有防松措施。电动机轴伸出端上的制动闸轮，必须与闸瓦制动器的抱闸机构在同一平面上，而且轴心要一致。

（2）安装好电磁抱闸制动器后，必须在切断电源的情况下先对其进行粗调，然后在通电试运行时再对其进行微调。粗调时以在断电状态下用外力转不动电动机的转轴，而当用外力将制动电磁铁吸合后，电动机转轴能自由转动为合格；微调时以在通电带负载运行状态下，电动机转动自如，闸瓦与闸轮不摩擦、不过热，断电时又能立即制动为合格。

（3）通电试运行时，必须有指导教师在现场监护，同时要做到安全文明生产。

线 路 维 修

一、故障设置

断开电源后在图 1－6－1 所示线路中人为设置电气自然故障两处。

二、故障检修

电磁抱闸制动器断电制动控制线路的故障现象、可能原因及处理方法见表 1－6－3，其他故障可参照课题一中的任务 4、任务 5 进行检修。

表 1－6－3　电磁抱闸制动器断电制动控制线路的故障现象、可能原因及处理方法

故障现象	可能原因	处理方法
电动机启动后，电磁抱闸制动器闸瓦与闸轮过热	闸瓦与闸轮的间距未调好，间距有可能太小，造成闸瓦与闸轮之间摩擦过热	检查闸瓦与闸轮的间距，调整后启动电动机一段时间，待停机后再检查闸瓦与闸轮过热现象是否消除
电动机断电后不能立即制动停转	闸瓦与闸轮的间距过大	检查闸瓦与闸轮的间距，调整后启动电动机，再停机检查制动情况
电动机堵转	电磁抱闸制动器的线圈损坏或连接线路断路，造成抱闸装置在通电时未松开	断开电源后，拆下电动机的连接线，用电阻法或校验灯法检查故障点

任务测评

评分标准见表 1－6－4。

表 1－6－4　评分标准

项目内容	配分	评分标准	扣分	得分
装前检查	10 分	电气元件、电动机漏检或错检　每处扣 2 分		
安装元件	20 分	（1）电磁抱闸制动器安装不牢固、松动　扣 15 分 地脚螺栓未拧紧或无防松措施　每只扣 10 分 （2）闸瓦与闸轮不在同一平面，或不同心　扣 10 分 （3）元件安装不牢固　每只扣 5 分 （4）元件安装不整齐、不匀称　每只扣 3 分 （5）损坏元件　每只扣 5～10 分		
布线	10 分	（1）不按电路图接线　扣 10 分 （2）布线不符合要求　每根扣 3 分 （3）接点松动、露铜过长、反圈等　每个扣 1 分 （4）损伤导线绝缘层或线芯　每根扣 5 分 （5）漏装或套错编码套管　每处扣 1 分 （6）漏接接地线　扣 10 分		
故障分析	10 分	（1）故障分析思路不正确　每处扣 5～10 分 （2）标错电路故障范围　每处扣 5 分		

续表

项目内容	配分	评分标准		扣分	得分
排除故障	30 分	（1）停电不验电 （2）工具及仪表使用不当 （3）排除故障的顺序不对 （4）不能查出故障点 （5）查出故障点，但不能排除 （6）产生新的故障： 不能排除 已经排除 （7）损坏电动机 （8）损坏电气元件	扣 5 分 每次扣 5 分 扣 5 分 每个扣 10 分 每个扣 5 分 每个扣 10 分 每个扣 5 分 扣 20 分 每只扣 5～20 分		
通电试运行	20 分	（1）不会调整电磁抱闸制动器 （2）电磁抱闸制动器调整不符合要求 （3）热继电器未整定或整定错误 （4）熔体规格选用不当 （5）第一次试运行不成功 第二次试运行不成功 第三次试运行不成功	扣 15 分 扣 10 分 扣 10 分 扣 5 分 扣 10 分 扣 15 分 扣 20 分		
安全文明生产	违反安全文明生产规程		扣 10～70 分		
定额时间：6 h	安装训练不允许超时，在修复故障过程中才允许超时		每超 1 min 扣 5 分		
备注	除定额时间外，各项内容的最高扣分应不超过配分		成绩		
开始时间		结束时间		实际时间	
指导教师：			年　月　日		

任务 2　单向启动反接制动控制线路的安装与维修

任务目标

1. 熟悉反接制动的原理。
2. 熟悉速度继电器的结构及原理，熟记它的图形符号和文字符号，并能正确选用。
3. 能识读并分析单向启动反接制动控制线路的构成和工作原理，并能正确进行安装与维修。

工作任务

任务 1 完成了机械制动控制线路的安装与维修，而在生产中，也有很多生产机械采用电力制动，如 T68 型卧式镗床的主轴电动机采用的反接制动就属于电力制动。

所谓电力制动，就是在电动机切断电源停转的过程中，产生一个和电动机实际旋转方向相反的电磁力矩（制动力矩），迫使电动机迅速制动停转。电力制动常用的方法有反接制动、能耗制动、电容制动和再生发电制动等。

本次的工作任务是安装与维修单向启动反接制动控制线路，其电路图如图 1－6－6 所示。

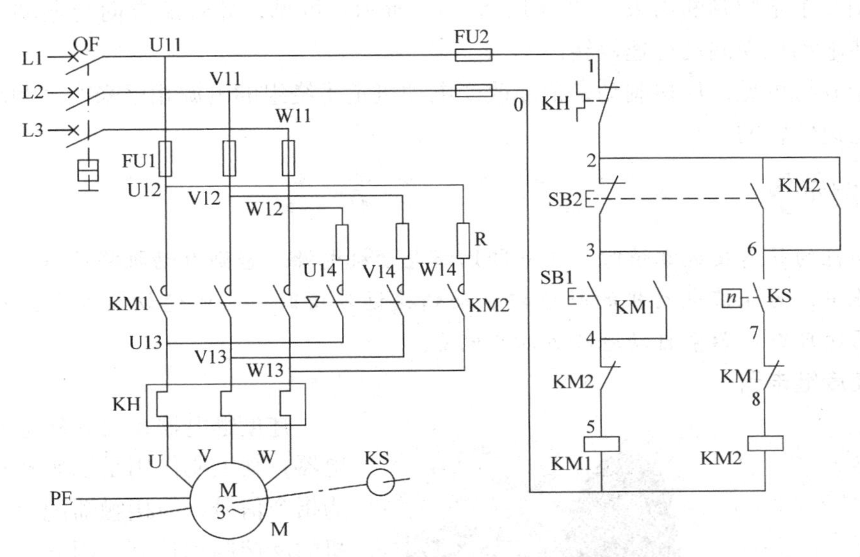

图 1－6－6　单向启动反接制动控制线路电路图

相关知识

一、反接制动的原理

在图 1－6－7a 所示电路中，当 QS 向上投合时，电动机定子绕组电源电压相序为 L1、L2、L3，电动机将沿旋转磁场方向（图 1－6－7b 中顺时针方向）以 $n < n_1$ 的转速正常运转。

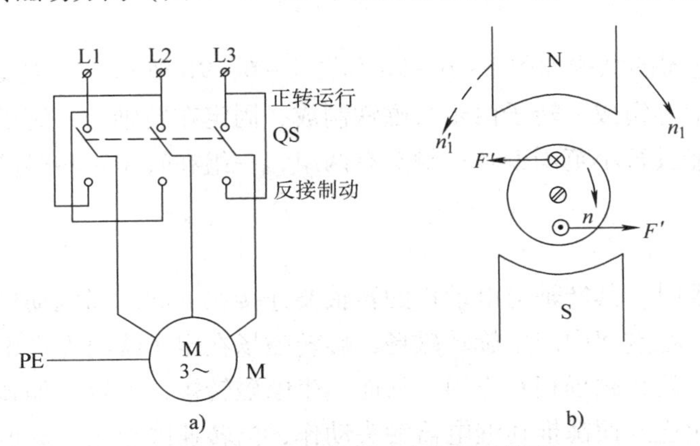

图 1－6－7　反接制动电路图及原理

a）电路图　b）原理

当电动机需要停转时，拉下开关 QS，使电动机先脱离电源（此时转子由于惯性仍按原方向旋转）。随后，将开关 QS 迅速向下投合，由于 L1、L2 两相电源线对调，电动机定子绕组电源电压相序变为 L2、L1、L3，旋转磁场反向（图 1－6－7b 中逆时针方向），此时转子将以 n_1+n 的相对转速沿原转动方向切割旋转磁场，在转子绕组中产生感应电流，其方向可用右手定则判断出来。而转子绕组一旦产生电流，又受到旋转磁场的作用，产生电磁转矩，其方向可用左手定则判断出来，如图 1－6－7b 所示。可见，此转矩方向与电动机的转动方向相反，使电动机受制动迅速停转。

由以上分析可见，反接制动是依靠改变电动机定子绕组的电源相序来产生制动力矩，迫使电动机迅速停转的。

要点提示

当电动机的转速接近零值时，应立即切断电动机电源，否则电动机将反转。为此，在反接制动设施中，为保证电动机的转速被制动到接近零值时，能迅速切断电源，防止反向启动，常利用速度继电器来自动地及时切断电源。

二、速度继电器

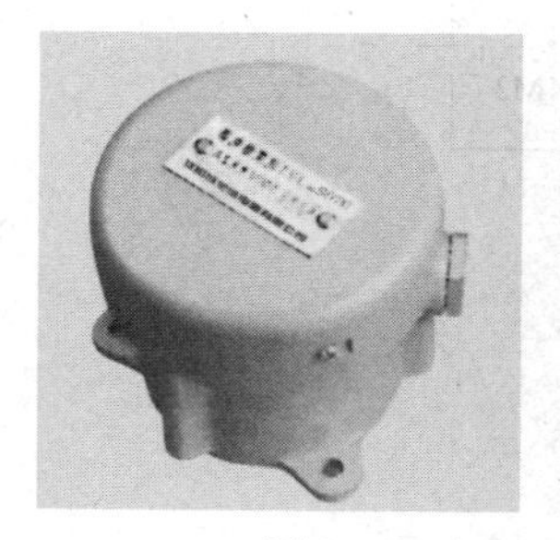

图 1－6－8　JY1 型速度继电器的外形

速度继电器是反映转速和转向的继电器，其主要作用是以旋转速度的快慢为指令信号，与接触器配合实现对电动机的反接制动控制，因此也称为反接制动继电器。图 1－6－8 所示为 JY1 型速度继电器的外形，它是利用电磁感应原理工作的感应式速度继电器，广泛用于生产机械运动部件的速度控制和反接控制快速停车，如车床主轴、铣床主轴等。JY1 型速度继电器具有结构简单、工作可靠、价格低廉等特点，故被许多生产机械所采用。

1. 结构

JY1 型速度继电器的结构如图 1－6－9a 和图 1－6－9b 所示，它主要由定子、转子、可动支架、触头及端盖等组成。转子由永久磁铁制成，固定在转轴上；定子由硅钢片叠成并装有笼型短路绕组，能进行小范围偏转；触头有两组，一组在转子正转时动作，另一组在转子反转时动作。

2. 原理

使用速度继电器时，其转轴与电动机的转轴要连接在一起。当电动机旋转时，速度继电器的转子随之旋转，在空间中产生旋转磁场，旋转磁场在定子绕组上产生感应电动势及感应电流，感应电流又与旋转磁场相互作用，从而产生电磁转矩，使定子偏转，当定子偏转到一定角度时，与定子相连的摆锤推动继电器触头动作，当转速降至某一数值时，摆锤恢复原状态，触头随即复位。

速度继电器的动作转速一般为 100 ~ 300 r/min，复位转速为 100 r/min 以下。JY1 型速度继电器能在 3 000 r/min 以下可靠地工作，其动作转速约为 150 r/min，复位转速约为 100 r/min。速度继电器的符号如图 1－6－9c 所示。

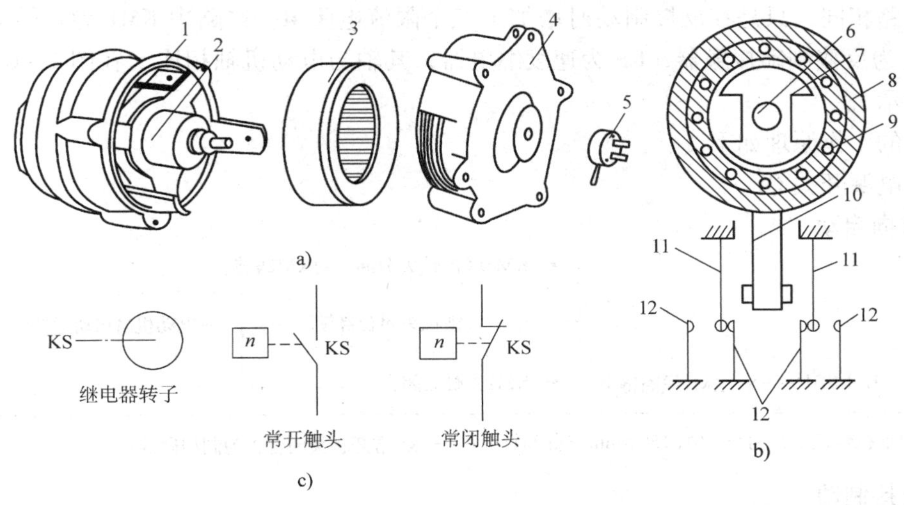

图 1－6－9　JY1 型速度继电器

a)、b) 结构　c) 符号

1—可动支架　2、7—转子　3—定子　4—端盖　5—连接头　6—电动机轴

8—定子　9—定子绕组　10—摆锤　11—簧片（动触头）　12—静触头

除 JY1 型外，机床控制线路中常用的速度继电器还有 JFZ0 型，与 JY1 型不同的是，其两组触头使用两个微动开关，这样触头的动作速度不受定子偏转速度的影响，额定工作转速有 300 ~ 1 000 r/min（JFZ0 －1 型）和 1 000 ~ 3 000 r/min（JFZ0 －2 型）两种。

3. 选用

速度继电器主要根据所需控制的转速大小、触头数量和电压、电流来选用。JY1 型和 JFZ0 型速度继电器的技术数据见表 1－6－5。

JFZ0 型速度继电器的型号含义如下。

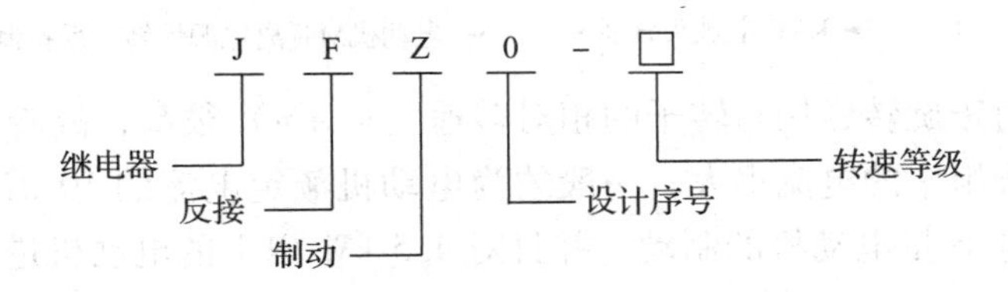

表 1－6－5　JY1 型和 JFZ0 型速度继电器的技术数据

型号	触头额定电压/V	触头额定电流/A	触头数量/对（或组）		额定工作转速/（r/min）	允许操作频率/（次/h）
			正转动作	反转动作		
JY1	380	2	1	1	100 ~ 3 000	<30
JFZ0 －1			1 常开、1 常闭	1 常开、1 常闭	300 ~ 1 000	
JFZ0 －2			1 常开、1 常闭	1 常开、1 常闭	1 000 ~ 3 000	

注：JY1 的触头数量单位为组，JFZ0 －1 和 JFZ0 －2 的触头数量单位为对。

三、单向启动反接制动控制线路

图 1－6－6 所示为单向启动反接制动控制线路电路图，该线路的主电路和正反转控制线路的主电路相同，只是在反接制动时增加了三个限流电阻 R。线路中 KM1 为正转运行接触器，KM2 为反接制动接触器，KS 为速度继电器，其轴与电动机轴相连（在图 1－6－6 中用点画线表示）。

线路的工作原理如下。

合上电源开关 QF。

1. 单向启动

2. 反接制动

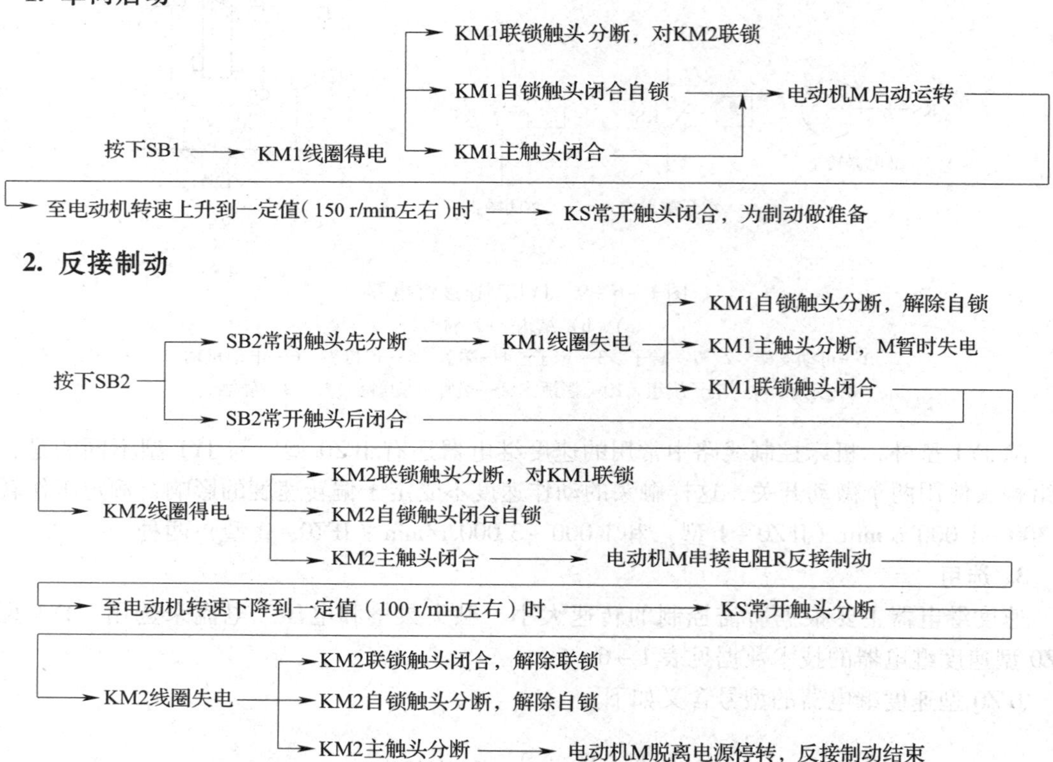

反接制动时，由于旋转磁场与转子的相对转速（n_1+n）很高，故转子绕组中的感应电流很大，致使定子绕组中的电流很大，一般约为电动机额定电流的 10 倍。因此，反接制动适用于 10 kW 以下小容量电动机的制动，并且对 4.5 kW 以上的电动机进行反接制动时，需在定子绕组回路中串入限流电阻 R，以限制反接制动电流。限流电阻 R 的大小可参考下述经验计算公式进行估算。

当电源电压为 380 V 时，若要使反接制动电流等于电动机直接启动时启动电流（I_{st}）的 $\frac{1}{2}$，则三相电路每相应串入的限流电阻为

$$R \approx 1.5 \times \frac{220}{I_{st}}$$

若要使反接制动电流等于启动电流 I_{st}，则每相应串入的限流电阻为

$$R' \approx 1.3 \times \frac{220}{I_{st}}$$

如果反接制动时，只在电源两相中串接电阻，则电阻值应加大，分别取上述电阻值的1.5倍。

反接制动的优点是制动力强，制动迅速；缺点是制动准确性差，制动过程中冲击强烈，易损坏传动零件，制动能量消耗大，不宜经常制动。因此，反接制动一般适用于制动要求迅速、系统惯性较大、不经常启动与制动的场合，如铣床、镗床、中型车床等主轴的制动控制。

任务实施

线 路 安 装

一、工具、仪表及器材准备

参照表1－6－6选配工具、仪表和器材，并进行质量检验。

表1－6－6　　主要工具、仪表及器材

工具	验电笔、螺钉旋具、钢丝钳、尖嘴钳、斜口钳、剥线钳、电工刀等电工常用工具				
仪表	MF47型万用表、ZC25－3型兆欧表（500 V、0～500 MΩ）、MG3－1型钳形电流表				
器材	代号	名称	型号	规格	数量
	M	三相异步电动机	Y112M－4	4 kW、380 V、8.8 A、三角形联结、1 440 r/min	1台
	QF	低压断路器	DZ5－20/330	三极复式脱扣器、380 V、20 A	1只
	FU1	熔断器	RL1－60/25	500 V、60 A、熔体额定电流25 A	3只
	FU2	熔断器	RL1－15/4	500 V、15 A、熔体额定电流4 A	2只
	KM1、KM2	交流接触器	CJT1－20	20 A、线圈电压380 V	2只
	KH	热继电器	JR36－20	三极、20 A、热元件额定电流11 A、整定电流8.8 A	1只
	KS	速度继电器	JY1	—	1只
	SB1、SB2	按钮	LA4－3H	保护式、按钮数3	1个
	XT	接线端子排	JD0－1020	380 V、10 A、20节	1条
		控制板		600 mm×500 mm×20 mm	1块
		走线槽		18 mm×25 mm	若干
		主电路线		BVR 1.5 mm²（黑色）	若干
		控制电路线		BVR 1 mm²（红色）	若干
		按钮线		BVR 0.75 mm²（红色）	若干
		接地线		BVR 1.5 mm²（黄绿双色）	若干
		各种规格的紧固体、针形及叉形轧头、金属软管和编码套管等			若干

二、安装单向启动反接制动控制线路

根据图1－6－6画出布置图，编写安装步骤，熟悉安装工艺要求，经指导教师审查合格后进行安装。安装速度继电器的方法如下。

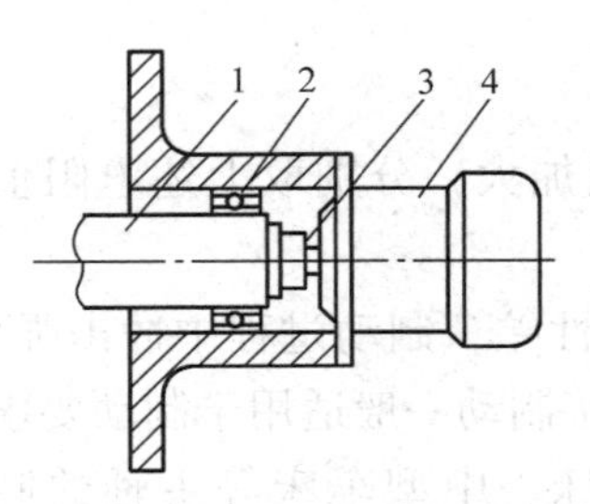

图 1－6－10　速度继电器的安装
1—电动机轴　2—电动机轴承
3—联轴器　4—速度继电器

1. 速度继电器的转轴应与电动机同轴连接，使两轴的中心线重合。速度继电器的轴可用联轴器与电动机的轴连接，如图 1－6－10 所示。

2. 连接速度继电器时，应注意正、反向触头不能接错，否则，不能实现反接制动控制。

3. 速度继电器的金属外壳应可靠接地。

三、安装注意事项

1. 安装速度继电器之前，要弄清楚其结构，辨明常开触头的接线端。

2. 速度继电器可以预先安装好，不属于定额时间。

3. 通电试运行时，若制动不正常，可检查速度继电器是否符合规定要求。若需调节速度继电器的调整螺钉，必须切断电源，以防止出现相对地短路而引起事故。

4. 速度继电器动作值和返回值的调整，应先由指导教师示范，再由学生自己调整。

5. 制动操作不宜过于频繁。

6. 通电试运行时，必须有指导教师在现场监护，同时做到安全文明生产。

线 路 维 修

一、速度继电器的常见故障及处理方法

速度继电器的故障现象、可能原因及处理方法见表 1－6－7。

表 1－6－7　　速度继电器的故障现象、可能原因及处理方法

故障现象	可能原因	处理方法
反接制动时速度继电器失效，电动机不制动	（1）胶木摆杆断裂 （2）触头接触不良 （3）弹性动触片断裂或失去弹性 （4）笼型绕组开路	（1）更换胶木摆杆 （2）清洗触头表面油污 （3）更换弹性动触片 （4）更换笼型绕组
电动机不能正常制动	弹性动触片调整不当	重新调节调整螺钉： （1）将调整螺钉向下旋，弹性动触片弹性增大，速度较高时继电器才动作 （2）将调整螺钉向上旋，弹性动触片弹性减小，速度较低时继电器即动作

二、检修单向启动反接制动控制线路

1. 故障设置

断开电源后在图 1－6－6 所示线路中人为设置电气自然故障两处。

2. 故障检修

单向启动反接制动控制线路的故障现象、可能原因及处理方法见表 1－6－8，其他故障可参照课题一中的任务 4、任务 5 检修。检修步骤和检修注意事项参考课题二任务 2。

表 1-6-8　单向启动反接制动控制线路的故障现象、可能原因及处理方法

故障现象	可能原因	处理方法
按下停止按钮 SB2，KM1 释放，但没有制动	（1）停止按钮 SB2 常开触头接触不良或连接线断路 （2）接触器 KM1 辅助常闭触头接触不良 （3）接触器 KM2 线圈断线 （4）速度继电器 KS 常开触头接触不良 （5）速度继电器与电动机之间未连接好 2 SB2 3 KM2 6 n KS 7 KM1 8 KM2	（1）按下停止按钮 SB2，在速度继电器 KS 常开触头闭合前，用验电笔法检查故障点 （2）速度继电器 KS 常开触头闭合后的故障点，可在断开电源后用电阻法检查
制动效果不显著	（1）速度继电器 KS 的整定转速过高 （2）速度继电器永磁转子磁性减退 （3）限流电阻太大	首先调松速度继电器的整定弹簧，观察制动效果是否有明显改善。若制动效果改善不明显，则减小限流电阻，调整后再观察其变化，若制动效果仍不明显，则更换速度继电器
制动时电动机振动过大	由于制动太强，限流电阻太小，造成制动时电动机振动过大	适当增大限流电阻
制动后电动机反转	由于制动太强，速度继电器的整定速度太低，电动机反转	（1）调紧调节螺钉 （2）增加弹簧弹力

任务完成后进行测评，评分标准参考表 1-2-8（注意，增加走线槽安装的考核），定额时间 4 h。

任务 3　单向启动能耗制动自动控制线路的安装与维修

任务目标

熟悉能耗制动的原理，能识读并分析单向启动能耗制动自动控制线路的构成和工作原理，并能正确地进行安装与维修。

工作任务

任务 2 完成了反接制动控制线路的安装与维修。虽然反接制动的制动力强，制动迅速，但由于其制动准确性差，制动过程中的冲击强烈，易损坏传动零件，制动能量消耗大，不宜经常制动，所以在实际生产中，对于制动比较频繁的生产机械不宜采用反接制动，而是采用

能耗制动，如 C5225 车床工作台主拖动电动机采用的就是能耗制动。

本次工作任务是安装与维修有变压器单相桥式整流单向启动能耗制动自动控制线路，其电路图如图 1－6－11 所示。

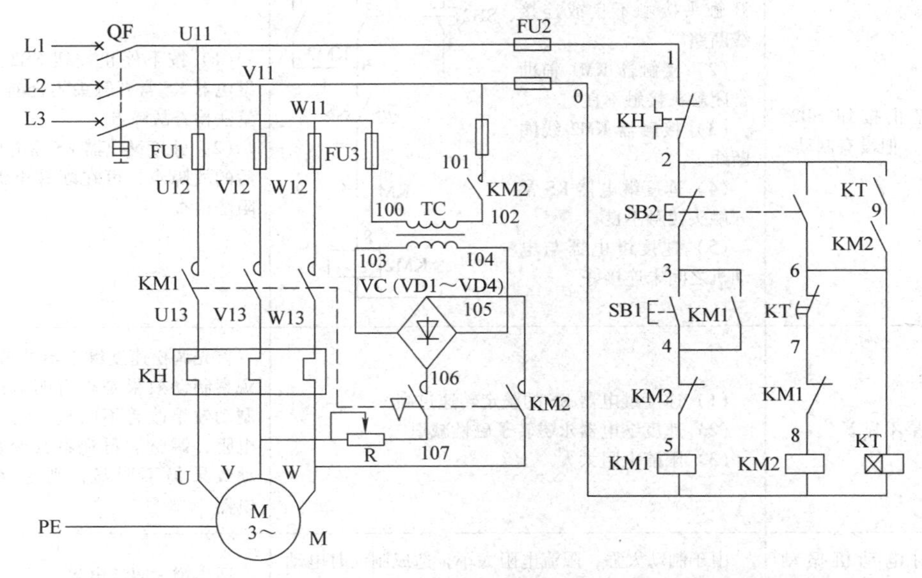

图 1－6－11　有变压器单相桥式整流单向启动能耗制动自动控制线路电路图

相关知识

一、能耗制动的原理

在图 1－6－12a 所示电路图中，断开电源开关 QS1，切断电动机的交流电源后，这时转子仍沿原方向惯性运转；随后立即合上开关 QS2，并将 QS1 向下合闸，电动机 V、W 两相定子绕组通入直流电，使定子中产生一个恒定的静止磁场，这样做惯性运转的转子因切割磁感

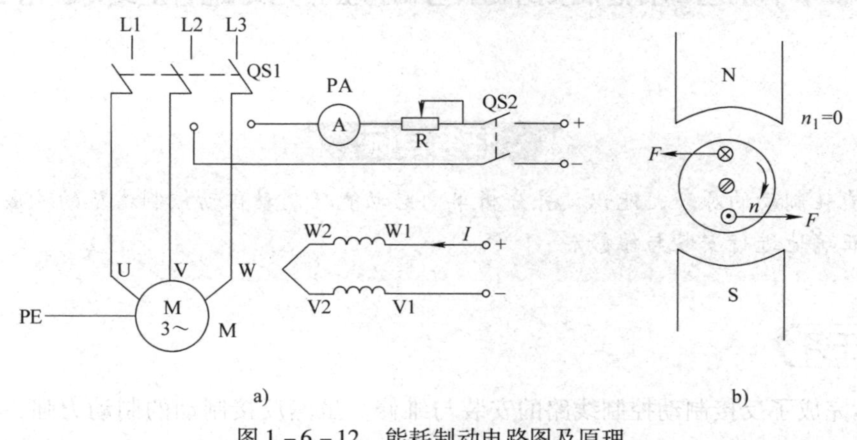

a)　　b)

图 1－6－12　能耗制动电路图及原理

a）电路图　b）原理

线而在转子绕组中产生感应电流，其方向用右手定则可判断出，如图 1－6－12b 所示。转子绕组中一旦产生了感应电流，就会受静止磁场的作用，产生电磁转矩，用左手定则判断可知，此转矩的方向正好与电动机的转向相反，使电动机受制动迅速停转。

由以上分析可知，能耗制动是当切断电动机的交流电源时，立即在定子绕组的任意两相中通入直流电，迫使电动机迅速停转的方法。由于这种制动方法是通过在定子绕组中通入直流电，以消耗转子惯性运转的动能来进行制动的，所以称为能耗制动，又称为动能制动。

二、单向启动能耗制动自动控制线路

1. 无变压器单相半波整流单向启动能耗制动自动控制线路

无变压器单相半波整流单向启动能耗制动自动控制线路电路图如图 1－6－13 所示，线路采用单相半波整流器作为直流电源，所用附加设备较少，线路简单，成本较低，常用于 10 kW 以下小容量电动机且对制动要求不高的场合。

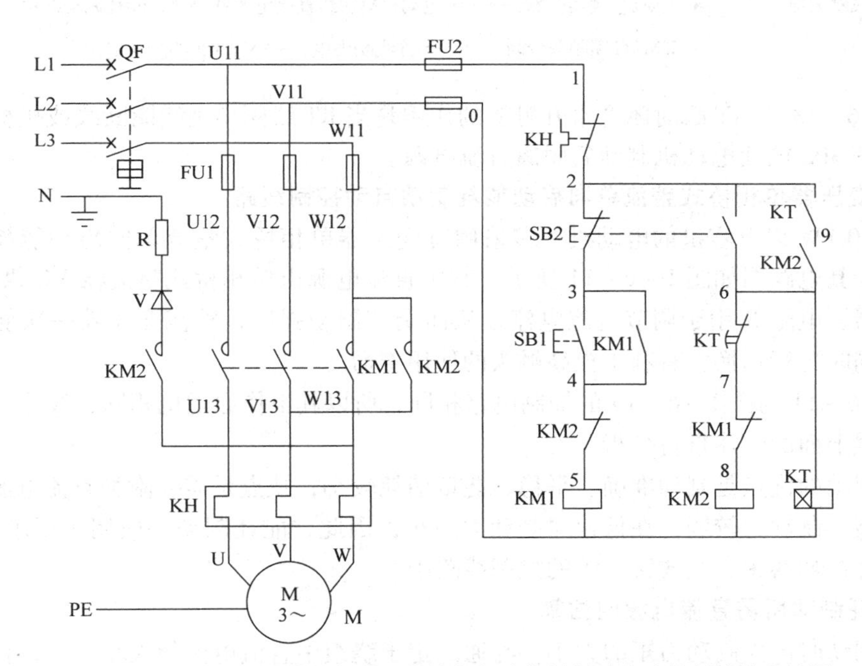

图 1－6－13 无变压器单相半波整流单向启动能耗制动自动控制线路电路图

线路的工作原理如下。

合上电源开关 QF。

（1）单向启动运转

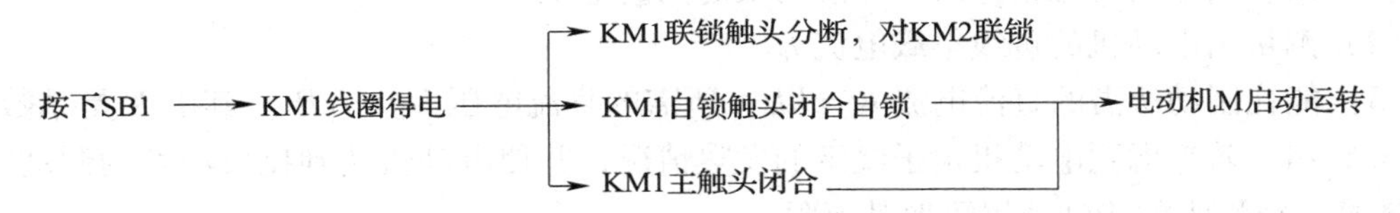

（2）能耗制动停转

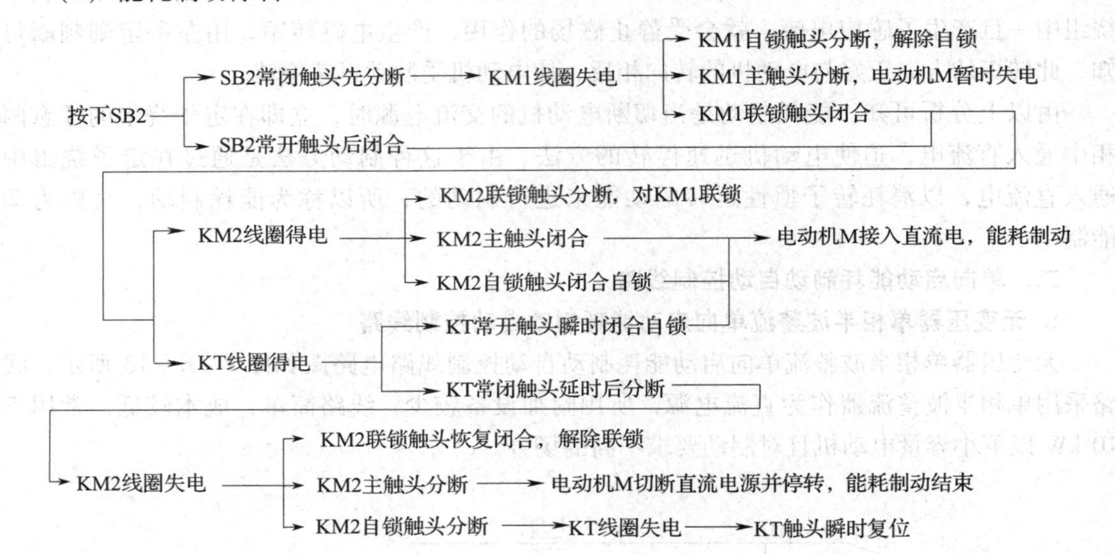

图 1－6－13 中 KT 瞬时闭合常开触头的作用是当 KT 线圈出现线圈断线或机械卡住等故障时，按下 SB2 能使电动机制动后脱离直流电源。

2. 有变压器单相桥式整流单向启动能耗制动自动控制线路

对于 10 kW 以上容量的电动机，多采用有变压器单相桥式整流单向启动能耗制动自动控制线路，其电路图如图 1－6－11 所示。其中直流电源由单相桥式整流器 VC 供给，TC 是整流变压器，电阻 R 用于调节直流电流，从而调节制动强度，整流变压器一次侧与整流器的直流侧同时进行切换，有利于提高触头的使用寿命。

图 1－6－11 与图 1－6－13 的控制电路相同，所以其工作原理也相同，线路的工作原理读者可参照上面的叙述自行分析。

能耗制动的优点是制动准确、平稳，能量消耗较小，缺点是需要附加直流电源装置，设备费用较高，制动力较弱，在低速时制动力矩小，因此，能耗制动一般用于要求制动准确、平稳的场合，如磨床、立式铣床等的控制线路中。

3. 能耗制动所需直流电源的估算

能耗制动时产生制动力矩的大小，与通入定子绕组中直流电流的大小、电动机的转速及转子电路中的电阻有关。电流越大，产生的静止磁场就越强，而转速越高，转子切割磁感线的速度就越大，产生的制动力矩也就越大。对于笼型异步电动机，只能通过增大通入电动机的直流电流来增大制动力矩，而通入的直流电流又不能太大，如直流电流过大会烧坏定子绕组。能耗制动所需的直流电源一般用以下方法进行估算（以常用的单相桥式整流电路为例）。

（1）测量出电动机三根进线中任意两根之间的电阻 R。

（2）测量出电动机的进线空载电流 I_0。

（3）能耗制动所需的直流电流 $I_L = KI_0$，所需的直流电压 $U_L = I_L R$ 。其中 K 是系数，一般取 3.5～4。若考虑到电动机定子绕组的发热情况，并使电动机达到比较满意的制动效果，对转速高、惯性大的传动装置可取其上限。

（4）单相桥式整流电源变压器二次绕组电压和电流有效值分别为

$$U_2 = \frac{U_L}{0.9}$$

$$I_2 = \frac{I_L}{0.9}$$

变压器计算容量为

$$S = U_2 I_2$$

如果制动不频繁，可取变压器实际容量为

$$S' = \left(\frac{1}{3} \sim \frac{1}{4}\right) S$$

（5）可调电阻 $R \approx 2\ \Omega$，电阻功率 $P_R = I_L^2 R$，实际选用时，电阻功率也可小些。

任务实施

线路安装

1. 参照表 1－6－9 选配工具、仪表和器材，并进行质量检验。

表 1－6－9　　主要工具、仪表及器材

工具	验电笔、螺钉旋具、钢丝钳、尖嘴钳、斜口钳、剥线钳、电工刀等电工常用工具				
仪表	MF47 型万用表、ZC25－3 型兆欧表（500 V、0～500 MΩ）、MG3－1 型钳形电流表				
器材	代号	名称	型号	规格	数量
	M	三相异步电动机	Y112M－4	4 kW、380 V、8.8 A、三角形联结、1 440 r/min	1 台
	QF	低压断路器	DZ5－20/330	三极复式脱扣器、380 V、20 A	1 只
	FU1	熔断器	RL1－60/25	500 V、60 A、熔体额定电流 25 A	3 只
	FU2	熔断器	RL1－15/4	500 V、15 A、熔体额定电流 4 A	2 只
	FU3	熔断器	RL1－15/2	500 V、15 A、熔体额定电流 2 A	2 只
	R	制动电阻		10 Ω、250 W，可调	1 只
	KM1、KM2	交流接触器	CJ10－20（CJT1－20）	20 A、线圈电压 380 V	2 只
	KH	热继电器	JR36－20/3	三极、20 A、整定电流 8.8 A	1 只
	KT	时间继电器	JS7－2A	线圈电压 380 V	1 只
	SB1、SB2	按钮	LA10－3H	保护式、按钮数 3	1 个
	VD1～VD4	整流二极管	2CZ30	30 A、600 V	4 只
	TC	整流变压器	BK－50	50 V·A　380 V/36 V	1 台
	XT	接线端子排	JD0－1020	380 V、10 A、20 节	1 条
		控制板		600 mm×500 mm×20 mm	1 块
		主电路线		BVR 1.5 mm² （黑色）	若干

续表

	代号	名称	型号	规格	数量
器材		控制电路线		BVR 1 mm^2（红色）	若干
		按钮线		BVR 0.75 mm^2（红色）	若干
		接地线		BVR 1.5 mm^2（黄绿双色）	若干
		走线槽		18 mm×25 mm	若干
		各种规格的紧固体、针形及叉形轧头、金属软管、编码套管等			若干

2. 根据图 1－6－11 画出布置图，编写安装步骤，熟悉安装工艺要求，经指导教师审查合格后进行安装。安装注意事项如下。

（1）时间继电器的整定时间不要调得太长，以免制动时间过长引起定子绕组发热。

（2）整流二极管要配装散热器和固装散热器支架。

（3）制动电阻要安装在控制板外面。

（4）进行制动时，要将停止按钮 SB2 按到底。

（5）通电试运行时，必须有指导教师在现场监护，同时要做到安全操作和文明生产。

线路维修

一、故障设置

断开电源后，在图 1－6－11 所示线路中人为设置电气自然故障两处。

二、故障检修

有变压器单相桥式整流单向启动能耗制动自动控制线路的故障现象、可能原因及处理方法见表 1－6－10，其他故障可参照课题一中的任务 4、任务 5 进行检修。

表 1－6－10　有变压器单相桥式整流单向启动能耗制动自动控制线路的故障现象、可能原因及处理方法

故障现象	可能原因	处理方法
按下停止按钮 SB2，KM2 不吸合，电动机不能制动	（1）停止按钮 SB2 常开触头接触不良或连接线断路 （2）接触器 KM1 辅助常闭触头接触不良 （3）接触器 KM2 线圈断路 （4）时间继电器 KT 延时分断常闭触头接触不良 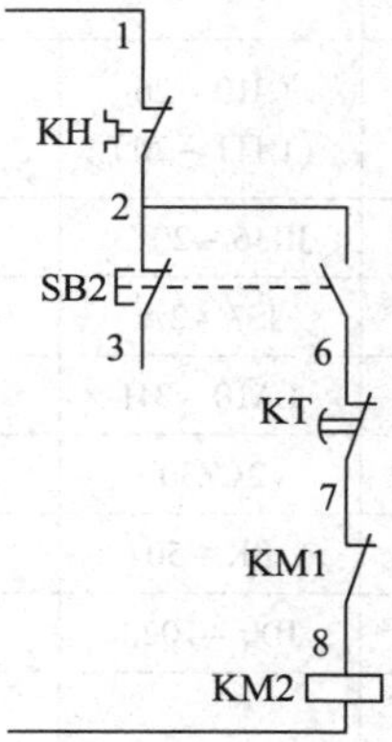	按下停止按钮 SB2 停留一段时间（要大于时间继电器的动作时间），观察时间继电器是否动作： （1）若时间继电器没有动作，用验电笔先测量 SB2 的上接线柱是否有电，若上接线柱无电，则是 2 号导线断路。若上接线柱有电，则是 SB2 常开触头接触不良 （2）若时间继电器动作，故障在 6、7、8 号导线，KT 延时分断常闭触头，KM1 辅助常闭触头和接触器 KM2 线圈，可在断开电源后，用电阻法检查故障点，即将一表笔固定在 SB2 常开触头的下接线柱，另一表笔逐点测量，电阻明显变大的点为故障点

续表

故障现象	可能原因	处理方法
按下停止按钮 SB2，KM2 吸合，电动机不能制动	KM2 吸合，其原因可能是接触器 KM2 的某一对主触头接触不良，整流电路出现断路，整流元件部分烧毁等	首先用验电笔测量 KM2 主触头的上接线柱是否有电：若上接线柱无电，则是 KM2 主触头上端头连接导线断路；若上接线柱有电，则断开电源，按下 KM2 的触头架，用万用表的电阻挡依次测量每对触头的通断情况，找出故障点
按下停止按钮 SB2，KM2 吸合，松开 SB2，KM2 复位，电动机为点动制动	时间继电器常开触头 KT（2－9）接触不良；KM2 辅助常开触头（9－6）接触不良；时间继电器 KT 线圈损坏断路；2、9、6 号连接导线断路	用验电笔先测量时间继电器常开触头 KT（2－9）的上接线柱是否有电：若上接线柱无电，则是 2 号导线断路；若上接线柱有电，则断开电源，用万用表的电阻挡检查9、6 号导线和 KM2 辅助常开触头（9－6）的通断情况，若通断正常，则为时间继电器故障

任务完成后进行测评，评分标准参考表 1－2－8（注意，增加走线槽安装的考核），定额时间 4 h。

知识链接

电力制动除反接制动和能耗制动外，还有电容制动和再生发电制动。

当电动机切断交流电源后，立即在电动机定子绕组的出线端接入电容器来迫使电动机迅速停转的方法叫电容制动。制动时不需要改变线路，即可从电动运行状态自动地转入发电制动状态的方法叫再生发电制动。

电容制动与再生发电制动

扫描二维码，了解电容制动和再生发电制动的原理、控制线路和适用场合。

课题七　多速异步电动机控制线路的安装与维修

任务 1　双速异步电动机控制线路的安装与维修

任务目标

能理解并熟记双速异步电动机定子绕组的接线图，识读并分析双速异步电动机控制线路的构成和工作原理，并能正确进行安装与维修。

工作任务

由三相异步电动机的转速公式 $n=(1-s)\dfrac{60f_1}{p}$ 可知，改变异步电动机转速可通过三种方法来实现：一是改变电源频率 f_1；二是改变转差率 s；三是改变磁极对数 p。

改变异步电动机的磁极对数调速称为变极调速。变极调速是通过改变定子绕组的连接方式来实现的，它是有级调速，且只适用于笼型异步电动机。磁极对数可改变的电动机称为多速电动机。常见的多速电动机有双速、三速、四速等几种类型。多速电动机具有可随负载性质的要求而分级地变换转速，从而达到合理地匹配功率和简化变速系统的特点，适用于需要逐级调速的各种传动机构，主要应用于万能、组合、专用切削机床及冶金、纺织、印染、化工、农机等行业，如 T68 型镗床的主轴电动机就采用了双速电动机。

本次的工作任务是安装与维修按钮和时间继电器控制双速异步电动机低速启动高速运转控制线路，其电路图如图 1－7－1 所示。

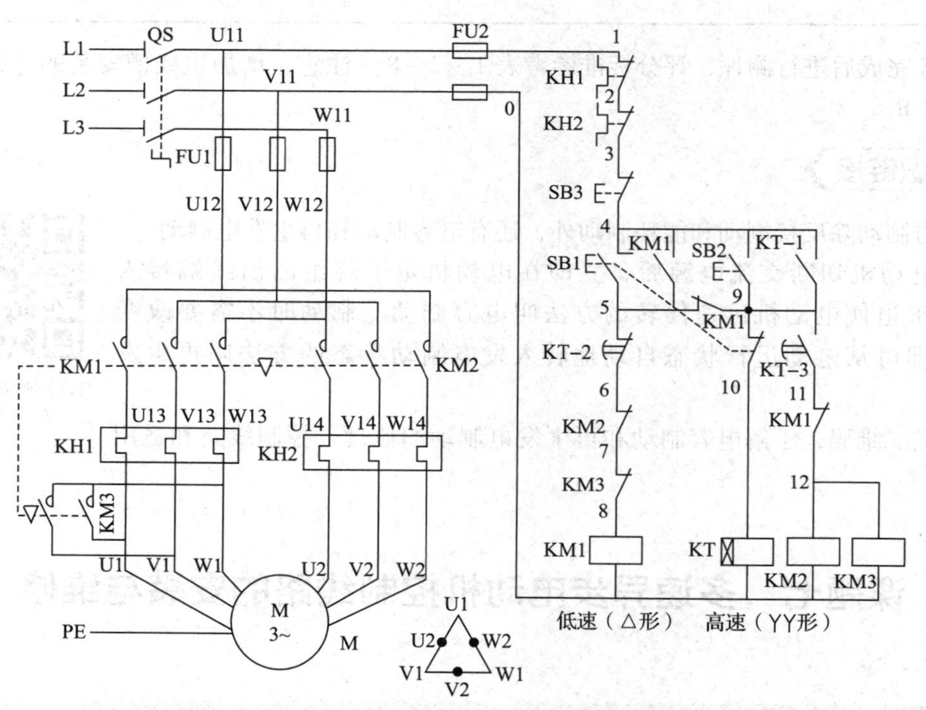

图 1－7－1　按钮和时间继电器控制双速异步电动机低速启动高速运转控制线路电路图

相关知识

一、双速异步电动机定子绕组的连接

双速异步电动机定子绕组的△/YY形接线图如图 1－7－2 所示。图中，三相定子绕组接成三角形，由三个连接点接出三个出线端 U1、V1、W1，从每相绕组的中点各接出一个出线端 U2、V2、W2，这样定子绕组共有 6 个出线端，通过改变这 6 个出线端与电源的连接方式，就可以得到两种不同的转速。

电动机低速工作时，把三相电源分别接在出线端U1、V1、W1上，另外三个出线端U2、V2、W2空着不接，如图1－7－2a所示，此时电动机定子绕组接成三角形，磁极为4极，同步转速为1 500 r/min。

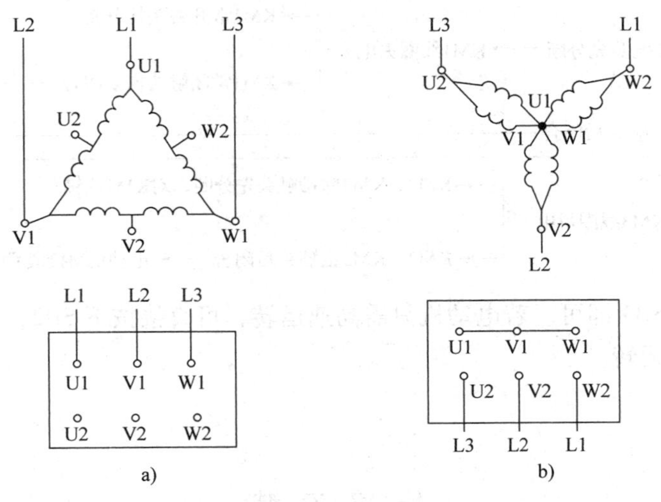

图1－7－2　双速异步电动机定子绕组的△/YY形接线图

a）低速：△形联结（4极）　b）高速：YY形联结（2极）

电动机高速工作时，要把三个出线端U1、V1、W1并接在一起，三相电源分别接到另外三个出线端U2、V2、W2上，如图1－7－2b所示，这时电动机定子绕组接成YY形，磁极为2极，同步转速为3 000 r/min。可见，双速电动机高速运转时的转速是低速运转时转速的2倍。

要点提示

值得注意的是，双速电动机定子绕组从一种接法改变为另一种接法时，必须把电源相序反接，以保证电动机的旋转方向不变。

二、双速异步电动机控制线路

按钮和时间继电器控制双速异步电动机低速启动高速运转控制线路电路图如图1－7－1所示。时间继电器KT控制电动机△形启动时间和△/YY形自动换接运转。

线路的工作原理如下。

合上电源开关QS。

1. △形低速启动运转

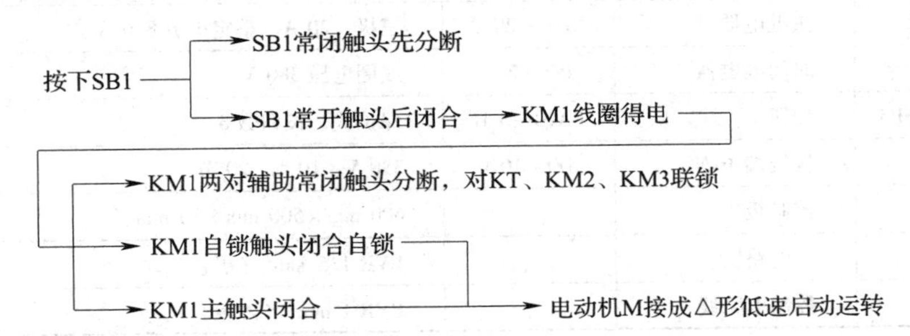

2. YY形高速运转

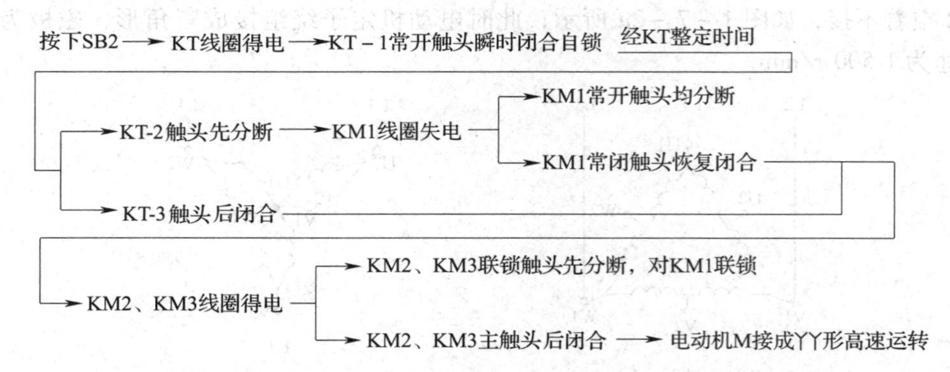

停止时，按下 SB3 即可。若电动机只需高速运转，可直接按下 SB2，则电动机△形低速启动后，YY形高速运转。

任务实施

线 路 安 装

一、工具、仪表及器材准备

参照表 1 –7 –1 选配工具、仪表和器材，并进行质量检验。

表 1 –7 –1　　主要工具、仪表及器材

工具	验电笔、螺钉旋具、钢丝钳、尖嘴钳、斜口钳、剥线钳、电工刀等电工常用工具				
仪表	ZC25 –3 型兆欧表（500 V、0 ~ 500 MΩ）、MG3 –1 型钳形电流表、MF47 型万用表、转速表				
器材	代号	名称	型号	规格	数量
	M	三相异步电动机	YD112M –4/2	3.3 kW/4 kW、380 V、7.4 A/8.6 A、△/YY形联结、1 440 r/min 或 2 890 r/min	1 台
	QS	组合开关	HZ10 –25/3	三极、25 A、380 V	1 只
	FU1	熔断器	RL1 –60/25	500 V、60 A、熔体额定电流 25 A	3 只
	FU2	熔断器	RL1 –15/4	500 V、15 A、熔体额定电流 4 A	2 只
	KM1 ~ KM3	交流接触器	CJ10 –20（CJT1 –20）	20 A、线圈电压 380 V	3 只
	KH1	热继电器	JR36 –20/3	三极、20 A、整定电流 7.4 A	1 只
	KH2	热继电器	JR36 –20/3	三极、20 A、整定电流 8.6 A	1 只
	KT	时间继电器	JS7 –2 A	线圈电压 380 V	1 只
	SB1 ~ SB3	按钮	LA10 –3 H	保护式、按钮数 3	1 个
	XT	接线端子排	JD0 –1020	380 V、10 A、20 节	1 条
		控制板		600 mm × 500 mm × 20 mm	1 块
		主电路线		BVR 1.5 mm^2（黑色）	若干
		控制电路线		BVR 1 mm^2（红色）	若干

续表

	代号	名称	型号	规格	数量
器材		按钮线		BVR 0.75 mm^2（红色）	若干
		接地线		BVR 1.5 mm^2（黄绿双色）	若干
		走线槽		18 mm×25 mm	若干
		各种规格的紧固体、针形及叉形轧头、金属软管、编码套管等			若干

二、安装步骤及工艺要求

参照课题三任务1中的板前线槽配线工艺要求进行安装。其安装步骤如下。

1. 按表1-7-1检验所选配的工具、仪表和器材是否符合任务要求，并检验电气元件的质量。

2. 根据图1-7-1所示电路图，画出布置图。

3. 在控制板上按布置图安装走线槽和所有电气元件，并贴上醒目的文字符号。

4. 在控制板上按图1-7-1所示电路图进行板前线槽布线，并在导线端部套编码套管和冷压接线头。

5. 安装电动机。

6. 可靠地连接电动机和电气元件不带电金属外壳的保护接地线。

7. 可靠连接控制板外部的导线。

8. 自检。

9. 交付验收。

10. 通电试运行，并用转速表测量电动机转速。

三、安装注意事项

1. 接线时，注意主电路中的接触器KM1和KM2，在两种不同转速状态下，其电源相序不可接错；否则，两种转速下电动机的转向相反，换向时将产生很大的冲击电流。

2. 控制双速电动机△形联结的接触器KM1和YY形联结的接触器KM2的主触头不能对换接线；否则，不但无法满足双速控制要求，而且会在电动机YY形运转时造成电源短路事故。

3. 热继电器KH1、KH2的整定电流及其在主电路中的接线不要搞错。

4. 通电试运行前，要复验一下电动机的接线是否正确，并测试绝缘电阻是否符合要求。

5. 通电试运行时，必须有指导教师在现场监护，同时要做到安全操作和文明生产。

线路维修

断开电源后，在图1-7-1所示线路中人为设置电气自然故障两处。参照前面任务自编检修步骤，经指导教师审查合格后进行检修。

按钮和时间继电器控制双速异步电动机低速启动高速运转控制线路的故障现象、可能原因及处理方法见表1－7－2，其他故障可参照课题一中的任务4、任务5进行检修。

表1－7－2　按钮和时间继电器控制双速异步电动机低速启动高速运转控制线路的故障现象、可能原因及处理方法

故障现象	可能原因	处理方法
电动机低速、高速都不能启动	（1）按下SB1或SB2后，KM1、KM2、KT不动作，可能的故障在电源电路及FU2、KH1、KH2、SB3和1、2、3、4号导线 （2）按下SB1或SB2后，KM1、KM2、KT动作，可能的故障在FU1 L1 L2 L3 QS U11 V11 W11 FU1 FU2 U12 V12 W12 0 1 KH1 2 KH2 3 SB3 4	（1）用验电笔检查电源电路中QS的上接线柱是否有电，若上接线柱无电，为电源故障 （2）用验电笔检查FU2和KH1、KH2、SB3常闭触头的上、下接线柱是否有电，故障在有电点与无电点之间 （3）用验电笔检查FU1的上、下接线柱是否有电
电动机低速启动正常，但高速不启动	（1）电动机低速启动后，按下SB2，电动机继续低速运转，KT不动作，可能原因（图1）：SB2常开触头、SB1常闭触头接触不良；KT线圈损坏断路；4、9、10、0号导线出现断路 （2）电动机低速启动后，按下SB2，KT动作，但电动机仍继续低速运转，可能原因：时间继电器KT延时时间过长；KT－2不能分断 （3）电动机低速启动后，按下SB2，KT动作，但电动机停转，可能原因（图2）：KT－3触头或KM1辅助常闭触头接触不良；9、11号线断路 图1：4 KM1 SB2 SB1 5 9 KM1 SB1 10 KT 0 高速（YY形） 图2：9 KT－3 11 KM1 图1　图2	（1）用验电笔检查SB2上接线柱是否有电，若上接线柱无电，则为4号导线断路；若上接线柱有电，则断开电源，按下SB2，用万用表的电阻挡，一支表笔固定在SB2的下接线柱，另一支表笔按图1逐点测量，电阻较大的点就是故障点 （2）检查时间继电器的延时时间，若延时时间正常，则断开电源，按下KT触头架，用万用表的电阻挡测量KT－2的电阻，应较大，若电阻为0说明没有分断 （3）用验电笔检查KT－3的上接线柱是否有电，若上线线柱无电，则为9号导线断路；若上线线柱有电，用万用表的电压挡检查KT－3和KM1两端的电压，电压为电源电压处就是故障处

任务完成后进行测评，评分标准参考表1－2－8（注意，增加走线槽安装的考核），定额时间4 h。

任务 2　三速异步电动机控制线路的安装与维修

任务目标

能理解并熟记三速异步电动机定子绕组的接线图，识读并分析三速异步电动机控制线路的构成和工作原理，并能正确进行安装与维修。

工作任务

任务 1 完成了双速异步电动机控制线路的安装与维修。三速异步电动机是在双速异步电动机的基础上发展起来的，该系列电动机广泛用于金属加工机床、包装机械、木工机械、食品机械、化工机械、纺织机械、建筑机械及齿轮减速机等。本次的工作任务是安装与维修接触器控制的三速异步电动机控制线路，其电路图如图 1－7－3 所示。

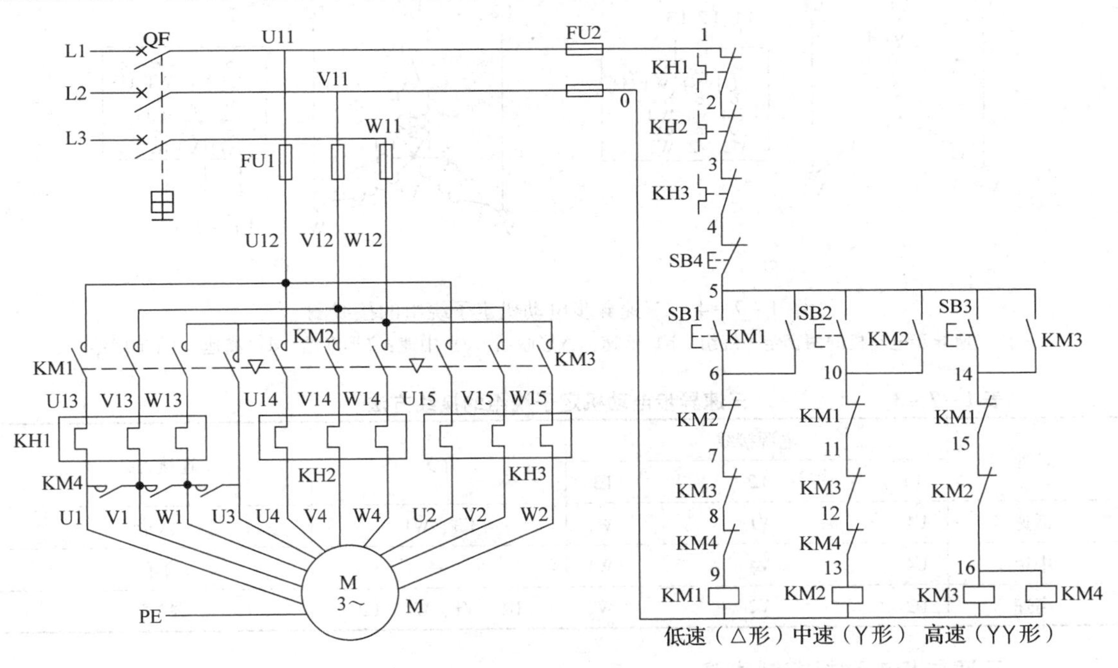

图 1－7－3　接触器控制的三速异步电动机控制线路电路图

相关知识

一、三速异步电动机定子绕组的连接

三速异步电动机有两套定子绕组，分两层放在定子槽内，第一套绕组（双速）有七个出线端 U1、V1、W1、U3、U2、V2、W2，可作△形或YY形联结；第二套绕

组（单速）有三个出线端 U4、V4、W4，只作Y形联结，如图 1－7－4a 所示。当分别改变两套定子绕组的连接方式（改变磁极对数）时，电动机就可以得到三种不同的转速。

三速异步电动机定子绕组的其他接线图如图 1－7－4b～图 1－7－4d 所示，接线方法见表 1－7－3。图中，W1 和 U3 出线端分开的目的是当电动机定子绕组接成Y形中速运转时，避免在△形联结的定子绕组中产生感应电流。

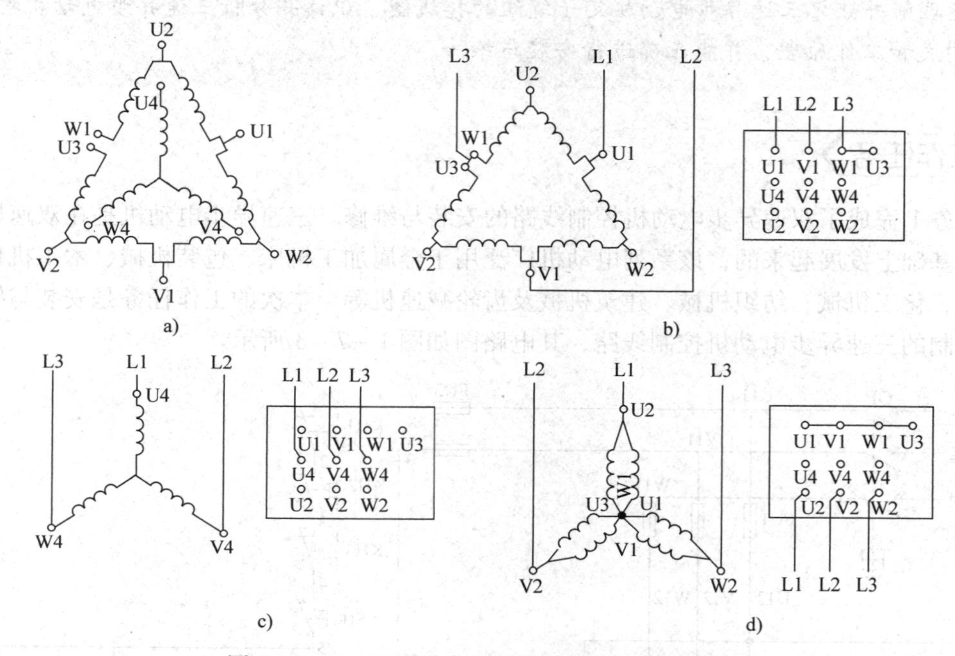

图 1－7－4　三速异步电动机定子绕组的接线图

a）三速异步电动机的两套定子绕组　b）低速：△形联结　c）中速：Y形联结　d）高速：YY形联结

表 1－7－3　三速异步电动机定子绕组的接线方法

转速	电源接线			并头	连接方式
	L1	L2	L3		
低速	U1	V1	W1	U3、W1	△形
中速	U4	V4	W4	—	Y形
高速	U2	V2	W2	U1、V1、W1、U3	YY形

二、三速异步电动机控制线路

1. 接触器控制的三速异步电动机控制线路

接触器控制的三速异步电动机控制线路电路图如图 1－7－3 所示。其中，SB1、KM1 控制电动机△形联结下的低速运转；SB2、KM2 控制电动机Y形联结下的中速运转；SB3、KM3、KM4 控制电动机YY形联结下的高速运转。

线路的工作原理如下。

合上电源开关 QF。

（1）△形低速启动运转

按下 SB1→KM1 线圈得电→KM1 触头动作→ 电动机 M 第一套定子绕组出线端 U1、V1、W1（U3 通过 KM1 常开触头与 W1 并接）与三相电源接通→ 电动机 M 接成△形低速启动运转。

（2）低速转为中速运转

按下停止按钮 SB4→ KM1 线圈失电→ KM1 触头复位→ 电动机 M 失电→ 按下 SB2→ KM2 线圈得电→KM2 触头动作→ 电动机 M 第二套定子绕组出线端 U4、V4、W4 与三相电源接通→ 电动机 M 接成Y形中速运转。

（3）中速转为高速运转

按下停止按钮 SB4→ KM2 线圈失电→ KM2 触头复位→ 电动机 M 失电→ 按下 SB3→ KM3、KM4 线圈得电→KM3、KM4 触头动作→ 电动机 M 第一套定子绕组出线端 U2、V2、W2 与三相电源接通（U1、V1、W1、U3 通过 KM4 的三对常开触头并接）→ 电动机 M 接成YY形高速运转。

该线路的缺点是在进行速度转换时，必须先按下停止按钮 SB4，才能再按下相应的启动按钮变速，所以操作不方便。

2. 时间继电器控制的三速异步电动机控制线路

时间继电器控制的三速异步电动机控制线路电路图如图 1－7－5 所示。其中，SB1、KM1 控制电动机在△形联结下的低速启动运转；SB2、KT1、KM2 控制电动机从△形联结下的低速启动自动变换为Y形联结下的中速运转；SB3、KT1、KT2、KM3、KM4 控制电动机从△形联结下的低速启动自动变换为Y形联结下的中速过渡，再到YY形联结下的高速运转。

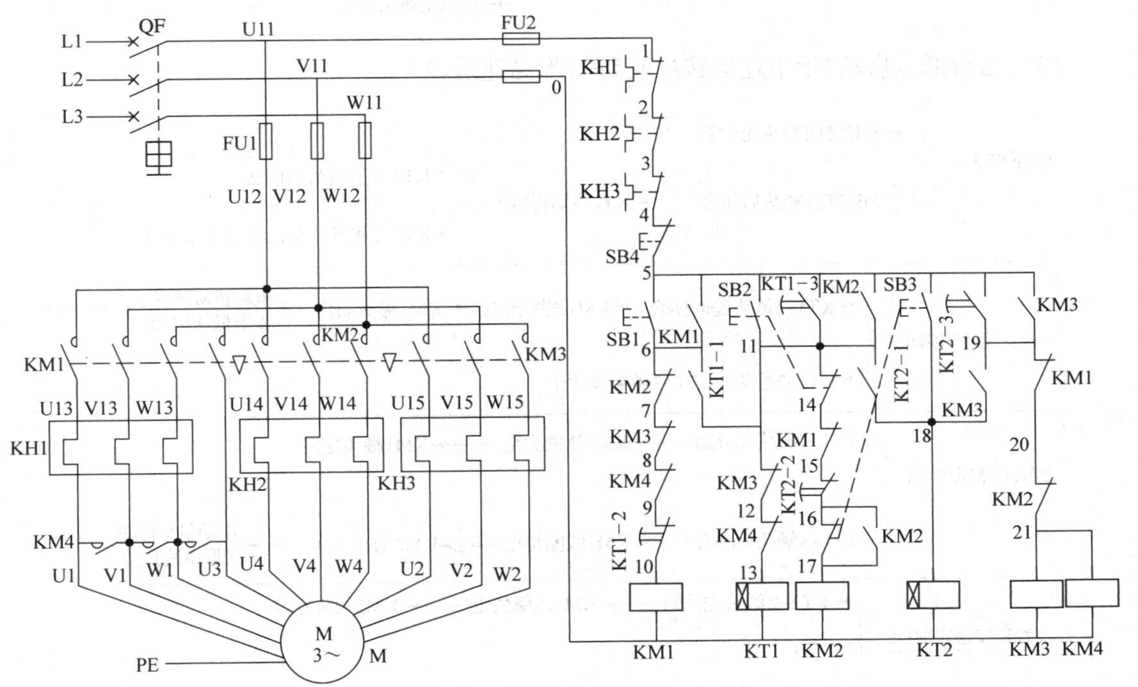

图 1－7－5　时间继电器控制的三速异步电动机控制线路电路图

线路的工作原理如下。

合上电源开关 QF。

（1）△形低速启动运转

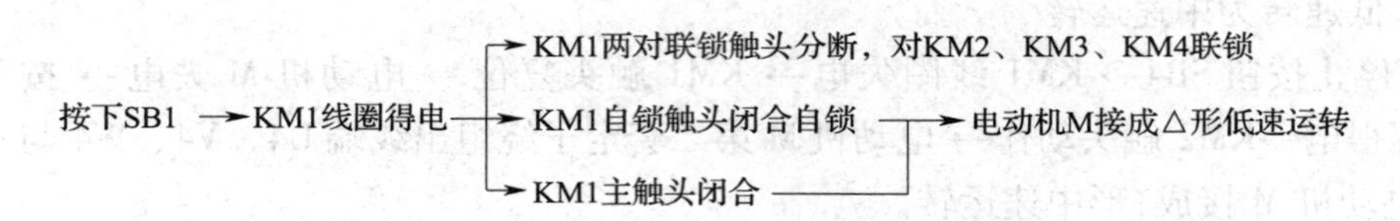

（2）△形低速启动Y形中速运转

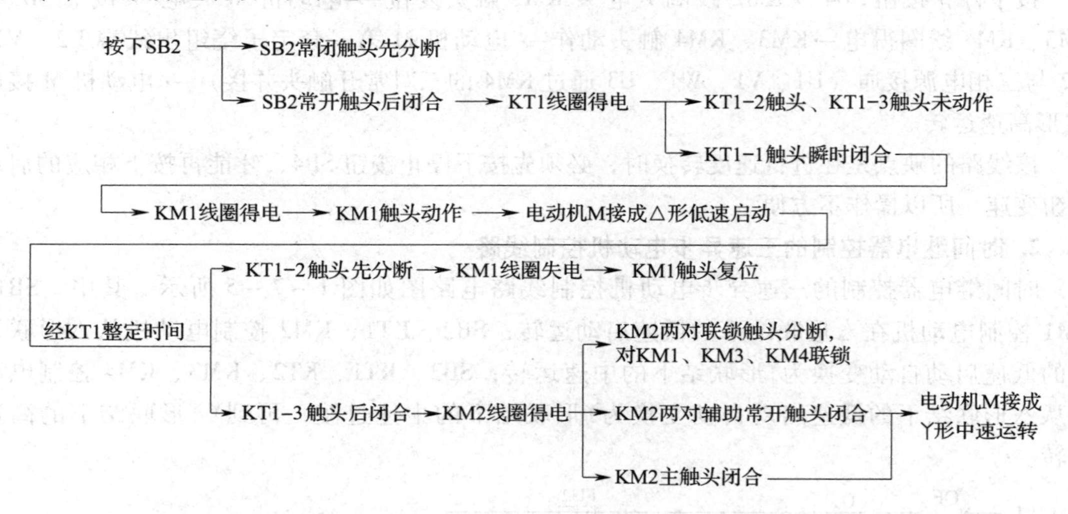

（3）△形低速启动Y形中速运转过渡到YY形高速运转

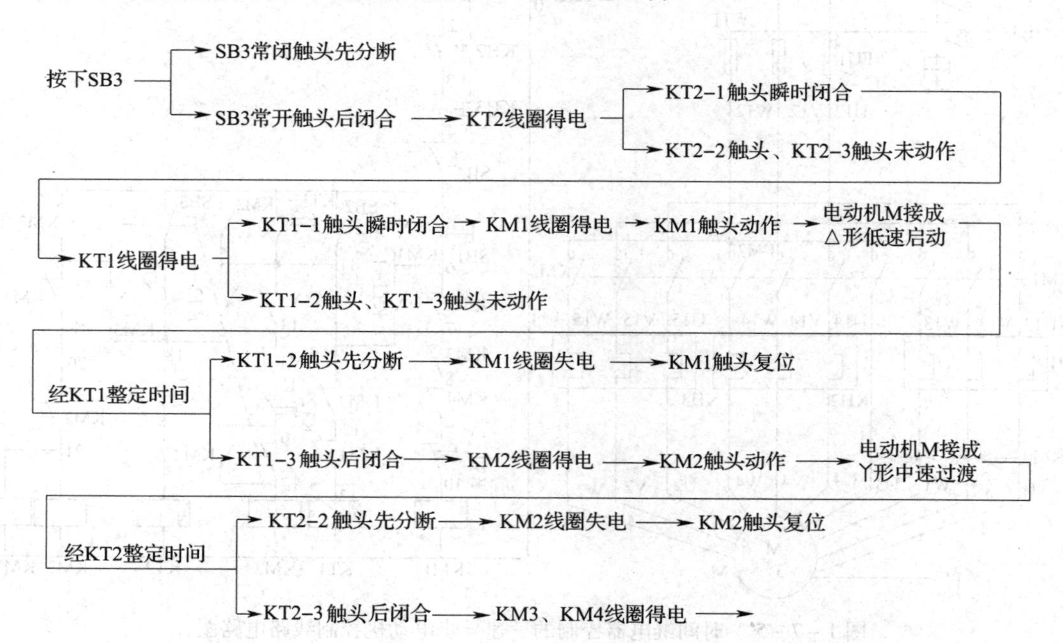

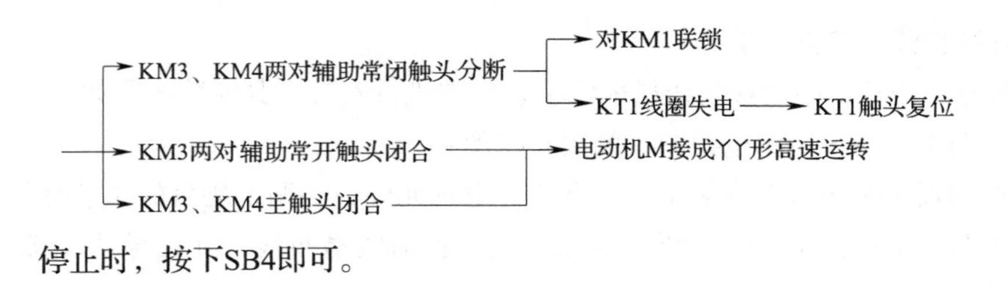

停止时，按下SB4即可。

任务实施

线 路 安 装

一、工具、仪表及器材准备

参照表1－7－4选配工具、仪表和器材，并进行质量检验。

表1－7－4　主要工具、仪表及器材

工具	验电笔、螺钉旋具、钢丝钳、尖嘴钳、斜口钳、剥线钳、电工刀等电工常用工具				
仪表	ZC25－3型兆欧表（500 V、0～500 MΩ）、MG3－1型钳形电流表、MF47型万用表、转速表				
器材	代号	名称	型号	规格	数量
	M	三速电动机	YD160 M－8/6/4	3.3 kW/4 kW/5.5 kW、380 V、10.2 A/9.9 A/11.6 A、△/Y/YY形联结、(720/960/1 440)r/min	1台
	QF	电源开关	DZ5－20/330	三极复式脱扣器、380 V、20 A	1只
	FU1	熔断器	RL1－60/25	500 V、60 A、熔体额定电流25 A	3只
	FU2	熔断器	RL1－15/4	500 V、15 A、熔体额定电流4 A	2只
	KM1～KM4	交流接触器	CJ10－20（CJT1－20）	20 A、线圈电压380 V	4只
	KH1	热继电器	JR36－20/3	三极、20 A、整定电流10.2 A	1只
	KH2	热继电器	JR36－20/3	三极、20 A、整定电流9.9 A	1只
	KH3	热继电器	JR36－20/3	三极、20 A、整定电流11.6 A	1只
	SB1～SB4	按钮	LA10－3 H	保护式、按钮数3	2个
	XT	接线端子排	TD－1515	660 V、15 A、15节	1条
		控制板		600 mm×500 mm×20 mm	1块
		主电路线		BVR 2.5 mm^2、BVR 1.5 mm^2（黑色）	若干
		控制电路线		BVR 1 mm^2（红色）	若干
		按钮线		BVR 0.75 mm^2（红色）	若干
		接地线		BVR 1.5 mm^2（黄绿双色）	若干
		走线槽		18 mm×25 mm	若干
		各种规格的紧固体、针形及叉形轧头、金属软管、编码套管等			若干

二、安装步骤及工艺要求

参照课题三任务 1 中的板前线槽配线工艺要求进行安装。其安装步骤如下。

1. 根据图 1－7－3 所示电路图，画出布置图。
2. 在控制板上按布置图安装走线槽和所有电气元件，并贴上醒目的文字符号。
3. 在控制板上按图 1－7－3 所示电路图进行板前线槽布线，并在导线端部套编码套管和冷压接线头。
4. 安装电动机。
5. 可靠地连接电动机及电气元件不带电金属外壳的保护接地线。
6. 可靠地连接控制板外部的导线。
7. 自检。
8. 交付验收。
9. 通电试运行。试运行时，用转速表、钳形电流表测量电动机的转速和电流值，并记入表 1－7－5。

表 1－7－5　测量结果

绕组接法		△形低速	Y形中速	YY形高速
电流/A	I_U			
	I_V			
	I_W			
转速/(r/min)				

三、安装注意事项

1. 连接主电路时，要看清电动机出线端的标记，掌握其接线要点：电动机△形低速运转时，U1、V1、W1 经 KM1 接电源，W1、U3 并接；电动机Y形中速运转时，U4、V4、W4 经 KM2 接电源，W1、U3 必须断开，空着不接；电动机YY形高速运转时，U2、V2、W2 经 KM3 接电源，U1、V1、W1、U3 并接。接线要细心，保证正确无误。
2. 热继电器 KH1、KH2、KH3 的整定电流在三种转速下是不同的，调整时不要搞错。
3. 通电试运行前，要复验一下电动机的接线是否正确，并测试绝缘电阻是否符合要求。
4. 通电试运行时，必须有指导教师在现场监护，同时做到安全文明生产。

线 路 维 修

一、故障设置

断开电源后，在图 1－7－3 所示线路中人为设置电气自然故障两处。

二、故障检修

参照前面任务自编检修步骤，经指导教师审查合格后进行检修。接触器控制的三速异步电动机控制线路的故障现象、可能原因及处理方法见表 1－7－6。

表 1－7－6　　接触器控制的三速异步电动机控制线路的故障现象、可能原因及处理方法

故障现象	可能原因	处理方法
电动机低速、中速、高速都不能启动	（1）按下 SB1 或 SB2 或 SB3 后，对应的接触器不动作（KM1～KM4），可能的故障在电源电路 FU2 及 KH1、KH2、KH3、SB4 的常闭触头和 1、2、3、4、5 号导线 （2）按下 SB1 或 SB2 或 SB3 后，对应的接触器动作（KM1～KM4），可能的故障在 FU1	（1）用验电笔检查电源电路中 QF 的上接线柱是否有电，若上接线柱无电，则故障在电源 （2）用验电笔检查 FU2 和 KH1、KH2、KH3、SB4 常闭触头的上、下接线柱是否有电，故障在有电点与无电点之间 （3）用验电笔检查 FU1 的上、下接线柱是否有电
电动机低速、中速启动正常，但高速不启动	电动机低速、中速启动正常，但按下 SB3 后电动机不启动，可能原因：SB3 常开触头、KM1 和 KM2 的常闭触头接触不良；KM3、KM4 线圈损坏断路；5、14、15、16、0 号导线出现断路	用验电笔检测 SB3 上接线柱是否有电，若上接线柱无电，则为 5 号导线断路；若上接线柱有电，则断开电源，按下 SB3，将万用表调至电阻挡，一支表笔固定在 SB3 的下接线柱，另一支表笔依次测量 14、15、16、0 各点，电阻较大的就是故障点

任务完成后进行测评，评分标准参考表 1－2－8（注意，增加走线槽安装的考核），定额时间 4 h。

课题八　三相绕线转子异步电动机基本控制线路的安装与维修

任务 1　转子绕组串接电阻启动控制线路的安装与维修

任务目标

1. 熟悉转子绕组串接三相电阻启动的原理。

2. 熟悉电流继电器的功能、结构、分类、原理及型号含义，熟记它的图形符号和文字符号，并能正确选用。

3. 能识读并分析转子绕组串接电阻启动控制线路的构成和工作原理，并能正确进行安装与维修。

工作任务

图 1－8－1 所示是三相绕线转子异步电动机的外形和符号，它可以通过滑环在转子绕组中串接电阻来改善电动机的机械特性，从而达到减小启动电流、增大启动转矩，以及调节转速的目的。在启动转矩较大且有一定调速要求的场合，如起重机、卷扬机等，常常采用三相绕

线转子异步电动机拖动。三相绕线转子异步电动机常用的控制线路有转子绕组串接电阻启动控制线路、转子绕组串接频敏变阻器启动控制线路和凸轮控制器控制线路。

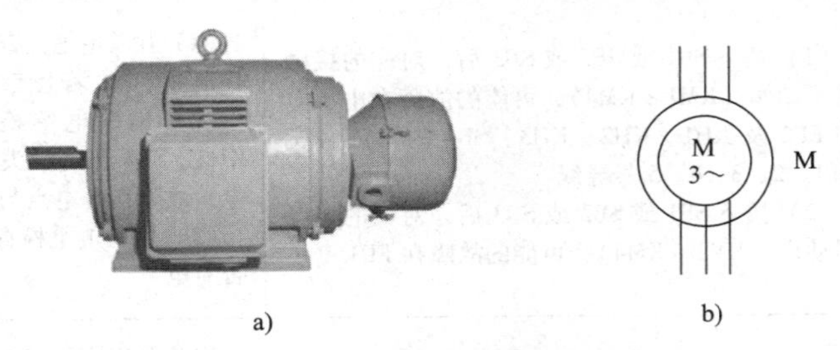

图 1-8-1　三相绕线转子异步电动机

a）YR 系列外形　b）符号

本次的工作任务是安装与维修电流继电器控制转子绕组串接电阻启动控制线路，其电路图如图 1-8-2 所示。

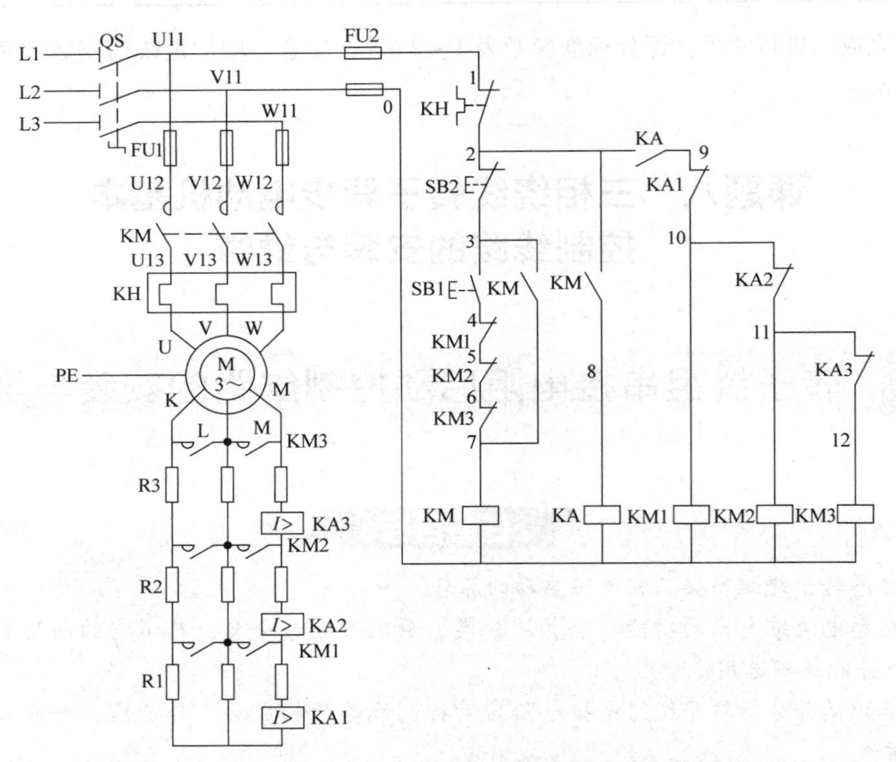

图 1-8-2　电流继电器控制转子绕组串接电阻启动控制线路电路图

相关知识

一、转子绕组串接三相电阻启动的原理

三相绕线转子异步电动机转子绕组串电阻启动，是指启动时在转子绕组回路中串入作星形联结、分级切换的三相启动电阻，以减小启动电流，增大启动转矩。随着电动机转速的升

高，逐级减小可变电阻，启动完毕切除可变电阻，转子绕组被直接短接，电动机便在额定状态下运行。

如果电动机转子绕组中串接的外加电阻在每段切除前和切除后，三相电阻始终是对称的，称为三相对称电阻，如图 1－8－3a 所示，启动过程依次切除 R1、R2、R3。

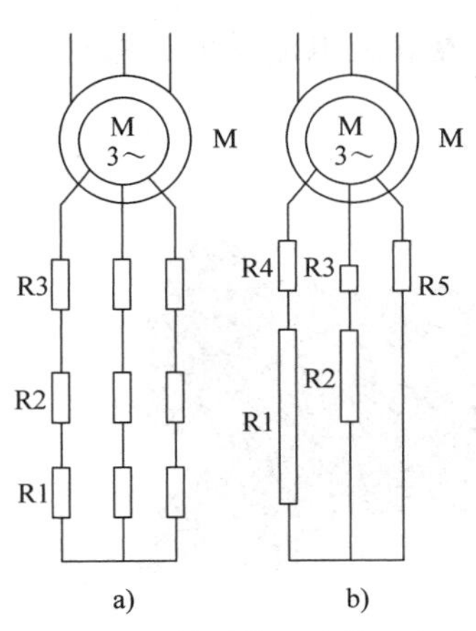

图 1－8－3　转子绕组串接三相电阻
a）转子绕组串接三相对称电阻　b）转子绕组串接三相不对称电阻

如果启动时串入的三相电阻是不对称的，且每段切除后仍是不对称的，称为三相不对称电阻，如图 1－8－3b 所示，启动过程依次切除 R1、R2、R3、R4、R5。

二、电流继电器

三相绕线转子异步电动机刚启动时转子电流较大，随着电动机转速的增大，转子电流逐渐减小，根据这一特性，可以利用自动保护电器——电流继电器自动控制接触器来逐级切除转子回路中的电阻。

反映输入量为电流的继电器称为电流继电器，按工作原理划分它属于电磁式继电器，其结构和工作原理与接触器基本相同，主要由电磁机构和触头系统组成，其典型结构如图 1－8－4 所示。

a)

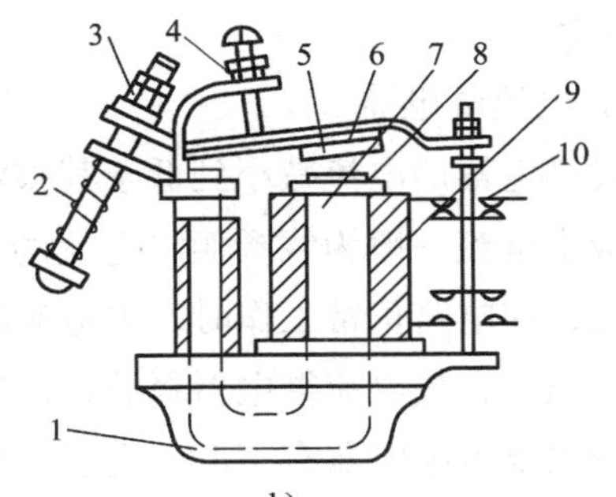

b)

图 1－8－4　电流继电器的典型结构
a）外形　b）结构示意图
1—底座　2—反作用弹簧　3、4—调节螺钉　5—非磁性垫片　6—衔铁
7—铁芯　8—极靴　9—线圈　10—触头

图1－8－5a、图1－8－5b所示是常见的JT4系列和JL14系列电流继电器。使用时，电流继电器的线圈串联在被测电路中，当通过线圈的电流达到预定值时，其触头动作。为了降低电流继电器线圈串入电路后对原电路工作状态的影响，电流继电器线圈的匝数少、导线粗、阻抗小。

电流继电器分为过电流继电器和欠电流继电器两种。电流继电器在电路图中的符号如图1－8－5c所示。

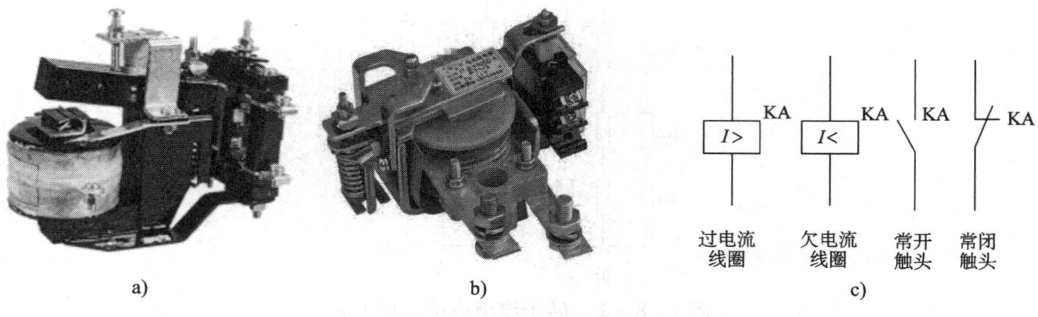

图1－8－5　电流继电器
a）JT4系列　b）JL14系列　c）符号

1. 分类

（1）过电流继电器

当通过继电器的电流超过预定值时就动作的继电器称为过电流继电器。过电流继电器的吸合电流为1.1～4倍的额定电流，也就是说，在电路正常工作时，过电流继电器线圈在通过额定电流时铁芯和衔铁不会吸合；当电路中发生短路或过载故障，通过线圈的电流达到或超过预定值时，铁芯和衔铁才吸合，带动触头动作。

常用的过电流继电器有JT4、JL5、JL12及JL14等系列，广泛用于直流电动机或绕线转子异步电动机的控制线路中，电动机频繁及重载启动的场合，作为电动机和主电路的过载或短路保护电器。

（2）欠电流继电器

当通过继电器的电流减小到低于其整定值时就动作的继电器称为欠电流继电器。欠电流继电器的吸引电流一般为线圈额定电流的30%～65%，释放电流为线圈额定电流的10%～20%。因此，在电路正常工作时，欠电流继电器的衔铁与铁芯始终是吸合的，只有当电流降至低于整定值时，欠电流继电器释放，发出信号，才改变电路的状态。

常用的欠电流继电器有JL14－□□ZQ等系列产品，常用于直流电动机和电磁吸盘电路中作弱磁保护。

2. 型号含义

常用JT4系列交流通用继电器和JL14系列交、直流通用电流继电器的型号含义如下。

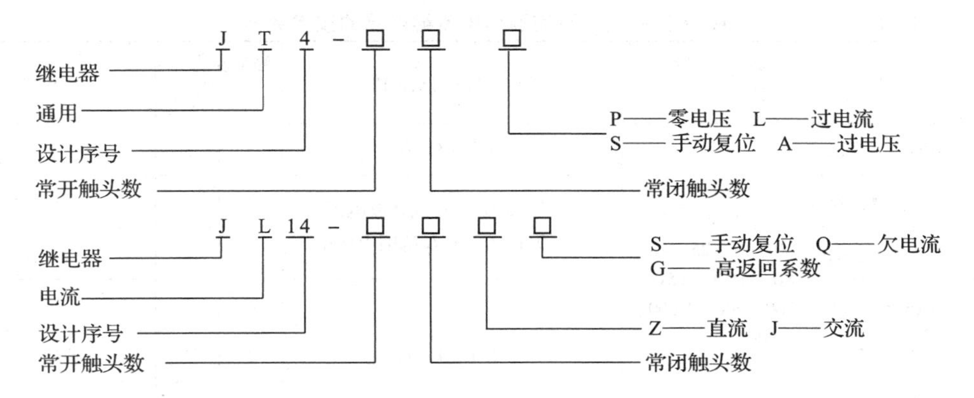

JT4 系列为交流通用继电器，在这种继电器的电磁机构中装设不同的线圈，便可制成过电流、欠电流、过电压或欠电压等继电器。JT4 系列交流通用继电器的技术数据见表 1－8－1。

JL14 系列交、直流通用电流继电器可取代 JT4－L 和 JT4－S 系列，其技术数据见表 1－8－2。

3. 选用

（1）电流继电器的额定电流一般可按电动机长期工作的额定电流来选择。对于频繁启动的电动机，额定电流可选大一个等级。

（2）电流继电器的触头种类、数量、额定电流及复位方式应满足控制线路的要求。

（3）过电流继电器的整定电流一般取电动机额定电流的 1.7～2 倍，频繁启动的场合可取电动机额定电流的 2.25～2.5 倍。欠电流继电器的整定电流一般取电动机额定电流的 10%～20%。

表 1－8－1　　　　JT4 系列交流通用继电器的技术数据

<table>
<tr><th rowspan="2">型号</th><th rowspan="2">可调参数调整范围</th><th rowspan="2">标称误差</th><th rowspan="2">返回系数</th><th rowspan="2">触头数量/对</th><th colspan="3">吸引线圈</th><th rowspan="2">复位方式</th><th rowspan="2">机械寿命/万次</th><th rowspan="2">电寿命/万次</th><th rowspan="2">质量/kg</th></tr>
<tr><th>额定电压 U_N/V</th><th>额定电流 I_N/A</th><th>消耗功率/W</th></tr>
<tr><td>JT4－□□A 过电压继电器</td><td>吸合电压 (1.05～1.2) U_N</td><td rowspan="4">±10%</td><td>0.1～0.3</td><td>1 常开、1 常闭</td><td>110、220、380</td><td>—</td><td rowspan="2">75</td><td rowspan="3">自动</td><td>1.5</td><td>1.5</td><td>2.1</td></tr>
<tr><td>JT4－□□P 零电压（或中间）继电器</td><td>吸合电压 (0.6～0.85) U_N 或释放电压 (0.1～0.35) U_N</td><td>0.2～0.4</td><td rowspan="3">1 常开、1 常闭或 2 常开或 2 常闭</td><td>110、127、220、380</td><td>—</td><td>10</td><td>10</td><td>1.8</td></tr>
<tr><td>JT4－□□L 过电流继电器</td><td rowspan="2">吸合电流 (1.1～3.5) I_N</td><td rowspan="2">0.1～0.3</td><td rowspan="2">—</td><td rowspan="2">5、10、15、20、40、80、150、300、600</td><td rowspan="2">5</td><td rowspan="2">1.5</td><td rowspan="2">1.5</td><td rowspan="2">1.7</td></tr>
<tr><td>JT4－□□S 手动过电流继电器</td><td>手动</td></tr>
</table>

表 1－8－2　　　JL14 系列交、直流通用电流继电器的技术数据

电流种类	型号	吸引线圈额定电流 I_N/A	吸合电流调整范围	触头数量/对		备注
				常开	常闭	
直流	JL14－□□Z	1、1.5、2.5、10、15、25、40、60、100、150、300、500、1 200、1 500	(0.7～3) I_N	3	3	—
	JL14－□□ZS		(0.3～0.65) I_N或释放电流在 (0.1～0.2) I_N范围内调整	2	1	手动复位
	JL14－□□ZQ			1	2	欠电流
交流	JL14－□□J		(1.1～4) I_N	1	1	—
	JL14－□□JS			2	2	手动复位
	JL14－□□JG			1	1	返回系数大于 0.65

三、转子绕组串接电阻启动控制线路

1. 按钮操作控制线路

按钮操作转子绕组串接电阻启动控制线路电路图如图 1－8－6 所示。线路的工作原理较简单，读者可自行分析。该线路的缺点是操作不便，工作的安全性和可靠性较差，应用较少。

2. 时间继电器自动控制线路

时间继电器控制转子绕组串接电阻启动控制线路电路图如图 1－8－7 所示。该线路利用三个时间继电器 KT1、KT2、KT3 和三个接触器 KM1、KM2、KM3 的相互配合来依次自动切除转子绕组中的三级电阻。

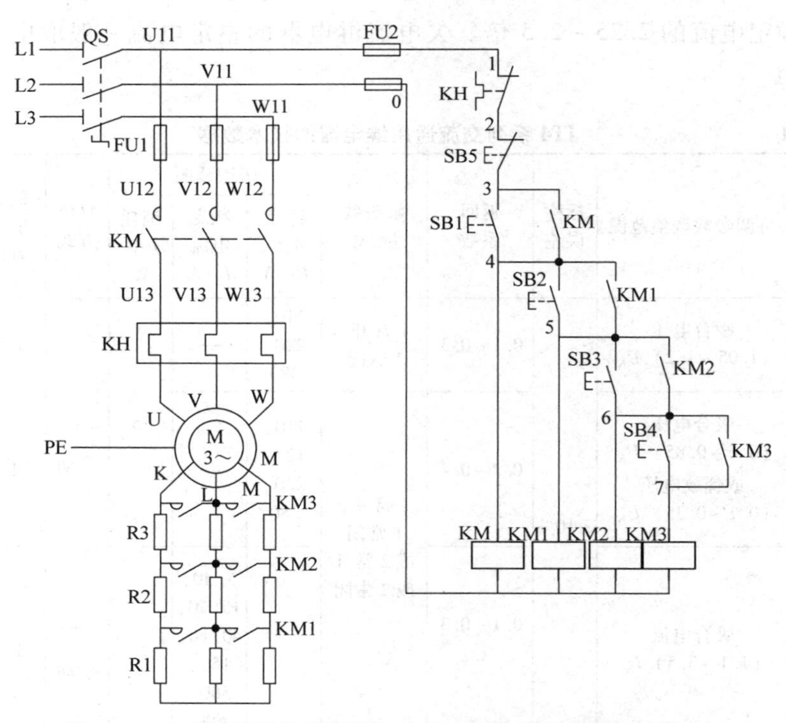

图 1－8－6　按钮操作转子绕组串接电阻启动控制线路电路图

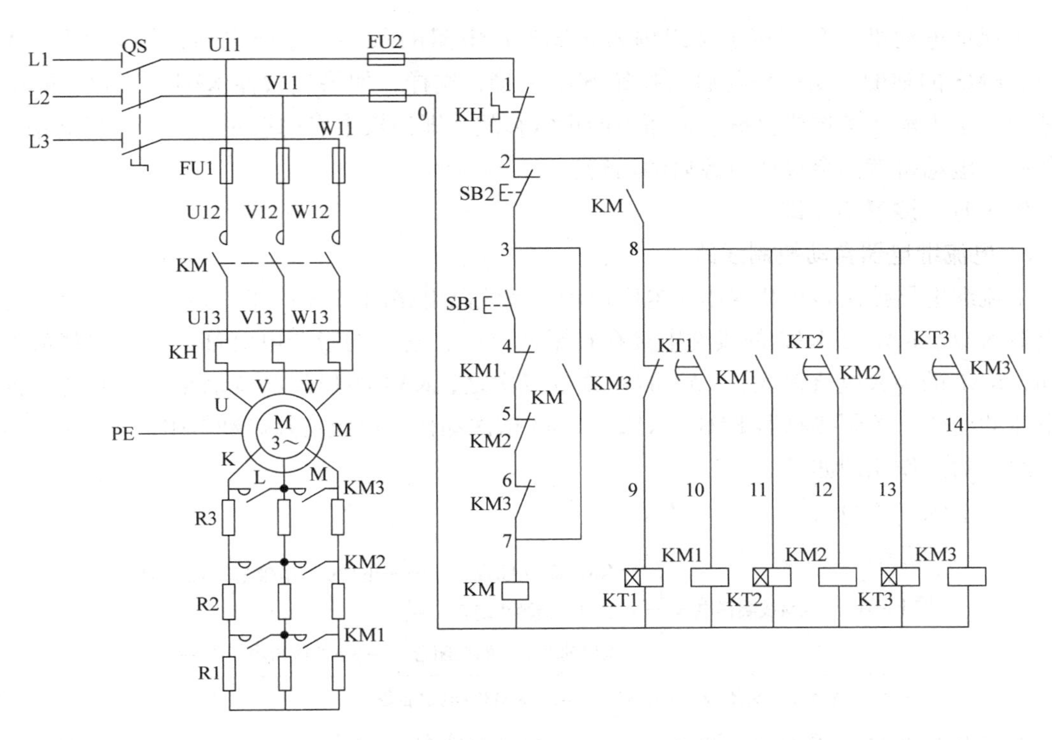

图 1－8－7　时间继电器控制转子绕组串接电阻启动控制线路电路图

线路的工作原理如下。

合上电源开关 QS。

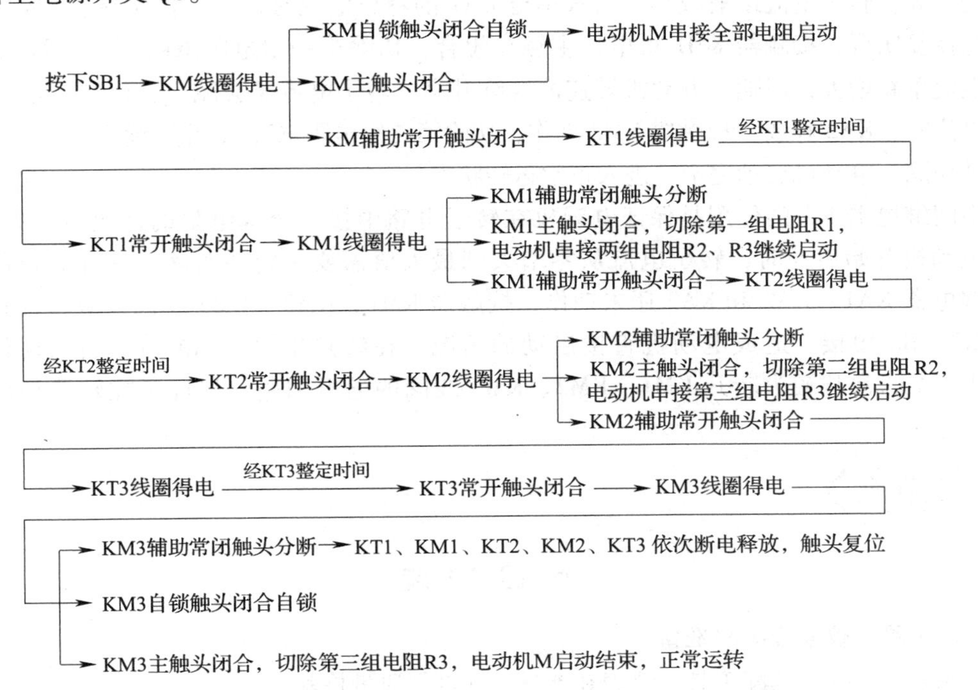

为保证电动机只有在转子绕组串入全部外加电阻的条件下才能启动，将接触器 KM1、KM2、KM3 的辅助常闭触头与启动按钮 SB1 串接，这样，如果接触器 KM1、KM2、KM3 中的任何一个因触头熔焊或机械故障而不能正常释放，即使按下启动按钮 SB1，控制电路也不会得电，电动机就不会接通电源启动运转。

停止时，按下 SB2 即可。

3. 电流继电器自动控制线路

电流继电器控制转子绕组串接电阻启动控制线路电路图如图 1－8－2 所示。三个过电流继电器 KA1、KA2 和 KA3 的线圈串接在转子回路中，它们的吸合电流都一样，但释放电流不同，KA1 的释放电流最大，KA2 的释放电流次之，KA3 的释放电流最小，从而能根据转子电流的变化，控制接触器 KM1、KM2、KM3 依次动作，逐级切除启动电阻。

线路的工作原理如下。

合上电源开关 QS。

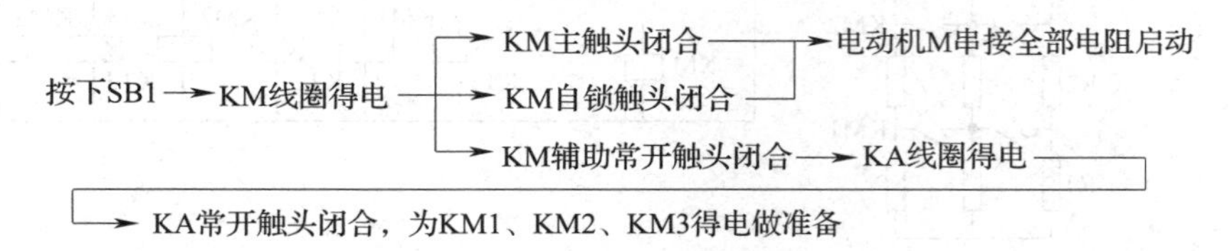

由于电动机 M 启动时转子电流较大，三个过电流继电器 KA1、KA2 和 KA3 均吸合，它们接在控制电路中的常闭触头均断开，使接触器 KM1、KM2、KM3 的线圈都不能得电，接在转子电路中的常开触头都处于断开状态，启动电阻被全部串接在转子绕组中。随着电动机转速的升高，转子电流逐渐减小，当减小至 KA1 的释放电流时，KA1 首先释放，KA1 的常闭触头恢复闭合，接触器 KM1 得电，主触头闭合，切除第一组电阻 R1。当 R1 被切除后，转子电流重新增大，但随着电动机转速的继续升高，转子电流又会减小，待减小至 KA2 的释放电流时，KA2 释放，接触器 KM2 动作，切除第二组电阻 R2，如此继续下去，直至全部电阻被切除，电动机启动完毕，进入正常运转状态。

中间继电器 KA 的作用是保证电动机在转子电路中接入全部电阻的情况下开始启动，因为电动机开始启动时，转子电流从零增大到最大值需要一定的时间，这样有可能出现电流继电器 KA1、KA2 和 KA3 还未动作，接触器 KM1、KM2、KM3 就已经吸合而把电阻 R1、R2、R3 短接，造成电动机直接启动的情况。在线路中接入 KA 后，当电动机启动时，由 KA 的常开触头断开 KM1、KM2、KM3 线圈的通电回路，保证了在转子回路中串入全部电阻。

任务实施

线路安装

一、工具、仪表及器材准备

参照表 1－8－3 选配工具、仪表和器材，并进行质量检验。

表 1-8-3　　主要工具、仪表及器材

工具	验电笔、螺钉旋具、钢丝钳、尖嘴钳、斜口钳、剥线钳、电工刀等电工常用工具				
仪表	ZC25-3 型兆欧表（500 V、0~500 MΩ）、MG3-1 型钳形电流表、MF47 型万用表、转速表				
器材	代号	名称	型号	规格	数量
	M	三相绕线转子异步电动机	YZR-132MA-6	2.2 kW、380 V、6 A/11.2 A、908 r/min	1 台
	QS	组合开关	HZ10-25/3	380 V、25 A、三极	1 只
	FU1	熔断器	RL1-60/25	500 V、60 A、熔体额定电流 25 A	3 只
	FU2	熔断器	RL1-15/4	500 V、15 A、熔体额定电流 4 A	2 只
	KM、KM1 KM2、KM3	交流接触器	CJ10-20 （CJT1-20）	20 A、线圈电压 380 V	4 只
	KH	热继电器	JR36-20/3	三极、20 A、整定电流 6 A	1 只
	KA1~KA3	过电流继电器	JL14-11J	线圈额定电流 10 A、电压 380 V	3 只
	KA	中间继电器	JZ7-44	额定电流 5 A、线圈电压 380 V	1 只
	SB1、SB2	按钮	LA10-3 H	保护式、按钮数 3	1 个
	R1~R3	启动电阻器	2K1-12-6/1		1 台
	XT	接线端子排	JX2-1015	380 V、10 A、15 节	1 条
		控制板		600 mm×500 mm×20 mm	1 块
		主电路线		BVR 2.5 mm^2（黑色）	若干
		控制电路线		BVR 1.5 mm^2（红色）	若干
		按钮线		BVR 0.75 mm^2（红色）	若干
		接地线		BVR 1.5 mm^2（黄绿双色）	若干
		走线槽		18 mm×25 mm	若干
		各种规格的紧固体、针形及叉形轧头、金属软管、编码套管等			若干

二、安装电流继电器自动控制线路

根据图 1-8-2 所示电路图画出布置图，编写安装步骤，熟悉安装工艺要求，经指导教师审查合格后进行安装。其中电流继电器的安装和使用方法如下。

1. 安装前应检查电流继电器的额定电流和整定电流是否符合实际使用要求，电流继电器的动作部分是否灵活、可靠，外罩及壳体是否有损坏或缺件等情况。

2. 安装后应在触头不通电的情况下，多次对吸引线圈进行通电测试，以验证电流继电器的动作是否可靠。

3. 使用中应定期检查电流继电器各零部件是否有松动及损坏现象，并保持触头的清洁。

三、安装注意事项

1. 过电流继电器和热继电器的整定值应在通电前自行整定。

2. 线路出现故障后，学生应独自进行检修，但通电试运行和带电检修时，必须有指导教师在现场监护。

3. 电阻器要尽可能放在箱体内，若置于箱体外，必须采取遮护或隔离措施，以防止发生触电事故。

线 路 维 修

断开电源后，在图 1－8－2 所示线路中人为设置电气自然故障两处。参照前面的任务自编检修步骤，经指导教师审查合格后进行检修。电流继电器自动控制线路的故障现象、可能原因及处理方法见表 1－8－4，电流继电器的常见故障及处理方法与接触器相似，可参考相关内容。

表 1－8－4　电流继电器自动控制线路的故障现象、可能原因及处理方法

故障现象	可能原因	处理方法
电动机不能启动	（1）按下 SB1 后，KM 不动作，可能的故障在电源电路、FU2 和控制电路的 SB1、SB2 按钮，KH、KM1、KM2、KM3 等触点，KM 线圈以及 1、2、3、4、5、6、7 号导线上（图 1） （2）按下 SB1 后，KM 动作，可能是主电路的 FU1、KM 的主触头、KH 的热元件中的某一相接触不良或断路以及它们之间的连接导线断路（图 2） （3）转子电路故障：某一相中连接电阻断裂，连接导线接触不良等；KM1 的某一主触头接触不良或电路断路；某一滑环与电刷接触不良或转子绕组断路 （4）负载过大 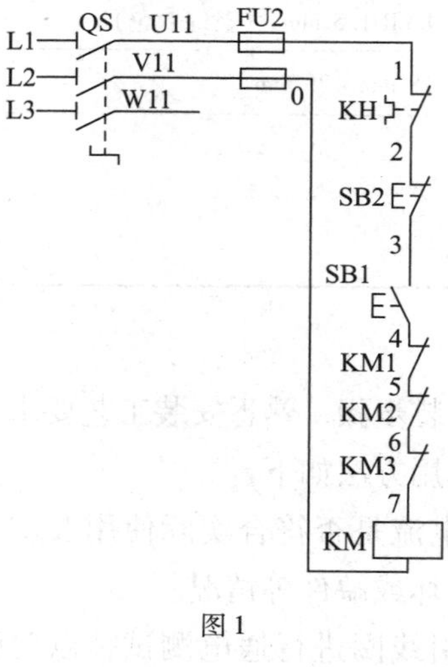 图 1 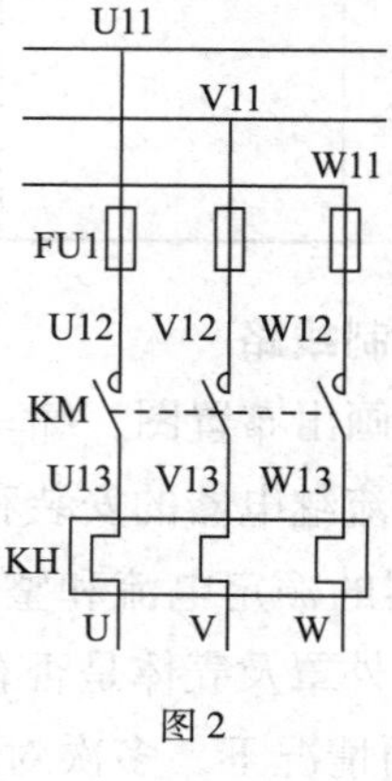　图 2	（1）用验电笔检查电源电路中 QS 的上接线柱是否有电，若上接线柱无电，说明故障在电源。若上接线柱有电，用验电笔检查 FU2 和图 1 各触头的上、下接线柱是否有电，故障在有电点与无电点之间 （2）按下 SB1 后，KM 吸合动作，用验电笔检查 FU1 和 KM 的主触头、KH 热元件的上、下接线柱是否有电，故障在有电点与无电点之间 （3）测量定子绕组电流，看其是否平衡，若不平衡，可判断为定子电路故障。测量转子绕组电流，若三相不平衡或某相无电流，可判断为转子电路故障。若测量出定子、转子绕组电流平衡但比正常值大，说明电动机过载

续表

故障现象	可能原因	处理方法
电动机启动时只有瞬间转动就停机	（1）KM 的自锁触头接触不良 （2）热继电器整定值过小，受启动电流冲击使其常闭触头断开 （3）电动机启动时电压波动过大，使接触器欠压释放	（1）用验电笔或电压表检查 KM 自锁触头的接触是否良好 （2）检查热继电器整定值是否符合要求 （3）用电压表检查电动机启动时电压的波动情况
启动电阻过热	（1）全部电阻都过热，说明启动过程中电阻不能被切除，可能原因： 1）KA 故障或 KM 的常开触头接触不良 2）KA1 故障或 KA1 的常闭触头故障 3）KM3 的常开触头接触不良 4）电流继电器 KA1、KA2 或 KA3 故障 （2）电阻 R1 或 R2 过热，可能原因： 1）电流继电器 KA1 或 KA2 的整定值不对，造成 KM1 或 KM2 不动作，因而使 R1 或 R2 不能被及时切除 2）KM1 或 KM2 主触头故障 3）电阻与导线连接不良或电阻片间松动，接触电阻过大	（1）全部电阻过热的检查方法 1）按下 SB1 后，观察 KA 的常开触头是否动作，若 KA 的常开触头不动作，则 KA 线圈故障或 KM 的常开触头故障。若 KA 的常开触头动作，则用验电笔检查 KA 常开触头的下接线柱是否有电，若下接线柱有电，说明 KA 的常开触头正常；若下接线柱无电，说明 KA 的常开触头故障 2）断开电源，按下 KM3 的触头架，用电阻测量法检查 KM3 常开触头的接触是否良好 3）在电动机启动过程中观察电流继电器 KA1、KA2 或 KA3 是否动作 （2）电阻 R1 或 R2 过热的检查方法 1）检查电流继电器 KA1 或 KA2 的整定值是否正确 2）检查 KM1 或 KM2 的主触头 3）检查电阻与导线或电阻片间的连接情况

任务完成后进行测评，评分标准参考表 1－2－8（注意，增加走线槽安装的考核），定额时间 4 h。

任务 2　转子绕组串接频敏变阻器启动控制线路的安装与维修

任务目标

1. 熟悉频敏变阻器的结构、原理及型号含义，熟记它的图形符号和文字符号，并能正确选用。

2. 能识读并分析转子绕组串接频敏变阻器启动控制线路的构成和工作原理，并能正确进行安装与维修。

工作任务

绕线转子异步电动机采用转子绕组串电阻的方法启动，要想获得良好的启动特性，一般需要将启动电阻分为多级，所用的电器较多，控制线路复杂，设备投资大，维修不便，并且在逐级切除电阻的过程中会产生一定的机械冲击，因此，在工矿企业中对于不频繁启动的设备，广泛采用频敏变阻器代替启动电阻来控制绕线转子异步电动机的启动。

本次的工作任务是安装与维修转子绕组串接频敏变阻器启动控制线路，其电路图如图 1－8－8 所示。

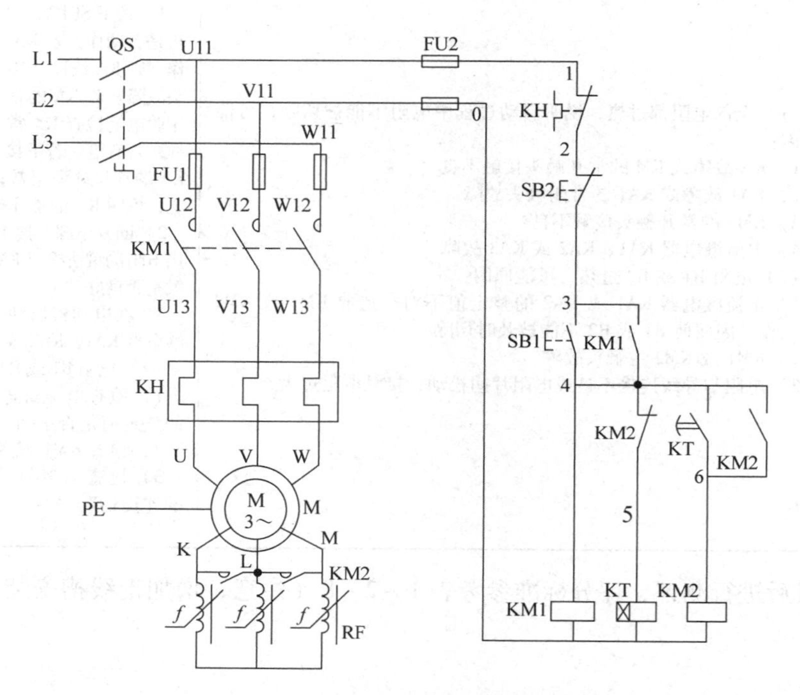

图 1－8－8　转子绕组串接频敏变阻器启动控制线路电路图

相关知识

一、频敏变阻器

频敏变阻器是一种阻抗值随频率的变化而明显变化（对频率变化敏感）、静止的无触点电磁元件，它实质上是一个铁芯损耗非常大的三相电抗器，其外形如图 1－8－9 所示，适用于绕线转子异步电动机的转子回路作启动电阻。在电动机启动时，将频敏变阻器串接在转子绕组中，由于频敏变阻器的等效阻抗随转子电流频率的减小而减小，以达到自动变阻的目的，因此，只需用一级频敏变阻器就可以平稳地将电动机启动，从而减小机械冲击和电流冲击，实现电动机的平稳无级启动，启动完毕短接切除频敏变阻器。

常用的频敏变阻器有 BP1、BP2、BP3、BP4 和 BP6 等系列，可按系列分类，每一系列

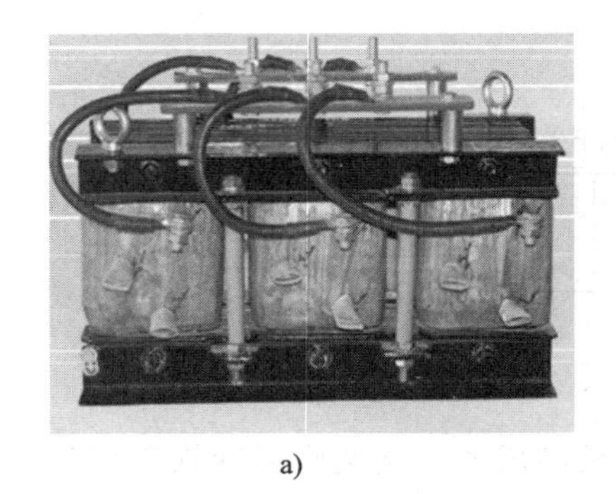

a)

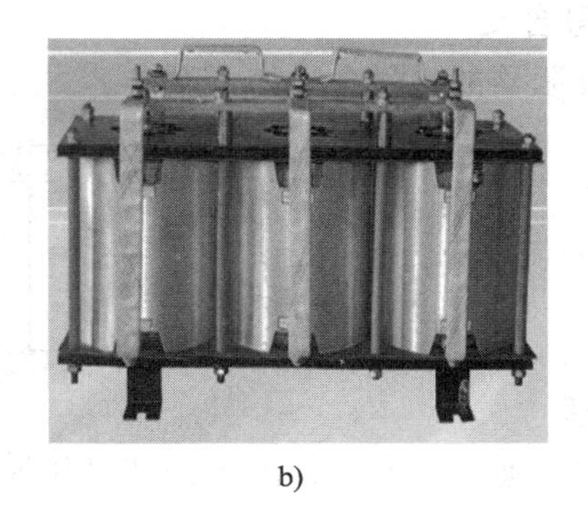

b)

图 1－8－9　频敏变阻器的外形

a）BP1 系列　b）BP4 系列

有其特定用途。下面以 BP1 系列为例做简要介绍。

1. 结构

BP1 系列频敏变阻器适用于功率 2.2～2 240 kW 的三相交流绕线转子异步电动机的轻载启动及重载的偶尔启动，分为偶尔启动用（BP1－200 型、BP1－300 型）和重复短时工作制（BP1－400 型、BP1－500 型）两类。其结构为开启式，类似于没有二次绕组的三相变压器，如图 1－8－10a 所示。它主要由铁芯和绕组两部分组成。铁芯由数片 E 形钢板叠成，上、下铁芯用四根螺栓固定，拧开螺栓上的螺母，可在上、下铁芯间增减非磁性垫片，以调整空气隙长度（出厂时上、下铁芯间的空气隙为零）。

频敏变阻器的绕组有四个抽头，一个在绕组背面，标号为 N；另外三个在绕组正面，标号分别为 1、2、3。抽头 1 和 N 之间为 100% 匝数，2 和 N 之间为 85% 匝数，3 和 N 之间为 71% 匝数。出厂时三组线圈均接在 85% 匝数抽头处，并接成星形。

频敏变阻器在电路图中的符号如图 1－8－10b 所示。

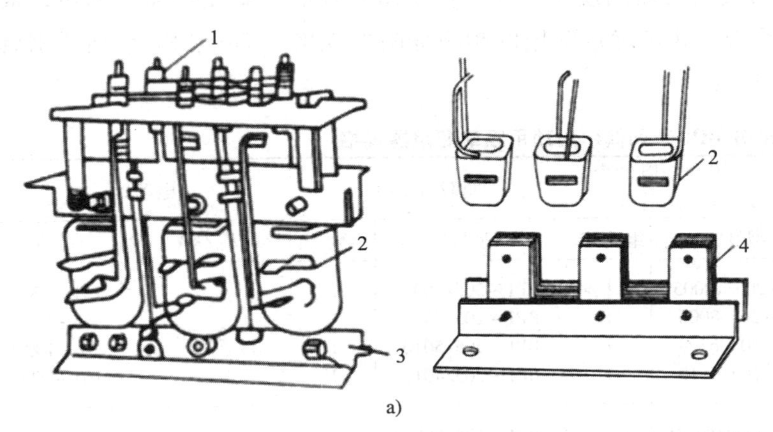

a)

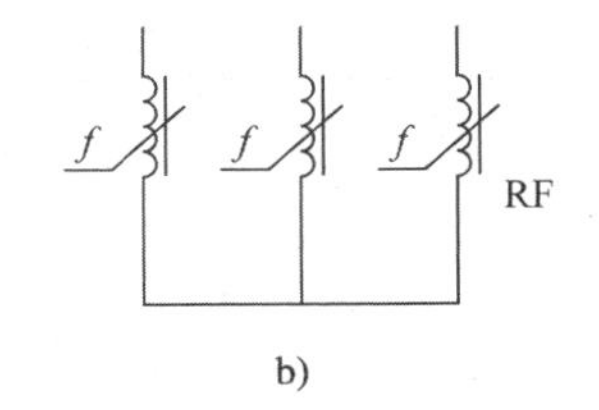

b)

图 1－8－10　频敏变阻器的结构与符号

a）结构　b）符号

1—接线柱　2—线圈　3—底座　4—铁芯

2. 型号含义

频敏变阻器的型号含义如下。

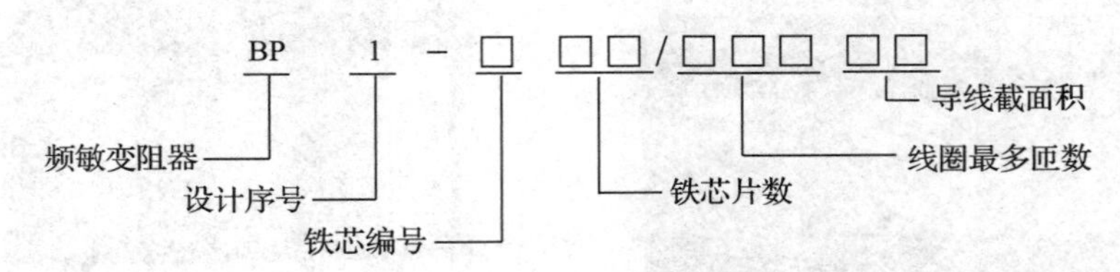

3. 原理

三相绕组通入电流后，由于铁芯是用厚钢板制成的，交变磁通在铁芯中产生很大的涡流，从而产生很大的铁芯损耗。电流频率越高，涡流越大，铁芯损耗也越大。交变磁通在铁芯中的损耗可等效地看作电流在电阻中的损耗，因此，频率变化相当于等效电阻的电阻值变化。在电动机刚启动的瞬间，转子电流的频率最高（等于电源的频率），频敏变阻器的等效电阻值最大，限制了电动机的启动电流。随着电动机转速的升高，转子电流的频率逐渐下降，频敏变阻器的等效电阻值也逐渐减小，从而使电动机转速平稳地上升到额定转速。

频敏变阻器的优点是启动性能好，无电流和机械冲击，结构简单，价格低廉，使用和维护方便，但其功率因数较低，启动转矩较小，不宜用于重载启动的场合。

4. 选用

（1）根据电动机所拖动的生产机械的启动负载特性和操作频繁程度，选择频敏变阻器的系列。频敏变阻器大致的适用场合见表 1－8－5。

表 1－8－5　频敏变阻器大致的适用场合

负载特性		轻载	重载
适用频敏变阻器系列	频繁程度（偶尔）	BP1、BP2、BP4	BP4G、BP6
	频繁程度（频繁）	BP3、BP1、BP2	

（2）按电动机功率选择频敏变阻器的规格。在确定了所选择的频敏变阻器系列后，根据电动机的功率查有关技术手册，即可确定配用的频敏变阻器规格。部分 BP1 系列偶尔启动用频敏变阻器规格见表 1－8－6。

表 1－8－6　部分 BP1 系列偶尔启动用频敏变阻器规格

轻载启动用		重轻载启动用（轻载、重载均适用）		重载启动用		电动机	
型号	组数/组	型号	组数/组	型号	组数/组	P_N/kW	I_{2N}/A
—	—	BP1－205/10005 BP1－205/8006 BP1－205/6308 BP1－205/5010	1 1 1 1	BP1－205/8006 BP1－205/6308 BP1－205/5010 BP1－205/4012	1 1 1 1	22～28	51～63 64～80 81～100 101～125
—	—	BP1－206/10005 BP1－206/8006 BP1－206/6308 BP1－206/5010	1 1 1 1	BP1－206/8006 BP1－206/6308 BP1－206/5010 BP1－206/4012	1 1 1 1	29～35	51～63 64～80 81～100 101～125

续表

轻载启动用		重轻载启动用（轻载、重载均适用）		重载启动用		电动机	
型号	组数/组	型号	组数/组	型号	组数/组	P_N/kW	I_{2N}/A
BP1－204/16003	1	BP1－208/10005	1	BP1－208/8006	1	36～45	51～63
BP1－204/12504	1	BP1－208/8006	1	BP1－208/6308	1		64～80
BP1－204/10005	1	BP1－208/6308	1	BP1－208/5010	1		81～100
BP1－204/8006	1	BP1－208/5010	1	BP1－208/4012	1		101～125
BP1－205/12504	1	BP1－210/8006	1	BP1－210/6308	1	46～55	64～80
BP1－205/10005	1	BP1－210/6308	1	BP1－210/5010	1		81～100
BP1－205/8006	1	BP1－210/5010	1	BP1－210/4012	1		101～125
BP1－205/6308	1	BP1－210/4012	1	BP1－210/3216	1		126～160
BP1－206/6308	1	BP1－212/4012	1	BP1－212/3216	1	56～70	126～160
BP1－206/5010	1	BP1－212/3216	1	BP1－212/2520	1		161～200
BP1－206/4012	1	BP1－212/2520	1	BP1－212/2025	1		201～250
BP1－206/3216	1	BP1－212/2025	1	BP1－212/1632	1		251～315
BP1－208/5010	1	BP1－305/5016	1	BP1－305/4020	1	71～90	161～200
BP1－208/4012	1	BP1－305/4020	1	BP1－305/3225	1		201～250
BP1－208/3216	1	BP1－305/3225	1	BP1－305/2532	1		251～315
BP1－208/2520	1	BP1－305/2532	1	BP1－305/2040	1		316～400

二、转子绕组串接频敏变阻器启动控制线路

转子绕组串接频敏变阻器启动控制线路电路图如图 1－8－8 所示，线路的工作原理如下。

合上电源开关 QS。

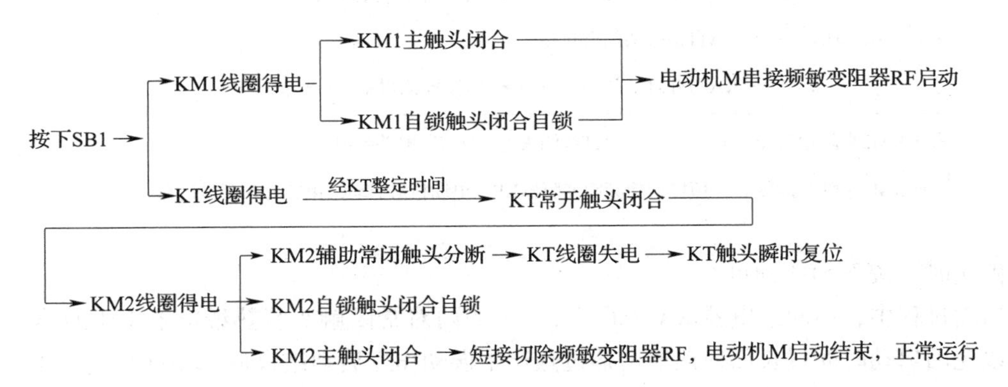

停止时，按下 SB2 即可。

图 1－8－11 所示为自动和手动互转的转子绕组串接频敏变阻器启动控制线路电路图，启动过程可以利用转换开关 SA 实现自动控制和手动控制的转换。

采用自动控制时，将转换开关 SA 扳到自动位置（A 位置），线路的工作原理如下。

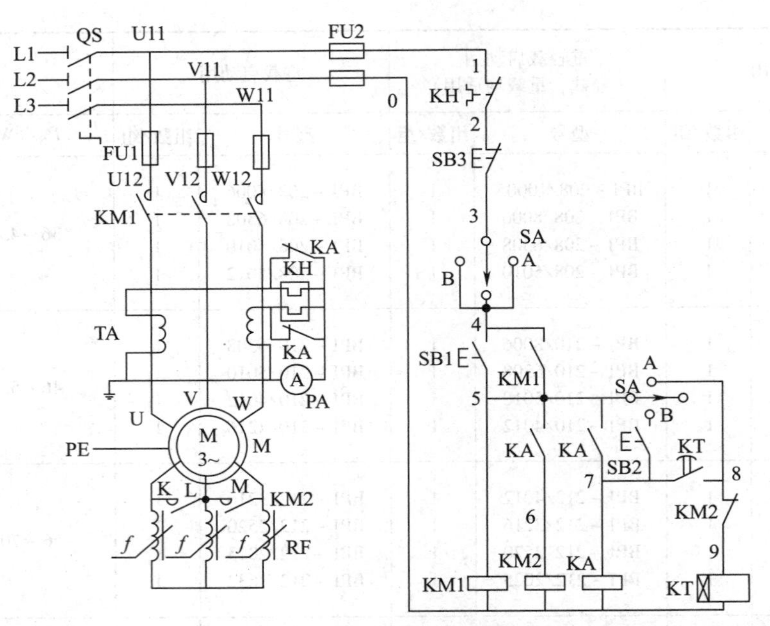

图 1－8－11　自动和手动互转的转子绕组串接频敏变阻器启动控制线路电路图

合上电源开关 QS。

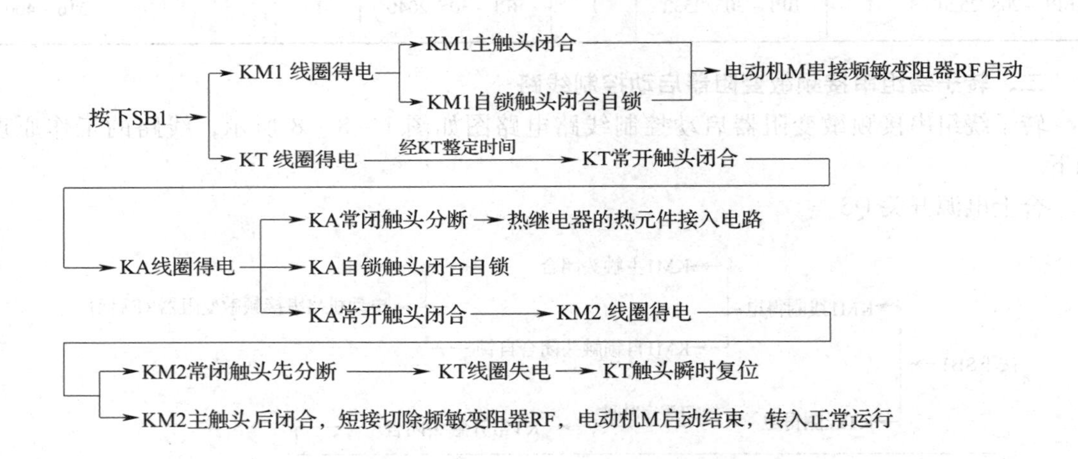

停止时，按下 SB3 即可。

启动过程中，中间继电器 KA 未得电，KA 的两对常闭触头将热继电器 KH 的热元件短接，以免因启动时间过长而使热继电器过热产生误动作。启动结束后，中间继电器 KA 得电动作，其两对常闭触头分断，KH 的热元件接入主电路工作。电流互感器 TA 的作用是将主电路的大电流变换成小电流后串入热继电器的热元件，以反映过载程度。

采用手动控制时，将转换开关 SA 扳到手动位置（B 位置），这样时间继电器 KT 不起作用，用按钮 SB2 手动控制中间继电器 KA 和接触器 KM2 的动作，完成短接频敏变阻器 RF 的工作，其工作原理读者可自行分析。

任务实施

线路安装

一、工具、仪表及器材准备

参照表 1－8－7 选配工具、仪表和器材，并进行质量检验。

表 1－8－7　　主要工具、仪表及器材

工具	验电笔、螺钉旋具、钢丝钳、尖嘴钳、斜口钳、剥线钳、电工刀等电工常用工具				
仪表	ZC25－3 型兆欧表（500 V、0～500 MΩ）、MG3－1 型钳形电流表、MF47 型万用表、转速表				
器材	代号	名称	型号	规格	数量
	M	三相绕线转子异步电动机	YZR－132MA－6	2.2 kW、380 V、6 A/11.2 A、908 r/min	1 台
	QS	组合开关	HZ10－25/3	380 V、25 A、三极	1 只
	FU1	熔断器	RL1－60/25	500 V、60 A、熔体额定电流 25 A	3 只
	FU2	熔断器	RL1－15/2	500 V、15 A、熔体额定电流 2 A	2 只
	KM1、KM2	交流接触器	CJ10－20（CJT1－20）	20 A、线圈电压 380 V	2 只
	KH	热继电器	JR36－20/3	三极、20 A、整定电流 6 A	1 只
	KT	时间继电器	JS7－2 A	线圈电压 380 V	1 只
	SB1、SB2	按钮	LA10－3 H	保护式、按钮数 3	1 个
	RF	频敏变阻器	BP1－004/10003		1 台
	XT	接线端子排	JX2－1015	380 V、10 A、15 节	1 条
		控制板		600 mm×500 mm×20 mm	1 块
		主电路线		BVR 2.5 mm^2（黑色）	若干
		控制电路线		BVR 1.5 mm^2（红色）	若干
		按钮线		BVR 0.75 mm^2（红色）	若干
		接地线		BVR 1.5 mm^2（黄绿双色）	若干
		走线槽		18 mm×25 mm	若干
		各种规格的紧固体、针形及叉形轧头、金属软管、编码套管等			若干

二、安装与调试转子绕组串接频敏变阻器启动控制线路

1. 根据图 1－8－8 所示电路图，画出布置图。

2. 在控制板上按布置图安装除电动机、频敏变阻器以外的电气元件，并贴上醒目的文

字符号。

3. 根据图1－8－8所示电路图在控制板上进行板前线槽布线、套编码套管和冷压接线头。

4. 安装电动机和频敏变阻器。对于频敏变阻器的安装与使用，应注意以下几点。

（1）频敏变阻器应牢固地固定在基座上，当基座为铁磁物质时，应在中间垫放厚度为10 mm以上的非磁性垫片，以防影响频敏变阻器的特性。同时，频敏变阻器应可靠接地。

（2）连接线应按电动机转子额定电流选用相应截面的电缆线。

（3）频敏变阻器在使用过程中应定期清除尘垢，并检查线圈的绝缘电阻。

5. 可靠连接电动机、频敏变阻器及各电气元件金属外壳的保护接地线。

6. 连接电动机、频敏变阻器等控制板外部的导线。

7. 自检。

8. 交付验收。

9. 通电试运行。

通电试运行前，应先测量频敏变阻器对地绝缘电阻，如其值小于1 MΩ，则须先进行烘干处理后才可使用。通电试运行时，如发现启动转矩或启动电流过大或过小，应先切断电源，按以下方法对频敏变阻器的匝数和气隙进行调整。

（1）启动电流过大、启动过快时，应换接抽头，使匝数增加，增加匝数可以使启动电流和启动转矩减小。

（2）若启动电流和启动转矩过小、启动太慢，应换接抽头，使匝数减少，可以使用80%或更少的匝数，匝数减少将使启动电流和启动转矩同时增大。

（3）如果电动机刚启动时启动转矩偏大，有机械冲击现象，而启动完成后的转速又偏低，这时可在上、下铁芯间增大气隙，即拧开频敏变阻器两面的四个紧固螺栓的螺母，在上、下铁芯之间增加非磁性垫片，增大气隙将使启动电流略微增加，启动转矩稍有减小，但启动完毕时的转矩稍有增大，使稳定转速得以提高。

三、安装注意事项

1. 时间继电器和热继电器的整定值应在通电前自行整定。

2. 对置于箱外的频敏变阻器，必须采取遮护或隔离措施，以防止发生触电事故。

3. 注意频敏变阻器的抽头应调整合适。调整匝数和气隙时，必须切断电源。

4. 线路出现故障后，学生应独立进行检修，但通电试运行或带电检修时，必须有指导教师在现场监护。

线路维修

断开电源后，在图1－8－8所示线路中人为设置电气自然故障两处。参照前面的任务自编检修步骤和检修注意事项，经指导教师审查合格后进行检修。转子绕组串接频敏变阻器启动控制线路的故障现象、可能原因及处理方法见表1－8－8。

表 1-8-8　　转子绕组串接频敏变阻器启动控制线路的故障现象、可能原因及处理方法

故障现象	可能原因	处理方法
电动机不能启动	（1）按下 SB1 后，KM1 不动作，可能的故障在电源电路、FU2 和控制电路的 KH、SB2、SB1 等触点，KM1 线圈以及 1、2、3、4 号导线上（图 1） （2）按下 SB1 后，KM1 动作，可能的故障在主电路的 FU1、KM1 主触头、KH 热元件以及它们之间的连接导线上（图 2） （3）转子电路故障：某一相的频敏变阻器线圈断路，连接导线接触不良等 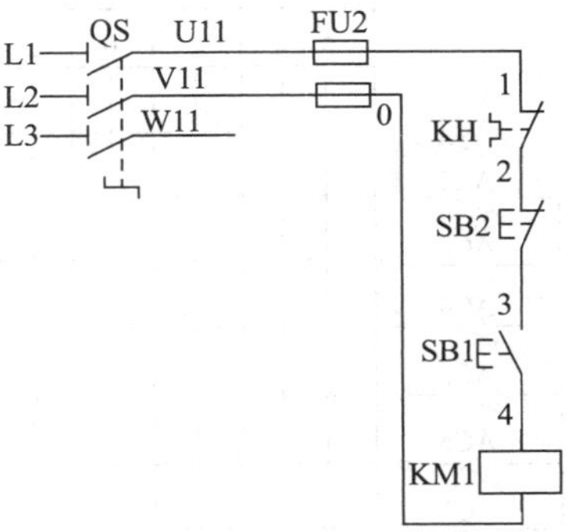 图 1 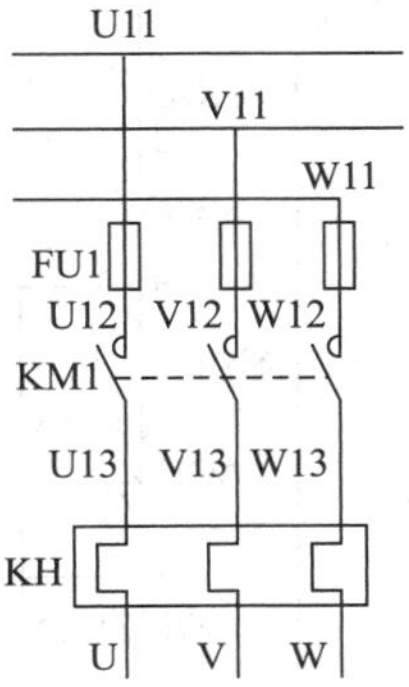　图 2	（1）用验电笔检查电源电路中 QS 的上接线柱是否有电，若上接线柱无电，故障在电源。若上接线柱有电，用验电笔检查 FU2 和图 1 各触头的上、下接线柱是否有电，故障在有电点与无电点之间 （2）按下 SB1 后，KM1 吸合动作，用验电笔检查 FU1、KM1 的主触头、KH 热元件的上、下接线柱是否有电，故障在有电点与无电点之间。或测量定子电流看其是否平衡，若电流不平衡，可判断为定子电路故障 （3）测量转子绕组电流，若三相不平衡或某相无电流，可判断为转子电路故障。断开电源后，用电阻法检查频敏变阻器线圈是否断路
频敏变阻器温度过高	（1）电动机启动后，频敏变阻器不能被切除或时间继电器延时时间太长 （2）频敏变阻器线圈绝缘损坏或受机械损伤，使匝间绝缘电阻和对地绝缘电阻变小	（1）检查时间继电器是否按规定动作，若时间继电器动作，则检查 KM2 是否动作，若 KM2 动作，则检查 KM2 的常开触头接触是否良好 （2）用兆欧表检查频敏变阻器线圈匝间绝缘电阻和对地绝缘电阻，其值应不小于 1 MΩ

任务完成后进行测评，评分标准参考表 1-2-8（注意，增加走线槽安装的考核），定额时间 4 h。

任务 3　绕线转子异步电动机凸轮控制器控制线路的安装与维修

任务目标

1. 熟悉凸轮控制器的功能、结构、原理及型号含义，并能正确选用。

2. 能识读并分析绕线转子异步电动机凸轮控制器控制线路的构成和工作原理，并能正确进行安装与维修。

工作任务

中、小容量绕线转子异步电动机的启动、调速及正反转控制常采用凸轮控制器来实现，以简化操作，如对桥式起重机上的大车、小车及副钩的控制都采用这种控制线路。

本次的工作任务是安装与维修绕线转子异步电动机凸轮控制器控制线路（图 1－8－12）。

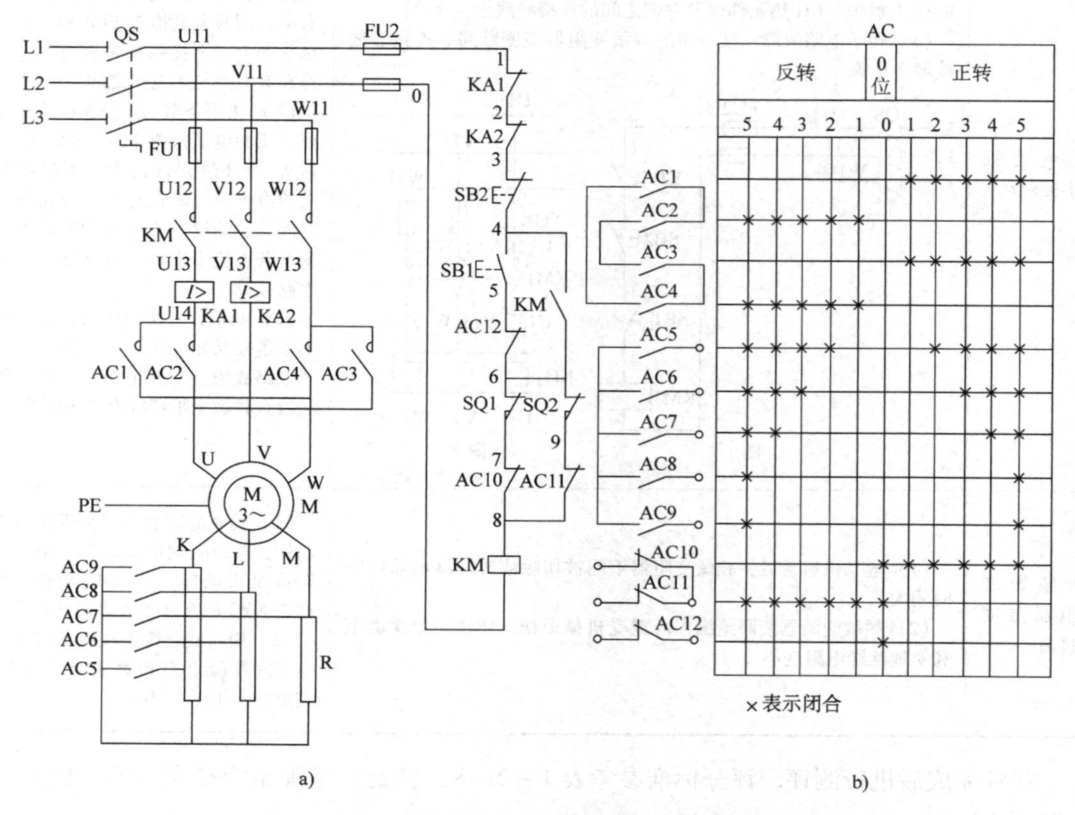

图 1－8－12　绕线转子异步电动机凸轮控制器控制线路

a）电路图　b）KJT1－50/1 型凸轮控制器的触头分合表

相关知识

一、凸轮控制器

1. 功能

凸轮控制器是利用凸轮来操作动触头动作的控制器，主要用于控制容量不大于 30 kW 的中小型绕线转子异步电动机的启动、制动、调速和反转，在桥式起重机等设备中得到广泛应用。

常用的凸轮控制器有 KTJ1、KTJ15、KT10、KT14 及 KT15 等系列，图 1－8－13 所示是 KT10、KT14 及 KT15 系列的外形。下面以 KTJ1 系列为例进行介绍。

2. 结构、原理及型号含义

KTJ1 系列凸轮控制器的外形和结构如图 1－8－14 所示。它主要由手轮（或手柄）、触头

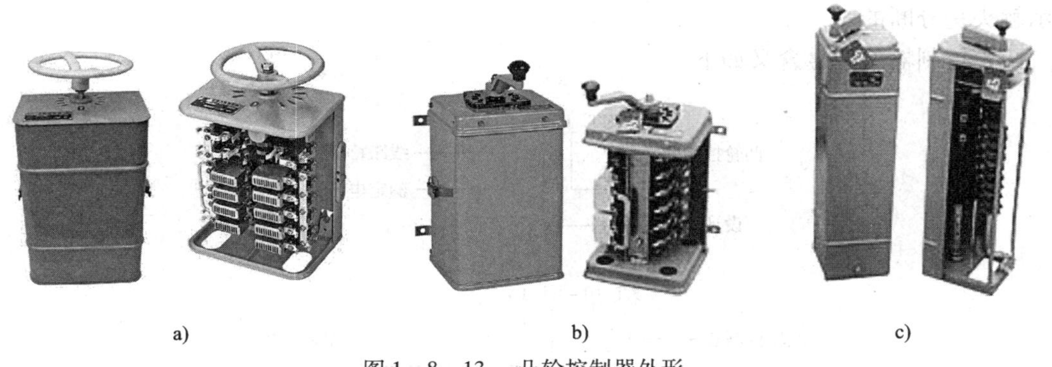

图 1－8－13 凸轮控制器外形

a）KT10 系列 b）KT14 系列 c）KT15 系列

系统、转轴、凸轮和外壳等部分组成。其触头系统共有 12 对触头（9 对常开，3 对常闭）。其中，4 对常开触头接在主电路中，用于控制电动机的正反转，配有石棉水泥制成的灭弧罩，其余 8 对触头接在控制电路中，不带灭弧罩。

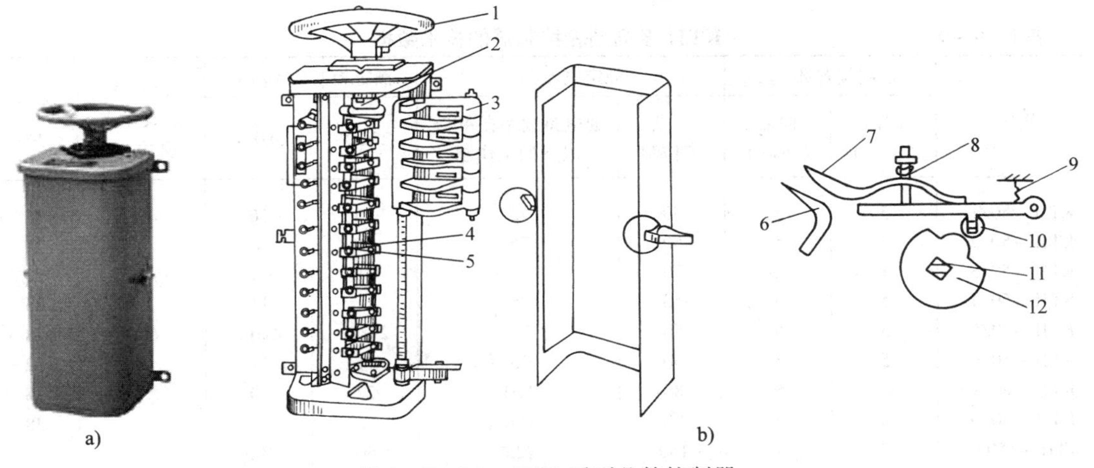

图 1－8－14 KTJ1 系列凸轮控制器

a）外形 b）结构

1—手轮 2、11—转轴 3—灭弧罩 4、7—动触头 5、6—静触头

8—触头弹簧 9—弹簧 10—滚轮 12—凸轮

凸轮控制器的动作原理：凸轮控制器的动触头 7 与凸轮 12 固定在转轴 11 上，每个凸轮控制一个触头。当转动手轮 1 时，凸轮 12 随转轴 11 转动，当凸轮的凸起部分顶住滚轮 10 时，动触头 7、静触头 6 分开；当凸轮的凹处与滚轮相碰时，动触头受到触头弹簧 8 的作用压在静触头上，动、静触头闭合。在转轴上叠装形状不同的凸轮片，可使各个触头按预定的顺序闭合或断开，从而达到不同的控制目的。

凸轮控制器的触头分合情况通常用触头分合表来表示。KTJ1－50/1 型凸轮控制器的触头分合表如图 1－8－12b 所示。图中的上面第二行表示手轮的 11 个位置，左侧表示凸轮控制器的 12 对触头。各触头在手轮处于某一位置时的接通状态用符号“×”标记，无此符号表示触头是分断的。

凸轮控制器的型号含义如下。

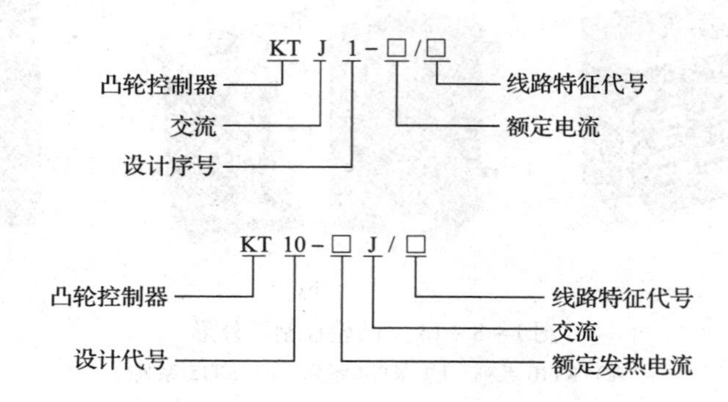

3. 选用

凸轮控制器主要根据所控制电动机的容量、额定电压、额定电流、工作制和控制位置数等来选择。

KTJ1 系列凸轮控制器的技术数据见表 1－8－9。

表 1－8－9　　KTJ1 系列凸轮控制器的技术数据

型号	控制位置数/个		额定电流/A		额定控制功率/kW		每小时的最大操作次数/次	质量/kg
	向前（上升）	向后（下降）	长期工作制	通电持续率在 40% 以下的工作制	220 V	380 V		
KTJ1－50/1	5	5	50	75	16	16	600	28
KTJ1－50/2	5	5	50	75	*	*		26
KTJ1－50/3	1	1	50	75	11	11		28
KTJ1－50/4	5	5	50	75	11	11		23
KTJ1－50/5	5	5	50	75	2×11	2×11		28
KTJ1－50/6	5	5	50	75	11	11		32
KTJ1－80/1	6	6	80	120	22	30		38
KTJ1－80/3	6	6	80	120	22	30		38
KTJ1－150/1	7	7	150	225	60	100		—

注：* 表示无定子电路触头，其最大功率由定子电路中的接触器容量决定。

二、绕线转子异步电动机凸轮控制器控制线路

绕线转子异步电动机凸轮控制器控制线路电路图如图 1－8－12a 所示。图中组合开关 QS 是电源引入开关；熔断器 FU1、FU2 分别用于主电路和控制电路的短路保护；接触器 KM 控制电动机电源的通断，同时起欠压和失压保护作用；行程开关 SQ1、SQ2 分别用于电动机正反转时工作机构的限位保护；过电流继电器 KA1、KA2 用于电动机的过载保护；R 是电阻器；凸轮控制器 AC 有 12 对触头，其分合状态如图 1－8－12b 所示。其中最上面 4 对配有灭弧罩的常开触头 AC1～AC4 接在主电路中用于控制电动机正反转；中间 5 对常开触头 AC5～AC9 与转子电阻 R 相接，用来逐级切换电阻以控制电动机的启动和调速；最下面的 3 对常闭触头AC10～AC12用于零位保护。

线路的工作原理：将凸轮控制器 AC 的手轮置于 0 位后，合上电源开关 QS，这时 AC 最

下面的 3 对触头 AC10 ~ AC12 闭合，为控制电路的接通做准备。按下 SB1，接触器 KM 得电自锁，为电动机的启动做准备。

正转控制：将凸轮控制器 AC 的手轮从 0 位转到正转 1 位，这时触头 AC10 仍闭合，保持控制电路接通；触头 AC1、AC3 闭合，电动机 M 接通三相电源正转启动，此时由于 AC 的触头 AC5 ~ AC9 均断开，转子绕组串接全部电阻 R 启动，所以启动电流较小，启动转矩也较小。如果电动机此时负载较重，则不能启动，但可起到消除传动齿轮间隙和拉紧钢丝绳的作用。

当 AC 手轮从正转 1 位转到 2 位时，触头 AC10、AC1、AC3 仍闭合，AC5 闭合，把电阻器 R 上的一级电阻短接切除，电动机转矩增大，正转加速。同理，当 AC 手轮依次转到正转 3 位和 4 位时，触头 AC10、AC1、AC3、AC5 仍闭合，AC6、AC7 先后闭合，把电阻器 R 上的两级电阻相继短接，电动机 M 继续加速正转。当手轮转到 5 位时，AC5 ~ AC9 五对触头全部闭合，转子回路电阻被全部切除，电动机启动完毕进入正常运转。

停止时，将 AC 手轮扳回 0 位即可。

反转控制：当将 AC 手轮扳到反转 1 ~ 5 位时，触头 AC2、AC4 闭合，接入电动机的三相电源相序改变，电动机将反转。反转的控制过程与正转相似，读者可自行分析。

凸轮控制器最下面的三对触头 AC10 ~ AC12 只有当手轮置于 0 位时才全部闭合，而手轮在其余各挡位置时都只有一对触头闭合（AC10 或 AC11），而其余两对触头断开，从而保证了只有将手轮置于 0 位，按下启动按钮 SB1 才能使接触器 KM 线圈得电动作，然后通过凸轮控制器 AC 使电动机进行逐级启动，从而避免了电动机在转子回路不串接启动电阻的情况下直接启动，同时也防止了由于误按 SB1 按钮而使电动机突然快速运转产生的意外事故。

任务实施

线路安装

一、工具、仪表及器材准备

参照表 1 - 8 - 10 选配工具、仪表和器材，并进行质量检验。

表 1 - 8 - 10　　主要工具、仪表及器材

工具	验电笔、螺钉旋具、钢丝钳、尖嘴钳、斜口钳、剥线钳、电工刀等电工常用工具				
仪表	ZC25 - 3 型兆欧表（500 V、0 ~ 500 MΩ）、MG3 - 1 型钳形电流表、MF47 型万用表、转速表				
器材	代号	名称	型号	规格	数量
	M	三相绕线转子异步电动机	YZR - 132MA - 6	2.2 kW、380 V、6 A/11.2 A、908 r/min	1 台
	QS	组合开关	HZ10 - 25/3	380 V、25 A、三极	1 只
	FU1	熔断器	RL1 - 60/25	500 V、60 A、熔体额定电流 25 A	3 只
	FU2	熔断器	RL1 - 15/2	500 V、15 A、熔体额定电流 2 A	2 只
	KM	交流接触器	CJ10 - 20（CJT1 - 20）	20 A、线圈电压 380 V	1 只

续表

	代号	名称	型号	规格	数量
器材	KA1、KA2	过电流继电器	JL14－11 J	线圈额定电流 10 A、电压 380 V	2 只
	SB1、SB2	按钮	LA10－3H	保护式、按钮数 3	1 个
	AC	凸轮控制器	KTJ1－50/2	50 A、380 V	1 台
	R	启动电阻	2K1－12－6/1		1 台
	SQ1、SQ2	行程开关	LX19－212	380 V、5 A，内侧双轮	2 只
	XT	接线端子排	JD0－1020	380 V、10 A、20 节	1 条
		控制板		600 mm×500 mm×20 mm	1 块
		主电路线		BVR 2.5 mm²（黑色）	若干
		控制电路线		BV 1.5 mm²（红色）	若干
		按钮线		BVR 0.75 mm²（红色）	若干
		接地线		BVR 1.5 mm²（黄绿双色）	若干
		走线槽		18 mm×25 mm	若干
		各种规格的紧固体、针形及叉形轧头、金属软管、编码套管等			若干

二、安装绕线转子异步电动机凸轮控制器控制线路

安装工艺要求可参看前面的相关课题，安装步骤如下。

1. 按图 1－8－12a 所示电路图画出布置图，在控制板上安装除电动机、凸轮控制器、启动电阻和行程开关以外的电气元件，并贴上醒目的文字符号。

2. 在控制板外安装电动机、凸轮控制器、启动电阻和行程开关等电气元件。对于凸轮控制器，应注意以下几点。

（1）在安装凸轮控制器前应检查其外壳及零件有无损坏，并清除内部灰尘。

（2）在安装凸轮控制器前应操作手轮不少于 5 次，检查有无卡轧现象，检查触头的分合顺序是否符合规定的分合表要求，触头是否动作可靠。

（3）凸轮控制器必须牢固、可靠地用安装螺钉固定在墙壁或支架上，其金属外壳上的接地螺钉必须与接地线可靠连接。

（4）应按照触头分合表和电路图的要求接线，经复查确认无误后才能通电。

（5）凸轮控制器安装结束后，应进行空载试验。启动凸轮控制器时，若将手轮转到 2 位后电动机仍未转动，则应停止启动并检查线路。

（6）启动操作时，手轮不能转动太快，应逐级启动，防止电动机的启动电流过大。停止使用时，应将手轮准确地停在 0 位。

3. 根据图 1－8－12a 所示电路图在控制板上进行板前线槽布线和套编码套管。

4. 可靠连接电动机、凸轮控制器和各电气元件的保护接地线。

5. 连接电动机等控制板外部的导线。

6. 自检。

7. 交付验收。

8. 通电试运行。

三、安装注意事项

1. 在进行凸轮控制器接线时，要先熟悉其结构和各触头的作用，看清凸轮控制器内连接线的接线方式，然后按图 1－8－12a 所示电路图正确进行接线。完成接线后，必须盖上灭弧罩。

2. 通电试运行的操作顺序：将 AC 的手轮置于 0 位→合上电源开关 QS→按下启动按钮 SB1，使 KM 吸合→将 AC 的手轮依次转到正转 1～5 位并分别测量电动机的转速→将 AC 的手轮从正转 5 位逐渐恢复到 0 位→将 AC 的手轮依次转到反转 1～5 位并分别测量电动机的转速→将 AC 的手轮从反转 5 位逐渐恢复到 0 位→按下停止按钮 SB2→切断电源开关 QS。

3. 通电试运行前，应将电流继电器的整定值调整到合适值。通电试运行最好带负载进行，否则手轮在不同挡位时所测得的转速可能无明显差别。

4. 启动操作时，手轮不能转动太快，应逐级启动，且级与级之间应经过一定的时间间隔，以防电动机的冲击电流超过过电流继电器的动作值。

5. 通电试运行必须在指导教师的监护下进行，并做到安全文明生产。

线路维修

一、凸轮控制器的常见故障及处理方法

凸轮控制器应按以下要求经常进行检查和维修：所有螺钉的连接部分必须紧固，特别是触头上的连接螺钉；摩擦部分应经常保持一定的润滑；触头工作表面应无明显的熔斑，烧熔的部位应用细锉刀精心修理，不允许使用砂纸打磨；损坏的零件要及时更换。

凸轮控制器的故障现象、可能原因及处理方法见表 1－8－11。

表 1－8－11　　凸轮控制器的故障现象、可能原因及处理方法

故障现象	可能原因	处理方法
主电路中常开主触头短路	（1）灭弧罩破裂 （2）触头间绝缘损坏 （3）手轮转动过快	（1）更换灭弧罩 （2）更换凸轮控制器 （3）降低手轮转动速度
触头过热使触头支持件烧焦	（1）触头接触不良 （2）触头压力弹簧压力变小 （3）触头上的连接螺钉松动 （4）触头容量过小	（1）修整触头 （2）调整或更换触头压力弹簧 （3）旋紧连接螺钉 （4）更换凸轮控制器
触头熔焊	（1）触头弹簧脱落或断裂 （2）触头脱落或磨光	（1）更换触头弹簧 （2）更换触头
操作凸轮控制器时有卡轧现象及噪声	（1）滚动轴承损坏 （2）有异物嵌入凸轮鼓或触头	（1）更换滚动轴承 （2）清除异物

二、检修绕线转子异步电动机凸轮控制器控制线路

断开电源后，在图 1－8－12a 所示线路中人为设置电气自然故障两处，自行检修。绕线转子异步电动机凸轮控制器控制线路的故障现象、可能原因及处理方法见表 1－8－12。

表 1－8－12　绕线转子异步电动机凸轮控制器控制线路的故障现象、可能原因及处理方法

故障现象	可能原因	处理方法
电动机不能启动	（1）按下 SB1 后，KM 不动作，可能原因： 1）电源停电 2）凸轮控制器的手轮不在 0 位 3）凸轮控制器的动、静触头接触不良 4）FU2 和控制电路的 KA1、KA2、SB2、SB1、SQ1、SQ2 等触点、KM 线圈以及 1～9 号导线有故障 （2）按下 SB1 后，KM 动作（图 1），可能原因： 1）主电路缺相 2）电刷与滑线接触不良或断线 3）转子电路断路故障 图 1	（1）按下 SB1 后，KM 不动作，则： 1）用验电笔检查电源电路中 QS 的上、下接线柱是否有电 2）检查凸轮控制器的手轮位置是否在 0 位 3）断开电源，用万用表的电阻挡检查凸轮控制器动、静触头接触是否良好 4）若电源有电，用验电笔检查 FU2 和图 1 中各触头的上、下接线柱是否有电，故障在有电点与无电点之间 （2）按下 SB1 后 KM 吸合动作，则： 1）用验电笔检查 FU1、KM 的主触头等主电路元件的上、下接线柱是否有电，故障在有电点与无电点之间 2）断开电源，检查电刷与滑线的接触是否良好 3）断开电源后，用电阻法检查转子是否断路或电刷是否存在接触不良

1. 检修步骤及要求

（1）用通电试验法观察故障现象。合上电源开关 QS，按规定的操作顺序操作，注意观察电动机的运转情况和凸轮控制器的动作、各电气元件及线路的工作是否满足控制要求。操作过程中若发现异常现象，应立即断电检查。

（2）根据观察到的故障现象结合电路图和触头分合表分析故障范围，并在电路图上用虚线标出故障部位的最小范围。

（3）用测量法准确、迅速地找出故障点并采取正确的方法迅速排除故障。

（4）通电试运行，确认故障是否排除。

2. 检修注意事项

（1）要注意当接触器 KM 线圈通电吸合但凸轮控制器 AC 手柄处于 0 位时，由于只采用凸轮控制器的两对触头控制主电路三相中的两相，因此电动机不启动，但定子绕组处于带电状态。

（2）检修过程中严禁扩大和产生新的故障，否则要立即停机检修。

（3）检修思路和方法要正确，检修必须在定额时间内完成。

（4）带电检修时，必须有指导教师在现场监护，并确保用电安全。

任务测评

评分标准见表 1－8－13。

表 1－8－13　　评分标准

项目内容	配分	评分标准		扣分	得分
装前检查	5 分	电气元件、电动机漏检或错检	每处扣 1 分		
安装元件	10 分	（1）不按布置图安装 （2）元件安装不牢固 （3）元件安装不整齐、不匀称、不合理 （4）损坏元件	扣 5 分 每只扣 3 分 每只扣 3 分 每只扣 10 分		
布线	25 分	（1）不按电路图接线 （2）布线不符合要求 （3）接点松动、露铜过长、反圈等 （4）损伤导线绝缘层或线芯 （5）编码套管套装不正确 （6）不会接凸轮控制器 （7）漏接接地线	扣 10 分 每根扣 3 分 每个扣 1 分 每根扣 5 分 每处扣 1 分 扣 20 分 扣 10 分		
故障检修	40 分	（1）检修思路不正确 （2）标错故障电路范围 （3）停电不验电，工具及仪表使用不当 （4）不能查出故障 （5）查出故障点，但不能排除 （6）产生新的故障点： 不能排除 已经排除 （7）损坏电动机 （8）损坏电气元件 （9）排故方法不正确 （10）排故后通电试运行不成功	扣 3～5 分 每个扣 5 分 每次扣 3 分 每个扣 15 分 每个扣 10 分 每个扣 20 分 每个扣 10 分 扣 40 分 每只扣 5～10 分 每次扣 3～5 分 扣 30 分		
通电试运行	20 分	（1）过电流继电器调整不当 （2）熔体规格选用不当 （3）操作顺序错误 （4）第一次试运行不成功 第二次试运行不成功 第三次试运行不成功	扣 5 分 主、控制电路各扣 3 分 每次扣 10 分 扣 5 分 扣 10 分 扣 20 分		
安全文明生产	违反安全文明生产规程		扣 5～40 分		
定额时间：6 h	每超时 5 min 以内以扣 5 分计算				
备注	除定额时间外，各项目的最高扣分应不超过配分		成绩		
开始时间		结束时间		实际时间	
指导教师：				年　月　日	

知识链接

同步电动机的控制与异步电动机相似，不同之处是同步电动机的转子绕组需要直流励磁，故必须设有励磁电源及其控制电路。

三相同步电动机常用于拖动恒速旋转的大型机械，如空气压缩机、球磨机、离心式水泵等。扫描二维码，了解三相同步电动机启动和制动控制线路的相关知识。

三相同步电动机基本控制线路的安装

* 模块二　直流电动机基本控制线路的安装与维修

交流电动机和直流电动机使用的电源不同，交流电动机采用交流电源，而直流电动机使用直流电源。虽然交流电动机的各种基本控制线路在生产中获得了广泛的应用，但鉴于直流电动机具有启动转矩大、调速范围广、调速精度高、能够实现无级平滑调速以及可以频繁启动等一系列优点，故对需要在大范围内实现无级平滑调速，或需要大启动转矩的生产机械，常用直流电动机来拖动，如高精度金属切削机床、轧钢机、造纸机、龙门刨床等生产机械，如图 2－0－1 所示。

图 2－0－1　直流电动机拖动的某些生产机械

a）高精度金属切削机床　b）轧钢机　c）造纸机　d）龙门刨床

直流电动机按照主磁极绕组与电枢绕组接线方式的不同，可以分为他励式和自励式两种，自励式又可分为并励、串励和复励等几种。

课题一　直流并励电动机基本控制线路的安装与维修

任务1　直流并励电动机启动控制线路的安装与维修

任务目标

能识读并分析直流并励电动机启动控制线路的构成和工作原理，并能正确进行安装与维修。

工作任务

图2－1－1所示是直流并励电动机的外形和内部接线图。直流并励电动机励磁绕组与电枢绕组并联，调节电位器RP的大小可以调节励磁电流。它的特点是励磁绕组匝数多，导线截面较小，励磁电流只占电枢电流的一小部分。

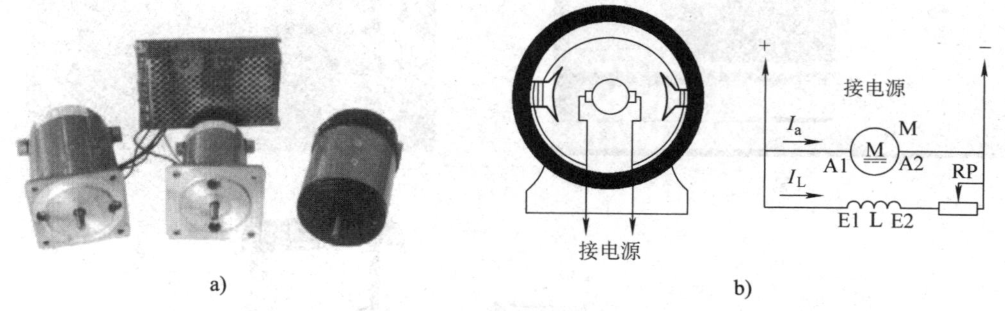

图2－1－1　直流并励电动机
a）外形　b）内部接线图

本次的工作任务是安装与维修直流并励电动机手动启动控制线路，其电路图如图2－1－2所示。

相关知识

直流电动机常用的启动方法有两种：一是电枢回路串联电阻启动；二是降低电源电压启动。直流并励电动机常采用的是电枢回路串联电阻启动。

一、手动启动控制线路

BQ3直流电动机启动变阻器用于小容量且电压不超过220 V的直流电动机的启动。它主

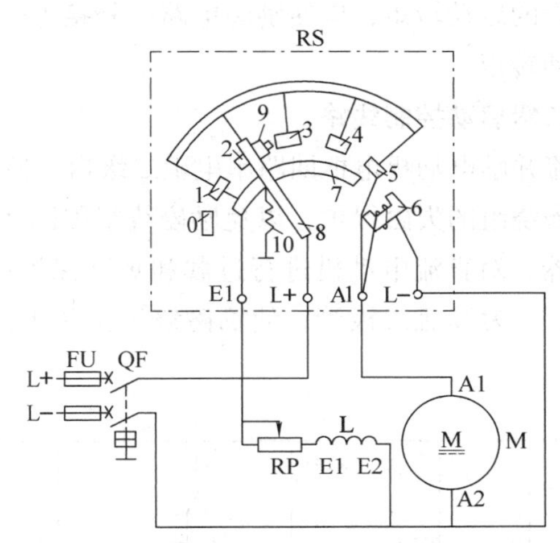

图 2－1－2　直流并励电动机手动启动控制线路电路图

0～5—分段静触头　6—电磁铁　7—弧形铜条

8—手轮　9—衔铁　10—恢复弹簧

要由电阻元件、调节转换装置和外壳三大部分组成。其外形如图 2－1－3 所示。

图 2－1－3　BQ3 直流电动机启动变阻器外形

图 2－1－2 所示线路中使用了 BQ3 直流电动机启动变阻器，共有四个接线端 L＋、E1、A1 和 L－，分别与电源正极、励磁绕组、电枢绕组和电源负极相连。手轮 8 附有衔铁 9 和恢复弹簧 10，弧形铜条 7 的一端直接与励磁电路接通，同时经过全部启动电阻与电枢绕组接通。

在启动之前，启动变阻器的手轮置于 0 位，合上电源开关 QF，慢慢转动手轮 8，使手轮从 0 位转到静触头 1，接通励磁绕组电路，同时将启动变阻器 RS 的全部启动电阻接入电枢电路，直流电动机开始启动旋转。随着转速的升高，手轮依次转到静触头 2、3、4 等位置，使启动电阻逐级切除，当手轮转到最后一个静触头 5 时，电磁铁 6 吸住衔铁 9，此时启动电阻器全部切除，直流电动机启动完毕，进入正常运转。

当直流电动机停止工作且切断电源时，电磁铁 6 由于线圈断电吸力消失，在恢复弹簧 10 的作用下，手轮自动返回 0 位，以备下次启动。电磁铁 6 还具有失压和欠压保护作用。

由于直流并励电动机的励磁绕组具有很大的电感，所以当手轮回到 0 位时，励磁绕组会因突然断电而产生很大的自感电动势，可能击穿绕组的绝缘，在手轮和弧形铜条间还会产生火花，将动触头烧坏。因此，为了防止发生这些现象，应将弧形铜条 7 与静触头 1 相连，在手轮回到 0 位时，励磁绕组、电枢绕组和启动电阻能组成一闭合回路，作为励磁绕组断电时的放电回路。

启动时，为了获得较大的启动转矩，应使励磁电路的外接电位器 RP 短接，此时励磁电流最大，能产生较大的启动转矩。

二、电枢回路串电阻二级启动控制线路

图 2－1－4 所示是直流并励电动机电枢回路串电阻二级启动控制线路电路图。其中 KA1 为欠电流继电器，作为励磁绕组的失磁保护，以免励磁绕组因断线或接触不良引起“飞车”事故；KA2 为过电流继电器，对直流电动机进行过载和短路保护；电阻 R 为直流电动机停转时励磁绕组的放电电阻；V 为续流二极管，使励磁绕组正常工作时电阻 R 上没有电流流过。线路的工作原理如下。

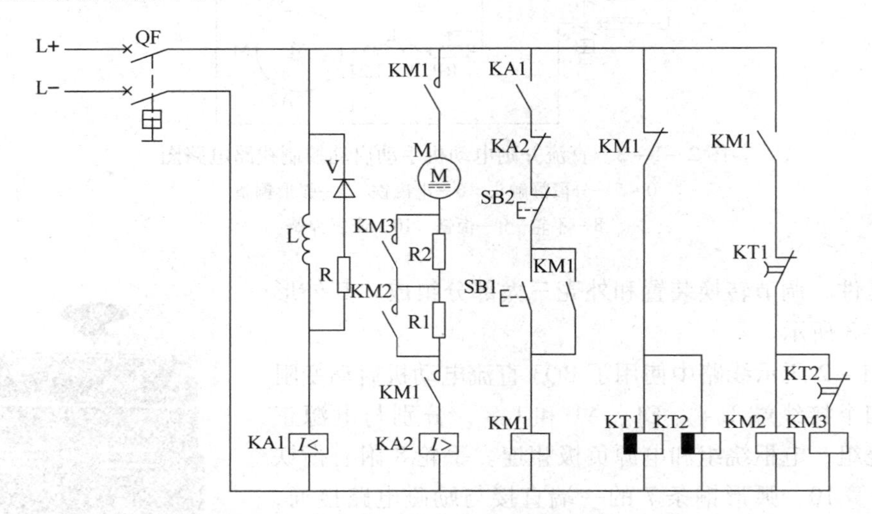

图 2－1－4　直流并励电动机电枢回路串电阻二级启动控制线路电路图

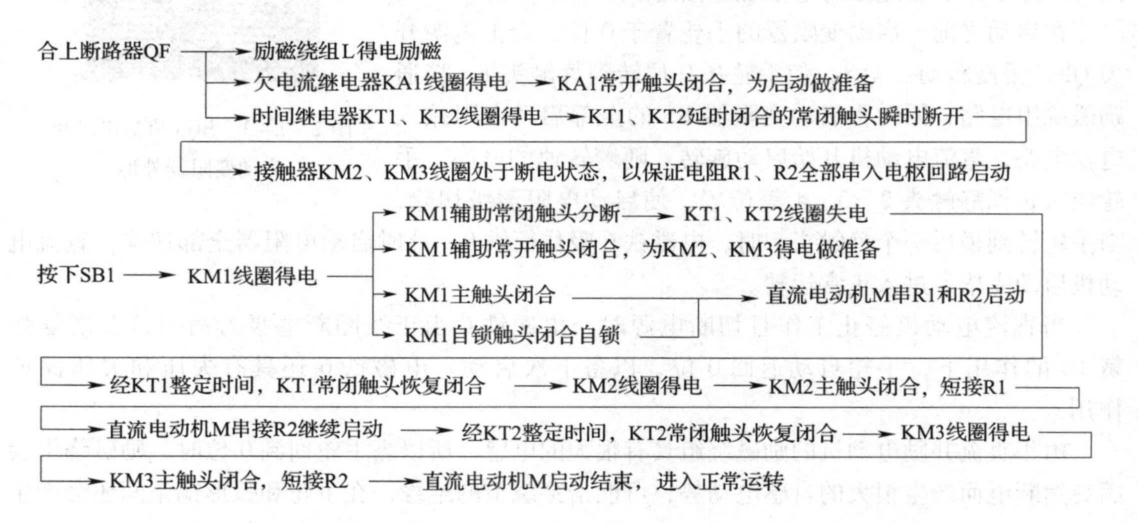

停止时，按下 SB2 即可。

值得注意的是，直流并励电动机在启动时，励磁绕组两端的电压必须为额定电压，否则启动电流虽然很大，启动转矩也可能很小，甚至仍不能启动。

任务实施

线路安装

一、安装与调试的方法和步骤

1. 参照表 2－1－1 选配工具、仪表和器材，并进行质量检验。

表 2－1－1　主要工具、仪表及器材

工具	验电笔、螺钉旋具、钢丝钳、尖嘴钳、斜口钳、剥线钳、电工刀等电工常用工具				
仪表	MF47 型万用表、ZC25－3 型兆欧表、CZ－636 转速表、MG20（或 MG21）型电磁系钳形电流表				
器材	代号	名称	型号	规格	数量
	M	直流电动机	Z4－100－1	并励式、1.5 kW、160 V、13.3 A、(955/2 000) r/min	1 台
	QF	断路器	DZ5－20/230	2 极、220 V、20 A、整定电流 13.3 A	1 只
	FU	熔断器	RL1－60/30	60 A、熔体额定电流 30 A	2 只
	RS	启动变阻器	BQ3	2 A/26 A、0/10 Ω、2.2 kW	1 台
	RP	电位器	BC1－300	300 W、0～20 Ω	1 只
	XT	接线端子排	JD0－2520	380 V、25 A、20 节	1 条
		导线		BVR 1.5 mm^2	若干
		控制板		600 mm×500 mm×20 mm	1 块

2. 根据图 2－1－2 所示电路图，牢固安装各电气元件，并正确进行布线。电源开关 QF 及启动变阻器 RS 的安装位置要接近直流电动机和被拖动的机械，以便在控制时能看到直流电动机和被拖动机械的运行情况。

3. 自检并交付验收。安装完毕的控制板，必须经检查无误后，才允许通电试运行，以防止错接、漏接造成不能正常工作或短路事故。

4. 检查无误后通电试运行，其操作顺序如下。

（1）合上电源开关 QF 之前，将启动变阻器 RS 的手轮置于最左端的 0 位，电位器 RP 的值调为 0。

（2）合上电源开关 QF。

（3）慢慢转动启动变阻器手轮 8，使手轮从 0 位逐步转至 5 位，逐级切除启动电阻。在每切除一级电阻后都要停留数秒，用转速表测量其转速并填入表 2－1－2。用钳形电流表测量电枢电流，以观察电流的变化情况。

表 2－1－2　测量结果

手轮位置	1	2	3	4	5
转速/(r/min)					

（4）调节电位器 RP。当逐渐增大 RP 的值时，要注意测量直流电动机转速，其转速不能超过直流电动机的最高转速（2 000 r/min）。将测量结果填入表 2－1－3。

表 2－1－3　测量结果

测量次数	1	2	3	4	5
转速/（r/min）					

（5）停转时，切断电源开关 QF，将电位器 RP 的值调为 0，并检查启动变阻器 RS 是否自动返回起始位置。

二、安装与调试注意事项

1. 通电试运行前，要认真检查励磁回路的接线，必须保证连接可靠，以防止直流电动机运行时出现因励磁回路断路失磁引起的“飞车”事故。

2. 当启动直流电动机时，应将电位器 RP 短接，使直流电动机在满磁情况下启动；启动变阻器 RS 要逐级切换，不可越级切换或一扳到底。

3. 线路若采用单相桥式整流器供电，必须外接 13 mH 的电抗器。

4. 通电试运行时，必须有指导教师在现场监护，同时做到安全文明生产。如遇异常情况，应立即断开电源开关 QF。

5. 启动变阻器若安装在有剧烈振动、强烈颠簸以及垂直方向倾斜 5°以上的地方，可能引起失压保护的误动作，应特别注意。

线 路 维 修

一、故障设置

断开电源后在图 2－1－2 所示线路中人为设置电气自然故障两处。

二、故障检修

直流并励电动机启动控制线路的故障现象、可能原因及处理方法见表 2－1－4。检修步骤和检修注意事项参考模块一课题二任务 2。

表 2－1－4　直流并励电动机启动控制线路的故障现象、可能原因及处理方法

故障现象	可能原因	处理方法
转动手柄直流电动机不能启动	（1）电枢电路故障 1）电源无电压 2）两接线柱 L＋、A1 与连接导线接触不良 3）动、静触头上有油垢，压力太小，接触不良 4）静触头 1 与启动电阻连接断路 （2）励磁电路故障 1）接线柱 E1 与连接导线接触不良 2）励磁绕组断路或电位器断路 3）弧形铜条与手柄的静触头接触不良 （3）直流电动机本身故障	（1）电枢电路的检查方法 1）检查电源电压是否正常 2）检查两接线柱 L＋、A1 与连接导线的接触是否良好 3）检查启动变阻器的动、静触头上有无油垢，接触是否良好，压力大小是否适中 4）检查静触头 1 与启动电阻的连接情况 （2）励磁电路的检查方法 1）检查接线柱 E1 与连接导线的接触是否良好 2）检查励磁绕组或电位器的连接情况 3）检查弧形铜条与手柄的静触头接触是否良好 （3）检修直流电动机
将手柄移至启动电阻器某点时直流电动机停转	某一静触头与动触头接触面有间隙、电阻与静触头脱焊、电阻丝断路等造成电枢回路断电	断开电源后，将万用表置于电阻挡，检查该静触头与动触头的接触情况和两点间的电阻值

续表

故障现象	可能原因	处理方法
励磁绕组击穿	启动电阻、电枢形成的泄放电路中两点间的连线断路，就容易产生励磁绕组击穿故障	断开电源后，检查泄放电路的连线

任务测评

评分标准见表 2－1－5。

表 2－1－5　评分标准

项目内容	配分	评分标准		扣分	得分
装前检查	10 分	电气元件、电动机漏检或错检	每处扣 1 分		
安装元件	20 分	（1）直流电动机安装不符合要求： 松动 地脚螺栓未拧紧 （2）其他元件安装不紧固 （3）安装位置不符合要求 （4）损坏元件	 扣 15 分 每只扣 10 分 每只扣 5 分 扣 10 分 扣 10～20 分		
布线	20 分	（1）不按电路图接线 （2）接点不符合要求 （3）布线不符合要求 （4）损伤导线绝缘或线芯 （5）不会接直流电动机或启动变阻器	扣 15 分 每个扣 4 分 每根扣 4 分 扣 10 分 扣 20 分		
故障检修	30 分	（1）检修思路不正确 （2）标错故障电路范围 （3）停电不验电，工具及仪表使用不当 （4）不能查出故障 （5）查出故障点，但不能排除 （6）产生新的故障点： 不能排除 已经排除 （7）损坏直流电动机 （8）损坏电气元件 （9）排故方法不正确 （10）排故后通电试运行不成功	扣 3～5 分 每个扣 5 分 每次扣 3 分 每个扣 15 分 每个扣 10 分 每个扣 20 分 每个扣 10 分 扣 30 分 每只扣 5～10 分 每次扣 3～5 分 扣 10～30 分		
通电试运行	20 分	（1）操作顺序错误 （2）第一次试运行不成功 （3）第二次试运行不成功 （4）第三次试运行不成功	每次扣 5 分 扣 10 分 扣 15 分 扣 20 分		
安全文明生产	违反安全文明生产规程		扣 5～40 分		
定额时间：3 h	每超时 5 min 以内以扣 5 分计算				
备注	除定额时间外，各项目的最高扣分应不超过配分			成绩	
开始时间		结束时间		实际时间	
指导教师：				年　月　日	

任务2 直流并励电动机正反转控制线路的安装与维修

任务目标

能识读并分析直流并励电动机电枢绕组反接法正反转控制线路的构成和工作原理，并能正确进行安装与维修。

工作任务

在实际生产过程中，生产机械的运动部件经常要求正、反两个方向的运动，如龙门刨床工作台的往复运动、卷扬机的上下运动等，作为拖动这些设备的直流电动机如何实现反转呢?

直流电动机实现反转有两种方法：一是电枢绕组反接法；二是励磁绕组反接法。由于励磁绕组匝数多，电感大，在进行反接时因电流突变，将会产生很大的自感电动势，危及直流电动机及电器的绝缘安全，同时励磁绕组在断开时，由于失磁造成很大的电枢电流，易引起“飞车”事故，因此一般采用电枢绕组反接法。在将电枢绕组反接的同时必须连同换向极绕组一起反接，以达到改善换向的目的。

本次的工作任务是安装与维修直流并励电动机电枢绕组反接法正反转控制线路，其电路图如图 2 – 1 – 5 所示。

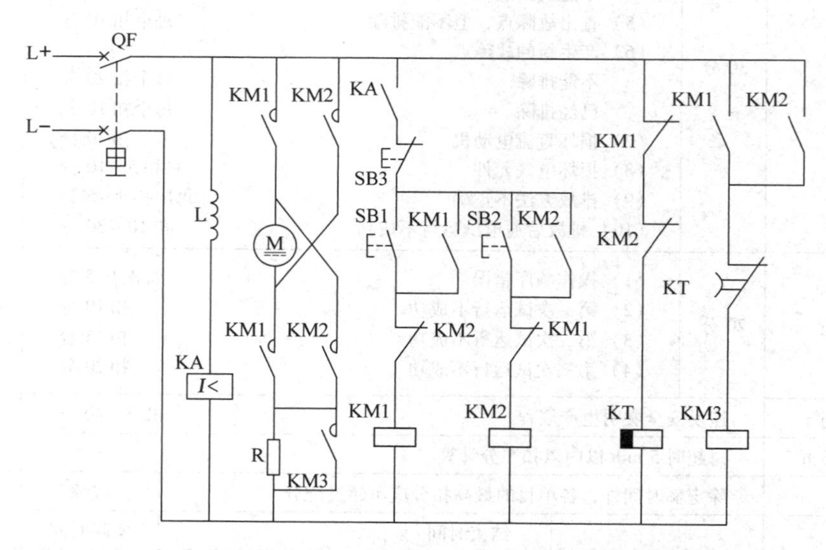

图 2 – 1 – 5 直流并励电动机电枢绕组反接法正反转控制线路电路图

相关知识

直流并励电动机电枢绕组反接法正反转控制线路的工作原理如下。

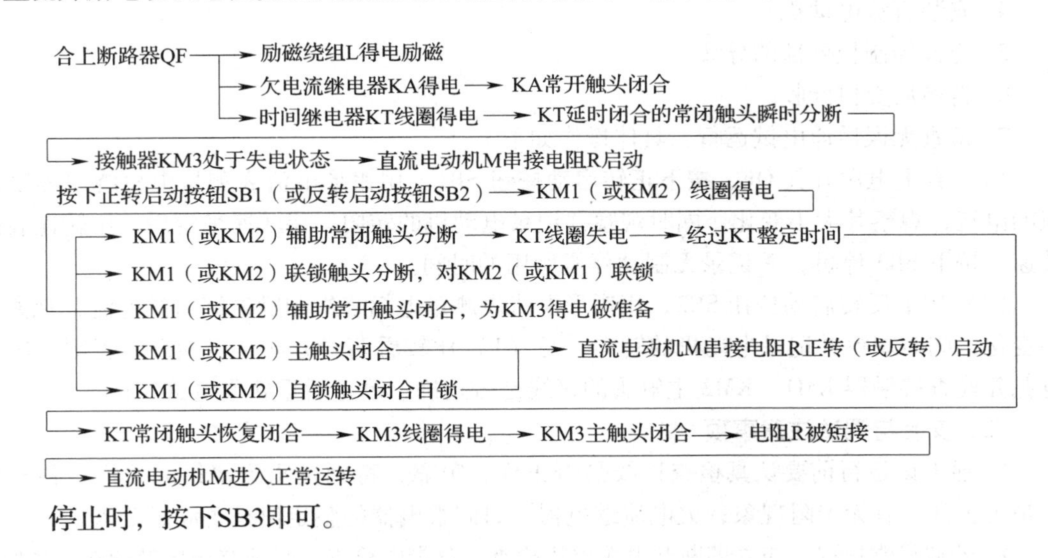

停止时，按下SB3即可。

任务实施

线 路 安 装

一、安装与调试的方法和步骤

1. 参照表 2-1-6 选配工具、仪表和器材，并进行质量检验。

表 2-1-6　　主要工具、仪表及器材

工具	验电笔、螺钉旋具、钢丝钳、尖嘴钳、斜口钳、剥线钳、电工刀等电工常用工具				
仪表	MF47 型万用表、ZC25-3 型兆欧表、CZ-636 转速表、MG20（或 MG21）型电磁系钳形电流表				
器材	代号	名称	型号	规格	数量
	M	Z 型直流并励电动机	Z200/20-220	200 W、220 V、I_N = 1.1 A、I_{fn} = 0.24 A、2 000 r/min	1 台
	QF	直流断路器	DZ5-20/220	2 极、220 V、20 A、整定电流 1.1 A	1 只
	KM1 ~ KM3	直流接触器	CZ0-40/20	2 常开 2 常闭、线圈功率 P = 22 W	3 只
	KT	时间继电器	JS7-3 A	线圈电压 220 V、延时范围 0.4 ~ 60 s	1 只
	KA	欠电流继电器	JL14-ZQ	I_N = 1.5 A	1 只
	SB1 ~ SB3	按钮	LA19-11A	5 A	3 只
	R	启动电阻器		100 Ω、1.2 A	1 台
		接线端子排	JD0-1020	380 V、10 A、20 节	1 条
		控制板		600 mm × 500 mm × 20 mm	1 块
		导线		BVR 1.5 mm^2	若干

2. 根据图 2-1-5 所示电路图绘出布置图，在控制板上合理布置、牢固安装各电气元

件，并贴上醒目的文字符号。

3. 在控制板上根据图 2－1－5 所示电路图正确进行布线和套编码套管。

4. 安装直流电动机。

5. 连接控制板外部的导线。

6. 自检后交付验收。

7. 检查无误后通电试运行，具体操作如下。

（1）合上电源开关 QF，按下正转启动按钮 SB1，用钳形电流表测量电枢绕组和励磁绕组的电流，观察其大小变化，同时观察并记录电动机的转向，待转速稳定后，用转速表测其转速。按下 SB3 停机，并记录无制动停机所用的时间。

（2）按下反转启动按钮 SB2，用钳形电流表测量电枢绕组和励磁绕组的电流，观察其大小变化，同时观察并记录电动机的转向，与（1）比较看两者方向是否相反，否则，应切断电源并检查接触器 KM1、KM2 主触头的接线是否正确，改正后重新通电试运行。

二、安装与调试注意事项

1. 通电试运行前要认真检查接线是否正确、牢靠，特别是励磁绕组的接线；各电器动作是否正常，有无卡阻现象；欠电流继电器、时间继电器的整定值是否满足要求。

2. 若遇异常情况，应立即断开电源停机检查。若带电检查，必须有指导教师在现场监护。

3. 训练应在规定的时间内完成，同时要做到安全操作和文明生产。

线 路 维 修

一、故障设置

断开电源后在图 2－1－5 所示线路中人为设置电气自然故障两处。

二、故障检修

直流并励电动机电枢绕组反接法正反转控制线路的故障现象、可能原因及处理方法见表 2－1－7。检修步骤和检修注意事项参考模块一课题二任务 2。

表 2－1－7　直流并励电动机电枢绕组反接法正反转控制线路的故障现象、可能原因及处理方法

故障现象	可能原因	处理方法
直流电动机正转正常，按下 SB3 后再按下 SB2，直流电动机不能反转	（1）控制电路故障 1）反转按钮 SB2 接触不良 2）联锁触头 KM1 接触不良 3）KM2 线圈断路 4）连接导线断路 （2）主电路故障 KM2 主触头和连接导线接触不良	（1）控制电路的检查方法 断开电源后，检查 SB2、联锁触头 KM1 和 KM2 线圈及其连接导线的通断情况 （2）主电路的检查方法 断开电源后，检查 KM2 主触头及其连接导线的通断情况
直流电动机正转时启动电阻正常，反转时启动电阻过热	反转时 KM3 没有将启动电阻 R 短接	检查 KT 线圈回路中的 KM2 辅助常闭触头是否正常分断；检查 KM3 线圈回路中的 KM2 辅助常开触头及 KT 瞬时分断延时闭合触头是否正常闭合

任务完成后进行测评，评分标准参考表 1－2－8，定额时间 4 h。

任务3　直流并励电动机制动控制线路的安装与维修

任务目标

1. 熟悉电压继电器的功能、结构、分类、原理及型号含义，熟记它的图形符号和文字符号，并能正确选用。

2. 能识读并分析直流并励电动机电力制动控制线路的构成和工作原理，并能正确进行安装与维修。

工作任务

与交流电动机一样，直流电动机在工作中也需要制动，其制动方法与交流电动机相似，分为机械制动和电力制动两大类。机械制动常用的方法是电磁抱闸制动，电力制动常用的方法有能耗制动、反接制动和再生发电制动三种。由于电力制动具有制动力矩大、操作方便、无噪声等优点，所以在直流电力拖动中应用广泛。

本次的工作任务是安装与维修直流并励电动机单向启动能耗制动控制线路，其电路图如图 2－1－6 所示。

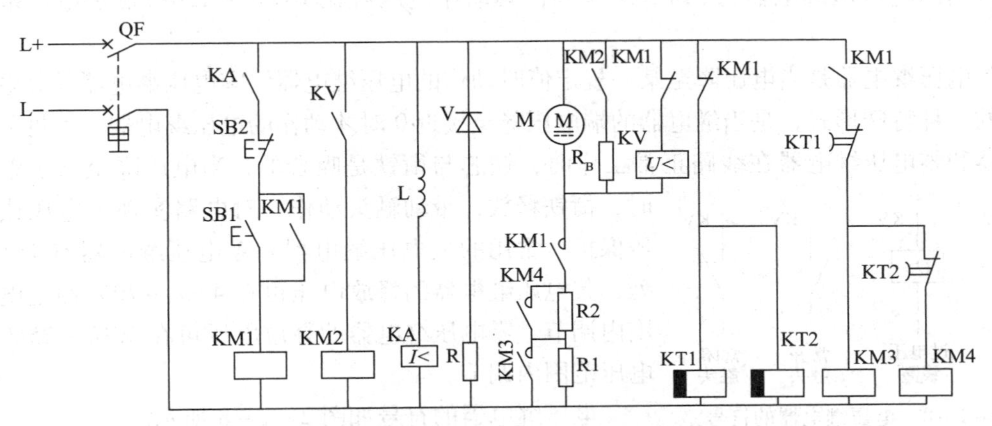

图 2－1－6　直流并励电动机单向启动能耗制动控制线路电路图

相关知识

一、电压继电器

1. 结构

电压继电器是利用电压的变化来控制电路的继电器，当电压达到或超过设定的阈值时，电压继电器的触点会闭合或断开，从而控制电路的通断。图 2－1－7 所示为 JT4 系列电压继电器，它与 JT4 系列电流继电器的外形、结构类似，主要由线圈、圆柱形静铁芯、衔铁、触头系统等组成，故电压继电器的工作原理及安装使用等知识与电流继电器类似。但电压继电器在使用时，其线圈并联在被测量的电路中，根据线圈两端电压的大小接通或断开电路，因此，这种继电器线圈的导线细、匝数多、阻抗大。

图 2－1－7　JT4 系列电压继电器

2. 分类及符号

根据实际应用的要求，电压继电器分为过电压继电器、欠电压继电器和零电压继电器。过电压继电器是当电压大于其整定值时动作的电压继电器，主要用于电路或设备的过电压保护，常用的过电压继电器为 JT4－A 系列，其动作电压可在 105%～120% 额定电压范围内调节。

欠电压继电器是当电压降至某一规定值时动作的电压继电器。零电压继电器是欠电压继电器的一种特殊形式，是当继电器的端电压降至接近 0 时才动作的电压继电器。可见欠电压继电器和零电压继电器在线路正常工作时，铁芯与衔铁是吸合的，当电压降至低于整定值时，衔铁释放，带动触头动作，对电路实现欠电压或零电压保护。常用的欠电压继电器和零电压继电器有 JT4-P 系列，欠电压继电器的释放电压可在 40%～70% 额定电压范围内调节，零电压继电器的释放电压可在 10%～35% 额定电压范围内调节。

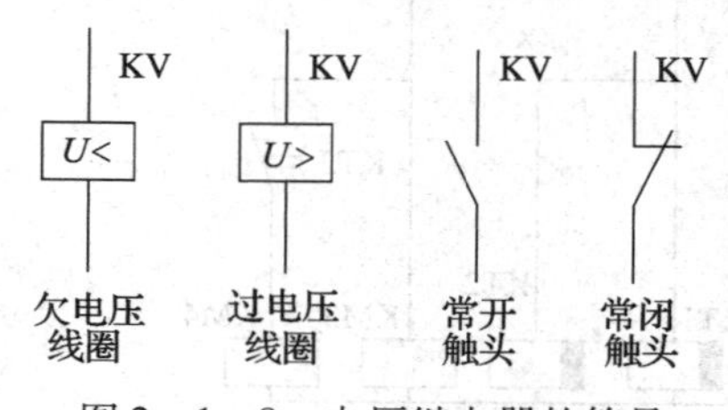

图 2－1－8　电压继电器的符号

电压继电器的符号如图 2－1－8 所示。

3. 型号含义

电压继电器的型号含义如下。

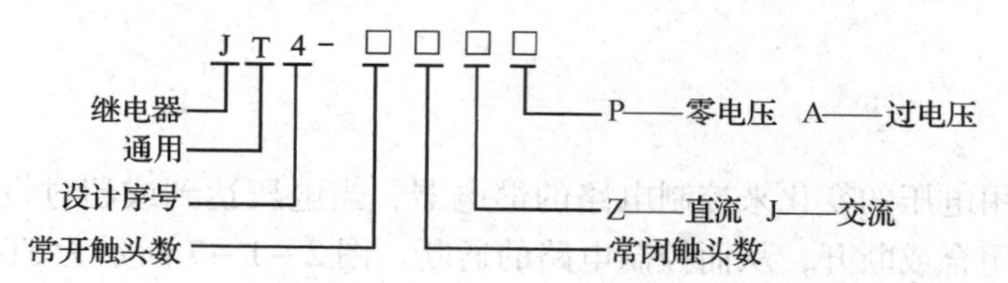

4. 选择与使用

（1）电压继电器主要根据线圈的额定电压、触头的数量和种类进行选择。

（2）安装前应检查电压继电器的额定电压与整定值是否与实际使用要求相符，电压继电器的动作部分是否灵活、可靠，外罩及壳体是否有损坏或缺件等情况。

（3）安装后应在触头不通电的情况下，将吸引线圈通电操作几次，观察电压继电器动作是否可靠。

（4）定期检查电压继电器各零部件是否有松动及损坏现象，并保持触头的清洁。

二、直流并励电动机电力制动控制线路

1. 能耗制动控制线路

能耗制动是指保持直流电动机的励磁电流不变，将电枢绕组的电源切除后，立即使其与制动电阻连接成闭合回路，电枢靠惯性处于发电运行状态，将转动动能转换为电能并消耗在电枢回路中，同时获得制动力矩，迫使直流电动机迅速停转。

图 2－1－6 所示为直流并励电动机单向启动能耗制动控制线路电路图。其线路的工作原理如下。

（1）串电阻单向启动运转

合上电源开关 QF，按下启动按钮 SB1，KM1 线圈得电，KM1 主触头闭合，直流电动机 M 接通电源进行串电阻二级启动运转。其详细控制过程读者可参照前面讲述的直流并励电动机电枢回路串电阻二级启动控制线路自行分析。

（2）能耗制动停转

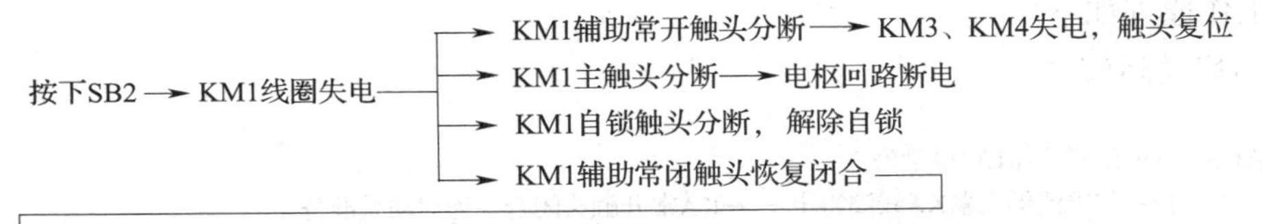

图 2－1－6 中的电阻 R 为直流电动机能耗制动停转时励磁绕组的放电电阻，V 为续流二极管。

2. 反接制动控制线路

对于直流电动机反接制动，通常利用改变电枢两端电压极性或改变励磁电流的方向，来改变电磁转矩的方向，形成制动力矩，从而迫使直流电动机迅速停转。

直流并励电动机的反接制动通常采用电枢绕组反接法，即将正在电动运行的直流电动机的电枢绕组突然反接来实现制动。采用此方法进行反接制动时，需注意两点：一是当电枢绕组突然反接时，如果电枢电流过大，易使换向器和电刷产生强烈的火花，对直流电动机的换

向不利，故一定要在电枢回路中串入外加电阻，以限制电枢电流，外加电阻的大小可取近似等于电枢的电阻；二是当直流电动机的转速接近于0时，应及时、准确、可靠地断开电枢回路的电源，以防止直流电动机反转。

直流电动机反接制动的原理与反转基本相同，所不同的是反接制动过程至转速为0时即结束。图2－1－9所示为直流并励电动机双向启动反接制动控制线路电路图。

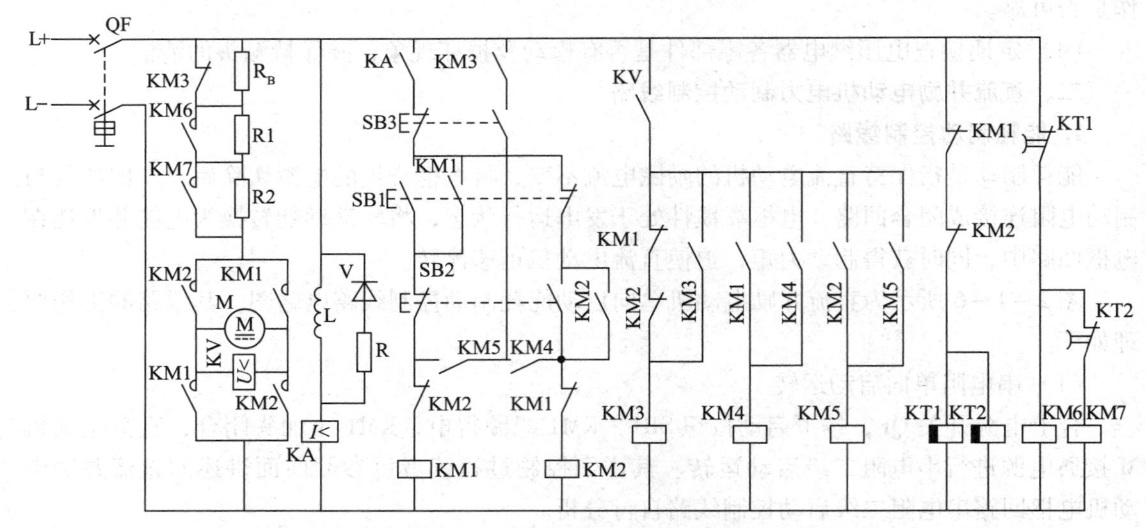

图2－1－9　直流并励电动机双向启动反接制动控制线路电路图

线路的工作原理如下。

（1）正向启动运转

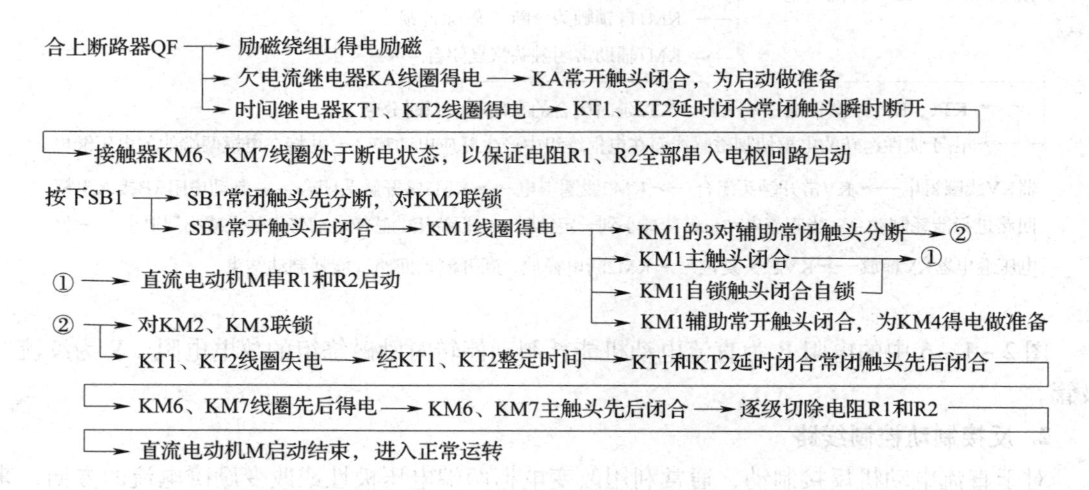

（2）反接制动准备

直流电动机刚启动时，电枢中反电动势 $E_a = 0$，电压继电器KV不动作，接触器KM3、KM4、KM5均处于断电状态；随着直流电动机转速升高建立 E_a 后，KV得电动作，其常开触头闭合，接触器KM4得电动作，为直流电动机的反接制动做好了准备。

（3）反接制动停转

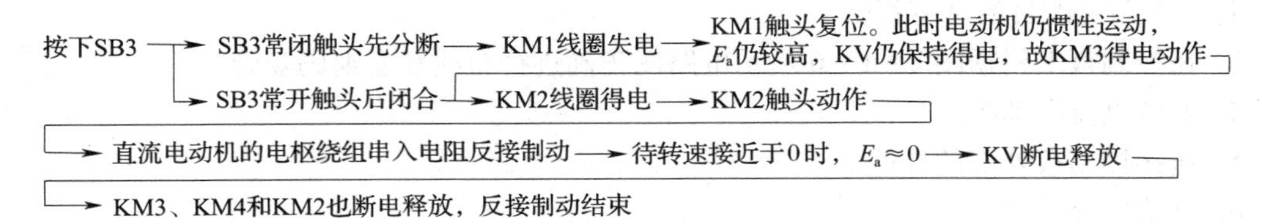

关于反向启动及反向反接制动的工作原理读者可自行分析。

3. 再生发电制动控制线路

再生发电制动只适用于当直流电动机的转速大于空载转速 n_0 的场合，这时电枢产生的反电动势 E_a 大于电源电压 U，电枢电流改变了方向，直流电动机处于发电制动状态，不仅将拖动系统中的机械能转换为电能反馈回电网，还产生制动力矩以限制直流电动机的转速。直流串励电动机若采用再生发电制动，必须先将串励改为他励，以保证直流电动机的磁通不变。其电路图和工作原理读者可查阅相关资料自行分析。

任务实施

线 路 安 装

一、安装与调试的方法和步骤

1. 参照表 2－1－8 选配工具、仪表和器材，并进行质量检验。

表 2－1－8　　主要工具、仪表及器材

工具	验电笔、螺钉旋具、钢丝钳、尖嘴钳、斜口钳、剥线钳、电工刀等电工常用工具				
仪表	MF47 型万用表、ZC25－3 型兆欧表、CZ－636 转速表、MG20（或 MG21）型电磁系钳形电流表				
器材	代号	名称	型号	规格	数量
	M	Z 型直流并励电动机	Z200/20－220	200 W、220 V、I_N＝1.1 A、I_{fn}＝0.24 A、2 000 r/min	1 台
	QF	直流断路器	DZ5-20/220	二极、220 V、20 A、整定电流 1.1 A	1 只
	KM1～KM4	直流接触器	CZ0－40/20	2 常开 2 常闭、线圈功率 P＝22 W	4 只
	KT1、KT2	时间继电器	JS7－3A	线圈电压 220 V、延时范围 0.4～60 s	2 只
	KA	欠电流继电器	JL14－ZQ	I_N＝1.5 A	1 只
	SB1、SB2	按钮	LA19－11A	5 A	2 只
	R1、R2	启动电阻器		100 Ω、1.2 A	2 台
	KV	欠电压继电器	JT4－P		1 只
		接线端子排	JD0－1020	380 V、10 A、20 节	1 条
		控制板		600 mm×500 mm×20 mm	1 块
		导线		BVR 1.5 mm^2	若干

2. 根据图 2－1－6 所示电路图绘出布置图，然后在控制板上合理布置、牢固安装各电气元件，并贴上醒目的文字符号。

3. 在控制板上根据图 2－1－6 所示电路图正确进行布线和套编码套管。

4. 安装直流电动机。

5. 连接控制板外部的导线。

6. 自检后交付验收。

7. 检查无误后通电试运行，具体操作如下。

（1）合上电源开关 QF，按下启动按钮 SB1，待直流电动机启动且转速稳定后，用转速表测量其转速。

（2）按下 SB2，直流电动机进行能耗制动，记录能耗制动所用时间，并与无制动所用时间（本课题任务 2）比较，求出时间差。

二、安装注意事项

1. 通电试运行前要认真检查接线是否正确、牢靠，特别是励磁绕组的接线；各电器动作是否正常，有无卡阻现象；欠电流继电器、时间继电器以及欠电压继电器的整定值是否满足要求。

2. 对电动机无制动停机所用时间和能耗制动停机所用时间的比较，必须保证电动机的转速在两种情况下基本相同时开始计时。

3. 制动电阻 R_B 的值，可按下式估算：

$$R_B = \frac{E_a}{I_N} - R_a \approx \frac{U_N}{I_N} - R_a$$

式中 U_N——直流电动机的额定电压，V；

I_N——直流电动机的额定电流，A；

R_a——直流电动机电枢回路电阻，Ω。

4. 若遇异常情况，应立即断开电源停机检查。若带电检查，必须有指导教师在现场监护。

5. 训练应在规定的时间内完成，同时要做到安全操作和文明生产。

线路维修

一、故障设置

断开电源后在图 2－1－6 所示线路中人为设置电气自然故障两处。

二、故障检修

直流并励电动机单向启动能耗制动控制线路的故障现象、可能原因及处理方法见表 2－1－9。检修步骤和检修注意事项参考模块一课题二任务 2。

表 2－1－9　直流并励电动机单向启动能耗制动控制线路的故障现象、可能原因及处理方法

故障现象	可能原因	处理方法
按下 SB2 后，直流电动机不制动	（1）控制电路故障 1）KM1 本身有故障导致不能释放 2）欠电压继电器 KV 常开触头接触不良 3）KM2 线圈断路 4）连接导线断路	（1）控制电路的检查方法 1）检查接触器 KM1 断电后是否复位 2）断电后，按压 KV 的触头架，检查其常开触头接触是否良好 3）检查 KM2 线圈及其连接导线的通断情况

续表

故障现象	可能原因	处理方法
按下 SB2 后，直流电动机不制动	（2）主电路故障 1）欠电压继电器 KV 故障 2）接触器 KM1 常闭触头和连接导线接触不良 3）接触器 KM2 常开触头和连接导线接触不良 4）制动电阻 R_B 断路	（2）主电路的检查方法 1）检查欠电压继电器 KV 是否动作 2）断开电源后，检查 KM1 的常闭触头及其连接导线的通断情况 3）断开电源后，按下 KM2 的触头架，检查其常开触头及其连接导线的通断情况 4）检查制动电阻是否符合要求
制动过强	制动电阻 R_B 短路或其值选择过小	检查制动电阻是否符合要求

任务完成后进行测评，评分标准参考表 1－2－8，定额时间 4 h。

知识链接

直流电动机的最大优点是具有线性的机械特性，调速性能优异，因此广泛应用于对调速性能要求较高的电气自动化系统中。直流电动机的调速方法有机械调速、电气调速以及机械与电气配合调速三种方式。直流电动机的电气调速是通过改变直流电动机的机械特性来改变直流电动机的转速的。直流电动机的电气调速可通过三种方法来实现：一是电枢回路串电阻调速；二是改变主磁通调速；三是改变电枢电压调速。

直流电动机的调速

扫描二维码，了解三种调速方法的原理和适用场合。

课题二　直流串励电动机基本控制线路的安装与维修

任务 1　直流串励电动机启动、调速控制线路的安装与维修

任务目标

能识读并分析直流串励电动机启动、调速控制线路的构成和工作原理，并能正确进行安装与维修。

工作任务

图 2－2－1 所示是直流串励电动机的外形和原理图。直流串励电动机与直流并励电动机相比，主要有两方面的特点：一是具有较大的启动转矩，启动性能好。这是因为直流串励电动机

的励磁绕组和电枢绕组串联，启动时，磁路未达到饱和，直流电动机的启动转矩与电枢电流的平方成正比，从而产生较大的启动转矩。二是过载能力较强。由于直流串励电动机的机械特性是双曲线，机械特性较软，当直流电动机的转矩增大时，其转速显著下降，使直流串励电动机能自动保持恒功率运行，不会因转矩增大而过载。因此，在要求有大的启动转矩、负载变化时转速允许变化的恒功率负载场合，如起重机、天车、电力机车等，宜采用直流串励电动机。

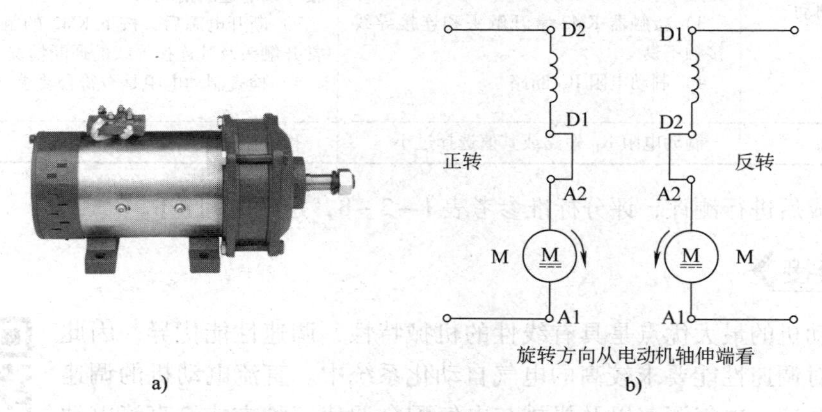

图 2－2－1　直流串励电动机
a）外形　b）原理图

本次工作任务是安装与维修直流串励电动机串接启动变阻器手动启动控制线路，其电路图如图 2－2－2 所示。

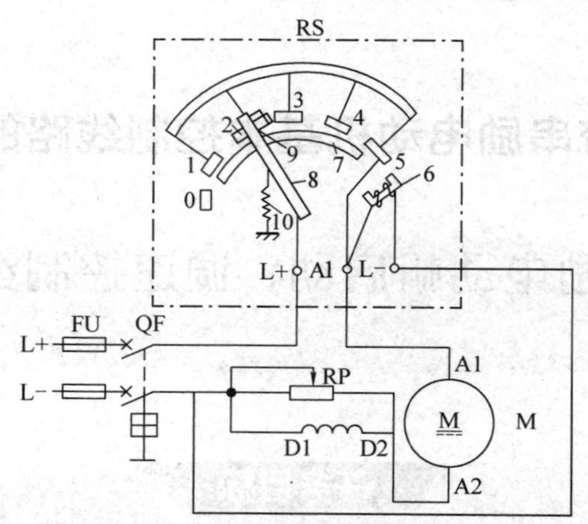

图 2－2－2　直流串励电动机串接启动变阻器手动启动控制线路电路图
0～5—分段静触头　6—电磁铁　7—弧形铜条
8—手轮　9—衔铁　10—恢复弹簧

相关知识

一、启动控制线路

直流串励电动机和直流并励电动机一样，常采用电枢回路串联启动电阻的方法进行启动，以限制启动电流。

1. 手动启动控制线路

直流串励电动机串接启动变阻器手动启动控制线路电路图如图 2－2－2 所示。其启动方法与直流并励电动机相同，读者可自行分析。

2. 自动启动控制线路

直流串励电动机串电阻二级启动控制线路电路图如图 2－2－3 所示。

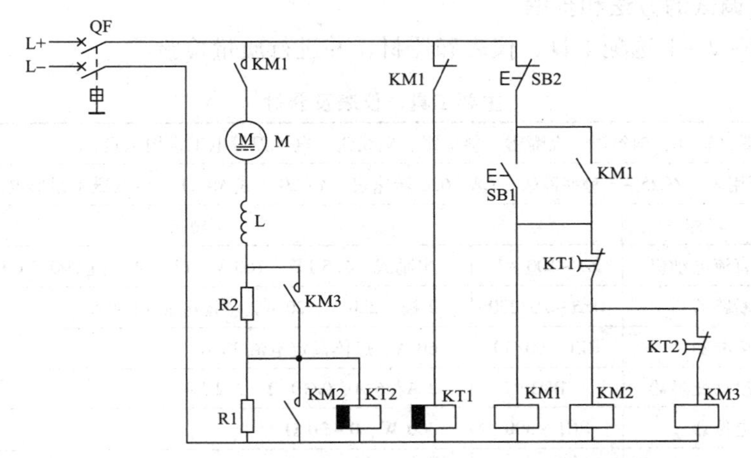

图 2－2－3　直流串励电动机串电阻二级启动控制线路电路图

线路的工作原理如下。

合上电源开关QF→KT1线圈得电→KT1延时闭合的常闭触头瞬时断开→接触器KM2、KM3处于断电状态→直流电动机串入电阻R1、R2启动

→按下SB1→KM1线圈得电→
- KM1辅助常闭触头分断→KT1线圈失电→经KT1整定时间→
- KM1自锁触头闭合自锁→直流电动机M串入R1、R2启动
- KM1主触头闭合→KT2线圈得电→经KT2整定时间→KT2延时闭合的常闭触头瞬时分断

→KT1延时闭合的常闭触头恢复闭合→KM2线圈得电→KM2主触头闭合→
- 短接电阻R1→直流电动机M串电阻R2继续启动
- KT2线圈被短接断电→经KT2整定时间→KT2延时闭合的常闭触头恢复闭合→KM3线圈得电→KM3主触头闭合短接电阻R2→直流电动机M进入正常工作状态

停止时，按下停止按钮 SB2 即可。

二、调速控制线路

直流串励电动机的电气调速方法与直流他励或并励电动机的电气调速方法相同，即电枢回路串电阻调速、改变主磁通调速和改变电枢电压调速。其中，改变主磁通调速，在大型直流串励电动机上，常采用在励磁绕组两端并联可调分流电阻的方法进行；在小型直流串励电

动机上，常采用改变励磁绕组的匝数或接线方式的方法进行。以上几种调速方法的控制线路及原理与直流他励或并励电动机相似，读者可参照前面的内容自行分析，在此不再详述。

任务实施

线路安装

一、安装与调试的方法和步骤

1. 参照表 2－2－1 选配工具、仪表和器材，并进行质量检验。

表 2－2－1　　主要工具、仪表及器材

工具	验电笔、螺钉旋具、钢丝钳、尖嘴钳、斜口钳、剥线钳、电工刀等电工常用工具				
仪表	MF47 型万用表、ZC25－3 型兆欧表、CZ－636 转速表、MG20（或 MG21）型电磁系钳形电流表				
器材	代号	名称	型号	规格	数量
	M	直流电动机	Z4－100－1	串励式、1.5 kW、160 V、13.4 A、（1 000/2 000）r/min	1 台
	QF	断路器	DZ5－20/230	2 极、220 V、20 A、整定电流 13.4 A	1 只
	FU	熔断器	RL1－60/30	60 A、熔体额定电流 30 A	2 只
	RS	启动变阻器	BQ3	2 A/26 A、0/10 Ω、2.2 kW	1 台
	RP	电位器	BC1－300	300 W、0～20 Ω	1 只
	XT	接线端子排	JD0－2520	380 V、25 A、20 节	1 条
		导线		BVR 1.5 mm^2、BVR 2.5 mm^2	若干
		控制板		600 mm×500 mm×20 mm	1 块

2. 根据图 2－2－2 所示电路图，牢固安装各电气元件，并正确进行布线。电源开关 QF 及启动变阻器 RS 的安装位置要接近直流电动机和被拖动的机械，以便在控制时能看到直流电动机和被拖动机械的运行情况。

3. 自检并交付验收。安装完毕的控制板，必须经检查无误后，才允许通电试运行，以防止错接、漏接造成不能正常工作或短路事故。

4. 检查无误后通电试运行，其操作顺序如下。

（1）合上电源开关 QF 之前，将启动变阻器 RS 的手轮置于最左端的 0 位，电位器 RP 的值调到最大。

（2）合上电源开关 QF。

（3）慢慢转动启动变阻器手轮 8，使手轮从 0 位逐步转至 5 位，逐级切除启动电阻。在每切除一级电阻后都要停留数秒，用转速表测量其转速并填入表 2－2－2。用钳形电流表测量电枢电流，以观察电流的变化情况。

表 2－2－2　　测量结果

手轮位置	1	2	3	4	5
转速/（r/min）					

（4）调节电位器 RP。当逐渐减小 RP 的值时，要注意测量直流电动机转速，其转速不能超过直流电动机的最高转速（2 000 r/min）。将测量结果填入表 2－2－3。

表 2－2－3　　测量结果

测量次数	1	2	3	4	5
转速/（r/min）					

（5）停转时，切断电源开关 QF，将电位器 RP 的值调到最大，并检查启动变阻器 RS 是否自动返回起始位置。

二、安装与调试注意事项

1. 通电试运行前，要认真检查励磁回路的接线，必须保证连接可靠。试运行时，必须带 20%～30% 的额定负载，严禁空载或轻载启动运行，而且直流串励电动机和拖动的生产机械之间要直接耦合，禁止用带传动，以防止传动带断裂或滑脱引起直流电动机“飞车”事故。

2. 电位器 RP 要和励磁绕组并联。启动前，应把 RP 的值调到最大。调速时，将 RP 的值逐渐调小，使直流电动机的转速值逐渐升高，但其最高转速不得超过 2 000 r/min。

3. 线路若采用单相桥式整流器供电，必须外接 13 mH 的电抗器。

4. 通电试运行时，必须有指导教师在现场监护，同时做到安全文明生产。如遇异常情况，应立即断开电源开关 QF。

5. 启动变阻器若安装在有剧烈振动、强烈颠簸以及垂直方向倾斜 5°以上的地方，可能引起失压保护的误动作，应特别注意。

线 路 维 修

一、故障设置

断开电源后在图 2－2－2 所示线路中人为设置电气自然故障两处。

二、故障检修

各种故障的现象、可能原因及处理方法可参照表 2－1－4 直流并励电动机启动控制线路的故障现象、可能原因及处理方法进行。

检修步骤和检修注意事项参考模块一课题二任务 2。

任务完成后进行测评，评分标准参考表 2－1－5，定额时间 3 h。

任务 2　直流串励电动机正反转控制线路的安装与维修

任务目标

能识读并分析直流串励电动机正反转控制线路的构成和工作原理，并能正确进行安装与维修。

工作任务

直流并励电动机的反转一般采用电枢绕组反接法，而直流串励电动机的反转常采用励磁绕组反接法来实现。这是因为直流串励电动机电枢绕组两端的电压很高，而励磁绕组两端的电压较低，反接较容易，如内燃机车和电力机车的反转均用此法。

本次的工作任务是安装与维修直流串励电动机正反转控制线路，其电路图如图 2－2－4 所示。

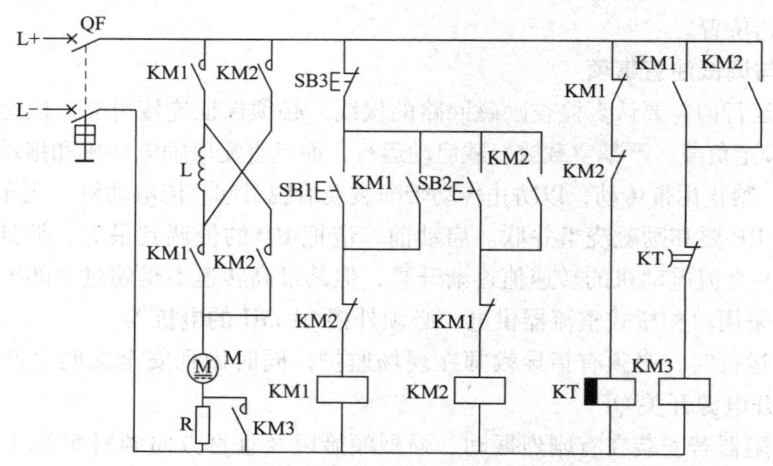

图 2－2－4　直流串励电动机正反转控制线路电路图

相关知识

图 2－2－4 所示直流串励电动机正反转控制线路的工作原理如下。

合上电源开关QF→KT线圈得电→KT延时闭合的常闭触头瞬时分断→KM3处于断电状态→保证直流电动机M串接电阻R启动。按下SB1（或SB2）→KM1（或KM2）线圈得电

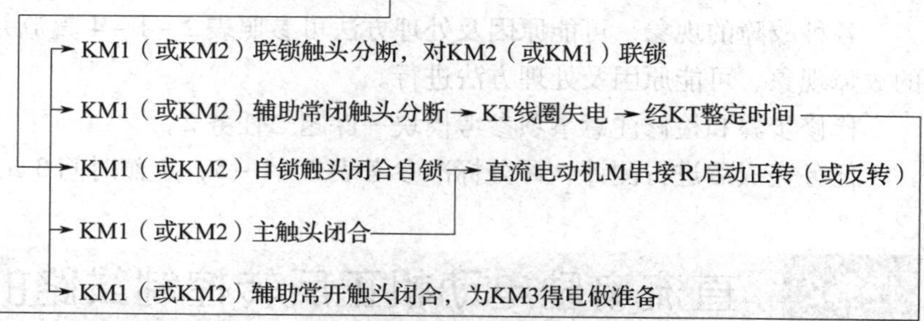

→KT延时闭合的常闭触头恢复闭合→KM3线圈得电→KM3主触头闭合，短接电阻R→直流电动机M进入正常运转

停止时，按下停止按钮 SB3 即可。

任务实施

线 路 安 装

一、安装与调试的方法和步骤

1. 参照表 2－2－4 选配工具、仪表和器材，并进行质量检验。

表 2－2－4　主要工具、仪表及器材

工具	验电笔、螺钉旋具、钢丝钳、尖嘴钳、斜口钳、剥线钳、电工刀等电工常用工具				
仪表	MF47 型万用表、ZC25－3 型兆欧表、CZ－636 转速表、MG20（或 MG21）型电磁系钳形电流表				
器材	代号	名称	型号	规格	数量
	M	直流电动机	Z4－100－1	串励式、1.5 kW、160 V、995 r/min、13.4 A	1 台
	QF	直流断路器	D25－20/220	2 极、220 V、20 A、整定电流 13.4 A	1 只
	KM1～KM3	直流接触器	CZ0－40/20	2 常开 2 常闭、线圈功率 P＝22 W	3 只
	KT	时间继电器	JS7－3A	线圈电压 220 V、延时范围 0.4～60 s	1 只
	SB1～SB3	按钮	LA19－11A	5 A	3 只
	R	启动电阻器		100 Ω、1.2 A	1 台
		接线端子排	JD0－2520	380 V、25 A、20 节	1 条
		控制板		600 mm×500 mm×20 mm	1 块
		导线		BVR 2.5 mm^2、BVR 1.5 mm^2、BVR 0.75 mm^2	若干

2. 根据图 2－2－4 所示电路图绘出布置图，然后在控制板上合理布置、牢固安装各电气元件，并贴上醒目的文字符号。

3. 在控制板上根据图 2－2－4 所示电路图正确进行布线和套编码套管。

4. 安装直流电动机。

5. 连接控制板外部的导线。

6. 自检并交付验收。安装完毕的控制板，必须经检查无误后，才允许通电试运行，以防止错接、漏接造成不能正常工作或短路事故。

7. 检查无误后通电试运行，具体操作如下。

（1）合上电源开关 QF，按下正转启动按钮 SB1，用钳形电流表测量电枢绕组和励磁绕组的电流，观察电流的变化情况，同时观察并记录直流电动机的转向，待转速稳定后，用转速表测量其转速。按下 SB3 停机，并记录无制动停机所用的时间。

（2）按下反转启动按钮 SB2，用钳形电流表测量电枢绕组和励磁绕组的电流，观察电流的变化情况，同时观察并记录直流电动机的转向，与（1）比较看两者方向是否相反，否则，应切断电源并检查接触器 KM1、KM2 主触头的接线是否正确，改正后重新通电试运行。

二、安装与调试注意事项

1. 通电试运行前要认真检查接线是否正确、牢靠，特别是励磁绕组的接线；各电器动作是否正常，有无卡阻现象；时间继电器的整定值是否满足要求。

2. 试运转时，必须带 20%～30% 的额定负载，严禁空载或轻载启动运行，而且直流串励电动机和拖动的生产机械之间不要用带传动，以防止传动带断裂或滑脱引起直流电动机“飞车”事故。

3. 若遇异常情况，应立即断开电源停机检查。若带电检查，必须有指导教师在现场监护。

4. 训练应在规定的时间内完成，同时要做到安全操作和文明生产。

线路维修

一、故障设置

断开电源后在图2－2－4所示线路中人为设置电气自然故障两处。

二、故障检修

直流串励电动机正反转控制线路的故障现象、可能原因及处理方法见表2－2－5。检修步骤和检修注意事项参考模块一课题二任务2。

表2－2－5　直流串励电动机正反转控制线路的故障现象、可能原因及处理方法

故障现象	可能原因	处理方法
直流电动机正转正常，按下SB3后再按下SB2，直流电动机不能反转	（1）控制电路故障 1）反转按钮SB2接触不良 2）联锁触头KM1接触不良 3）KM2线圈断路 4）连接导线断路 （2）主电路故障 KM2主触头和连接导线接触不良	（1）控制电路的检查方法：断开电源后，检查SB2、联锁触头KM1和KM2线圈及其连接导线的通断情况 （2）主电路的检查方法：断开电源后，检查KM2主触头及其连接导线的通断情况
直流电动机正转时启动电阻正常，反转时启动电阻过热	反转时KM3没有将启动电阻R短接	检查KT线圈回路中的KM2辅助常闭触头是否正常分断；检查KM3线圈回路中的KM2辅助常开触头及KT延时闭合的常闭触头是否正常闭合

任务完成后进行测评，评分标准参考表1－2－8，定额时间4 h。

任务3　直流串励电动机制动控制线路的安装与维修

任务目标

1. 熟悉主令控制器的功能、结构、原理、型号含义、常见故障及处理方法，熟记它的图形符号和文字符号，并能正确选用。

2. 能识读并分析直流串励电动机制动控制线路的构成和工作原理，并能正确进行安装与维修。

工作任务

直流电动机电力制动常用的方法有能耗制动、反接制动和再生发电制动三种。由于直流串励电动机的理想空载转速趋于无穷大，所以运行中不可能满足再生发电制动的条件，因此，直流串励电动机电力制动的方法只有能耗制动和反接制动两种。

本次工作任务是安装与维修直流串励电动机自励式能耗制动控制线路，其电路图如图 2－2－5 所示。

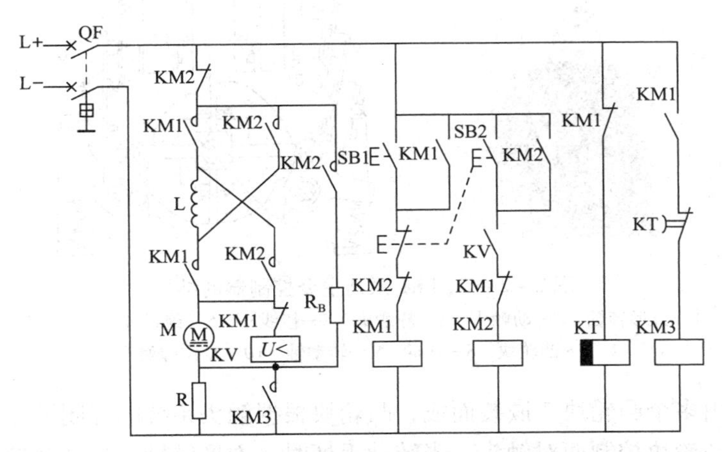

图 2－2－5　直流串励电动机自励式能耗制动控制线路电路图

相关知识

一、主令控制器

1. 功能

主令控制器是按照预定程序换接控制电路接线的主令电器，主要用于电力拖动系统中，按照预定的程序分合触头，向控制系统发出指令，通过接触器以达到控制电动机的启动、制动、调速及反转的目的，同时也可实现控制线路的联锁。

目前生产中常用的主令控制器有 LK1、LK4、LK5 和 LK16 等系列，其外形如图 2－2－6 所示。下面以 LK1 系列主令控制器为例进行介绍。

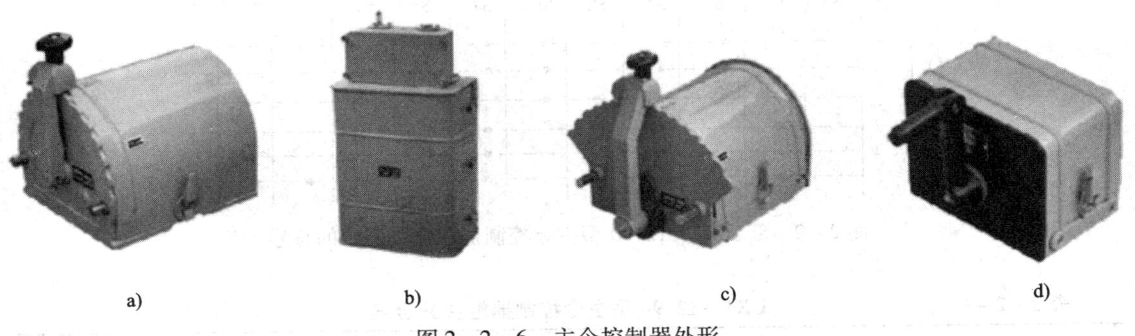

图 2－2－6　主令控制器外形

a）LK1 系列　b）LK4 系列　c）LK5 系列　d）LK16 系列

2. 结构、原理及符号

LK1 系列主令控制器主要由方形转轴、动触头、静触头、凸轮鼓、支架、复位弹簧及外护罩等组成，其结构如图 2－2－7 所示。

主令控制器所有的静触头都安装在绝缘板 5 上，动触头则固定在能绕转动轴 9 转动的支

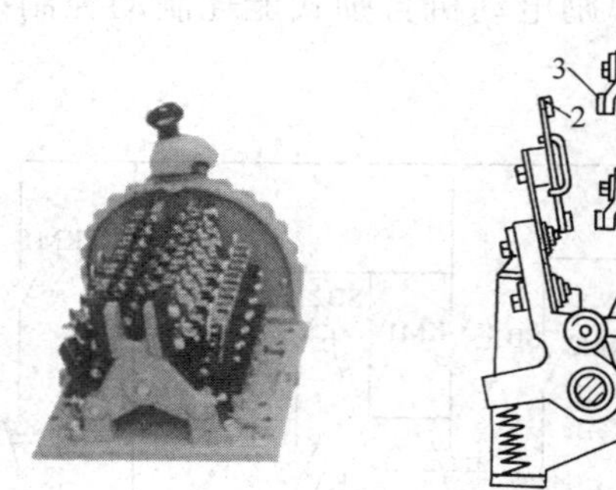

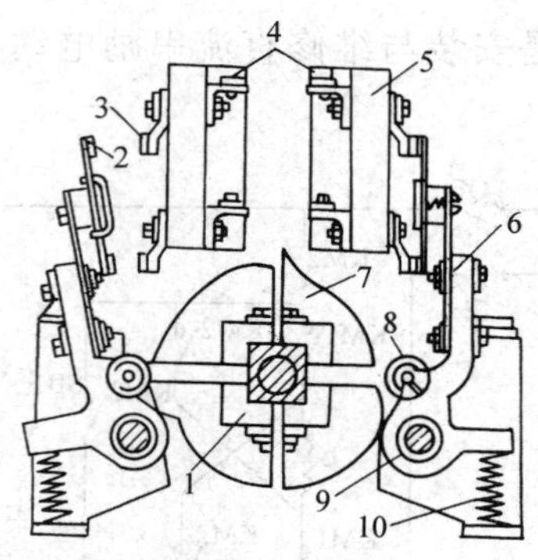

图 2－2－7　LK1 系列主令控制器的结构

1—方形转轴　2—动触头　3—静触头　4—接线柱　5—绝缘板　6—支架　7—凸轮块　8—小轮　9—转动轴　10—复位弹簧

架 6 上；凸轮鼓由多个凸轮块 7 嵌装而成，凸轮块根据触头系统的开闭顺序制成不同角度的凸出轮缘，每个凸轮块控制两对触头。当转动手柄时，方形转轴 1 带动凸轮块 7 转动，凸轮块 7 的凸出部分压动小轮 8，使动触头 2 离开静触头 3，分断电路；当转动手柄使小轮 8 位于凸轮块 7 的凹处时，在复位弹簧 10 的作用下使动触头和静触头闭合，接通电路，可见触头的闭合和分断顺序是由凸轮块的形状决定的。

LK1－12/90 型主令控制器在电路图中的符号如图 2－2－8 所示。其触头分合表见表 2－2－6。

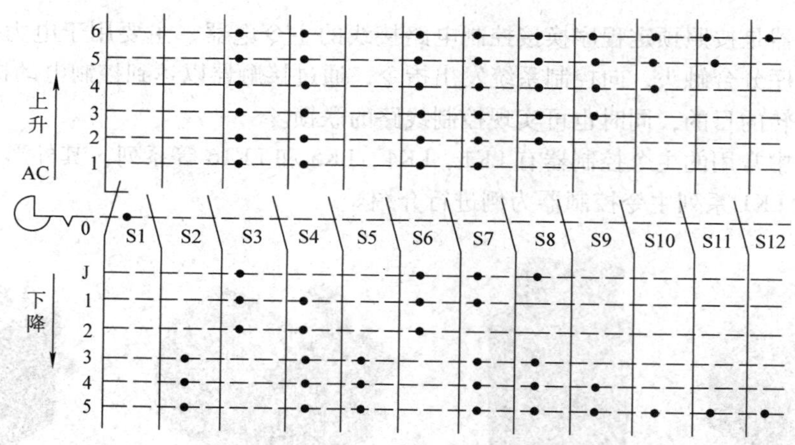

图 2－2－8　LK1－12/90 型主令控制器在电路图中的符号

表 2－2－6　　LK1－12/90 型主令控制器触头分合表

触头	下降						0 位	上升					
	5	4	3	2	1	J	0	1	2	3	4	5	6
S1							×						
S2	×	×	×										
S3				×	×	×		×	×	×	×	×	×

续表

触头	下降						0位	上升					
	5	4	3	2	1	J	0	1	2	3	4	5	6
S4	×	×	×	×	×			×	×	×	×	×	×
S5	×	×	×										
S6				×	×	×		×	×	×	×	×	×
S7	×	×	×		×	×		×	×	×	×	×	×
S8	×	×	×			×			×	×	×	×	×
S9	×	×								×	×	×	×
S10	×										×	×	×
S11	×											×	×
S12	×												×

注："×"表示接通。

主令控制器按结构形式分为调整式和非调整式两种。LK1、LK5、LK16 系列属于非调整式主令控制器，LK4 系列属于调整式主令控制器。

非调整式主令控制器触头系统的分合顺序只能按指定的触头分合表要求进行，在使用中用户不能自行调整，若需调整必须更换凸轮片。

调整式主令控制器触头系统的分合顺序可随时按控制系统的要求进行编制及调整，调整时不必更换凸轮片。

3. 型号含义

主令控制器的型号含义如下。

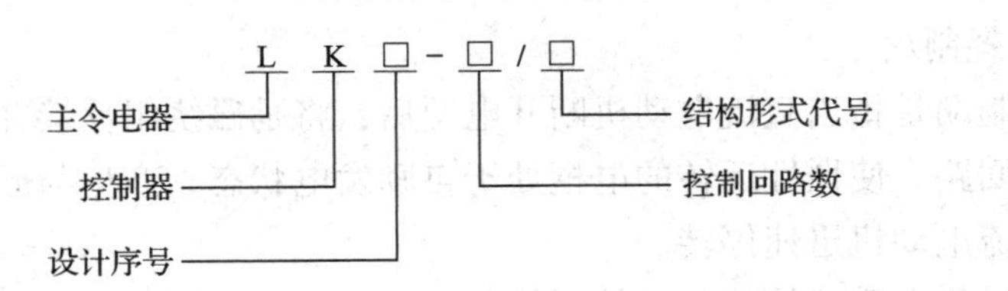

4. 选择

主令控制器主要根据使用环境、所需控制的回路数、触头闭合顺序等进行选择。LK1 和 LK14 系列主令控制器的主要技术数据见表 2－2－7。

表 2－2－7　　LK1 和 LK14 系列主令控制器的主要技术数据

型号	额定电压/V	额定电流/A	控制电路数/个	接通与分断能力/A	
				接通	分断
LK1－12/90 LK1－12/96 LK1－12/97	380	15	12	100	15
LK14－12/90 LK14－12/96 LK14－12/97	380	15	12	100	15

5. 安装与使用

（1）主令控制器在安装前应操作其手柄不少于5次，检查动、静触头接触是否良好，有无卡轧现象，触头的分合顺序是否符合触头分合表的要求。

（2）主令控制器投入运行前，应使用500～1 000 V的兆欧表测量其绝缘电阻，绝缘电阻一般应大于0.5 MΩ，同时根据接线图检查接线是否正确。

（3）主令控制器外壳上的接地螺栓应与接地网可靠地连接。

（4）应注意定期清除主令控制器内的灰尘，所有活动部分应定期加润滑油。

（5）主令控制器不使用时，应将其手柄停在0位。

6. 常见故障及处理方法

主令控制器的故障现象、可能原因及处理方法见表2－2－8。

表2－2－8　主令控制器的故障现象、可能原因及处理方法

故障现象	可能原因	处理方法
主令控制器操作不灵活或有噪声	（1）轴承损坏或卡死 （2）凸轮鼓或触头嵌入异物	（1）修理或更换轴承 （2）取出异物，修复或更换产品
触头过热或烧毁	（1）主令控制器容量过小 （2）触头压力过小 （3）触头表面烧毛或有油污	（1）选用较大容量的主令控制器 （2）调整或更换触头弹簧 （3）修理或清洗触头
主令控制器定位不准或分合顺序不对	凸轮块碎裂脱落或凸轮块角度磨损变化	更换凸轮块

二、能耗制动控制线路

直流串励电动机的能耗制动分为自励式和他励式两种。

1. 自励式能耗制动

自励式能耗制动是指当直流电动机断开电源后，将励磁绕组反接并与电枢绕组和制动电阻串联构成闭合回路，使惯性运转的电枢处于自励发电状态，产生与原方向相反的电流和电磁转矩，迫使直流电动机迅速停转。

直流串励电动机自励式能耗制动控制线路（图2－2－5）的工作原理如下。

（1）串电阻启动运转

合上电源开关QF，时间继电器KT线圈得电，KT延时闭合的常闭触头瞬时分断。按下启动按钮SB1，接触器KM1线圈得电，KM1触头动作，使直流电动机M串电阻R启动后自动转入正常运转。

（2）能耗制动停转

按下停止按钮SB2 → SB2常闭触头先分断 → KM1线圈失电 → KM1触头复位
　　　　　　　　 → SB2常开触头后闭合

由于惯性运转的电枢切割磁感线产生感应电动势 → KV线圈得电 → KV常开触头闭合

→ KM2线圈得电 → KM2辅助常闭触头分断，切断直流电动机电源
　　　　　　　 → KM2主触头闭合 → 励磁绕组反接后与电枢绕组和制动电阻构成闭合回路

→ 直流电动机M受制动迅速停转 → KV断电释放 → KV常开触头分断 → KM2线圈失电 → KM2触头复位，制动结束

自励式能耗制动设备简单，在高速时制动力矩大，制动效果好，但在低速时制动力矩减小很快，制动效果变差。

2. 他励式能耗制动

直流串励式电动机他励式能耗制动原理图如图2－2－9所示。制动时，切断直流电动机电源，将电枢绕组与放电电阻R1接通，将励磁绕组与电枢绕组断开后串入分压电阻R2，再接入外加直流电源励磁。若励磁回路与电枢回路共用供电电源时，需要在励磁回路串入较大的降压电阻（因励磁绕组的电阻很小）。这种制动方法不但需要外加的直流电源设备，而且励磁回路消耗的功率较大，经济性较差。

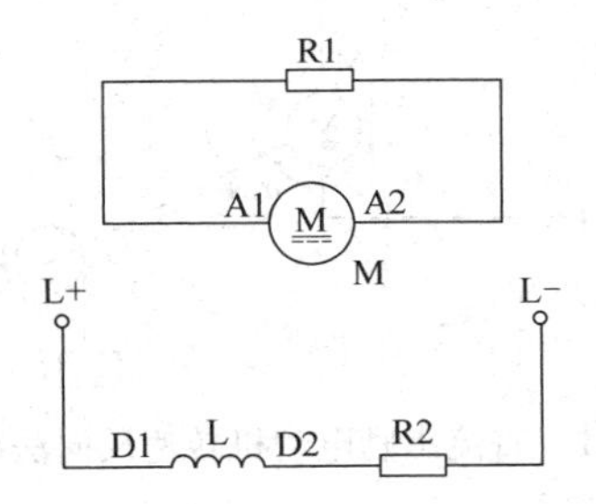

图2－2－9　直流串励电动机他励式能耗制动原理图

小型直流串励电动机作为伺服电动机使用时，采用的他励式能耗制动控制线路电路图如图2－2－10所示。其中，R1和R2为电枢绕组的放电电阻，减小它们的值可使制动力矩增大；R3是限流电阻，用于防止直流电动机的启动电流过大；R是励磁绕组的分压电阻；SQ1和SQ2是行程开关。线路的工作原理读者可自行分析。

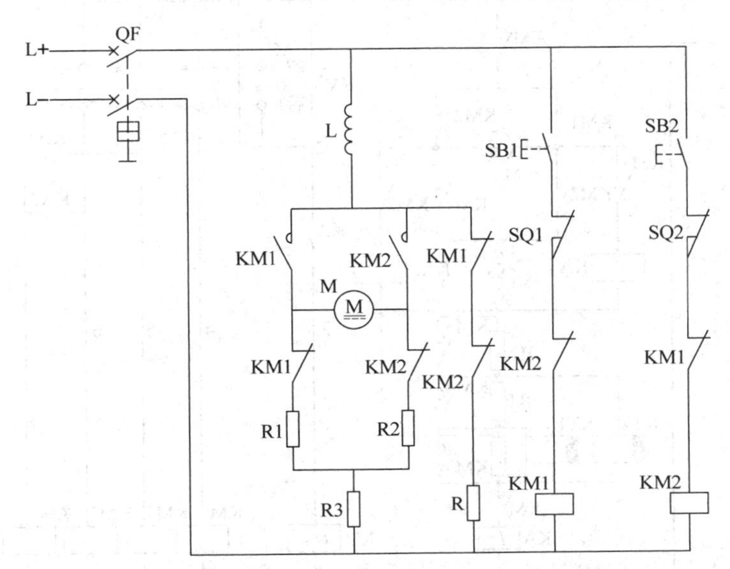

图2－2－10　小型直流串励电动机他励式能耗制动控制线路电路图

三、反接制动控制线路

直流串励电动机的反接制动可通过位能负载时转速反向法和电枢直接反接法两种方式来实现。

1. 位能负载时转速反向法

这种方法就是强迫直流电动机反转，使直流电动机的转动方向与电磁转矩的方向相反，以实现制动。如提升机下放重物时，直流电动机在重物（位能负载）的作用下，转速 n 与电磁转矩 T 反向，使直流电动机处于制动状态，如图 2－2－11 所示。

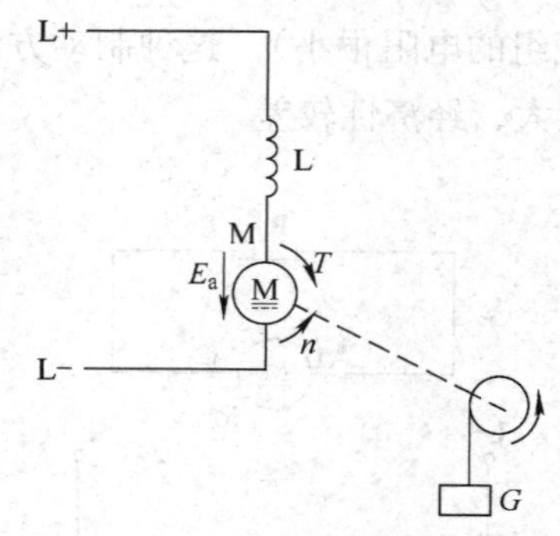

图 2－2－11　直流串励电动机转速反向法制动原理图

2. 电枢直接反接法

电枢直接反接法是切断直流电动机的电源后，将电枢绕组串入制动电阻后反接，并保持其励磁电流方向不变的制动方法。必须注意的是，采用电枢反接制动时，不能直接将电源极性反接，否则，由于电枢电流和励磁电流同时反向，起不到制动作用。直流串励电动机反接制动自动控制线路电路图如图 2－2－12 所示。

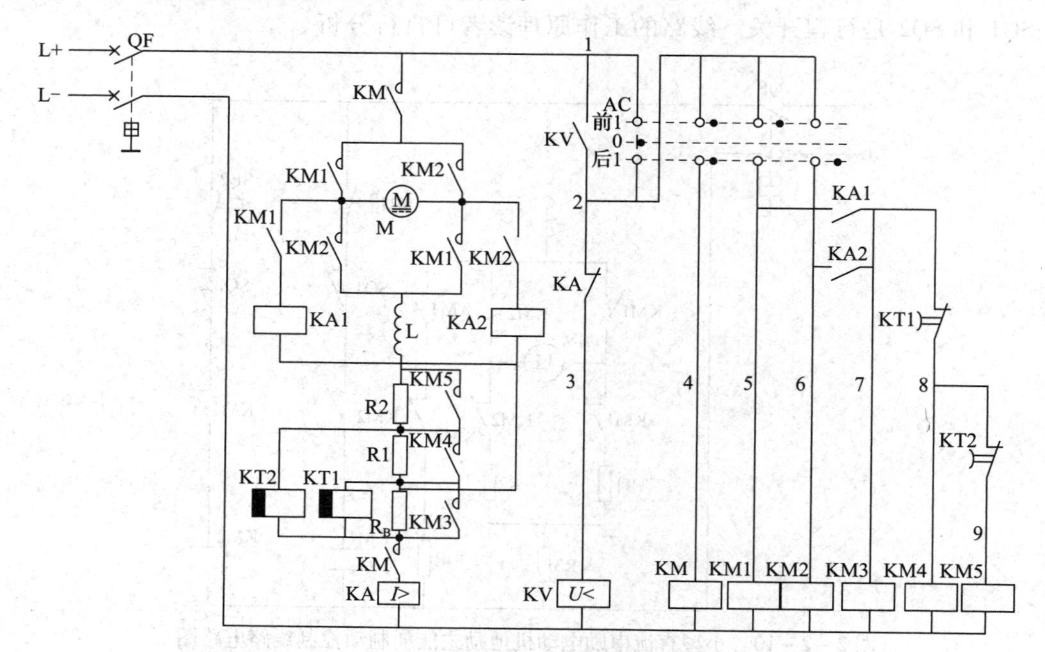

图 2－2－12　直流串励电动机反接制动自动控制线路电路图

图中 AC 是主令控制器，用来控制直流电动机的正反转；KM 是线路接触器；KM1 是正转接触器；KM2 是反转接触器；KA 是过电流继电器，用来对直流电动机进行过载和短路保护；KV 是零压保护继电器；KA1、KA2 是中间继电器；R1、R2 是启动电阻；R_B 是制动电阻。

线路的工作原理如下。

（1）准备启动

将主令控制器 AC 的手柄放在 0 位→合上电源开关 QF→零压继电器 KV 线圈得电→KV 常开触头闭合自锁。

（2）直流电动机正转

将主令控制器 AC 的手柄向前扳向 1 位→AC 触头（2－4）、（2－5）闭合→KM 和 KM1 线圈得电→KM、KM1 主触头闭合→直流电动机 M 串入电阻 R1、R2 和 RB 启动→KT1、KT2 线圈得电→KT1、KT2 延时闭合的常闭触头分断→KM4、KM5 处于断电状态。

因 KM1 得电时其辅助常开触头闭合→KA1 线圈得电→KA1 常开触头闭合→KM3、KM4、KM5 依次得电动作→KM3、KM4、KM5 常开触头依次闭合短接电阻 R_B、R1、R2→直流电动机启动结束，进入正常运转。

（3）直流电动机反转

将主令控制器 AC 的手柄由正转位置向后扳向反转位置，这时，接触器 KM1 和中间继电器 KA1 失电，其触头复位，直流电动机在惯性作用下仍沿正转方向转动，但电枢电源则由于接触器 KM、KM2 的接通而反向，使直流电动机运行在反接制动状态，而中间继电器 KA2 线圈上的电压变得很小并未吸合，KA2 常开触头分断，接触器 KM3 线圈失电，KM3 常开触头分断，制动电阻 R_B 接入电枢电路，直流电动机进行反接制动，其转速迅速下降。当转速降到接近于零时，KA2 线圈上的电压升到吸合电压，此时，KA2 线圈得电，KA2 常开触头闭合，使 KM3 得电动作，R_B 被短接，直流电动机进入反转启动运转，其详细过程读者可自行分析。

若要直流电动机停转，把主令控制器手柄扳向 0 位即可。

任务实施

线 路 安 装

一、安装与调试的方法和步骤

1. 参照表 2－2－9 选配工具、仪表和器材，并进行质量检验。

2. 根据图 2－2－5 所示电路图绘出布置图，然后在控制板上合理布置和牢固安装各电气元件，并贴上醒目的文字符号。

3. 在控制板上根据图 2－2－5 所示电路图正确进行布线和套编码套管。

4. 安装直流电动机。

5. 连接控制板外部的导线。

6. 自检后交付验收。

7. 检查无误后通电试运行，具体操作如下。

表 2－2－9　　主要工具、仪表及器材

	代号	名称	型号	规格	数量
工具	验电笔、螺钉旋具、钢丝钳、尖嘴钳、斜口钳、剥线钳、电工刀等电工常用工具				
仪表	MF47 型万用表、ZC25－3 型兆欧表、CZ－636 转速表、MG20（或 MG21）型电磁系钳形电流表				
器材	代号	名称	型号	规格	数量
	M	直流电动机	Z4－100－1	串励式、1.5 kW、160 V、995 r/min	1 台
	QF	直流断路器	DZ5－20/220	2 极、220 V、20 A、整定电流 13.4 A	1 只
	KM1～KM3	直流接触器	CZ0－40/20	2 常开 2 常闭、线圈功率 $P=22$ W	3 只
	KT	时间继电器	JS7－3A	线圈电压 220 V、延时范围 0.4～60 s	1 只
	SB1、SB2	按钮	LA19－11A	电流 5 A	2 只
	R	启动电阻器		100 Ω、1.2 A	1 台
	KV	欠电压继电器	JT4－P		1 只
		接线端子排	JD0－2520	380 V、25 A、20 节	1 条
		控制板		600 mm×500 mm×20 mm	1 块
		导线		BVR 2.5 mm^2、BVR 1 mm^2、BVR 0.75 mm^2	若干
		走线槽		18 mm×25 mm	若干

注：制动电阻根据估算结果进行选择。

（1）合上电源开关 QF，按下启动按钮 SB1，待直流电动机启动且转速稳定后，用转速表测量其转速。

（2）按下 SB2，直流电动机进行能耗制动，记录能耗制动所用时间，并与无制动所用时间（本课题任务 2）比较，求出时间差。

二、安装与调试注意事项

1. 通电试运行前要认真检查接线是否正确、牢靠，特别是励磁绕组的接线；各电器动作是否正常，有无卡阻现象；时间继电器、欠电压继电器的整定值是否满足要求。

2. 制动电阻 R_B 的值，可按下式估算：

$$R_B = \frac{E_a}{I_N} - R_a \approx \frac{U_N}{I_N} - R_a$$

式中　U_N——直流电动机额定电压，V；

I_N——直流电动机额定电流，A；

R_a——直流电动机电枢回路电阻，Ω。

3. 试运行时，必须带 20%～30% 的额定负载，严禁空载或轻载启动运行，而且直流串励电动机和拖动的生产机械之间不要用带传动，以防止传动带断裂或滑脱引起电动机"飞车"事故。

4. 若遇异常情况，应立即断开电源停机检查。若带电检查，必须有指导教师在现场监护。

5. 训练应在规定的时间内完成，同时要做到安全操作和文明生产。

线 路 维 修

一、故障设置

断开电源后在图 2－2－5 所示线路中人为设置电气自然故障两处。

二、故障检修

直流串励电动机自励式能耗制动控制线路的故障现象、可能原因及处理方法见表2－2－10。检修步骤和检修注意事项参考模块一课题二任务2。

表2－2－10　直流串励电动机自励式能耗制动控制线路的故障现象、可能原因及处理方法

故障现象	可能原因	处理方法
按下SB2后，直流电动机不制动	（1）控制电路故障 1）KM1本身有故障导致不能释放 2）欠电压继电器KV常开触头接触不良 3）KM2线圈及其连接导线断路 （2）主电路故障 1）欠电压继电器KV故障 2）接触器KM1常闭触头和连接导线接触不良 3）接触器KM2常开触头和连接导线接触不良 4）制动电阻R_B断路	（1）控制电路的检查方法 1）检查接触器KM1断电后是否复位 2）断电后，按压KV的触头架，检查其常开触头接触是否良好 3）检查KM2线圈及其连接导线的通断情况 （2）主电路的检查方法 1）检查欠电压继电器是否动作 2）断开电源后，检查KM1的常闭触头及其连接导线的通断情况 3）断开电源后，按下KM2的触头架，检查其常开触头及其连接导线的通断情况 4）检查制动电阻是否符合要求
制动过强	制动电阻R_B短路或其值选择过小	检查制动电阻是否符合要求

任务完成后进行测评，评分标准参考表1－2－8，定额时间4 h。

模块三 电气控制线路的绘制、识读与设计

在现代机械工程设计中，电气自动化研发设计的地位已变得越来越重要，先进的机械设备通常都会配备先进、合理的电气控制系统。因此，作为一名电气工作人员，除了能对一般生产机械的电气控制线路进行分析、安装、调试与维修外，还应熟悉绘制电气图的一般规则，能正确绘制电力拖动控制线路常用的电气图，能正确识读并分析一些复杂生产机械的电气控制线路，并能研发、设计一些简单生产机械设备的电气控制线路。本模块的任务是进行电气控制线路的绘制与设计。

课题一 电气控制线路的绘制与识读

任务目标

熟悉电气制图的相关规定，掌握电力拖动控制线路常用电气图的绘制和识读方法，并能正确绘制和识读电力拖动控制线路常用的电气图。

工作任务

电气控制系统的设计、安装、调试、使用和维修，依据的都是电气图。电气图是根据国家标准规定的图形符号和文字符号，按照一定的制图规则绘制的。它是电工电子领域提供信息的最主要方式，是电气工程技术的通用语言，电气工作者只有掌握了绘制和识读电气图的基本知识，才能合理设计，照图施工，保证工程质量，提高工作效率。

本次的工作任务是正确绘制和识读电力拖动控制线路常用的电气图。

相关知识

国家标准中规定了电气制图的一般规则，它是绘制和识读各种电气图的基本规范。

一、电气制图的一般规定

1. 图纸幅面

图纸幅面按标准规定可分为两类，一类是优先采用的基本幅面，基本幅面的尺寸关系如图 3－1－1 所示，图纸基本幅面的尺寸见表 3－1－1；另一类是按需要加长后的幅面，其代号和尺寸见表 3－1－2。

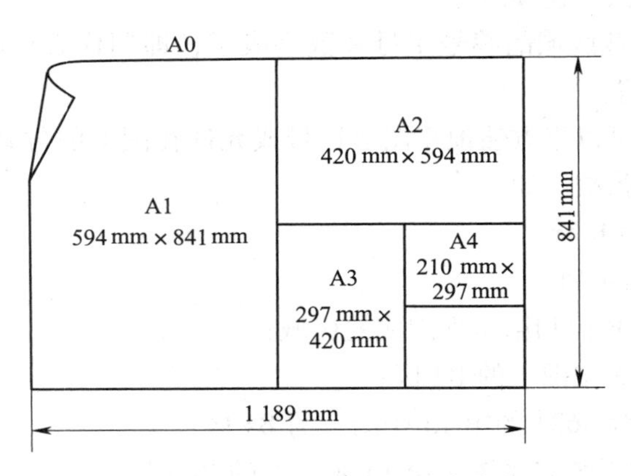

图 3－1－1　基本幅面的尺寸关系

表 3－1－1　图纸基本幅面的尺寸　mm

幅面代号	宽×长（$B\times L$）	留有装订边		不留装订边
		装订边宽 a	非装订边宽 c	无装订边宽 e
A0	841×1 189	25	10	20
A1	594×841			
A2	420×594			10
A3	297×420		5	
A4	210×297			

表 3－1－2　加长图纸幅面的代号和尺寸　mm

幅面代号	宽×长（$B\times L$）
A3×3	420×891
A3×4	420×1 189
A4×3	297×630
A4×4	297×841
A4×5	297×1 051

2. 分区

对图纸幅面较大、内容较多的图纸，为了便于确定图上的内容，补充、更改组成部分的位置，为识图提供方便，可在图纸上进行分区，如图 3－1－2 所示。分区时应注意以下问题。

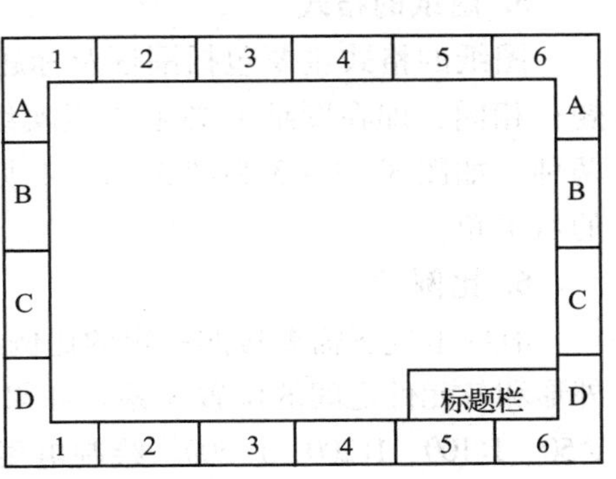

图 3－1－2　图纸幅面分区示意图

（1）分区数应为偶数。每一分区的长度一般不小于 25 mm，且不大于 75 mm。

（2）每个分区内的编号，应从标题栏相对的左上角开始，竖边方向用大写拉丁字母依次连续编号，横边方向用阿拉伯数字依次连续编号。

（3）区域代号可用该区域的编号字母和数字表示，即用代表行的字母和代表列的数字组合表示，如 A2、C5 等。

图纸幅面分区后，可以很方便地将图形符号或元件在图上的位置用区域代号表示出来，必要时还需注明图号、张次。如：

B　同张图纸上的第 B 行；

4　同张图纸上的第 4 列；

B4　同张图纸上第 B 行和第 4 列围成的区域；

15/B4　同图号第 15 张图上的 B4 区；

5684/15/B4　图号为 5684 的第 15 张图上的 B4 区；

=P1/15/B4　=P1 系统多张图中第 15 张图上的 B4 区。

3. 图线

电气图中的图线形式及其应用见表 3－1－3。图线的宽度从 0.25、0.35、0.5、0.7、1.0、1.4（单位为 mm）中选取。在电气图中，通常只选用两种宽度的图线，且一般粗线条的宽度为细线条的两倍。如需两种或两种以上宽度的线条，应按细线条宽度 2 的倍数递增。

表 3－1－3　电气图中的图线形式及其应用

图线名称	图线形式	一般应用
实线	————————	基本线、简图主要内容用线、可见轮廓线、可见导线
虚线	－－－－－－	辅助线、屏蔽线、机械连接线、不可见轮廓线、不可见导线、计划扩展内容用线
点画线	——·——·——	分界线、结构围框线、功能围框线、分组围框线
双点画线	——··——··——	辅助围框线

4. 字体

电气图中的字体一般与机械制图中的字体要求相同，即必须达到字体端正、笔画清楚、排列整齐、间隔均匀，并采用国家正式公布的简化字。

5. 图纸的格式

图纸的格式主要包括围框及标题栏。电气图中的围框及标题栏与机械图中的围框及标题栏相同，即在图纸上必须用粗实线画出图框线，其格式分为不留装订边和留有装订边两种，如图 3－1－3 和图 3－1－4 所示。其边宽见表 3－1－1。标题栏的位置应位于图纸的右下角。

6. 比例

有些电气图需要按照一定的比例绘制，如布置图、印制板图等，以便真实地反映元件的外形和各元件之间的位置关系。如果按比例绘制，可从下列比例系列中选取：1∶10、1∶20、1∶50、1∶100、1∶200、1∶500。绘制电气图时，应将所采用的比例填写在标题栏的“比例”一栏中。

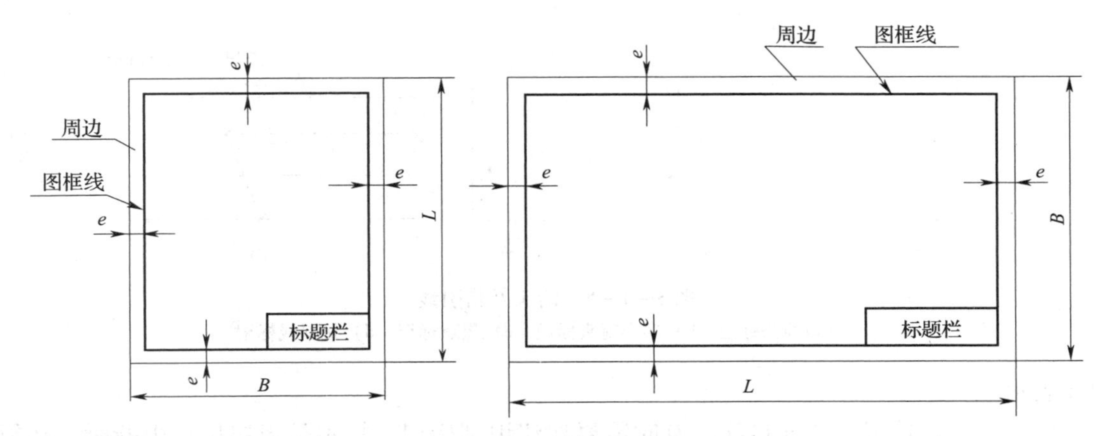

图 3－1－3　不留装订边的图幅格式

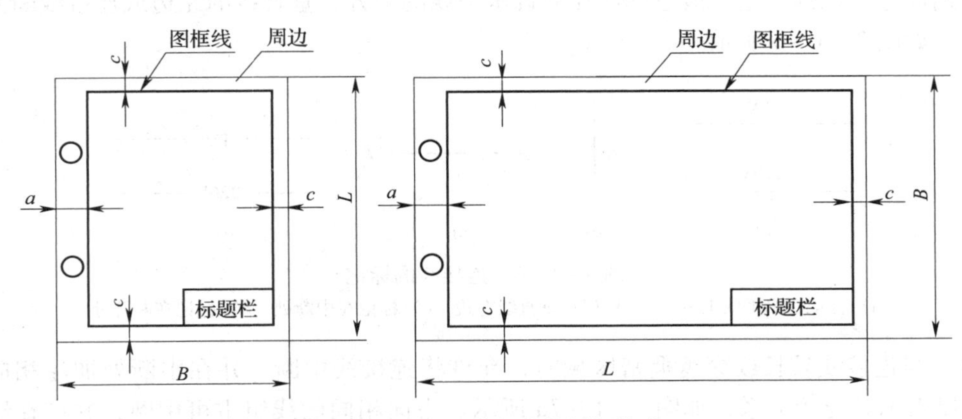

图 3－1－4　留装订边的图幅格式

7. 箭头及指引线

（1）箭头

在电气图中，凡是画在电路的信号线和连接线上的箭头应画成开口的，表示信号流或能量流，如图 3－1－5a 所示；画在指引线末端的箭头应画成实心的，表示运动方向或指向，如图 3－1－5b 所示。

（2）指引线

指引线采用细实线，指向被注释处，并在其末端加注标记：末端在轮廓线上的用一实心箭头标记，如图 3－1－5b 所示；末端在轮廓线内的用一黑点标记，如图 3－1－5c 所示；末端在电路线上的用一短斜线标记（斜线一般与水平方向成 45°），如图 3－1－5d 所示。

8. 连接线

绘制电气图中的连接线时，应注意以下事项。

（1）应尽量减少连接线之间的交叉和连接线的折弯。一条连接线不应在与另一条线交叉处改变方向，也不应穿过其他连接线的连接点。

（2）连接线一般应画成水平方向或垂直方向，用于连接对称布局的图形符号时，可用

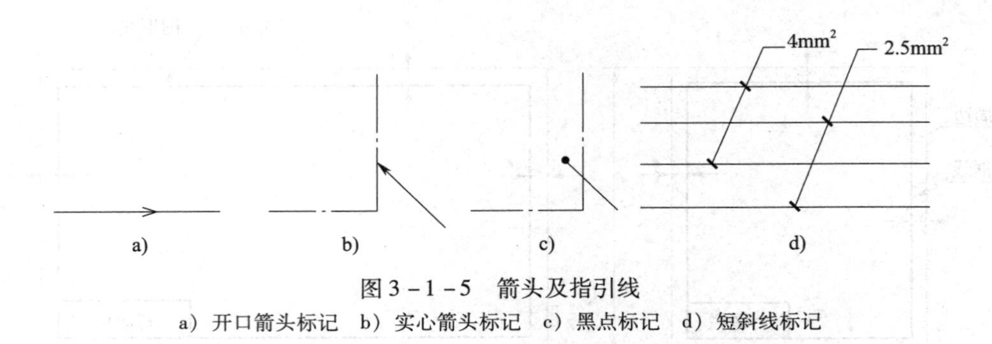

图 3－1－5　箭头及指引线

a）开口箭头标记　b）实心箭头标记　c）黑点标记　d）短斜线标记

斜线表示。

（3）单根的或成组的连接线，有时需要加注识别标记，特别是当连接线中断时，必须加注识别标记。识别标记一般应标注在靠近水平线的上方、垂直线的左边或连接线断开处和中断处，如图 3－1－6 所示。

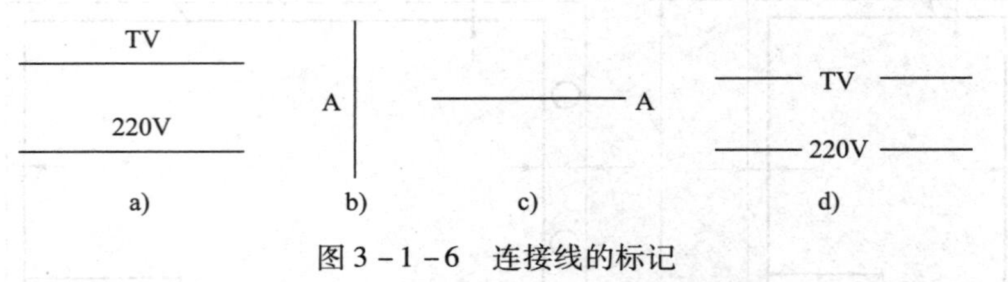

图 3－1－6　连接线的标记

a）标记在水平线上方　b）标记在垂直线左边　c）标记在中断处　d）标记在断开处

（4）当连接线较长或穿越稠密区域时，允许将连接线中断，并在中断处加注相应的标记，用以表示其连接关系，如图 3－1－7a 所示。去向相同的线组也可中断，并应在线组末端分别加注相应的标记，如图 3－1－7b 所示。中断线处的标记可采用字母、数码、项目代号、图区号或图张次号表示。

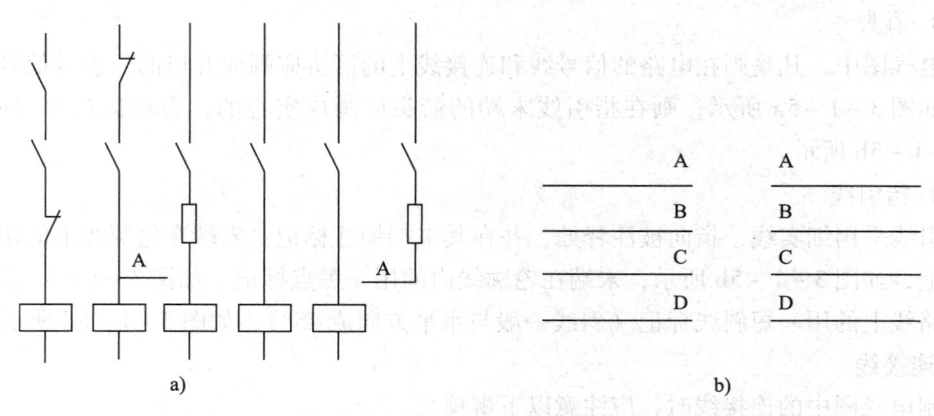

图 3－1－7　中断线及标记

a）单线中断　b）绕组中断

（5）对于多根导线，在电气图中一般可采取以下方法进行绘制。

1）对于多根导线可采用多条平行连接线表示，并加注连接标记，如图 3－1－8 所示。

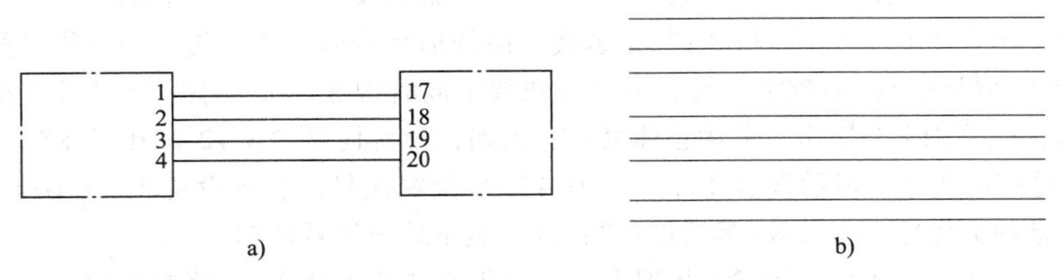

图 3－1－8　多线表示法

a）多条平行连接线表示　b）按功能分组表示

2）当平行线太多时，往往采用单线表示，如图 3－1－9 所示。

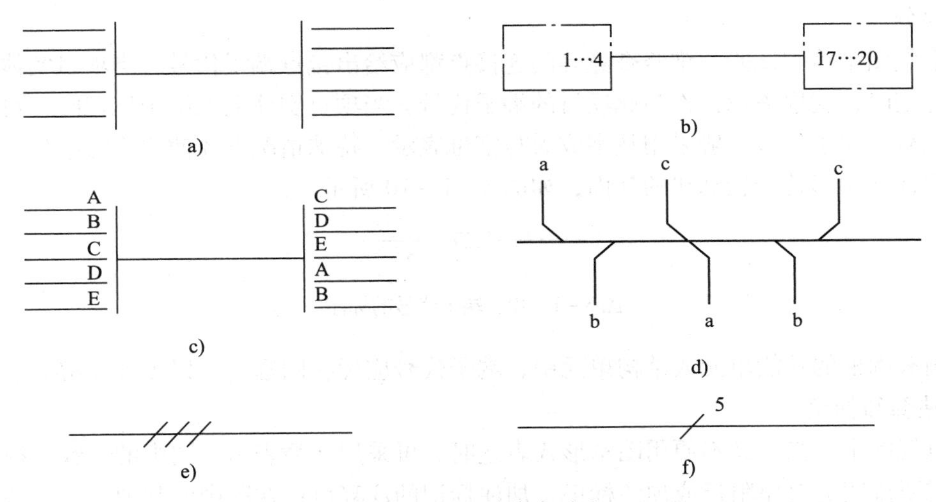

图 3－1－9　单线表示法

a）单线表示　b）标有顺序编号的单线表示　c）交叉连接的单线表示

d）汇线的单线表示　e）三根导线用单线表示　f）五根导线用单线表示

二、其他规定

1. 项目代号

在电气图中，通常把用一个图形符号表示的基本件、部件、组件、功能单元、设备、系统等统称为项目。例如，一个图形符号所表示的某一个电阻器、某一块集成电路、某一台电动机、电源装置等均为一个项目。

项目代号是用来识别图、图表、表格中和设备上的项目种类，并标注在各种简图或表格上的一种文字符号，以提供项目的层次关系、实际位置等信息。项目代号可以将图、图表、表格、说明书中的项目和设备中的该项目建立起相互联系的对应关系，为装配和维修提供方便。

一个完整的项目代号应由四部分组成，每一部分称为代号段，每种代号段的特征标记称为前缀符号，其形式为：

= （高层代号）	+ （位置代号）	- （种类代号）	：（端子代号）
第一段	第二段	第三段	第四段

其中“=”“+”“-”和“:”是各代号段的前缀符号。项目代号中各代号段的字符都包括拉丁字母或阿拉伯数字，或者由字母和数字同时构成。大、小写字母具有相同的意义，一般优先采用大写字母，并用正体书写。例如，项目代号“=T2+D14-K5：11”中，“=T2”是高层代号，表示设备 T2；“+D14”是位置代号，表示设备 T2 在 D14 位置上；“-K5”是种类代号，表示 K5 类器件；“：11”表示端子代号是 11。

在电气图中，在不引起混淆的情况下，可简化项目代号的内容，省略前缀符号，只标注种类代号。

2. 端子代号

端子代号是指一个项目与别的项目进行电气连接时端子的代号。端子代号是完整项目代号的一部分。

对电气图中检测试验、维修查障等的连接点都应给出接点端子代号。当项目实体上标印有端子标记时，就取该标记作为此项目的端子代号。当项目实体上无端子标记时，可另行编制端子代号。端子代号一般采用数字或大写字母表示，特殊情况下才使用小写字母。端子代号一般应标在图形符号轮廓线的外面，如图 3-1-10 所示。

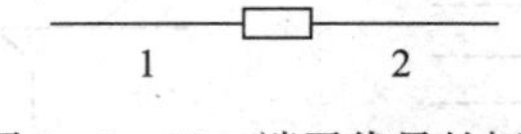

图 3-1-10　端子代号的标注

在画有围框的功能单元或结构单元中，端子代号应标在围框内，以免被误解。

3. 注释和标记

在电气图中，当含义不便用图示形式表达时，可采用注释表示。图中的注释可视情况放在它所需要说明的对象附近或加注标记，加注标记的注释可放在图中的其他部位。若一张图中的注释较多，应按顺序放在图纸的边框附近，一般习惯放在标题栏的上方。如果有多张图纸，则可将综合性的注释标注在第一张图纸上或标注在适当的张次上，而所有其他注释应注在与其相关的张次上。

如果在控制面板上有特殊功能的信息标志，则应在有关图纸的图形符号附近加上同样的标志。

4. 技术数据的表示方法

技术数据（如元件的技术数据）可以标在相应图形符号的旁边，如图 3-1-11 所示。也可以把数据标在像继电器线圈那样的矩形符号内，如继电器线圈的参数等。此外，技术数据也可以用表格的形式绘出，表格内一般可以包括项目代号、名称、型号和规格、数量等内容。

三、电力拖动控制线路常用电气图的绘制和识读方法

常用的电气图有电路图、布置图、接线图、框图与系统图、线扎图、印制电路板图等，各种图的命名主要根据其所表达信息的类型和表达方式确定。

前面在学习各种基本控制线路时，已经熟悉了电路图、布置图和接线图的作用，以及绘

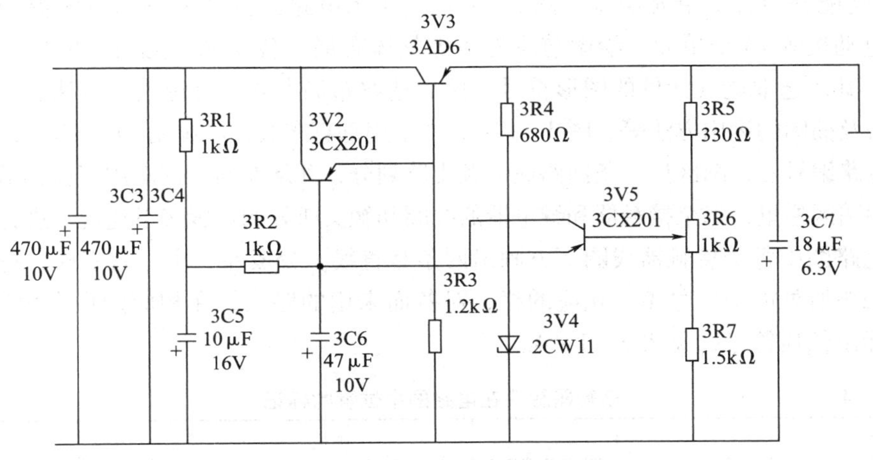

图 3－1－11　技术数据的表示

制和识读这些图的基本原则，下面结合 CA6140 型卧式车床的电气图来进一步熟悉这些图的绘制和识读方法。

1. 电路图

（1）绘制电路图

图 3－1－12 所示为 CA6140 型卧式车床的电路图。绘制电路图时，应遵守电气制图的一般规则和电路图的绘制原则。

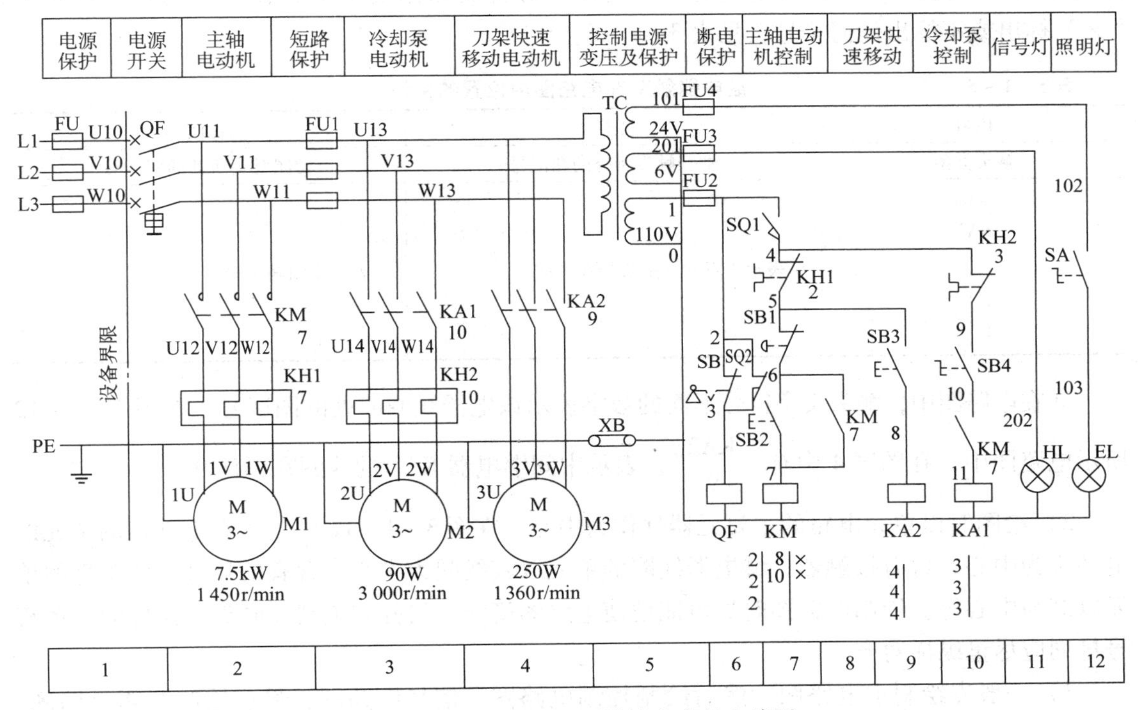

图 3－1－12　CA6140 型卧式车床的电路图

1）按功能分为若干单元绘制。图 3－1－12 所示电路图按功能分为电源保护、电源开关、主轴电动机等 13 个单元。绘图前应先考虑整体布局、各功能单元所处的位置、空间大小及比例，其次选取电气元件的图形符号，然后选取布局方式、电源表示方法、元器件的位置表示方法及插图的运用方法等。图 3－1－12 中采用垂直布线，电源用 L1、L2、L3 表示，各接点采用电路编号法，图区按一条回路或一条支路划分，并从左向右依次用阿拉伯数字编号后写在下部的图区栏里，每个接触器和继电器的线圈和触头所处的位置按下述规定进行标记。

①在电路图中每个接触器线圈下方画出两条竖直线，分成左、中、右三栏，把受其控制而动作的触头所处的图区号填入相应的栏，对备而未用的触头，在相应的栏内用记号“×”标出或不标出任何符号，见表 3－1－4。

表 3－1－4　　　　接触器触头在电路图中位置的标记

栏目	左栏	中栏	右栏
触头类型	主触头所处的图区号	辅助常开触头所处的图区号	辅助常闭触头所处的图区号
举例 KM 2 │ 8 │ × 2 │ 10 │ × 2 │ │	表示 3 对主触头均在图区 2	表示一对辅助常开触头在图区 8，另一对辅助常开触头在图区 10	表示 2 对辅助常闭触头未用

②在电路图中每个继电器线圈下方画出一条竖直线，分成左、右两栏，把受其控制而动作的触头所处的图区号填入相应的栏。同样，对备而未用的触头，在相应的栏内用记号“×”标出或不标出任何符号，见表 3－1－5。

表 3－1－5　　　　继电器触头在电路图中位置的标记

栏目	左栏	右栏
触头类型	常开触头所处的图区号	常闭触头所处的图区号
举例 KA2 4 │ 4 │ 4 │	表示 3 对常开触头均在图区 4	表示常闭触头未用

③在电路图中，触头文字符号下面的数字表示该电器线圈所处的图区号。在图 3－1－12 所示电路图中，在图区 4 中有“$\frac{\text{KA2}}{9}$”，表示中间继电器 KA2 的线圈在图区 9。

2）绘图时以单元电路的主要元器件作为中心。在图 3－1－12 中，含有电动机的单元以电动机为中心，含有接触器、继电器线圈的单元以其线圈为中心，含有信号灯、照明灯的单元以灯为中心等。绘制电路图时尽可能地使电路图简洁、匀称和美观。同类元器件的图形符号排列应尽量纵横对齐。

3）一般先绘制主电路图，然后绘制控制电路图、信号电路图，最后绘制照明电路图。在电子线路中，可按元器件的信号流向依次绘制，也可按元器件的功能绘制。

4）标注项目代号、主要参数和绘制其他附加电路图。对图中的其他部分（如附加电路），元器件的项目代号、标记、插图、表格等，将其依次补齐。表 3－1－6 是 CA6140 型卧式车床的电气元件明细表。

表 3－1－6　　CA6140 型卧式车床的电气元件明细表

代号	名称	型号及规格	数量	用途	备注
M1	主轴电动机	Y132M－4－B3 7.5 kM、1 450 r/min	1 台	—	
M2	冷却泵电动机	AOB－25、90 W、3 000 r/min	1 台	—	
M3	刀架快速移动电动机	AOS5634、250 W、1 360 r/min	1 台	—	
KH1	热继电器	JR36－20/3D、15.4 A	1 只	M1 的过载保护	
KH2	热继电器	JR36－20/3D、0.32 A	1 只	M2 的过载保护	
KM	交流接触器	CJ10－20、线圈电压 110 V	1 只	控制 M1	
KA1	中间继电器	JZ7－44、线圈电压 110 V	1 只	控制 M2	
KA2	中间继电器	JZ7－44、线圈电压 110 V	1 只	控制 M3	
SB1	急停按钮	LAY3－01ZS/1	1 个	停止 M1	
SB2	按钮	LAY3－10/3.11	1 个	启动 M1	
SB3	按钮	LA9－11	1 个	启动 M3	
SB4	旋钮开关	LAY3－10X/2	1 只	控制 M2	
SQ1、SQ2	行程开关	JWM6－11	2 只	断电保护	
HL	信号灯	ZSD－0、6 V	1 只	—	无灯罩
QF	低压断路器	AM2－40、20 A	1 只	电源引入	
TC	控制变压器	JBK2－100、380 V/110 V/24 V/6 V	1 台	—	
EL	照明灯	JC11、24 V	1 只	—	
SB	旋钮开关	LAY3－01Y/2	1 只	电源开关锁	带钥匙
SA	转换开关	LAY3－11X/2	1 只	照明灯开关	
FU1	熔断器	BZ001、熔体额定电流 6 A	3 只	—	
FU2	熔断器	BZ001、熔体额定电流 1 A	1 只	110V 控制电路短路保护	
FU3	熔断器	BZ001、熔体额定电流 1 A	1 只	信号灯电路短路保护	
FU4	熔断器	BZ001、熔体额定电流 2 A	1 只	照明灯电路短路保护	

5）复查电路图。复查时，常用的方法是按电路的工作原理或流程依次进行，同时还要注意复查电路图的布置是否合理，图形符号是否有误，连线是否正确，标记和注释是否有遗漏等，最后完成全图。

绘制电路图时，也可先在方格纸上徒手绘出草图，检查无误后，再在合适的图纸上用绘图仪按元器件图形符号的比例正式绘制，最后填写标题栏。

（2）识读电路图

识读电路图时，首先要分清主电路和辅助电路、交流电路和直流电路，其次按照先看主电路，再看辅助电路的顺序读图。通常识读主电路是从下往上看，即从电气设备开始，经控制元件顺次往电源看。看辅助电路时，则一般自上而下、从左向右看，即先看电源，再顺次看各条回路，分析各条回路元件的工作情况，以及对主电路的控制关系。

识读主电路时，应掌握电源供给情况，电源要经过哪些控制元件到达用电设备，这些控制元件各有什么作用，它们在控制用电设备时是怎样动作的。识读辅助电路时，应掌握该回路的基本组成，各元件之间的相互联系以及各元件的动作情况，从而理解辅助电路对主电路的控制情况，以便了解整个电路的工作流程，掌握其原理。

2. 布置图

布置图是指表示成套装置、设备或装置中各个项目位置的一种图，主要用来表明各种电气设备在机械设备上和电气控制柜中的实际安装位置，为机械和电气控制设备的制造、安装、维修提供必要的资料。各电气元件的安装位置由生产机械的结构和工作要求决定，如电动机要和被拖动的机械部件在一起，行程开关应放在能获取信号的地方，操作元件要放在操作台及悬挂操作箱等操作方便的地方，而一般电气元件应放在控制柜内。机床电气元件布置图主要有机床电气设备布置图、控制柜及控制板电气设备布置图、操作台及悬挂操作箱电气设备布置图等。图 3－1－13 所示为 CA6140 型卧式车床配电箱的电器布置图。

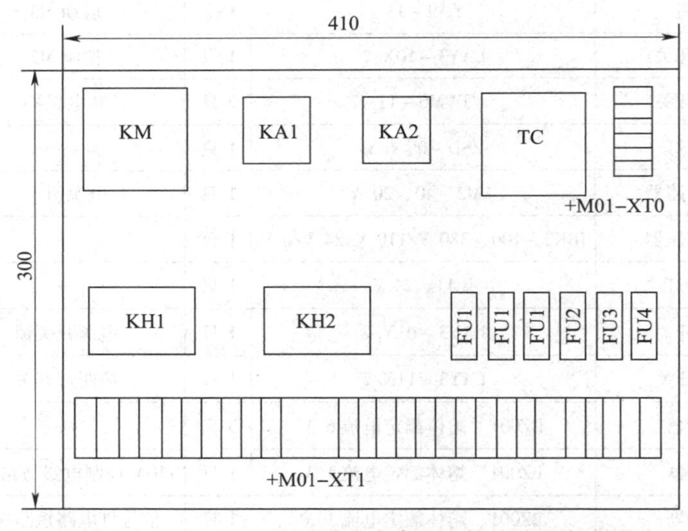

图 3－1－13　CA6140 型卧式车床配电箱的电器布置图

3. 接线图

接线图是表示电气设备或装置连接关系的简图，是根据电路图和位置图编制的，用于表示设备和元件的安装位置、接线方式、配电板的形状和尺寸等，是电气设备及电气线路安装与接线、检查、维修和故障处理的依据，在实际使用中，常与电路图、布置图配合使用。图 3－1－14 所示为 CA6140 型卧式车床的接线图。

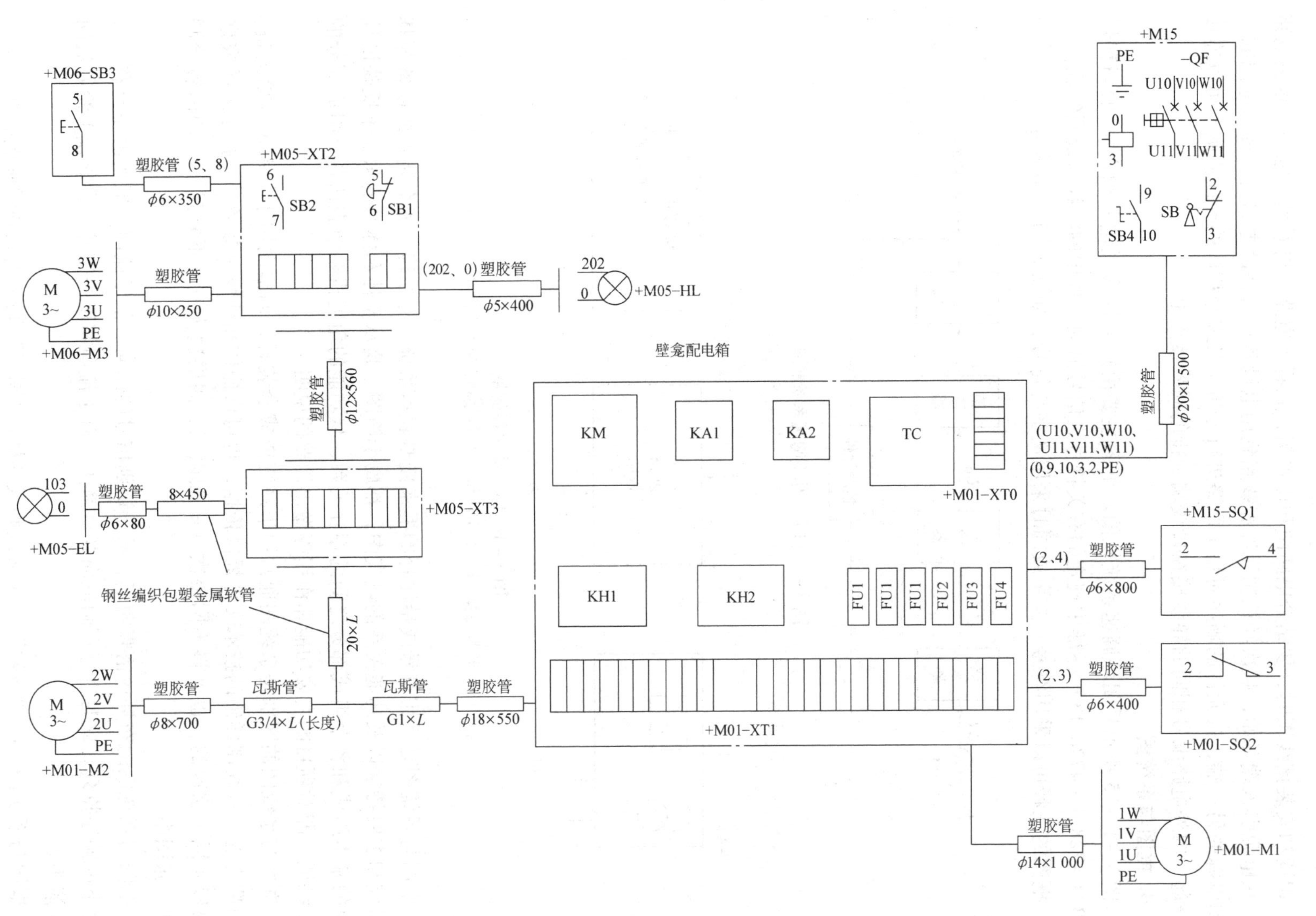

图 3-1-14 CA6140 型卧式车床的接线图

识读和安装接线图时，要结合电路图和位置图，先看主电路，再看辅助电路。看主电路时，从电源引入端开始，顺次经控制元件和线路到用电设备；看辅助电路时，要从电源的一端到电源的另一端，按元件的顺序对每个回路进行分析。凡编号相同的导线原则上可以连接到一起，内外电路编号相同的导线接在接线端子排的同号接点上。

4. 框图与系统图

图 3－1－15 所示是闭环调速系统框图。框图主要由矩形框或《电气简图用图形符号》（GB/T 4728. 1～4728. 13）标准中规定的有关符号、信号流向、框中的注释与说明组成。

框图的注释可以采用符号、文字或同时采用文字与符号，如图 3－1－16 所示。

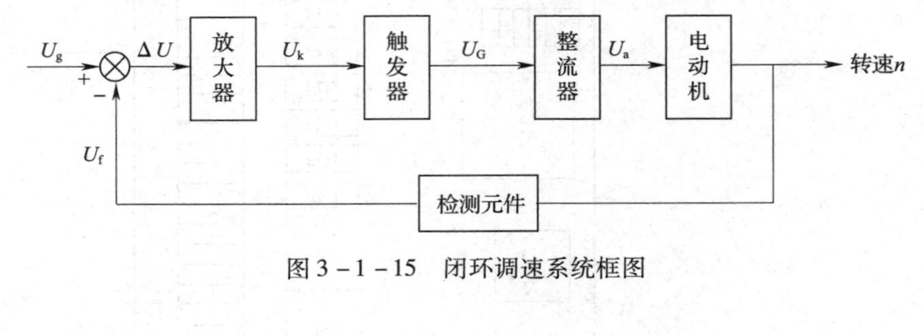

图 3－1－15　闭环调速系统框图

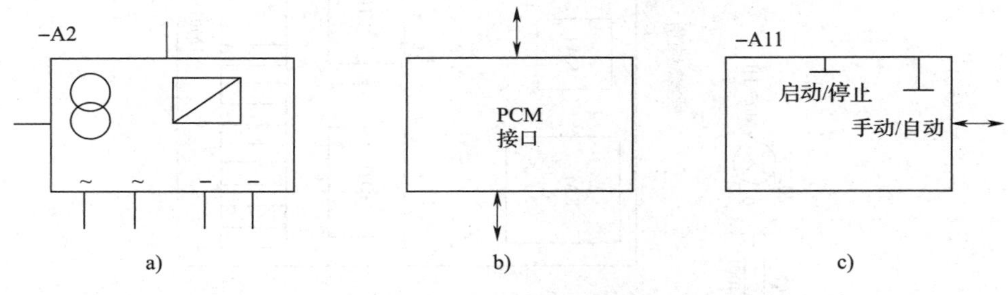

图 3－1－16　带注释的框

a）符号注释　b）文字注释　c）符号和文字兼有注释

框图与系统图是采用符号或带注释的框来概略表示系统、分系统、成套装置或设备等基本组成和主要特性以及功能关系的电气图，都属于简图，是从整体和体系的角度来反映设计对象的基本组成和各个组成部分之间的相互关系，从功能的角度概略地表达各个组成部分的主要特征，即对项目的主要功能和作用等做出简要的说明。

框图与系统图的区别是系统图通常用于系统或成套装置，而框图用于分系统或单设备。它们都为进一步编制详细的技术文件提供依据，也可供操作和维修时参考。一张系统图或框图可以是同一层次的，也可将不同层次（一般以三、四层次为宜，不宜过多）的内容绘制在同一张图中。

框图与系统图的布局应清晰明了，易于识别信号的流向。信号流向一般按由左至右、自上而下的顺序排列，此时也可不画流向开口箭头。对于流向相反的信号应在导线上绘制流向开口箭头。

框图与系统图中的“线框”应是实线画成的框，“围框”则是用点画线画成的框。

任务实施

一、识读 CA6140 型卧式车床电路图

1. 指出图 3－1－12 中的用途栏、图区栏，用虚线圈画出电源电路、主电路、控制电路、指示电路和照明电路。

2. 分别指出三台电动机的主电路和控制电路，说明它们属于哪种基本控制线路，各由哪些电器实现控制和保护作用，简述它们的工作原理（提示：正常工作时，行程开关 SQ1 的常开触头是闭合的）。

3. 指出接触器 KM、中间继电器 KA1 和 KA2 的线圈及触头分别在哪个图区，各起什么作用，有哪些触头未用。

二、识读并绘制 CA6140 型卧式车床接线图

1. 对照图 3－1－12 所示电路图，识读图 3－1－14 所示接线图，找出主电路、控制电路、照明电路和指示电路中主要元器件的位置，配电箱中都安装了哪些电器，其他电器安装在什么地方，叙述它们的用途。

2. 对照电路图分析线路的连接关系和走向，绘制配电箱的接线图。

3. 对照图 3－1－14 所示 CA6140 型卧式车床的接线图和图 3－1－17 所示 CA6140 型卧式车床的电器位置图，结合位置代号索引（见表 3－1－7），说明项目代号＋M01－M1、＋M01－M2、…、＋M15－QF 代表的含义。

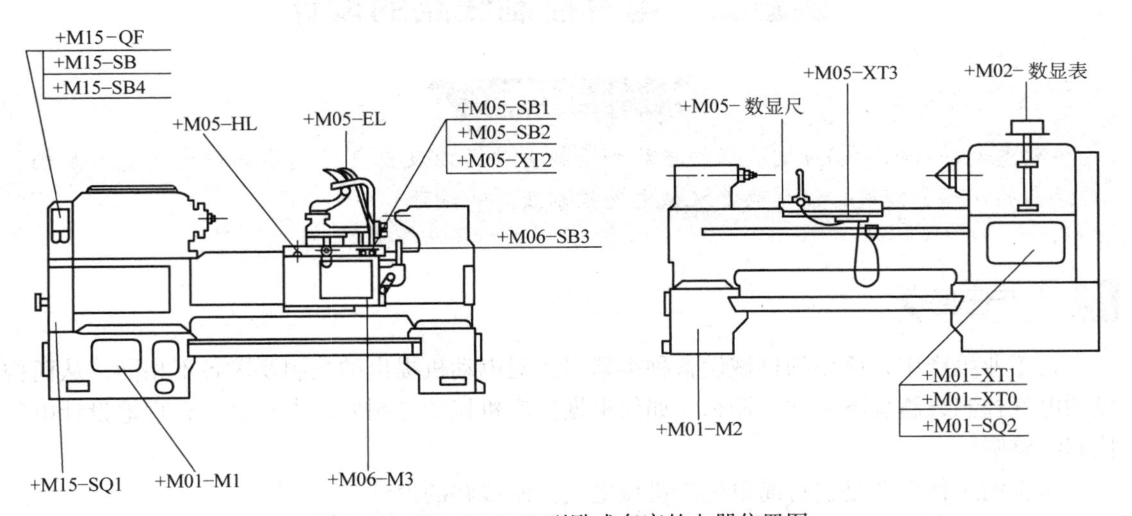

图 3－1－17　CA6140 型卧式车床的电器位置图

表 3－1－7　　**位置代号索引**

序号	部件名称	代号	安装的元件
1	床身底座	＋M01	－M1、－M2、－XT0、－XT1、－SQ2
2	床鞍	＋M05	－HL、－EL、－SB1、－SB2、－XT2、－XT3、数显尺

续表

序号	部件名称	代号	安装的元件
3	溜板	+M06	-M3、-SB3
4	传动带罩	+M15	-QF、-SB、-SB4、-SQ1
5	床头	+M02	数显表

任务测评

评分标准见表3-1-8。

表3-1-8 **评分标准**

项目内容	配分	评分标准		扣分	得分
识读电路图	50分	（1）按要求回答问题 （2）叙述线路的工作原理	每错一处扣5分 酌情扣分		
识读接线图	50分	（1）按要求回答问题 （2）绘制配电箱接线图 （3）项目代号解释错误	每错一处扣5分 每错一处扣2分 每个扣2分		
备注	各项目的最高扣分应不超过配分			成绩	
指导教师：				年　月　日	

课题二　电气控制线路的设计

任务目标

熟悉电动机的控制原则、保护措施和选择方法，以及电气控制线路设计的基本原则、应注意的问题，能进行简单生产机械电气控制线路的设计。

工作任务

在工业生产中，所用的机械设备种类繁多，对电动机提出的控制要求各不相同，从而构成的电气控制线路也不一样。那么，如何根据生产机械的控制要求来正确、合理地设计电气控制线路呢？

本次的工作任务是进行简单生产机械电气控制线路的设计。

相关知识

在图3-1-12中，主轴电动机M1采用接触器自锁正转控制线路，冷却泵电动机M2和刀架快速移动电动机M3采用点动正转控制线路，并且主轴电动机M1和冷却泵电动机M2采用了顺序控制。实际上，各种生产机械的电气控制线路都是在电动机基本控制线路的基础上，根据生产工艺过程的控制要求设计而成的，而生产工艺过程必然伴随着一些物理量的变化，根据这些物理量的变化就可以实现对电动机的自动控制。

一、电动机的控制原则

1. 行程控制原则

根据生产机械运动部件的行程或位置，利用行程开关来控制电动机的工作状态称为行程控制原则。行程控制是生产机械电气自动化中应用最多和作用原理最简单的一种方式，如在模块一课题三中学习的位置控制线路和自动往返控制线路都是按行程原则控制的。

行程开关是有触点开关，在操作频繁时，易产生故障，工作可靠性较低。图3－2－1所示是接近开关，又称为无触点行程开关，是一种与运动部件无机械接触而能操作的行程开关，也可以说它是一种开关型位置传感器，既有行程开关、微动开关的特性，又有传感器的性能，且动作可靠，性能稳定，频率响应快，使用寿命长，抗干扰能力强，并具有防水、防振、耐腐蚀等特点，故应用越来越广泛。

接近开关的产品有电感式、电容式、霍尔式等，外形有圆柱型、方型、普通型、分离型、槽型等，其用途除了行程控制和限位保护外，还可检测金属体的存在、高速计数、测速、定位、变换运动方向、检测零件尺寸、控制液面及用作无触点按钮等。接近开关的符号如图3－2－1b所示。

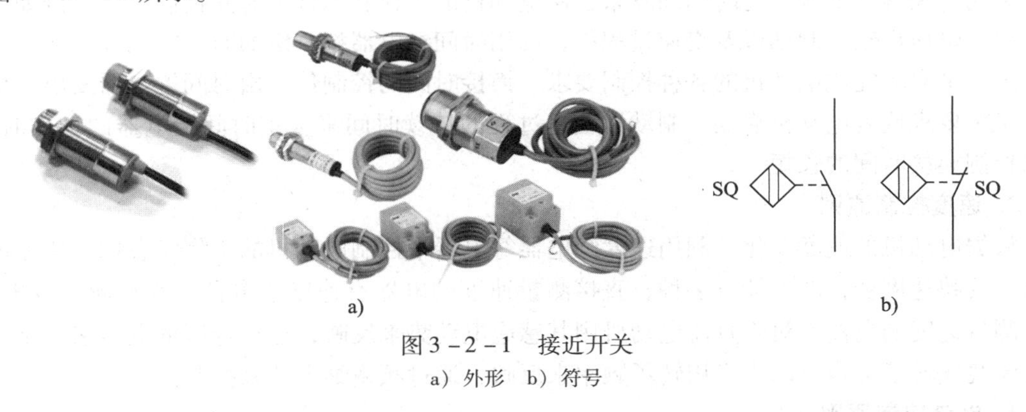

图3－2－1　接近开关
a）外形　b）符号

接近开关按工作原理分，有高频振荡型、感应电桥型、霍尔效应型、光电型、永磁及磁敏元件型、电容型和超声波型等多种类型，其中以高频振荡型最为常用。高频振荡型接近开关的原理框图如图3－2－2所示，其工作原理如下。

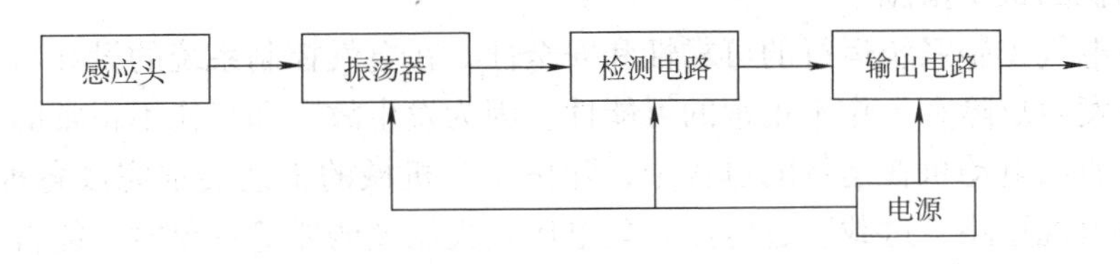

图3－2－2　高频振荡型接近开关的原理框图

当有金属物体接近一个以一定频率稳定振荡的高频振荡器的感应头时，由于感应作用，在该物体内部产生涡流损耗，使振荡回路等效电阻增大，能量损耗增加，使振荡减弱直至终止。检测电路根据振荡器的工作状态控制输出电路的工作，用输出信号控制继电器或其他电器，以达到控制的目的。通常把接近开关刚好动作时感应头与检测体之间的距离称为检测距离。

接近开关的型号含义如下。

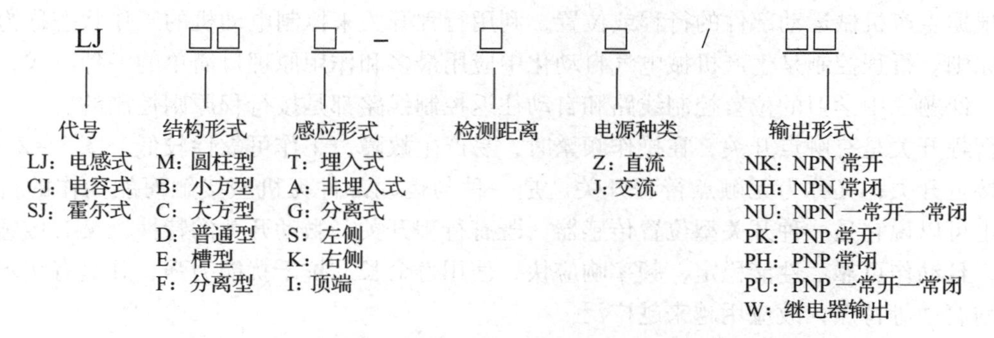

例如，LJM18T－5Z/NK 表示电感式接近开关，外形为 M18 圆柱型，T 为埋入式，5Z 表示直流型检测距离为 5 mm，NK 表示 NPN 常开。

2. 时间控制原则

利用时间继电器按一定时间间隔来控制电动机的工作状态称为时间控制原则。例如，在电动机的降压启动、制动以及变速过程中，利用时间继电器按一定的时间间隔改变线路的接线方式，来自动完成电动机的各种控制要求。换接时间的控制信号由时间继电器发出，根据生产工艺要求或者电动机启动、制动和变速过程的持续时间来整定时间继电器的动作时间，从而控制换接时间的长短。

3. 速度控制原则

根据电动机的速度变化，利用速度继电器等电器来控制电动机的工作状态称为速度控制原则。反映速度变化的电器有多种，直接测量速度的电器有速度继电器、小型测速发电机；间接测量速度的电器，对于直流电动机用其感应电动势来反映，通过电压继电器来控制，对于交流绕线转子异步电动机可用转子频率来反映，通过频率继电器来控制。

4. 电流控制原则

根据电动机主回路电流的大小，利用电流继电器来控制电动机的工作状态称为电流控制原则。

二、电动机的保护措施

为了提高电气控制系统运行的可靠性和安全性，在电气控制系统的设计与运行中，都必须考虑系统有发生故障和工作不正常的可能性。因为发生故障和工作不正常的情况易引起电气系统事故，所以电动机在运行的过程中，除按生产机械的工艺要求完成各种正常运转外，还必须在线路出现短路、过载、过电流、欠电压、失压及弱磁等现象时，能自动切断电源停转，以防止和避免电气设备及机械设备的损坏事故，保证操作人员的人身安全。因此，在生产机械的电气控制线路中，采取了对电动机的各种保护措施，常用的保护措施有短路、过载、过流、欠压、失压和弱磁保护等。

1. 短路保护

在三相交流电力系统中，最常见和最危险的故障是各种形式的短路，如三相短路、两相短路、一相接地短路以及电动机和变压器一相绕组上的匝间短路等。线路出现短路时，会产生很大的短路电流，使电动机、电器及导线等电气设备严重损坏，甚至引发火灾。因此，在线路发生短路故障时，要求保护电器必须立即动作，迅速将电源切断。

常用的短路保护电器是熔断器和低压断路器。熔断器的熔体与被保护的电路串联。当电路正常工作时，熔断器的熔体不起作用，相当于一根导线，其上面的压降很小，可忽略不计。当电路短路时，很大的短路电流流过熔体，使熔体立即熔断，切断电动机电源，电动机停转。同样，若电路中接入低压断路器，当电路短路时，低压断路器会立即动作，切断电源，使电动机停转。

2. 过载保护

当电动机负载过大、启动操作频繁或缺相运行时，会使电动机的工作电流长时间超过其额定电流，电动机绕组过热，温升超过其允许值，导致电动机的绝缘材料变脆，使用寿命缩短，严重时会使电动机损坏。因此，当电动机过载时，保护电器应动作，切断电源，使电动机停转，避免电动机在过载下运行。

常用的过载保护电器是热继电器。当电动机的工作电流等于额定电流时，热继电器不动作；当电动机短时过载或过载电流较小时，热继电器不动作，或经过较长时间才动作；当电动机过载电流较大时，串接在主电路中的热元件会在较短的时间内发热弯曲，使串接在控制电路中的常闭触头断开，先后切断控制电路和主电路的电源，使电动机停转。

3. 欠压保护

当电网电压降低时，电动机便在欠压下运行。由于电动机负载没有改变，所以欠压下电动机转速下降，定子绕组的电流增加。因为电流增加的幅度尚不足以使熔断器和热继电器动作，所以这两种电器起不到保护作用。如不采取保护措施，时间一长将会使电动机过热损坏。另外，欠压将引起一些电器释放，使线路不能正常工作，也可能导致人身设备事故。因此，应避免电动机在欠压下运行。

实现欠压保护的电器是接触器和电磁式电压继电器。在机床电气控制线路中，只有少数线路专门装设了电磁式电压继电器，大多数控制线路由于接触器已兼有欠压保护功能，所以不必再加设欠压保护电器。一般当电网电压降低到额定电压的85%以下时，接触器（或电压继电器）线圈产生的电磁吸力将小于复位弹簧的拉力，动铁芯被迫释放，其主触头和自锁触头同时断开，切断主电路和控制电路电源，使电动机停转。

4. 失压保护（零压保护）

生产机械在工作时，如果由于某种原因而发生电网突然停电，电源电压下降为零，电动机会停转，生产机械的运动部件也随之停止运转。一般情况下，操作人员不可能及时拉开电源开关，如不采取措施，当电源电压恢复正常时，电动机便会自行启动运转，很可能造成人身和设备事故，并引起电网过电流和瞬间网络电压下降。因此，必须采取失压保护措施。

在电气控制线路中，起失压保护作用的电器是接触器和中间继电器。当电网停电时，接触器和中间继电器线圈中的电流消失，电磁吸力减小为零，动铁芯释放，触头复位，切断主电路和控制电路的电源。当电网恢复供电时，若不重新按下启动按钮，则电动机就不会自行启动，实现了失压保护。

5. 过流保护

为了限制电动机的启动或制动电流，在直流电动机的电枢绕组中或在交流绕线转子异步电动机的转子绕组中需要串入附加的限流电阻。如果在启动或制动时，附加电阻被短接，将会造成很大的启动或制动电流，使电动机或机械设备损坏。因此，对直流电动机或绕线转子异步电动机常采用过流保护。

过流保护常用电磁式过电流继电器来实现。当电动机的电流值达到过电流继电器的动作值时，继电器动作，使串接在控制电路中的常闭触头断开，切断控制电路，电动机随之脱离电源停转，达到过流保护的目的。

6. 弱磁保护

直流电动机必须在磁场具有一定强度时才能启动和正常运转。若在启动时，电动机的励磁电流太小，产生的磁场太弱，将会使电动机的启动电流很大；若电动机在正常运转过程中磁场突然减弱或消失，电动机的转速将会迅速升高，甚至发生“飞车”事故。因此，在直流电动机的电气控制线路中要采取弱磁保护。弱磁保护是在电动机励磁回路中串入弱磁继电器（即欠电流继电器）来实现的。在电动机启动运行过程中，当励磁电流达到弱磁继电器的动作值时，继电器就吸合，使串接在控制电路中的常开触头闭合，允许电动机启动或维持正常运转；但当励磁电流减小很多或消失时，弱磁继电器就释放，其常开触头断开，切断控制电路，接触器线圈失电，电动机断电停转。

7. 多功能保护器

选择和设置保护装置的目的不仅是使电动机免受损坏，还应使电动机得到充分的利用。因此，一个正确的保护方案应该是使电动机在充分发挥过载能力的同时不但免于损坏，而且能提高电力拖动系统的可靠性和生产的连续性。

随着生产的发展和技术的进步，对配电线路、控制电器和电动机的运行可靠性要求越来越高，既要最大限度地保证生产过程的连续性，又要避免在各种情况下对设备和人身安全的危害。熔断器、热继电器、热脱扣器等传统的保护装置，因其本身的缺陷和外部条件的限制，已不能满足现代生产的要求。例如，由于现代电动机工作时绕组电流密度显著增大，当电动机过载时，绕组电流密度增长速率比过去的电动机大 2～2.5 倍，这就要求温度检测元件具有更小的发热时间常数，保护装置具有更高的灵敏度和精度。

此外，过载、断相、短路和绝缘损坏等都会对电动机造成威胁，都必须加以防范，因此，最好能在一个保护装置内同时实现电动机的过载、断相及堵转瞬动保护。电子式电动机多功能保护器就是这样一种高精度、高灵敏度的保护装置。

近年来出现的电子式多功能保护装置品种很多，性能各异。图 3－2－3 所示为 3DB 系列电子式电动机多功能保护器，它具有过载、缺相、欠压、过压、漏电、电动机堵转等多种保护功能，是理想的电动机综合保护装置。该产品无机械误差与磨损，耐冲击和振动，体积小，功耗低，功能全，安装与调试方便，维护工作量小，适用范围广。

除采用以上设备和措施外，现代技术为电动机的保护提供了更加广阔的途径。例如，研制发热时间常数小的新型 PTC 热敏电阻，增加电动机绕组对热敏电阻的热传导；发展高性能和多功能综合保护装置，其主要方向是用固态集成电路和微处理器作为电流、电压、时

图 3－2－3　3DB 系列电子式电动机多功能保护器

间、频率、相位和功率等方面的检测和逻辑单元。

对于频繁或反复启动、制动和重载启动的笼型电动机以及大容量电动机，由于它们的转子温升比定子绕组温升高，所以较好的办法是检测转子的温度。国外已有用红外线温度计从外部检测转子温度并加以保护的实际应用。

在电气控制线路设计中，经常要对生产过程中的温度、压力、流量、运动速度等设置必要的控制和保护装置，将以上各物理量限制在一定的范围内，以保证整个系统的安全运行。为此，需要采用各种专用的温度、压力、流量、速度传感器或继电器，它们的基本原理都是在控制回路中串联一些受这些参数控制的常开触头或常闭触头，通过逻辑组合、联锁控制等实现所需的控制功能。

三、电动机的选择

在电力拖动系统中，正确选择拖动生产机械的电动机是系统安全、经济、可靠和合理运行的重要保证，而衡量电动机的选择合理与否，要看选择电动机时是否遵循了以下基本原则。

第一，电动机能够完全满足生产机械在机械特性方面的要求，如生产机械所需要的工作速度、调速指标、加速度以及启动、制动时间等。

第二，电动机在工作过程中，其功率能被充分利用，即温升应达到国家标准规定的数值。

第三，电动机的结构形式应适合周围环境的条件，如防止外界灰尘、水滴等物质进入电动机内部，防止绕组绝缘受有害气体的侵蚀，在有爆炸危险的环境中应把电动机的导电部位和会产生火花的部位封闭起来，使它们不能影响外部等。

电动机的选择主要包括电动机的额定功率（即额定容量）、额定电压、额定转速、种类、结构形式等内容，其中以电动机额定功率的选择最为重要。

1. 电动机额定功率的选择

正确、合理地选择电动机的功率是很重要的，因为如果电动机的功率选得过小，电动机将过载运行，使温度超过允许值，会缩短电动机的使用寿命，甚至烧坏电动机；如果电动机的功率选得过大，虽然能保证设备正常工作，但由于电动机不在满载下运行，其用电效率和功率因数较低，电动机的容量得不到充分利用，造成电力浪费，此外，设备投资也较大，运行费用高，很不经济。

电动机的工作方式有连续工作制、短期工作制和周期性断续工作制三种。

（1）连续工作制电动机额定功率的选择

在这种工作方式下，电动机连续工作的时间很长，可使其温升达到规定的稳定值，如通风机、泵等机械的拖动运转就属于这类工作制。连续工作制电动机的负载可分为恒定负载和变化负载两类。

1）恒定负载下电动机额定功率的选择。在工业生产中，相当多的生产机械是在长期恒定的或变化很小的负载下运转的，为这一类机械选择电动机的功率比较简单，电动机的额定功率等于或略大于生产机械所需要的功率即可。若负载功率为 P_L，电动机的额定功率为 P_N，则应满足：

$$P_N \geqslant P_L$$

电动机制造厂生产的电动机，一般都是按照恒定负载连续运转设计的，并会进行型式试验和出厂试验，完全可以保证电动机在额定功率工作时，电动机的温升不超过允许值。

通常电动机的容量是按周围环境温度为 40 ℃确定的。绝缘材料最高允许温度与 40 ℃的差值称为允许温升，各级绝缘材料的最高允许温度和允许温升见表 3－2－1。

表 3－2－1　各级绝缘材料的最高允许温度和允许温升　℃

绝缘等级	Y	A	E	B	F	H	C
最高允许温度	90	105	120	130	155	180	>180
允许温升	50	65	80	90	115	140	>140

应注意的是，我国幅员辽阔，地域之间的温差较大，就是在同一地区，一年四季的气温变化也较大，因此，电动机运行时周围环境的温度不可能正好是 40 ℃，一般是小于 40 ℃。为了充分利用电动机，可以对电动机能够应用的容量进行修正，不同环境温度下电动机功率的修正值见表 3－2－2。

表 3－2－2　不同环境温度下电动机功率的修正值

环境温度/℃	≤30	35	40	45	50	55
功率增减的百分数/%	+8	+5	0	－5	－12.5	－25

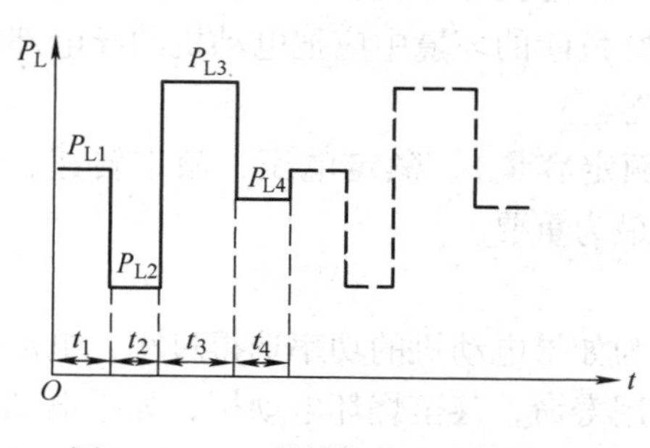

图 3－2－4　某周期性变化负载的生产机械负载记录图

2）变化负载下电动机额定功率的选择。在变化负载下使用的电动机，一般是为恒定负载工作而设计的。因此，这种电动机在变化负载下使用时，必须进行发热校验。

所谓发热校验，就是看电动机在整个运行过程中所达到的最高温升是否接近并低于允许温升。只有这样，电动机的绝缘材料才能充分利用而又不致过热。

图 3－2－4 所示为某周期性变化负载的生产机械负载记录图。当电动机拖动这一机械工作时，因为输出功率发生周期性改变，电动机的温升也必然做周期性的波动，在作业周期相对较短、负载变化较为平缓的情况下，这种温升的波动幅度会相对较小。波动的最大值将低于电动机在最大负载运行时的稳定温升而高于电动机在最小负载运行时的稳定温升。在这种情况下，

如按最大负载选择电动机功率，电动机将不能充分利用，而按最小负载选择电动机功率，电动机又有超过允许温升的危险。因此，电动机功率可以在最大负载和最小负载之间适当选择，以使电动机得到充分利用，而又不致过载。

在变化负载下长期运转的电动机功率可按以下步骤进行选择。

第一步，计算并绘制如图3-2-4所示某周期性变化负载的生产机械负载记录图。

第二步，根据下列公式求出负载的平均功率P_{Lj}。

$$P_{Lj}=\frac{P_{L1}t_1+P_{L2}t_2+\cdots+P_{Ln}t_n}{t_1+t_2+\cdots+t_n}=\frac{\sum_{i=1}^{n}P_{Li}t_i}{\sum_{i=1}^{n}t_i}$$

式中　P_{L1}、P_{L2}、…、P_{Ln}——各段负载的功率；

t_1、t_2、…、t_n——各段负载工作所用时间。

第三步，按$P_N \geqslant (1.1\sim1.6)P_{Lj}$预选电动机。如果在工作过程中大负载所占的比例较大，则系数应选得大些。

第四步，对预选电动机进行发热、过载能力及启动能力校验，合格后即可使用。

（2）短期工作制电动机额定功率的选择

在这种工作方式下，电动机的工作时间较短，在运行期间温度通常未升到规定的稳定值，而在停止运转期间，温度则可能降到周围环境的温度值，如吊桥、水闸、车床的夹紧装置的拖动运转。

为了满足某些生产机械短期工作的需要，电动机生产厂家专门制造了一些具有较大过载能力的短期工作制电动机，其标准工作时间有15 min、30 min、60 min、90 min四种。当电动机的实际工作时间符合标准工作时间时，电动机的额定功率P_N只要不小于负载功率P_L即可，即满足$P_N \geqslant P_L$。

（3）周期性断续工作制电动机额定功率的选择

这种工作方式的电动机的工作与停止交替进行。在工作期间内，温度通常未升到稳定值，而在停止期间，温度也来不及降到周围温度值，如很多起重设备以及某些金属切削机床的拖动运转即属此类。

电动机制造厂专门设计生产的周期性断续工作制的交流电动机有YZR和YZ系列。标准负载持续率（负载工作时间与整个周期之比称为负载持续率）有15%、25%、40%和60%四种，一个周期的时间规定不大于10 min。

周期性断续工作制电动机额定功率的选择方法和连续工作制变化负载下电动机额定功率的选择类似，在此不再叙述。但需指出的是，当负载持续率≤10%时，按短期工作制选择；当负载持续率≥70%时，按长期工作制选择。

2. 电动机额定电压的选择

电动机的额定电压要与现场供电电网电压等级相符，否则，若电动机的额定电压低于供电电源电压，电动机将由于电流过大而被烧毁；若额定电压高于供电电源电压，电动机有可能因电压过低而不能启动，或虽能启动但因电流过大而缩短其使用寿命，甚至被烧毁。

中小型交流电动机的额定电压一般为380 V，大型交流电动机的额定电压一般为3 kV、

6 kV 等。直流电动机的额定电压一般为 110 V、220 V、440 V 等，最常用的直流电压等级为 220 V。直流电动机一般是由车间交流供电电压经整流器整流后的直流电压供电的。选择电动机的额定电压时，要与供电电网的交流电压及不同形式的整流电路相配合。当交流电压为 380 V 时，若采用晶闸管整流装置直接供电，电动机的额定电压应选用 440 V（配合三相桥式整流电路）或 160 V（配合单相整流电路），电动机采用改进的 Z3 型。

3. 电动机额定转速的选择

电动机额定转速选择得合理与否，将直接影响电动机的价格、能量损耗及生产机械的生产率等技术指标和经济指标。额定功率相同的电动机，转速高的电动机尺寸小，所用材料少，因而体积小、质量轻、价格低，所以选用高额定转速的电动机比较经济。但由于生产机械的工作速度一定且通常速度较低（30 ~ 900 r/min），因此，电动机转速越高，传动机构的传动比越大，传动机构越复杂。选择电动机的额定转速时，必须全面考虑，在电动机性能满足生产机械要求的前提下，力求电能损耗小、设备投资少、维护费用低。通常，电动机的额定转速选在 750 ~ 1 500 r/min 比较合适。

4. 电动机种类的选择

选择电动机的种类时，在电动机的性能必须满足生产机械要求的前提下，应优先选用结构简单、价格便宜、运行可靠、维修方便的电动机。在这方面，交流电动机优于直流电动机，笼型电动机优于绕线转子电动机，异步电动机优于同步电动机。

（1）三相笼型异步电动机

三相笼型异步电动机的电源采用的是应用最普遍的动力电源——三相交流电源。这种电动机的优点是结构简单、价格便宜、运行可靠、维修方便，缺点是启动和调速性能差。因此，在调速和启动性能要求不高的场合，如各种机床、水泵、通风机等生产机械上应优先选用三相笼型异步电动机；对要求大启动转矩的生产机械，如某些纺织机械、空气压缩机、带式运输机等，可选用具有高启动转矩的三相笼型异步电动机，如斜槽式、深槽式或双笼式异步电动机等；对需要有级调速的生产机械，如某些机床和电梯等，可选用多速笼型异步电动机。目前，随着变频调速技术的发展，三相笼型异步电动机越来越多地应用在要求无级调速的生产机械上。

（2）三相绕线转子异步电动机

在启动、制动比较频繁，启动、制动转矩较大，而且有一定调速要求的生产机械上，如桥式起重机、矿井提升机等，可以优先选用三相绕线转子异步电动机。绕线转子异步电动机一般采用转子串接电阻（或电抗器）的方法实现启动和调速，调速范围有限。使用晶闸管串级调速，可扩展绕线转子异步电动机的应用范围，如水泵、风机的节能调速等。

（3）三相同步电动机

在要求大功率、恒转速和改善功率因数的场合，如大功率水泵、压缩机、通风机等生产机械上应选用三相同步电动机。

（4）直流电动机

由于直流电动机的启动性能好，可以实现无级平滑调速，且调速范围宽、精度高，所以对于要求在大范围内平滑调速和需要准确的位置控制的生产机械，如高精度的数控机床、龙门刨床、可逆轧钢机、造纸机、矿井卷扬机等，可使用他励或直流并励电动机；对于要求启动转矩大、机械特性较软的生产机械，如电车、重型起重机等，则选用直流串励电动机。近年来，在大功率的生产机械上，广泛采用晶闸管励磁的直流发电机－电动机组或晶闸管－直流电动机组。

5. 电动机结构形式的选择

原则上，电动机与生产机械的工作方式应一致，在连续工作制、短期工作制和周期性断续工作制三种方式中选取，但也可选用连续工作制的电动机来代替。

电动机按其安装方式不同可分为卧式和立式两种。由于立式电动机的价格较贵，所以一般情况下应选用卧式电动机。只有当需要简化传动装置时，如深井水泵和钻床等，才使用立式电动机。

电动机按轴伸个数分为单轴伸和双轴伸两种，一般情况下，选用单轴伸电动机即可，特殊情况下才选用双轴伸电动机。当需要在一侧安装测速发电机，而在另一侧拖动生产机械时，必须选用双轴伸电动机。

电动机按防护形式分为开启式、防护式、封闭式和防爆式四种。为防止周围的介质对电动机的损坏以及因电动机本身故障而引起的危害，电动机必须根据不同环境选择适当的防护形式。

开启式电动机价格便宜，散热好，但灰尘、铁屑、水滴及油垢等容易进入其内部，影响电动机的正常工作和使用寿命，因此只能在干燥、清洁的环境中使用。

防护式电动机的通风孔在机壳的下部，通风冷却条件较好，并能防止水滴、铁屑等杂物落入电动机内部，但不能防止潮气和灰尘侵入，因此只能用于比较干燥、灰尘不多、无腐蚀性气体和爆炸性气体的环境。

封闭式电动机分为自扇冷式、他扇冷式和密闭式三种。前两种用于潮湿、尘土多、有腐蚀性气体、易引起火灾和易受风雨侵蚀的环境中，如纺织厂、水泥厂等。密闭式电动机则用于浸入水中的机械，如潜水泵电动机等。

防爆式电动机用于有易燃、易爆气体的危险环境，如煤气站、油库及矿井等场所。

综合以上分析可见，在选择电动机时，应从额定功率、额定电压、额定转速、种类和形式等方面综合考虑，做到既经济又合理。

任务实施

一、设计电气控制线路的基本原则

由于电气控制线路是为整个机械设备和工艺过程服务的，所以在设计前要深入现场收集有关资料，进行必要的调查研究。电气控制线路的设计应遵循以下基本原则。

1. 应最大限度地满足机械设备对电气控制线路的控制要求和保护要求。
2. 在满足生产工艺要求的前提下，应力求使控制线路简单、经济、合理。
3. 保证控制的可靠性和安全性。
4. 操作和维修方便。

二、电气控制线路设计举例

电气控制线路的设计方法通常有两种，一种是经验设计法，另一种是逻辑设计法。经验设计法是根据生产工艺要求，选择适当的控制线路，再把它们综合地组合在一起。这种设计方法比较简单，在设计过程中要经过多次反复修改、完善，才能使线路符合设计要求。

逻辑设计方法是根据生产工艺要求，利用逻辑代数来分析、设计线路。这种设计方法设计出来的线路比较合理，但是掌握这种方法的难度比较大，多用于要完成较复杂生产工艺要求的控制线路。

下面用经验设计法设计电气控制线路。

现用某专用机床给一箱体加工两侧平面，加工方法是将箱体夹紧在可前后移动的滑台上，两侧平面用左右动力头铣削加工，其要求如下。

第一，加工前滑台应快速移动到加工位置，然后改为慢速进给。快进速度为慢进速度的20倍，滑台速度的改变由齿轮变速机构和电磁铁实现，即电磁铁吸合时为快速，电磁铁释放时为慢速。

第二，滑台从快速移动到慢速进给应自动变换，铣削完毕要自动停机，然后由人工操作滑台快速退回原位后自动停机。

第三，线路具有短路、过载、欠压及失压保护。

本专用机床共有三台笼型异步电动机，滑台电动机 M1 的功率为 1.1 kW，需正反转；两台动力头电动机 M2 和 M3 的功率为 4.5 kW，只需要单向运转。试设计该机床的电气控制线路。

1. 选择基本控制线路

根据滑台电动机 M1 需正反转，左右动力头电动机 M2、M3 只需单向运转的控制要求，选择接触器联锁正反转控制线路和接触器自锁正转控制线路，并进行有机组合，设计并画出电气控制线路草图，如图 3－2－5 所示。

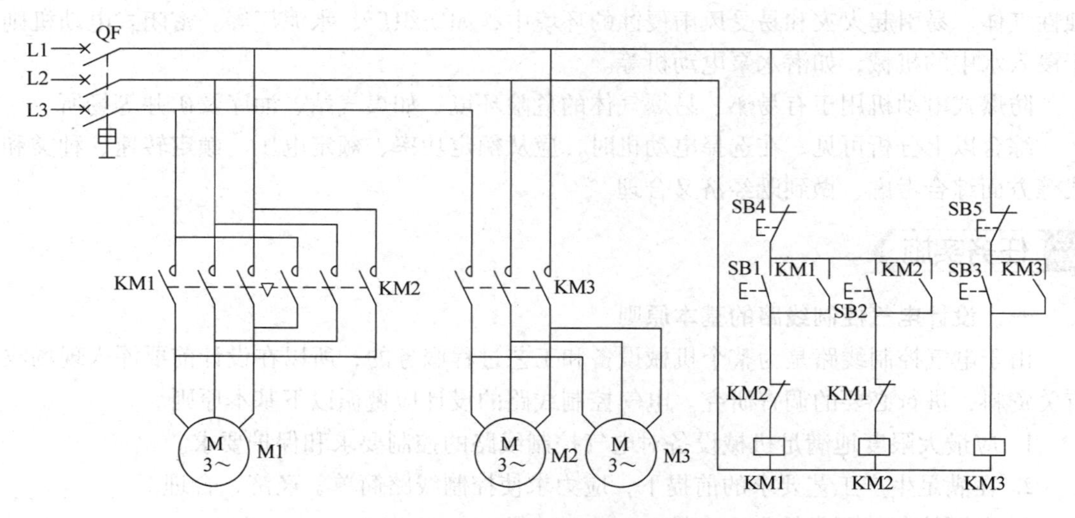

图 3－2－5 电气控制线路草图

2. 修改并完善线路

修改并完善后的控制线路如图 3－2－6 所示。说明如下。

（1）根据加工前滑台应快速移动到加工位置，且电磁铁吸合时为快进，说明 KM1 得电时，电磁铁 YA 应得电吸合，故应在电磁铁 YA 线圈回路中串入 KM1 的辅助常开触头，如图 3－2－6 中①所示。

（2）滑台由快速移动自动变换为慢速进给，所以在 YA 线圈回路中串接行程开关 SQ3 的常闭触头，如图 3－2－6 中②所示。

（3）滑台慢速进给终止（切削完毕）应自动停机，所以应在接触器 KM1 控制回路中串接行程开关 SQ1 的常闭触头，如图 3－2－6 中③所示。

（4）人工操作滑台快速退回，故在 KM1 辅助常开触头和 SQ3 常闭触头电路的两端并接 KM2 辅助常开触头，如图 3－2－6 中④所示。

（5）滑台快速返回到原位后自动停机，所以应在接触器 KM2 控制回路中串接行程开关 SQ2 的常闭触头，如图 3－2－6 中⑤所示。

（6）由于动力头电动机 M2、M3 随滑台电动机 M1 的慢速工作而工作，所以可把 KM3 的线圈串接 SQ3 常开触头后与 KM1 线圈并接，如图 3－2－6 中⑥所示。

（7）线路需要短路、过载、欠压和失压保护，所以在线路中接入熔断器 FU1、FU2、FU3 和热继电器 KH1、KH2、KH3，如图 3－2－6 中⑦和⑧所示。

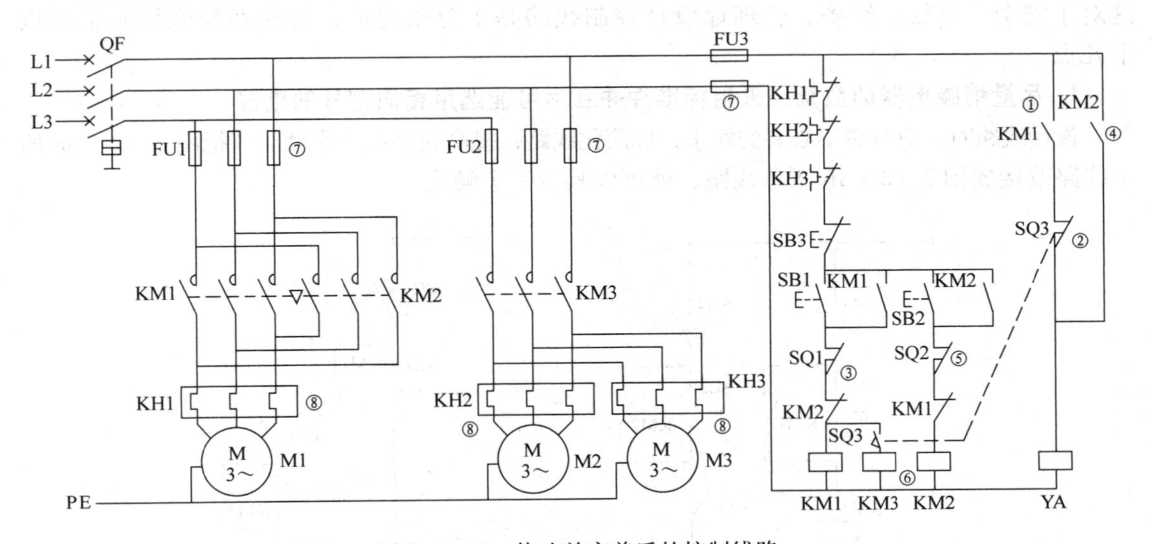

图 3－2－6 修改并完善后的控制线路

3. 校核完成线路

控制线路初步设计完成后，可能还有不合理、不可靠、不安全的地方，应根据经验和控制要求对线路进行认真、仔细地校核，以保证线路的正确性和实用性。如上述线路中，由于电磁铁的电感很大，会产生很大的冲击电流，有可能引起线路工作不可靠，故选择中间继电器以组成电磁铁的控制回路，如图 3－2－7 所示。

三、设计电气控制线路应注意的问题

用经验设计法设计线路时，除应牢固掌握各种基本控制线路的构成和工作原理外，还

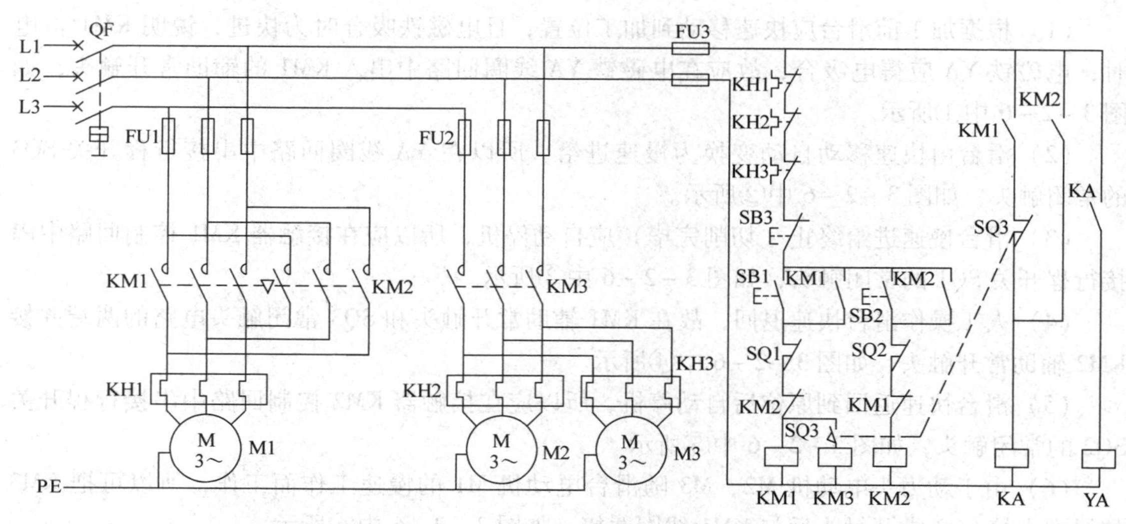

图 3－2－7 设计完成的控制线路

应注意了解机械设备的控制要求以及设计、使用和维修人员在长期实践中总结出的经验，这对于安全、可靠、经济、合理地设计控制线路是十分重要的，这些经验概括起来有以下几点。

1. 尽量缩减电器的数量，采用标准件并且尽可能选用相同型号的电器

设计线路时，应减少不必要的触头，以简化线路，提高线路的可靠性。若把图 3－2－8a 所示线路改接成图 3－2－8b 所示线路，就可以减少一个触头。

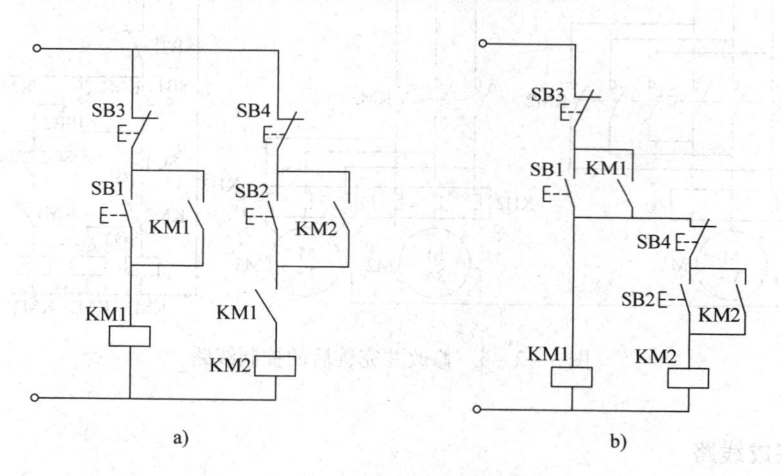

图 3－2－8 简化线路可减少触头

a）改接前 b）改接后

2. 尽量缩短连接导线的数量和长度

设计线路时，应考虑到各电气元件之间的实际接线，特别要注意电气柜、操作台和行程开关之间的连接线。例如，图 3－2－9a 所示的接线就不合理，因为按钮通常是安装在操作台上，而接触器则安装在电气柜内，所以若按此线路安装，由电气柜内引出的连接线势必要两次引接到操作台上的按钮处。合理的接法应当是把启动按钮和停止按钮直接连接，而不经过接触器线圈，如图 3－2－9b 所示，这样就减少了一次引出线。

3. 正确连接电器的线圈

在交流控制电路的一条支路中不能串联两个电器的线圈，如图 3－2－10a 所示，即使外加电压是两个线圈额定电压之和，也是不允许的，因为每个线圈上所分配到的电压与线圈阻抗成正比。两个电器需要同时动作时，其线圈应该并联，如图 3－2－10b 所示。

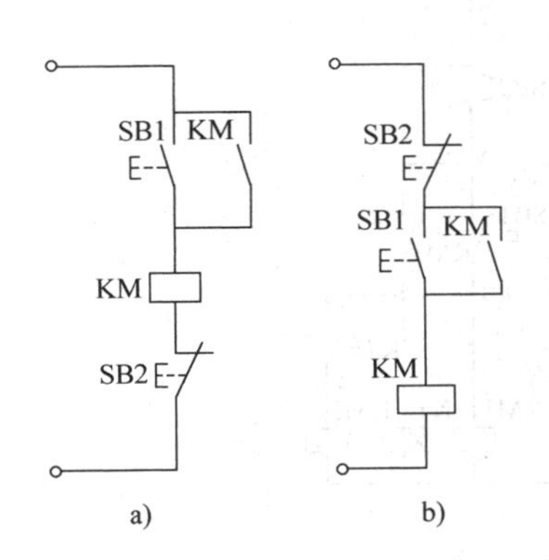

图 3－2－9　减少各电气元件间的实际接线

a）不合理　b）合理

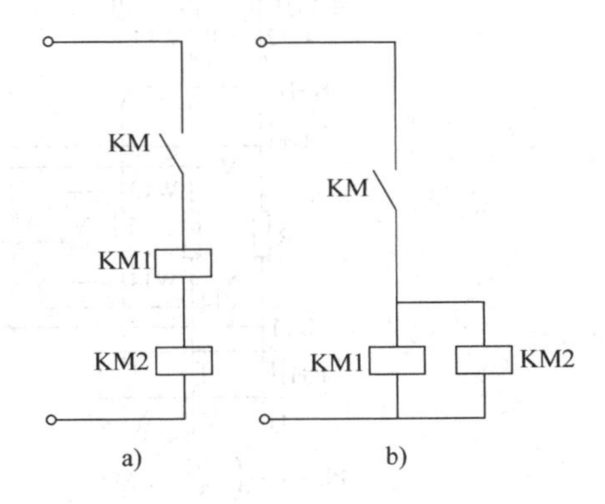

图 3－2－10　电器线圈的连接

a）不能串联　b）只能并联

4. 正确连接电器的触头

同一个电器的辅助常开和常闭触头靠得很近，如果连接不当，将会造成线路工作不正常。图 3－2－11a 所示接线，行程开关 SQ 的常开触头和常闭触头由于不是等电位，当触头断开产生电弧时，很可能在两对触头间形成飞弧而造成电源短路。因此，在一般情况下，将共用同一电源的所有接触器、继电器以及执行电器线圈的一端，均接在电源的一侧，而这些电器的控制触头接在电源的另一侧，如图 3－2－11b 所示。

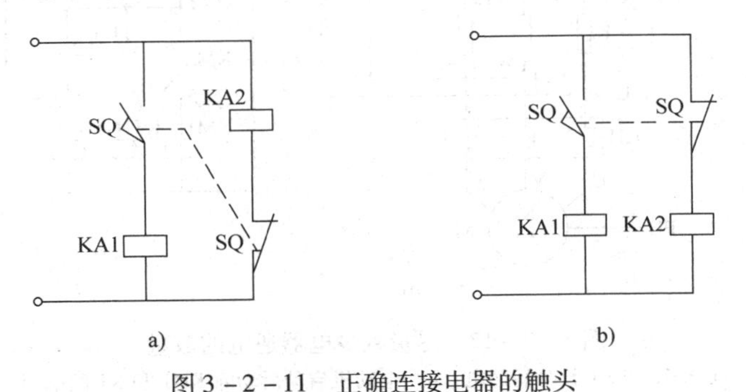

图 3－2－11　正确连接电器的触头

a）不适当　b）适当

5. 在满足控制要求的情况下，应尽量减少电器通电的数量

现以三相异步电动机串电阻降压启动的控制线路为例进行分析。在图 3－2－12a 所示电路图中，电动机启动后，接触器 KM1 和时间继电器 KT 就失去了作用，但仍会长期通电从而使能耗增加，同时会缩短使用寿命。当采用图 3－2－12b 所示电路图中的连接方法时，就可以在电动机启动后切除 KM1 和 KT 的电源，既节约了电能，又可以延长电器的使用寿命。

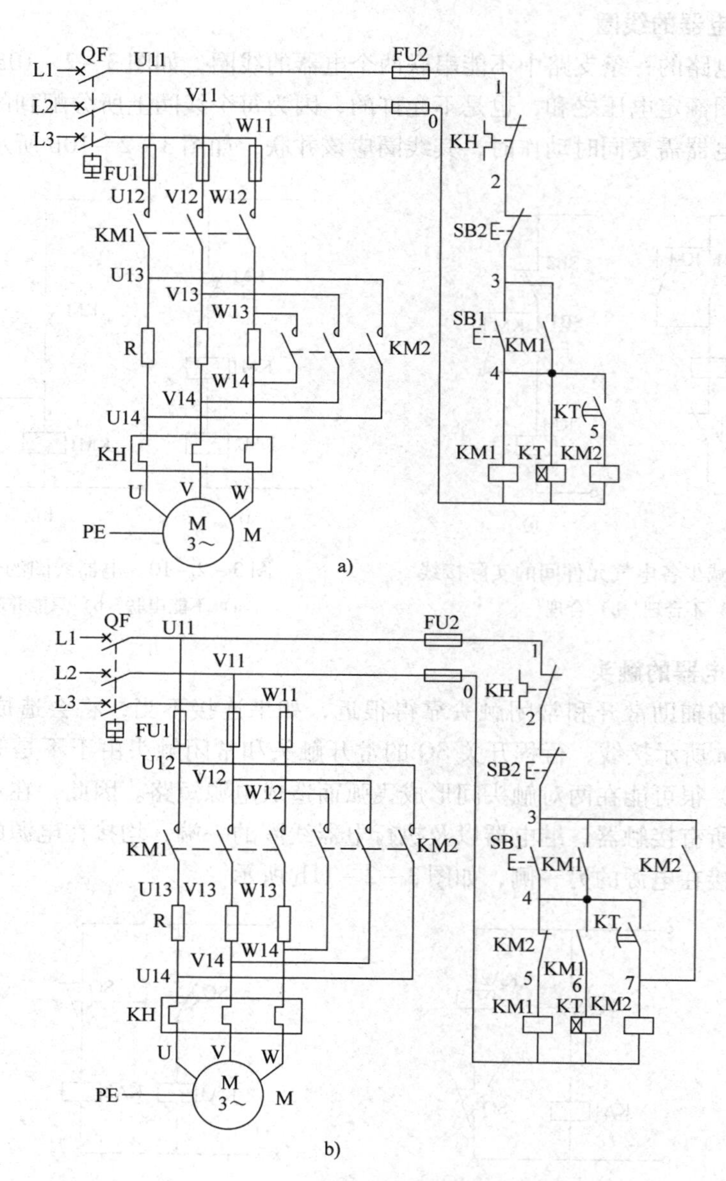

图 3－2－12　尽量减少电器通电的数量

a）KM1 和 KT 长时间通电　b）电动机启动后切除 KM1 和 KT 的电源

6. 应尽量避免采用许多电器依次动作才能接通另一个电器的控制线路

在图 3－2－13a、图 3－2－13b 所示电路图中，中间继电器 KA1 得电动作后，KA2 才动作，而后 KA3 才能得电动作。若按图 3－2－13c 所示电路图中的方法接线，KA3 的动作只由 KA1 的动作情况决定，而且只需经过一对触头，故工作相对更为可靠。

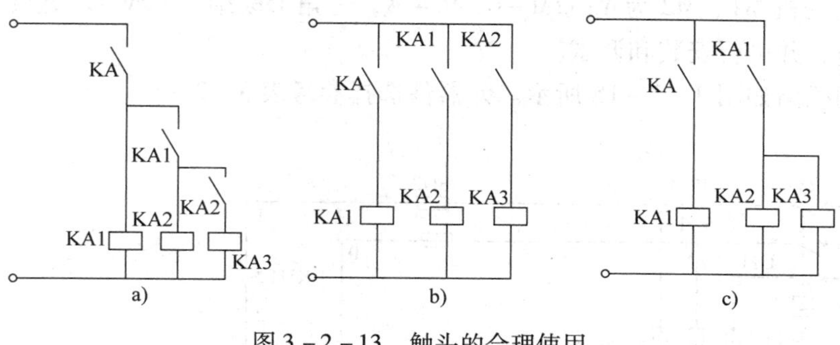

图 3－2－13　触头的合理使用
a）不适当　b）不适当　c）适当

7. 在控制线路中应避免出现寄生回路

在控制线路的动作过程中，非正常接通的线路叫寄生回路。在设计线路时应注意避免出现寄生回路，因为它会破坏电气元件和控制线路的动作顺序。图 3－2－14 所示是具有指示灯和过载保护的正反转控制线路的部分电路图。线路正常工作时，能完成正反转启动、停止和信号指示，但当热继电器 KH 动作时，线路就出现了寄生回路。这时虽然 KH 的常闭触头已断开，由于存在寄生回路，仍有电流沿图 3－2－14 中虚线所示的路径流过 KM1 线圈，使正转接触器 KM1 不能可靠释放，可能起不到过载保护作用。

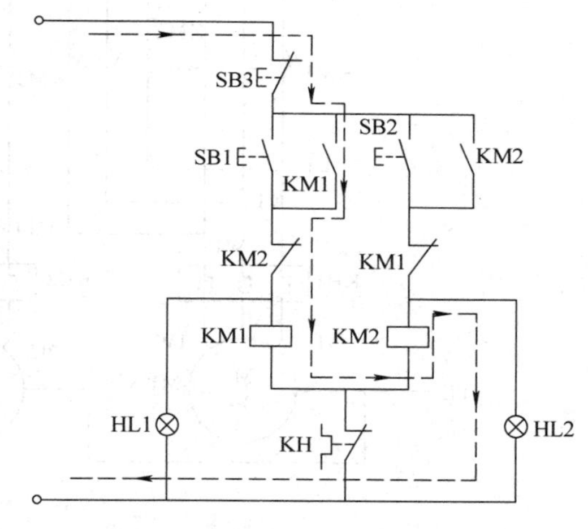

图 3－2－14　具有指示灯和过载保护的正反转控制线路的部分电路图

8. 保证控制线路工作可靠和安全

为了保证控制线路工作可靠，最主要的是选用可靠的电气元件，如选用电器时，尽量选用机械和电气寿命长、结构合理、动作可靠、抗干扰性能好的电器；在线路中采用小容量继电器的触头断开和接通大容量接触器的线圈时，要计算继电器触头断开和接通容量是否足够，若不够，必须加大继电器容量或增加中间继电器，否则工作不可靠。

9. 线路应具有必要的保护环节

线路应具有必要的保护环节，保证即使在误操作情况下也不致造成事故。一般应根据线路的需要选用过载、短路、过流、欠压、失压、弱磁等保护环节，必要时还应考虑设置合闸、断开、事故、安全等指示信号。

四、设计电气控制线路

设计任务要求：某机床需要两台电动机拖动，根据该机床的特点，一台电动机 M1 需要正反转控制，另一台电动机 M2 只需单向控制，并且要求电动机 M1 启动 3 min 后另一台电动机 M2 才能启动；停机时逆序停止；两台电动机都具有短路保护、过载保护、失压保护和欠压保护（电动机 M1、M2 为 Y132M－6，9.4 A，三角形联结，4 kW）。试设计符合要求的电气控制线路，并进行安装和调试。

参考控制线路如图 3－2－15 所示。元器件选择参考表 3－2－3。

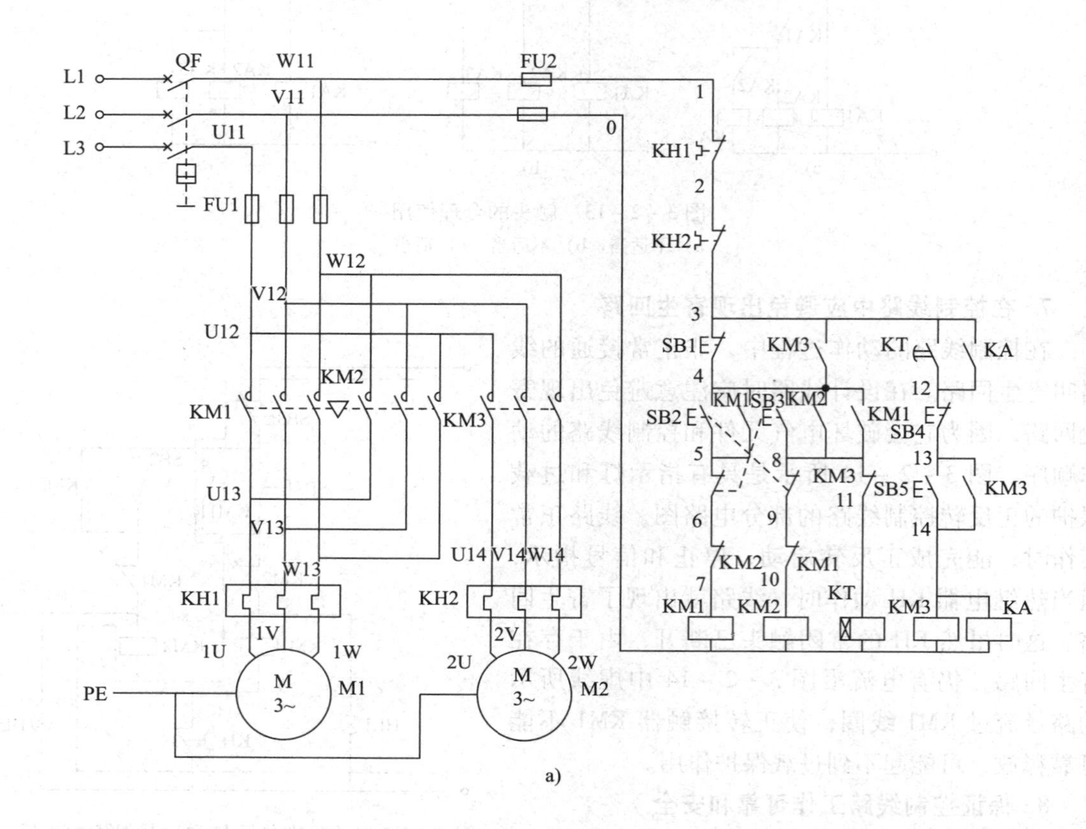

a)

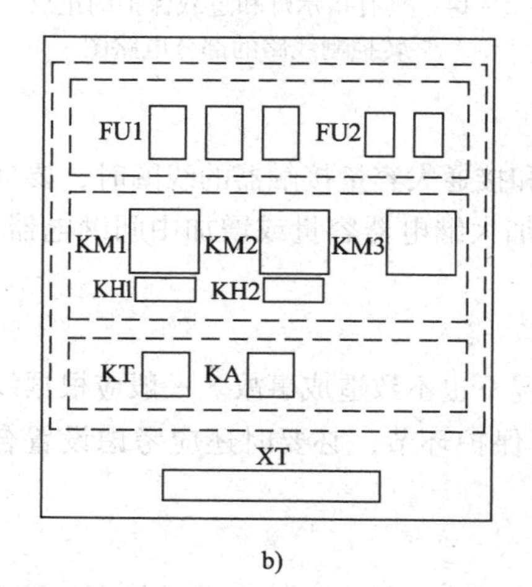

b)

c)

图 3－2－15　参考控制线路

a）电路图　b）布置图　c）安装布线后的控制板

表 3-2-3 主要工具、仪表及器材

工具	验电笔、螺钉旋具、钢丝钳、尖嘴钳、斜口钳、剥线钳、电工刀等电工常用工具				
仪表	MF47 型万用表、ZC25-3 型兆欧表（500 V、0~500 MΩ）、MG3-1 型钳形电流表				
器材	代号	名称	型号	规格	数量
	M1、M2	三相异步电动机	Y132M-6	4 kW、380 V、三角形联结、9.4 A、960 r/min	2 台
	QF	低压断路器	DZ5-20/330	三极、380 V、额定电流 20 A	1 只
	FU1	熔断器	RL1-60/30	500 V、60 A、熔体额定电流 30 A	3 只
	FU2	熔断器	RL1-60/20	500 V、60 A、熔体额定电流 20 A	2 只
	KM1~KM3	交流接触器	CJ10-20（CJT1-20）	20 A、线圈电压 380 V	3 只
	KH1、KH2	热继电器	JR16B-20/3D（或 JRS2-25/Z）	三极、20 A、热元件额定电流 11 A、整定电流 9.4 A	2 只
	KA	中间继电器	JZ7-44	触头额定电流 5 A、线圈电压 380 V	1 只
	KT	时间继电器	JS20		1 只
	SB1~SB5	按钮	LA18		3 个
	XT	接线端子排	TD-1515	15 A、15 节、660 V	1 条
		控制板		600 mm×500 mm×20 mm	1 块
		走线槽		18 mm×25 mm	若干
		主电路线		BVR 2.5 mm^2（黑色）	若干
		控制电路线		BVR 1.5 mm^2（红色）	若干
		按钮线		BVR 0.75 mm^2（红色）	若干
		接地线		BVR 1.5 mm^2（黄绿双色）	若干
		编码套管和紧固体			若干
		针形及叉形轧头			若干
		金属软管			若干

任务测评

评分标准见表 3-2-4。

表 3-2-4 评分标准

项目内容	配分	评分标准	扣分	得分
电路设计	40 分	（1）主电路、控制电路设计 每处扣 5 分 （2）主要器材清单： 主要器材未选 每漏一只扣 5 分 型号规格选用不当 每只扣 5 分 （3）电路图绘制不标准 扣 4 分		
装前检查	5 分	电气元件漏检或错检 每处扣 1 分		

续表

项目内容	配分	评分标准		扣分	得分
安装元件	15 分	（1）不按布置图安装 （2）元件安装不牢固 （3）元件安装不整齐、不匀称、不合理 （4）走线槽安装不符合要求 （5）损坏元件	扣 5 分 每只扣 3 分 每只扣 3 分 每处扣 2 分 扣 15 分		
布线	20 分	（1）不按电路图接线 （2）布线不符合要求 （3）接点松动、露铜过长、压绝缘层、反圈等 （4）损伤导线绝缘层或线芯 （5）漏套或错套编码套管 （6）漏接接地线	扣 10 分 每根扣 3 分 每个扣 1 分 每根扣 5 分 每处扣 1 分 扣 10 分		
通电试运行	20 分	（1）时间继电器及热继电器未整定或整定错误 （2）熔体规格选用不当 （3）第一次试运行不成功 第二次试运行不成功 第三次试运行不成功	扣 5 分 主电路、控制电路各扣 3 分 扣 5 分 扣 10 分 扣 20 分		
安全文明生产	违反安全文明生产规程		扣 5 ~ 40 分		
定额时间：6 h	每超时 5 min 以内扣 5 分				
备注	除定额时间外，各项目的最高扣分应不超过配分			成绩	
开始时间		结束时间		实际时间	
指导教师：			年　月　日		